高等学校规划教材·航空、航天科学技术

飞行器空气动力特性分析与计算方法

徐　敏　安效民　编

西北工业大学出版社

西　安

【内容简介】 飞行器气动特性计算是飞行器初步设计中的重要内容，其结果将为飞行器总体布局设计、各部件外形设计、控制系统设计和飞行力学的分析及研究提供必要的原始数据。本课程是飞行器设计学科非常重要的技术基础课，是进一步学习弹道学、飞行器动态分析、飞行器控制原理与总体设计等专业课的基础。本教材针对飞行器气动力的计算，主要讲述以下问题：

第一部分（第2～7章）介绍在低速、亚声速、跨声速、超声速及高超声速时飞行器部件及总体的空气动力学特性；阐述常用的工程估算方法和经验修正理论及其在飞行器气动特性分析中的应用；介绍基于线化方程的飞行器气动特性的计算技术。

第二部分（第8章）介绍欧拉方程的基本形式；介绍计算流体动力学的网格生成；讲述基于有限差分法和有限体积法的基本原理和求解步骤，并简要介绍当前常用数值求解软件的特点。

第三部分（第9章）介绍飞行器气动布局设计方法，讲述飞行器技术指标对气动性能的要求，并介绍导弹气动布局和外形的设计方法以及导弹飞行性能的计算。

本教材适用于从事航空、航天飞行器设计、飞行力学等专业的本科生、研究生学习使用，亦可供其他有关专业学生和航空、航天工程技术人员参考。

图书在版编目(CIP)数据

飞行器空气动力特性分析与计算方法/徐敏，安效民编．—西安：西北工业大学出版社，2012.1(2018.1重印)
(航空·航天科学技术)
高等学校规划教材
ISBN 978-7-5612-3285-9

Ⅰ.①飞…　Ⅱ.①徐…　②安…　Ⅲ.①飞行器—空气动力学—高等学校—教材
Ⅳ.①V211

中国版本图书馆CIP数据核字(2012)第003325号

出版发行：西北工业大学出版社
通信地址：西安市友谊西路127号　邮编：710072
电　　话：(029)88493844　88491757
网　　址：www.nwpup.com
印 刷 者：陕西向阳印务有限公司
开　　本：787 mm×1 092 mm　1/16
印　　张：19
字　　数：463千字
版　　次：2012年1月第1版　　2018年1月第2次印刷
定　　价：60.00元

前　言

本教材针对飞行器气动特性的分析和计算，帮助学生正确建立物理概念和设计观念，了解飞行器气动布局设计，掌握一些基本的分析和设计方法，注重培养学生的理论基础、实际应用和工程实践能力；将工程方法、解析方法和数值方法有机结合起来，形成一套从低速、亚声速到超声速再到高超声速的完整体系，力求集系统性、实用性和先进性于一身。

本教材各章的主要内容如下：

(1)第 1 章：绪论。包括：①本课程地位和要求，飞行器气动力分析方法和手段；②飞行器基本类型；③飞行器的坐标系。

(2)第 2 章：机翼的气动特性分析。包括：①机翼几何参数；②翼型的低速气动特性；③翼型的亚声速气动特性；④翼型的超声速气动特性；⑤翼型的跨声速气动特性；⑥机翼的低、亚声速气动特性；⑦机翼的超声速气动特性；⑧机翼的跨声速气动特性；⑨小展弦比机翼的气动特性；⑩算例。

(3)第 3 章：机身的气动特性分析。包括：①机身几何参数；②机身绕流特点；③细长旋成体小迎角气动特性；④细长旋成体大迎角气动特性；⑤算例。

(4)第 4 章：翼身组合体气动特性分析。包括：①翼身组合体绕流特点；②翼身组合体升力特性；③翼身组合体力矩特性；④翼身组合体阻力特性；⑤算例。

(5)第 5 章：飞行器的气动特性分析。包括：①翼身组合体对尾翼的干扰；②尾翼的气动特性；③飞行器升力与阻力特性；④飞行器俯仰力矩特性；⑤算例。

(6)第 6 章：飞行器的侧向力和横侧力矩特性。包括：①飞行器横侧运动特点；②飞行器的侧向力和航向力矩特性；③飞行器的滚转力矩特性；④飞行器的铰链力矩特性；⑤算例。

(7)第 7 章：高超声速飞行器的气动力与气动热特性。包括：①高超声速气流的流动特性；②高超声速流的基本理论；③牛顿理论及高超声速气动特性计算方法；④高超声速飞行器气动热特性及计算方法；⑤算例。

(8)第 8 章：飞行器气动特性的数值求解方法。包括：①欧拉方程；②网格生成方法；③有限差分法；④有限体积法；⑤常用数值计算软件简介；⑥算例。

(9)第 9 章：导弹气动布局设计。包括：①导弹战术技术指标对气动性能的要求；②导弹气动布局的特点；③导弹气动外形设计；④导弹飞行性能计算。

本教材适用于从事航空、航天飞行器设计、飞行力学等专业的本科生、研究生学习使用，亦可供其他有关专业学生和航空、航天工程技术人员参考。

本教材由徐敏教授规划和统稿。具体编写分工为徐敏编写 1～4 章，安效民编写 5～9 章。

由于水平有限，书中缺点和不足在所难免，恳请读者批评指正。

编　者

2011 年 6 月

目　录

第1章 绪 论

1.1 引 言

飞行器空气动力分析与计算方法是运用空气动力学理论的基础知识、数值计算方法等来研究飞行器的空气动力特性及计算方法的一门课程。

所谓飞行器的空气动力，就是指作用在飞行器各部件上空气动力的总和。当气流流经飞行器的任一部件时，由于其他部件的存在，气流受到其他部件的干扰，其流动情况和气流流过单独的同一部件时的情况有所不同。结果使作用在该部件上的空气动力也相应地发生一定程度的改变，和单独部件相比，要形成一个空气动力增量。这样，作用在飞行器的任一部件的空气动力，都可以看成是两部分空气动力的叠加：一部分是该部件单独存在时的空气动力，另一部分是由于其他部件的干扰而形成的空气动力增量。飞行器各部件间的干扰很多，主要有机翼和机身的相互干扰(包括尾翼和机身间的干扰)，前翼对后翼的干扰，翼片与翼片之间的干扰等。本教材首先研究各部件的气动特性，然后研究干扰影响及整个飞行器的气动特性。

本教材的主要任务是分析和计算给定外形的飞行器的气动力、力矩及其静导数、动导数等，并针对技术指标要求进行导弹气动布局的设计。对于从事飞行器设计、空气动力学和飞行力学工作的技术人员来说，要准确地确定飞行器设计中飞行器的飞行性能、稳定性和操纵性等问题，然而这些问题都直接与作用在飞行器上的空气动力密切相关，因此掌握飞行器上所受的空气动力的分析与计算方法是从事飞行器设计和研究上述有关问题的基础。

研究飞行器空气动力特性的方法有理论方法、实验方法和数值计算方法三种。理论分析方法是在研究空气运动规律的基础上，建立各种简化的数学模型，形成控制方程，在一定假设条件下，经过解析推导及运算，得到问题的解析解或简化解。其最大特点是往往给出带有普遍性的信息，在一定条件下可以得到封闭、简单的公式。理论研究的方法一般总是要做一些简化的假定，数学模型只能把事物的主要特征反映出来。因此，理论结果与实际结果总是有差别的，而且对于大量的复杂的空气动力问题，理论分析方法往往会受到限制。实验研究一直是空气动力特性的主要研究手段，通过实验设备直接测量空气运动的参数，获取速度、压力、载荷、力矩等相关数据，结果较为真实、可靠。但实验研究中也存在诸如模型尺寸限制、实验边界影响、支架干扰、测量误差、研究周期长、费用昂贵等不足。随着有限差分、有限元、有限体积等数值求解方法的发展和应用，近些年来，与计算机相结合的计算流体力学(CFD)的数值求解方法已经成为飞行器气动特性分析的最活跃和最有潜力的方法之一。在计算机上采用数值方法求解空气动力基本方程，通过求解各种简化或非简化的方程，获取各种条件下空气运动的数据和作用在飞行器上的载荷、力矩、流动图画等。数值方法可以对有些无法进行实验而又难以做出理论分析的问题进行求解,但也存在着如数值方法稳定性、精度和可靠性等需要验证和提高的问题。这三种研究方法不是相互排斥,而是相互补充的。需要将三者联系起来分析和计算飞行器的空气动力数据。

1.2 飞行器的基本类型

1.2.1 飞行器的两种对称形式

1. 面对称飞行器

面对称飞行器指飞行器有一个对称面的情况,如图1-1所示,大部分飞机和飞航式导弹属于此种情况。此种飞行器在纵向平面内可以产生较大的法向力,所以,它在此平面内可以做较大的机动飞行。在水平面内只能做缓慢的机动飞行,因为垂直尾翼和机身所产生的侧力都不大。图1-2(a)所示为水平翼,图1-2(c)中机翼与机身轴线之间的距离 y,则表示了机翼相对于机身的上下位置。在图1-2中,$y>0$ 称上单翼,$y=0$ 为中单翼,$y<0$ 为下单翼,翼根弦与机身轴的夹角 φ_{yi} 称为安装角(见图1-2(d))。

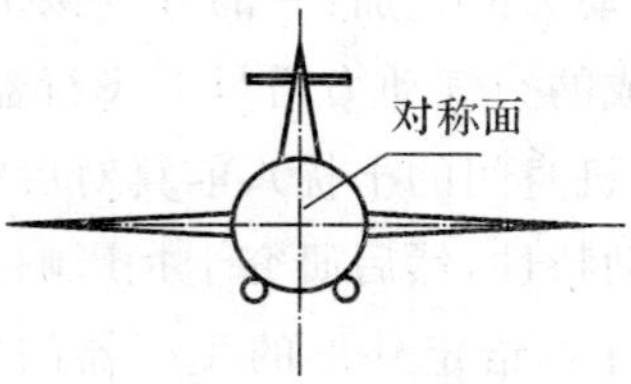

图1-1 面对称飞行器的对称面

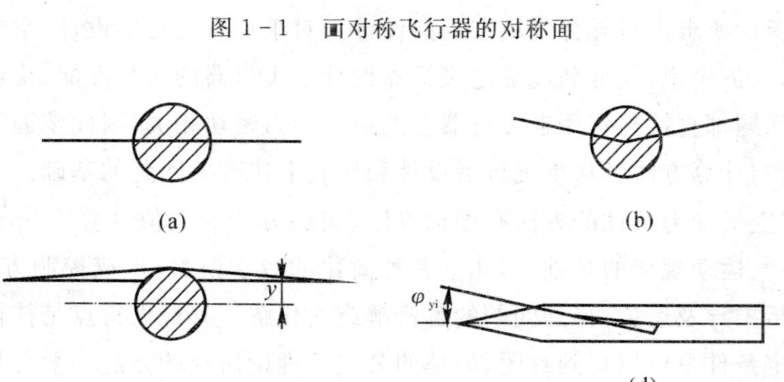

图1-2 飞行器翼面的布置

(a) 水平翼;(b) 上反翼;(c) 上单翼;(d) 安装角

2. 轴对称飞行器

轴对称飞行器指飞行器的外形关于飞行器的纵轴线相互对称(见图1-3),此类飞行器有十字型和X型。由于它有两对较大的翼面,因而它在任意方向都可以产生较大的法向力,也就是说,它可以在任何平面内做较大的机动飞行,所以它能对付机动性较大的目标。大多数导弹属于轴对称配置。

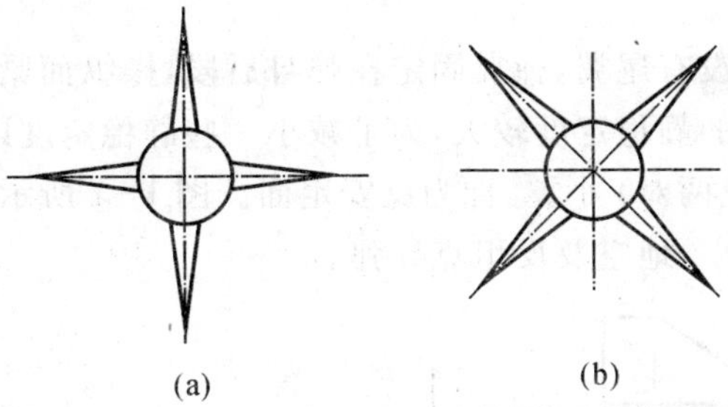

图 1－3　轴对称飞行器

(a) 十字型翼；(b)X 型翼

1.2.2　飞行器的几种基本类型

1. 正常式

机翼固定在机身上,机翼主要产生升力以平衡飞行器的重力和使飞行器做机动飞行。尾翼(或平尾的舵面)位于机翼之后,起稳定和操纵作用。尾翼(或平尾的舵面)可以相对于机身轴线偏转,使尾翼(或舵面)的有效迎角增加或减小,产生附加的空气动力。此力对飞行器重心的力矩可以改变飞行器的飞行姿态,由此改变飞行器的运动方向。这种尾翼(或平尾的舵面)称为操纵面或舵面。舵面在后、机翼在前的飞行器称为正常式布局,如图 1－4 所示。一般的飞机、导弹属于此类布局。此类飞行器的舵面处于翼面的下洗流场中,故舵面气动效率相对较低。

2. 鸭式

若把舵面安放在机翼(通常把产生主要升力的翼面称为机翼)之前,舵面同样起操纵面的作用。这种类型的飞行器就称为鸭式飞行器。由于操纵面在前,它不受机翼下洗流的影响,因此舵面气动效率较高。但主翼受前舵下洗流的影响,翼面升力有所减小。图 1－5 所示为鸭式的空空导弹。

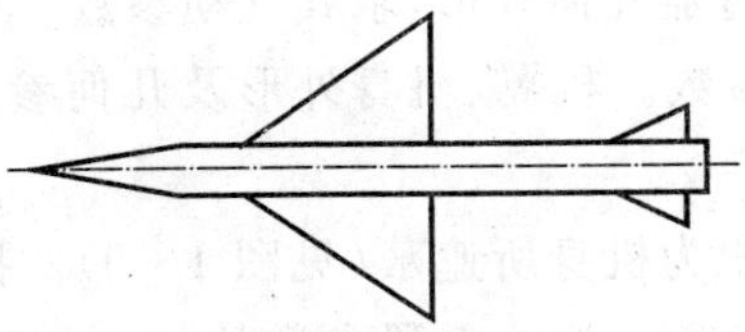

图 1－4　正常式飞行器

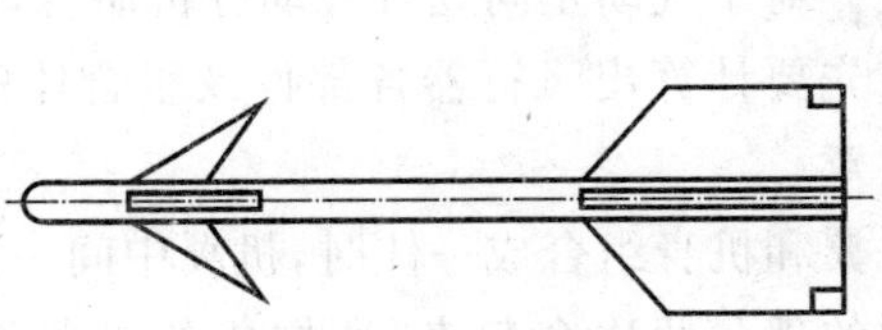

图 1－5　鸭式飞行器

3. 旋转弹翼式

这类飞行器的外形与正常式相类似,弹翼在前、尾翼在后。不同的是,弹翼相对于弹身可以旋转,起操纵面作用,而尾翼是固定在弹身上的,不能转动。尾翼对飞行器只起稳定作用,所以又称为安定面。此类飞行器由于操纵面很大,操纵面偏转直接产生较大的升力,故快速性和机动性好,但操纵面的铰链力矩很大,这是不利的。这种飞行器在飞行过程中弹身迎角变化比较小,因此动力装置可以安装直流冲压发动机。图 1－6 所示为一种旋转弹翼式空空导弹(麻雀)。这种形式多用于导弹。

4. 无尾式

这类飞行器的特点是没有尾翼，弹翼固定在弹身后段，操纵面紧靠弹翼，弹翼翼展较短，翼弦较长。一般此类飞行器的静稳定度较大，为了减小一些静稳定度以改善飞行器的操纵性，通常在弹翼前方装有一对(或两对) 小翼，称为反安定面。图 1-7 所示为一种典型的无尾式空空导弹。这种类型多用于空空、地空及反坦克导弹。

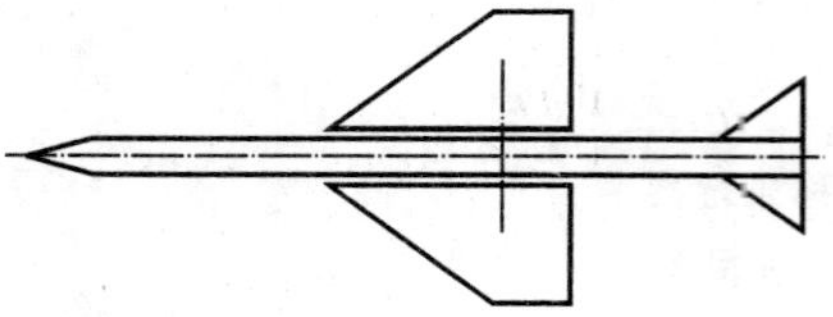

图 1-6　旋转弹翼式飞行器

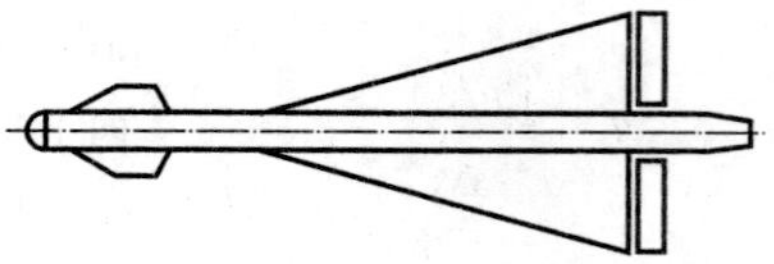

图 1-7　无尾式飞行器

5. 弹道式

此类飞行器没有弹翼只有尾翼，有的甚至连尾翼也没有，只有一个弹身。此类飞行器大部分时间在大气层外飞行，所以不需要产生气动力的翼面。有尾式火箭如 V-2(见图 1-8)、“红石”等。尾翼主要起稳定和操纵作用。无尾翼的如“阿特斯”。一般用作发射卫星的运载火箭大多没有尾翼，有时弹身的尾部有一段扩展段，称为安定裙，起稳定作用，借助于摇摆发动机进行操纵。

图 1-8　弹道式飞行器

1.2.3　飞行器的几何参数

飞行器通常由机翼、机身、尾翼(水平尾翼和垂直尾翼) 以及动力装置(进气道、尾喷口) 等部件组成。对于气动正问题及气动分析而言，已知飞行器几何外形，求其气动参数。要解决这一问题首先要计算出飞行器各部件及组合体的几何参数。机翼、机身外形及几何参数见第 2 章和第 3 章。

当机翼和机身组合成一体时，机翼中间一部分面积为机身所遮蔽(见图 1-9)。把它外露在气流中的部分两边合起来，所构成的机翼称为外露翼。凡外露翼参数均加下标“wl”，如：S_{wl}—— 翼面积；l_{wl}—— 翼展长；b_{0wl}—— 翼根弦长；b_{1wl}—— 翼尖弦长；$\lambda_{wl}=\dfrac{l_{wl}^2}{S_{wl}}$—— 展弦比；$\eta_{wl}=\dfrac{b_{0wl}}{b_{pwl}}$—— 根梢比。

在组合体中把外露翼根部的前后缘向机身内延长并交于机身纵对称面，这样组成的机翼称为毛机翼。凡未加下标说明的，则为毛机翼。

如果安装机翼处的机身直径 D 为已知，则梯形翼利用以下公式可求出外露翼和毛机翼的几何参数之间的关系：

$$S_{wl}=S\left(1-\frac{\eta-1}{\eta+1}\frac{D}{l}\right)\left(1-\frac{D}{l}\right)；\qquad S=S_{wl}\left(1+\frac{\eta_{wl}-1}{\eta_{wl}+1}\frac{D}{l_{wl}}\right)\left(1+\frac{D}{l_{wl}}\right)$$

$$l_{wl}=l-D;\qquad l=l_{wl}+D$$

$$b_{0wl}=b_0\left(1-\frac{\eta-1}{\eta}\frac{D}{l}\right);\qquad b_0=b_{0wl}\left(1+\frac{\eta_{wl}-1}{\eta_{wl}}\frac{D}{l_{wl}}\right)$$

$$\eta_{wl}=\eta-\frac{D}{l}(\eta-1);\qquad \eta=\eta_{wl}+\frac{D}{l_{wl}}(\eta_{wl}-1)$$

$$\lambda_{wl}=\lambda\frac{1-\frac{D}{l}}{1-\frac{\eta-1}{\eta+1}\frac{D}{l}};\qquad \lambda=\lambda_{wl}\frac{1+\frac{D}{l_{wl}}}{1+\frac{\eta_{wl}-1}{\eta_{wl}+1}\frac{D}{l_{wl}}}$$

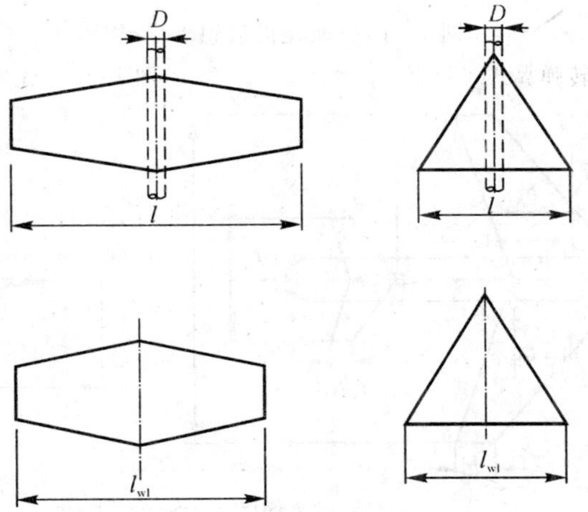

图 1-9 外露翼和毛机翼的几何参数

梯形外露翼和毛机翼的平均气动弦长(定义见第 2 章式(2-4))及其展向位置为

$$(b_A)_{wl}=\frac{4}{3}\frac{S_{wl}}{l_{wl}}\left[1-\frac{\eta_{wl}}{(1+\eta_{wl})^2}\right]$$

$$b_A=\frac{4}{3}\frac{S}{l}\left[1-\frac{\eta}{(1+\eta)^2}\right]$$

$$\left(z_A-\frac{D}{2}\right)_{wl}=\frac{l_{wl}2+\eta_{wl}}{1+\eta_{wl}}$$

$$z_A=\frac{l}{3}\frac{\eta+2}{\eta+1}$$

梯形机翼后掠角

$$\tan\chi_{1/4}=\tan\chi_0-\frac{1}{\lambda}\frac{\eta-1}{\eta+1}$$

$$\tan\chi_{1/2}=\tan\chi_0-\frac{2}{\lambda}\frac{\eta-1}{\eta+1}$$

$$\tan\chi_1=\tan\chi_0-\frac{4}{\lambda}\frac{\eta-1}{\eta+1}$$

飞机的尾翼(平尾、垂尾)都可视为机翼来计算其几何参数,亦可把它分为毛尾翼和外露尾翼参数。只是计算单垂尾几何参数时,常把垂尾的对面假想有一与其对称的下垂尾来计算其展弦比,如图 1-10 所示。

整个飞行器的几何尺寸与参数见图 1-11(a)(b)。图 1-11(a) 表示飞机的几何尺寸与参数。飞机的垂尾和平尾参数分别用下标“cw”和“pw”表示。图 1-11(b) 表示导弹外形的几何参数。导弹有弹翼和尾翼；通常主翼参数用下标“yi”表示，翼面按前后位置区分时，前翼、后翼参数分别用下标“qy”和“wy”表示。

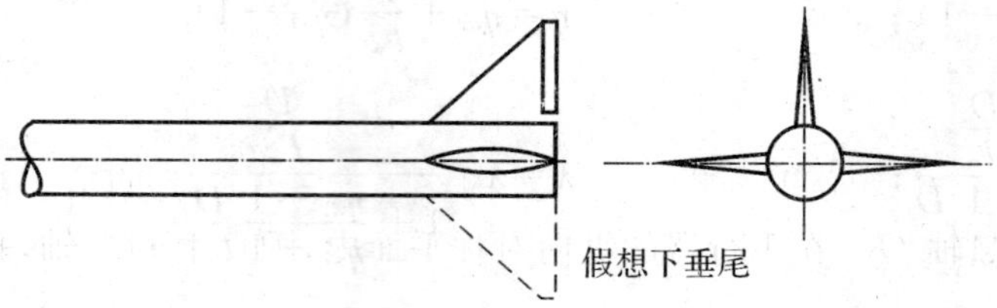

图 1-10　垂尾的假想下垂尾

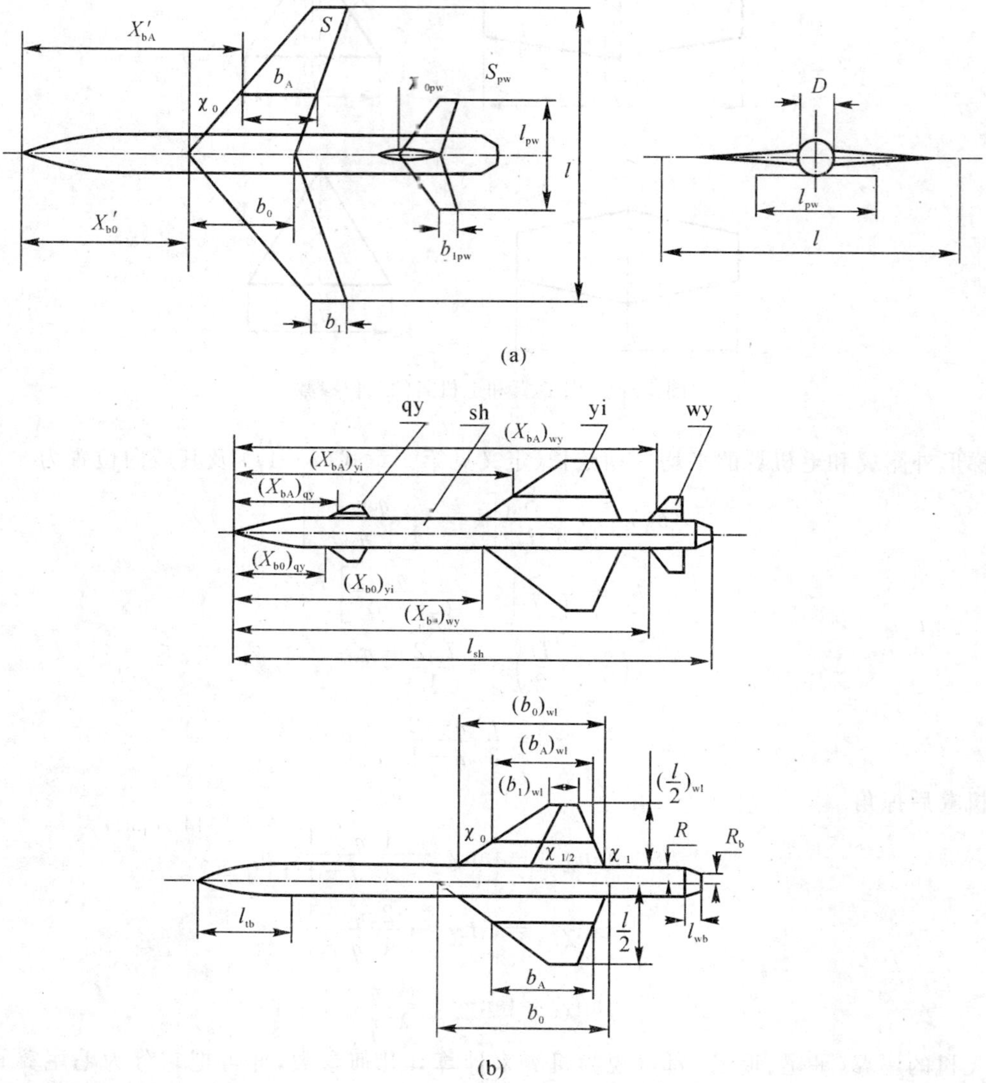

图 1-11

(a) 飞机的几何参数；(b) 导弹的几何参数

1.3　飞行器的坐标系

在飞行器空气动力分析计算中，经常用到机体坐标系和速度坐标系。

1.3.1　机体坐标系

机体坐标系 $Ox_ty_tz_t$ 是固连在机体上的，坐标原点取在飞行器重心上，纵轴 Ox_t 沿机体轴线，指向前方为正，竖轴 Oy_t 在飞行器的纵向对称平面内，垂直于 Ox_t 轴，指向上方为正，横轴 Oz_t 垂直于 x_tOy_t 平面（纵向对称面），与 Ox_t，Oy_t 组成右手坐标系（见图 1-12）。

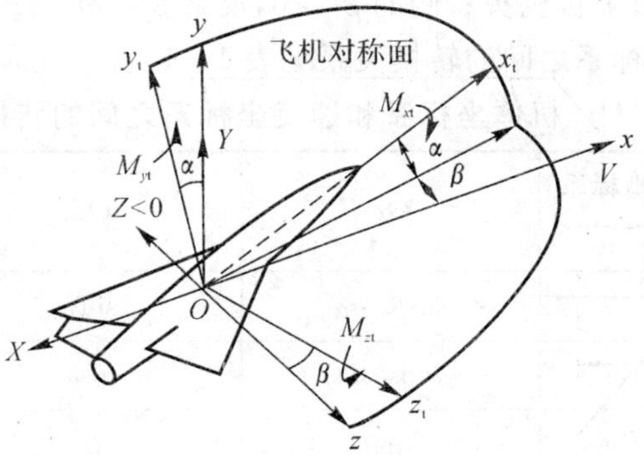

图 1-12　机体坐标系与速度坐标系

空气动力合力沿机体坐标系分解后，得到三个分力，它们是

$$X_t = C_{xt}q_\infty S \quad \text{（轴向力，指向后方为正）}$$

$$Y_t = C_{yt}q_\infty S \quad \text{（法向力）}$$

$$Z_t = C_{zt}q_\infty S \quad \text{（横向力）}$$

空气动力对飞行器重心的合力矩 **M** 沿机体坐标系分解后，得到三个分力矩

$$M_{xt} = m_{xt}q_\infty Sl,\quad M_{yt} = m_{yt}q_\infty Sl,\quad M_{zt} = m_{zt}q_\infty Sl$$

式中，S 为参考面积；l 为参考长度。飞机通常以毛机翼面积为参考面积，毛机翼平均气动弦长为参考长度，导弹通常用弹身最大横截面积为参考面积，全弹长度为参考长度。

1.3.2　速度坐标系

速度坐标系 $Oxyz$ 的坐标原点亦取在飞行器重心上，Ox 沿速度矢量方向，Oy 轴在飞行器的纵向对称平面内，垂直于 Ox 轴，指向上方，Oz 与 Ox，Oy 轴相互垂直，构成右手坐标系（见图 1-12）。

空气动力合力沿速度坐标系分解的三个分量为

$$X = C_xq_\infty S \quad \text{（阻力，指向后方为正）}$$

$$Y = C_yq_\infty S \quad \text{（升力）}$$

$$Z = C_zq_\infty S \quad \text{（侧力）}$$

空气动力对飞行器重心的合力矩 **M** 沿速度坐标系分解后的三个分量为

$$M_x = m_xq_\infty Sl,\quad M_y = m_yq_\infty Sl,\quad M_z = m_zq_\infty Sl$$

在实际应用中，气动力矩 $\boldsymbol{M}$ 沿速度坐标系分解的三个分量不常用，而对机体坐标系上的三个分量 M_{xt}，M_{yt}，M_{zt} 用得最多。为了书写方便，在后面的应用中，常常省略脚注“t”，即把 M_{xt} 写成 M_x，力矩系数 m_{xt} 写成 m_x。其含义还是表示气动力矩沿机体坐标系投影的三个分量，而不能误解成气动力矩在速度坐标系内的三个投影。

1.3.3 机体坐标系和速度坐标系的关系

机体坐标系与速度坐标系之间的关系可以用迎角 α 和侧滑角 β 联系起来。迎角 α 是速度矢量 $\boldsymbol{v}_\infty$ 在 $x_t O y_t$ 平面(纵向对称面)上的投影与 Ox_t 轴之间的夹角。对轴对称飞行器，正迎角产生正升力，负迎角产生负升力。侧滑角 β 是速度矢量 $\boldsymbol{v}_\infty$ 与纵向对称面 $x_t O y_t$ 的夹角。一般从飞行器尾部向前看来流，来自机头右侧的 $\beta > 0$，反之 $\beta < 0$。

机体坐标系和速度坐标系之间的转换关系见表 1－1。

表 1－1 机体坐标系和速度坐标系之间的转换关系

速度坐标系 / 机体坐标系	Ox	Oy	Oz
Ox_t	$\cos\beta\cos\alpha$	$\sin\alpha$	$-\sin\beta\cos\alpha$
Oy_t	$-\cos\beta\sin\alpha$	$\cos\alpha$	$\sin\beta\sin\alpha$
Oz_t	$\sin\beta$	0	$\cos\beta$

第 2 章　机翼的气动特性分析

2.1　机翼的几何参数

飞机机翼厚度方向的尺寸较弦向和展向尺寸小得多，因此，可将机翼视做一个扁平物体。机翼的几何参数主要是指构成机翼的翼型，平面形状——根梢比、展弦比和后掠角、扭转角、上反角等。为说明机翼的几何参数，要引入坐标系，坐标系的原点通常置于机翼根弦的前缘点上，如图 2－1 所示。

下面讨论与机翼空气动力特性有关的重要几何参数。

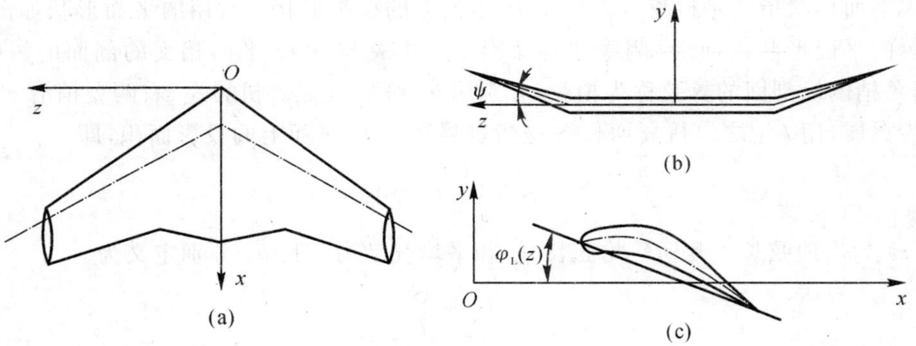

图 2－1　机翼的几何特性和坐标系

(a)机翼平面形状；(b)上反角；(c)翼型、扭转角

2.1.1　翼型的几何参数

用平行于对称面 xOy 的平面将机翼切一刀所得到的截面称为翼剖面或翼型，如图 2－2 所示。

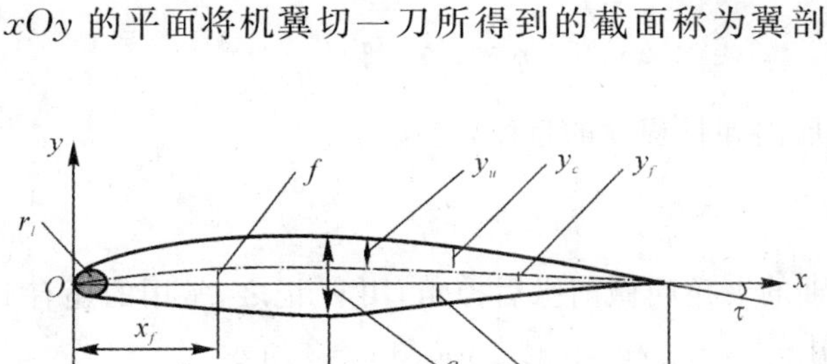

图 2－2　翼型(翼剖面) 的几何特性

翼型的前缘点与后缘点的连线称为弦线。它们之间的距离称为翼型弦长，用符号 b 记之，

它是翼型的特征长度。

机翼的翼型形状可用厚度特性——厚度分布、最大厚度和最大厚度位置，弯度特性——中弧线、最大弯度和最大弯度位置，前缘半径和后缘角等参数来描述。可以想象翼型是由厚度分布 $\bar{y}_c(\bar{x})$ 和中弧线分布 $\bar{y}_f(\bar{x})$ 叠加而成的，如图 2-2 所示。对于中等厚度和弯度的翼型，上、下翼面方程可以写成

$$\bar{y}_{U,L}(\bar{x})=\bar{y}_f(\bar{x})\pm\bar{y}_c(\bar{x}) \tag{2-1}$$

式中的正号用于翼型上表面，负号用于下表面。$\bar{x}=x/b$，$\bar{y}=y/b$ 分别为纵、横向无量纲坐标。翼型的最大厚度 c 和最大弯度 f 分别除以弦长 b 称为相对厚度和相对弯度，用 $\bar{c}$ 和 $\bar{f}$ 记之。最大厚度位置和最大弯度位置分别用 x_c 和 x_f 或用无量纲量 $\bar{x}_c(x_c/b)$ 和 $\bar{x}_f(x_f/b)$ 记之。翼型前缘的内切圆半径叫做前缘半径，用 r_L 记之，它通常与翼型厚度有关。后缘角 τ 是翼型上表面和下表面在后缘处的夹角。

2.1.2 机翼的几何参数

1. 机翼平面形状——根梢比、展弦比和后掠角

机翼平面形状指的是机翼外形在 xOz 平面上的投影形状。常用的平面形状如图 2-3 所示。机翼的平面形状由前缘、侧缘和后缘确定。机翼与 xOy 平面相交的剖面的翼弦称为根弦，机翼翼梢侧缘剖面的翼弦称为梢弦，分别用 b_0 和 b_1 记之。机翼左、右两翼梢沿 z 轴方向的距离称为翼展，用 l 记之。机翼面积 S 是指机翼在 xOz 平面上的投影面积，即

$$S=\int_{-\frac{l}{2}}^{\frac{l}{2}}b(z)\,\mathrm{d}z \tag{2-2}$$

式中，$b(z)$ 为当地弦长。几何平均弦长 b_{pj} 和平均气动力弦长 b_A 分别定义为

$$b_{pj}=\frac{S}{l} \tag{2-3}$$

$$b_A=\frac{2}{S}\int_0^{\frac{l}{2}}b^2(z)\,\mathrm{d}z \tag{2-4}$$

显然，b_{pj} 是面积和展长都与原机翼相等的当量矩形翼的弦长；而 b_A 是半翼面心所在的展向位置处的弦长，通常取 b_A 作为纵向力矩的参考长度。除了上述几何参数外，通常还采用几种无量纲几何参数——根梢比、梢根比和展弦比。根梢比 η 和梢根比 ξ 定义为

$$\eta=\frac{b_0}{b_1},\quad \xi=\frac{b_1}{b_0} \tag{2-5}$$

展弦比 λ 是机翼展向伸长程度的量度，定义为

$$\lambda=\frac{l}{b_{pj}}=\frac{l^2}{S} \tag{2-6}$$

梯形后掠翼前缘与 z 轴的夹角叫做前缘后掠角，用 χ_0 记之，常用的还有 1/4 弦线、1/2 弦线和后缘线的后掠角，分别用 $\chi_{1/4}$，$\chi_{1/2}$ 和 χ_1 记之，如图 2-3 所示。

2. 几何扭转角和气动扭转角

在机翼上垂直于 z 轴的翼剖面弦线与翼根剖面弦线之间的夹角称为几何扭转角 $\varphi_L(z)$，如图 2-1 所示。若该翼剖面几何迎角大于翼根剖面的几何迎角，则扭转角为正。但要注意除了几何扭转角外，还有所谓气动扭转角，指的是垂直于 z 轴的翼剖面的零升力线与翼根剖面的零升力线间的夹角。

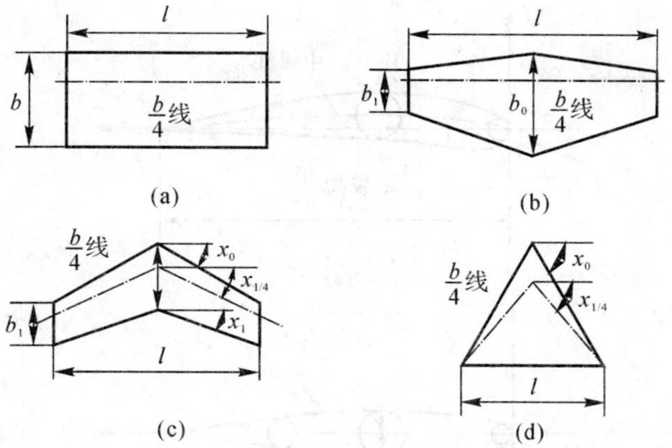

图 2-3　机翼的平面形状和几何特性

2.2　翼型的低速气动特性

2.2.1　翼型的升力和力矩特性

黏性对失速前翼型升力特性的影响是可以忽略的。此外，只要翼型相对厚度 $\bar{c}$ 和相对弯度 $\bar{f}$ 都很小，并且翼型的迎角也不大，那么翼型表面上压强的合力大小和方向就只受到厚度分布的轻微影响。对于这样的微弯薄翼，翼型的升力和力矩特性可以用气流绕它的中弧线流动而求得，也就是说可以用薄翼理论来计算。

2.2.1.1　压强和载荷

根据伯努利方程，流动中某点的压强系数与该点的速度 $\boldsymbol{v}$ 有如下关系：

$$C_p = 1 - \left(\frac{v}{v_\infty}\right)^2 \tag{2-7a}$$

式中，$\boldsymbol{v} = (v_\infty + v_x)\boldsymbol{i} + v_y\boldsymbol{j}$，$v_x$ 和 v_y 为扰动速度，v_∞ 为来流速度。对于小扰动情况，即 v_x，$v_y \ll v_\infty$，略去二阶小量后式(2-7a)可简化成

$$C_p = -\frac{2v_x}{v_\infty} \tag{2-7b}$$

弦向点 x 处下翼面与上翼面的压强 p_L 和 p_U 之差为载荷，用符号 $\Delta p(x)$ 记之，并表示为

$$\Delta p(x) = p_L(x) - p_U(x) = \Delta C_p(x) \cdot q_\infty \tag{2-8}$$

式中，$\Delta C_p(x)$ 为载荷系数，$q_\infty = \frac{1}{2}\rho_\infty v_\infty^2$。

对于薄翼，整个翼型是由厚度分布和中弧线叠加而成的，如图 2-4 所示。在小迎角情况下，根据线性化方程和边界条件，翼型的压强系数可以表示成由厚度和弯度(包括迎角)贡献的叠加，即

$$C_p = C_{pc} + C_{pf} + C_{p\alpha}$$

式中，C_{pc} 为当迎角 $\alpha = 0$ 和弯度 $f = 0$ 时，由厚度产生的压强系数；$C_{pf} + C_{p\alpha}$ 为中弧线和迎角产生的压强系数。

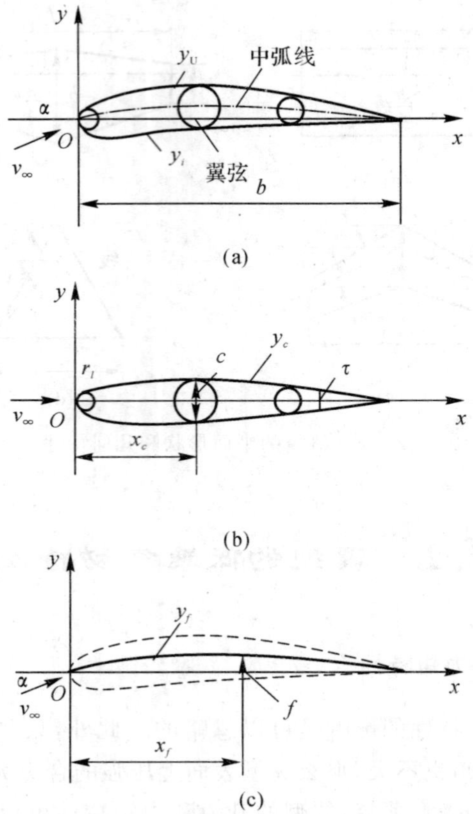

图 2-4　任意形状翼型可线性地分解为厚度和弯度问题的示意图

(a) 总翼型；(b) 零弯度翼型(厚度分布)；(c) 中弧线(弯度分布)

对于任意厚度和弯度分布的翼型，可用数值解法得到物面压强系数和载荷系数。图 2-5 所示为利用涡面元的数值解法对 NACA2412 翼型作压强分布计算。

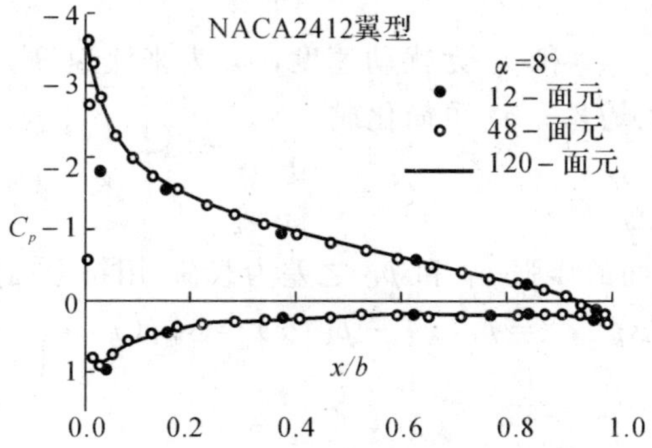

图 2-5　涡面元法的计算结果

2.2.1.2　升力和力矩特性

对于微弯薄翼在小迎角条件下，翼型可用它的中弧线来代替，在中弧线上连续分布附着涡。附着涡强度 $\gamma(x)$ 根据来流速度与涡扰动的速度的合速必须与物面相切的边界条件来确定，这就是薄翼理论的计算模型。求出 $\gamma(x)$ 后，由库塔-儒可夫斯基(Kutta-Joukowski) 升力定理就可求出薄翼型的升力和力矩特性。下面讨论薄翼理论的结果。

翼型的升力系数和绕翼型前缘的力矩系数为

$$C_y = \frac{Y}{q_\infty b} = \frac{1}{q_\infty b}\int_0^b \Delta p(x)\mathrm{d}x \tag{2-9}$$

$$m_{z\mathrm{L.E.}} = \frac{M}{q_\infty b^2} = \frac{-1}{q_\infty b^2}\int_0^b \Delta p(x)x\mathrm{d}x \tag{2-10}$$

式中，规定力矩使翼型前缘抬头为正，载荷与环量密度 $\gamma(x)$ 的关系为

$$\Delta p(x) = \rho_\infty v_\infty \gamma(x) \tag{2-11}$$

由薄翼理论有

$$\gamma(x) = 2v_\infty\left(A_0\frac{1+\cos\theta}{\sin\theta} + \sum_{n=1}^{\infty}A_n\sin n\theta\right) \tag{2-12}$$

由式(2-9)至式(2-12)，得

$$C_y = 2\pi A_0 + \pi A_1 \tag{2-13}$$

$$m_{z\mathrm{L.E.}} = -\frac{1}{2}\pi\left(A_0 + A_1 - \frac{1}{2}A_2\right) \tag{2-14a}$$

用升力系数表示的力矩系数可写成

$$m_{z\mathrm{L.E.}} = -\frac{1}{4}C_y + \frac{1}{4}\pi(A_2 - A_1) \tag{2-14b}$$

式(2-12)至式(2-14)中的多项式系数 A_n 与中弧线方程 $y_f(x)$ 的关系为

$$A_0 = \alpha - \frac{1}{\pi}\int_0^\pi \frac{\mathrm{d}y_f(x)}{\mathrm{d}x}\mathrm{d}\theta$$

$$A_n = \frac{2}{\pi}\int_0^\pi \frac{\mathrm{d}y_f(x)}{\mathrm{d}x}\cos n\theta\,\mathrm{d}\theta \quad (n=1,2,\cdots) \tag{2-15}$$

$$x = \frac{b}{2}(1-\cos\theta)$$

1.翼型的升力特性

将式(2-15)的系数代入式(2-13)，C_y 改写为

$$C_y = 2\pi(\alpha - \alpha_0)$$

$$\alpha_0 = \frac{1}{\pi}\int_0^\pi \frac{\mathrm{d}y_f(x)}{\mathrm{d}x}(1-\cos\theta)\mathrm{d}\theta \tag{2-16}$$

式中，α_0 为零升迎角，它代表零升力线与弦线的夹角(见图 2-6)，它仅与中弧线形状有关。此式说明翼型的升力系数随几何迎角 α 成线性变化。

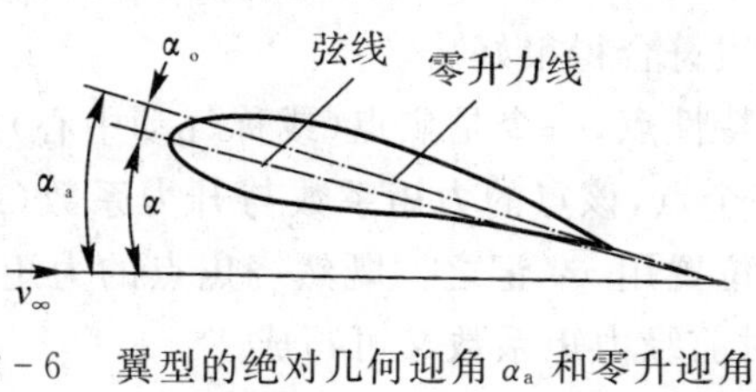

图 2-6　翼型的绝对几何迎角 α_a 和零升迎角 α_0

将 C_y 对 α 求导，得薄翼理论的升力线斜率

$$C_y^\alpha = 2\pi \tag{2-17}$$

图 2-7 显示出了 NACA0009 和 NACA2408 两翼型的实验结果，表明在 $-10^\circ < \alpha < +10^\circ$ 的范围内，式(2-16) 的结果与实验数据符合得很好。当 C_y 曲线显著偏离线性关系时，翼型“失速”，此时薄翼理论失效。

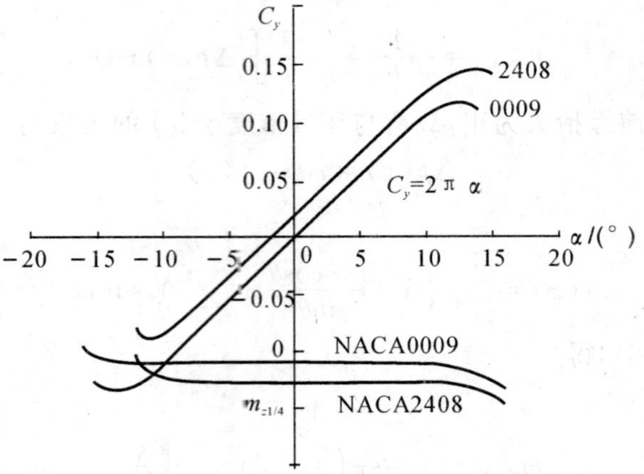

图 2-7　对称翼型和弯度翼型的 C_y 和 $m_{z1/4}$ 与 α 的关系曲线

2. 翼型的力矩特性

对于给定的翼型，式(2-14b) 等号右边的第二项 $\frac{1}{4}\pi(A_2 - A_1)$ 为常量，故 $m_{z\mathrm{L.E}}$ 与 C_y 成线性关系，可将式(2-14b) 改写为

$$\left.\begin{aligned} m_{z\mathrm{L.E.}} &= m_{z0} + m_z^{C_y} C_y \\ m_{z0} &= \frac{\pi}{4}(A_2 - A_1) \\ m_z^{C_y} &= -\frac{1}{4} \end{aligned}\right\} \tag{2-18}$$

式中，m_{z0} 是零升力矩系数，它与翼型的升力或迎角无关，仅是翼型弯度分布 $\bar{y}_f(\bar{x})$ 的函数；$m_z^{C_y}$ 是力矩系数对升力系数的导数。

如果对翼型的 1/4 弦点取力矩，并利用式(2-18)，可得

$$m_{z1/4} = m_{z\mathrm{L.E.}} + \frac{1}{4} C_y = m_{z0} \tag{2-19}$$

显然，对于薄翼理论而言，1/4 弦点力矩系数 $m_{z1/4}$ 与升力系数(或迎角) 无关，$m_{z1/4}$ 就等于翼型的零升力矩系数 m_{z0}。图 2-7 给出 $m_{z1/4}$ 随迎角变化的实验曲线，可见，式(2-19) 的结果在中小迎角范围内与实验曲线符合得很好。

在翼型上有两个重要的特性点，一个是焦点(或称气动中心)，另一个是压力中心。

1) 翼型上存在这样的一个点，该点的力矩系数与升力系数(或迎角) 无关，这一点称为翼型的焦点。焦点的弦向相对位置用 $\bar{x}_F$ 记之。既然绕焦点的力矩与升力系数 C_y 无关，故它是升力增量的作用点。因此，对前缘力矩系数又可写成

$$m_{z\mathrm{L.E.}} = m_{z0} - \bar{x}_F C_y \tag{2-20}$$

将式(2-20) 与式(2-18) 的第一式相比较，可得基于薄翼理论的焦点位置

$$\bar{x}_F = -m_z^{C_y} = \frac{1}{4} \tag{2-21}$$

2）翼型的升力作用线与弦线的交点称为压力中心，压力中心的弦向相对位置用 $\bar{x}_P$ 记之。根据上述定义，将前缘力矩系数除以升力系数，可得 $\bar{x}_P$ 为

$$\bar{x}_P = -\frac{m_{z0}}{C_y} - m_z^{C_y} = \bar{x}_F - \frac{\pi}{4}\frac{(A_2 - A_1)}{C_y} \tag{2-22}$$

从方程(2-15)可见，A_1 和 A_2 都与迎角无关，它们都只取决于中弧线的形状，因此式(2-22)表明，压力中心 $\bar{x}_P$ 将随 C_y 而变化。对于对称翼型（弯度分布 $\bar{y}_f(\bar{x})=0$），$A_2 = A_1 = 0$，薄翼理论的压力中心与焦点重合，即 $\bar{x}_P = \bar{x}_F = \dfrac{1}{4}$。所以，对于一般翼型使用焦点这一概念要比应用压力中心来得方便。

【例 2-1】　某一翼型的弯度分布 $\bar{y}_f(\bar{x}) = 4\bar{f}(\bar{x} - \bar{x}^2)$，试求该翼型的升力和力矩特性。

解　该翼型的弯度分布沿 $\bar{x}$ 的变化率为

$$\frac{\mathrm{d}\bar{y}_f(\bar{x})}{\mathrm{d}\bar{x}} = 4f(1-2\bar{x}) = 4\bar{f}\cos\theta$$

由式(2-15)，得

$$A_0 = \alpha,\quad A_1 = 4\bar{f},\quad A_n = 0\quad (n \geqslant 2)$$

于是根据式(2-16)～式(2-22)，有

$$\alpha_0 = -2\bar{f},\quad C_y = 2\pi(\alpha + 2\bar{f})$$

$$m_{z1/4} = m_{z0} = -\pi\bar{f},\quad m_{z\mathrm{L.E.}} = -\frac{1}{2}\pi(\alpha + 4\bar{f})$$

$$\bar{x}_F = \frac{1}{4},\quad \bar{x}_P = \frac{1}{4} + \frac{\bar{f}}{2(\alpha + 2\bar{f})}$$

由最后一个式子可以看出，在零迎角下该翼型的压力中心 $\bar{x}_P = \dfrac{1}{2}$，当迎角 α 或 C_y 增大时，它将移向焦点。

表 2-1 列出了失速前一些翼型的气动特性的典型实验值。从表中可以看出利用薄翼理论的升力斜率 $C_{y\infty}^{\alpha}$ 和焦点位置 $\bar{x}_F$ 很接近于实验数据。对于零升迎角 α_0 和零升力矩系数 m_{z0}，薄翼理论的计算值随翼型形状的变化也遵循给出的实验数据。

表 2-1　翼型气动特性的典型实验数据

翼剖面名称	$\dfrac{C_y^{\alpha}}{2\pi}$	$\alpha_0/(^\circ)$	$\bar{x}_F$	m_{z0}
NACA 0009	0.995	0	0.25	0
NACA 2412	0.985	−1.9	0.243	−0.05
NACA 2415	0.97	−1.9	0.246	−0.05
NACA 2418	0.935	−1.85	0.242	−0.05
NACA 2421	0.925	−1.85	0.239	−0.045
NACA 2424	0.895	−1.8	0.228	−0.04
NACA 4412	0.985	−3.9	0.246	−0.095
NACA 23012	0.985	−1.2	0.241	−0.015

续表

翼剖面名称	$\frac{C_y^\alpha}{2\pi}$	$\alpha_0/(°)$	$\bar{x}_F$	m_{z0}
NACA 64_3-418	1.06	−2.9	0.271	−0.07
NACA 65_3-418	1.03	−2.5	0.266	−0.06
NACA 66_3-418	1.00	−2.5	0.264	−0.065

从薄翼理论的结果与实验数据(图2-7与表2-1)比较可见,在翼型处于失速前的中、小迎角范围内,薄翼理论能够满足工程计算的要求。但随着迎角增大,误差增大,在较大迎角下必须依靠更为精准的计算方法,如前面所说的涡面元法。在失速迎角附近,气动力特性则主要依赖于实验研究。

2.2.2 翼型的最大升力特性

翼型的最大升力特性以及与之相联系的失速特性在研究飞机的性能、操纵性和稳定性中居于很重要的地位。基于位流方法的薄翼理论只能估算升力与迎角成线性变化范围内的升力和力矩特性,但不能给出有关最大升力附近的任何数据。这是由于在最大升力附近所对应的迎角下,绕翼型的气流出现分离。分离是实际流的效应,很难用解析方法确定分离特性,所以最大升力附近的气动特性主要依靠实验结果。

从 $C_y-\alpha$ 的曲线的变化情况来说,绕翼型的流动分离失速现象有两种类型:第一种类型是平缓的分离失速,第二种类型为急剧的分离失速。图 2-8 给出了这两种分离失速的典型实例。

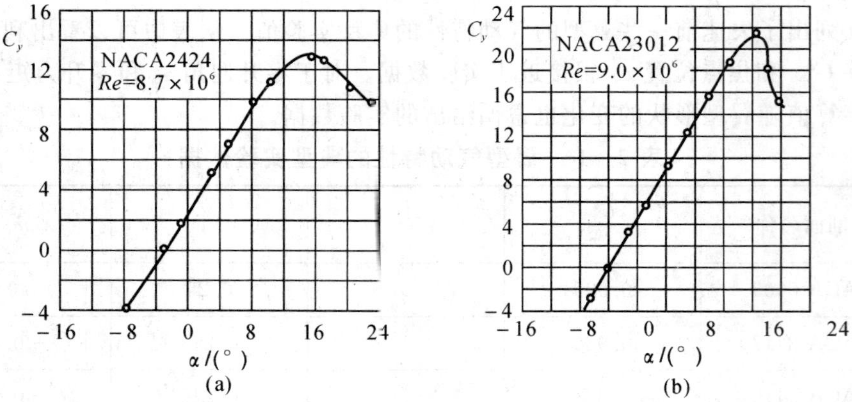

图 2-8 翼型的分离失速的实例

(a) 平缓分离失速；(b) 急剧分离失速

平缓分离失速通常发生在中等厚度以上的翼型上。对于这种类型的翼型,在翼面的后缘最先出现分离,这种分离发展得比较缓慢。当分离还不严重时,随着迎角 α 增加,C_y 还能继续上升。当 α 大到失速迎角,C_y 达到最大值 $C_{y\max}$ 时再增大 α,C_y 反而下降。C_y 从上升到下降过程是逐渐发生的,如图 2-8(a) 所示。这种缓慢的失速特性,对于飞行器飞行来说是有利的,不至于因为迎角一下子拉得太大而突然失速。

急剧的分离失速通常发生在薄翼上。这种类型的翼型最大升力系数较大，但当迎角超过失速迎角后，C_y 突然急剧下降，如图 2－8(b) 所示。

翼型的相对厚度 $\bar{c}$、前缘半径 r_L、弯度分布和厚度分布等几何参数以及雷诺数对翼型的失速特性有重要的影响，因而也对最大升力特性有重要的影响，现讨论如下。

2.2.2.1　翼型几何参数对翼型最大升力系数的影响

1. 相对厚度 $\bar{c}$ 的影响

最大升力系数 $C_{y\max}$ 随 $\bar{c}$ 的变化如图 2－9 所示。应该注意，对于给定的 $\bar{c}$，$C_{y\max}$ 很大程度上还依赖于前缘半径。图 2－9 画出了 NASALS 翼型和普通的 NACA 翼型的 $C_{y\max}-\bar{c}$ 变化曲线。由图可见 NASALS 翼型的 $C_{y\max}$ 要比 NACA 翼型大得多。对于 NACA 翼型，$\bar{c}$ 大约为 0.13 时，达到 $C_{y\max}$ 的最大值；而 NASALS 翼型，$C_{y\max}$ 最大值所对应的 $\bar{c}$ 大约为 0.15。

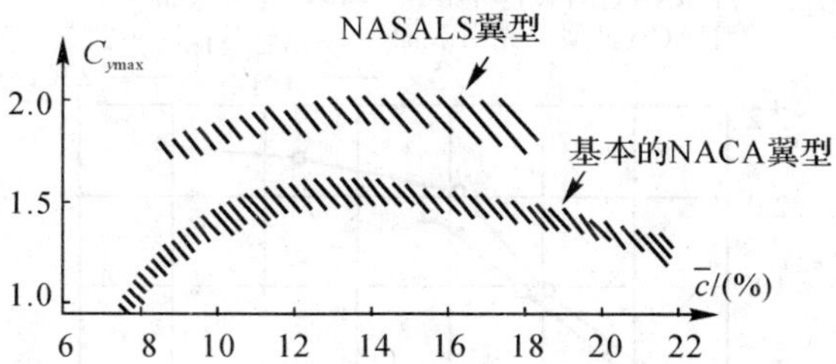

图 2－9　翼型最佳的最大升力系数随相对厚度的变化($Re=(3.5\sim6)\times10^6$)

2. 前缘半径 r_L 的影响

图 2－10 画出了 NACA 对称翼型的 $C_{y\max}$ 随 $\bar{c}$ 和 $\bar{c}_5$ 的变化曲线。$\bar{c}_5$ 是距离前缘 5% 弦长处的翼型的相对厚度。$\bar{c}_5$ 的大小是翼型头部前缘半径大小的特征数。从图2－10 可见，对于中等以上相对厚度的翼型、比较大的前缘半径的翼型，也具有较大的 $C_{y\max}$ 数值。

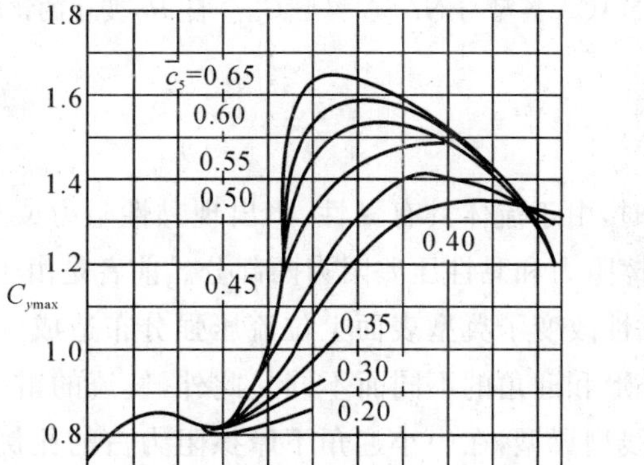

图 2－10　最大升力系数随几何参数随 $\bar{c}$ 和 $\bar{c}_5$ 的变化(NACA 对称翼型，$Re=6\times10^6$)

3. 相对弯度 $\bar{f}$ 和最大弯度位置 $\bar{x}_f$ 的影响

实验数据表明，具有弯度翼型的最大升力系数不仅依赖于相对弯度 $\bar{f}$ 和中弧线形状，而且

还与相对厚度 $\bar{c}$ 和前缘半径有关。通常，在其他条件相同的情况下，带有弯度的翼型的 $C_{y\max}$ 较大，且随着 $\bar{f}$ 增大而增大。但是随着 $\bar{c}_5$ 的增大，弯度的作用减小，也就是说薄翼的弯度作用比厚翼的大。另外，最大弯度向前缘移动，会产生更大的 $C_{y\max}$。例如在相同厚度分布和雷诺数下，NACA23012 翼型($\bar{f}=0.02$，$\bar{x}_f=0.15$)的 $C_{y\max}=1.79$，而 NACA4412 翼型($\bar{f}=0.04$，$\bar{x}_f=0.4$)的 $C_{y\max}=1.67$，前者虽然弯度小于后者，但弯度位置比后者靠近前缘，所以产生更大的 $C_{y\max}$。

2.2.2.2　雷诺数 Re 对翼型最大升力系数的影响

对于中等厚度的翼型，随着 Re 的增大，$C_{y\max}$ 明显地增加。可是对于薄翼型，雷诺数的增升作用相对就不明显。如图 2-11 所示，通常雷诺数对于对称翼型比非对称翼型的增升作用大。当低雷诺数时，弯度的增升作用大；而当雷诺数 $Re>6\times10^6$ 时，弯度的增升作用减小。

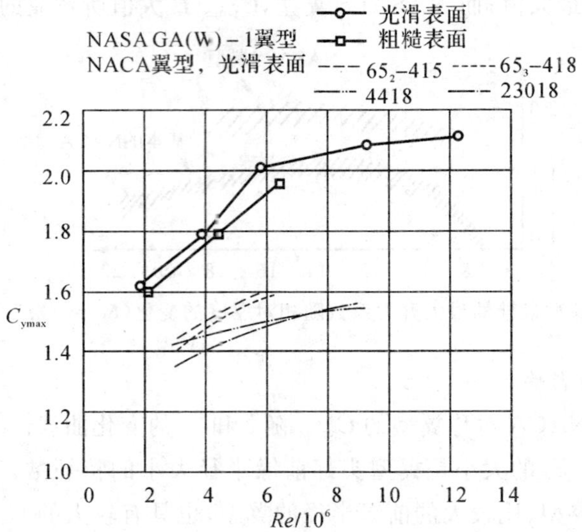

图 2-11　某些 NACA 翼型与 NASA 翼型 $C_{y\max}$ 随 Re 变化的比较($Ma_\infty=0.15$)

2.2.3　阻力特性

实际流体绕翼型流动时，由于流体具有黏性，将出现黏性阻力或型阻。为了分析方便起见，通常将型阻划分为黏性摩擦阻力和黏性压差阻力两部分。前者是由于作用在翼型表面上黏性剪应力形成的，后者是由于黏性改变了翼型表面上位流压强分布造成的。这两部分阻力在型阻中所占的比例，随着翼型的外形和迎角的不同而不同。此外，气流的雷诺数 Re 和附面层状态对它们有重要的影响。对于流线型翼型，在中小迎角下摩擦阻力占的比例大，压差阻力比较小，因此它们可由相当的平板摩擦阻力系数的数值修正而得。通常可将型阻系数近似写为

$$C_{x\mathrm{xi}}=2\,(C_{x\mathrm{mc}})_{Ma=0}\cdot\eta_c \tag{2-23}$$

式中，$2\,(C_{x\mathrm{mc}})_{Ma=0}$ 为低速不可压流中平板两侧表面摩阻系数；η_c 为考虑到翼型厚度影响的修正系数。

图 2-12 给出 $2\,(C_{x\mathrm{mc}})_{Ma=0}$ 随着 Re 和 $\bar{x}_{\mathrm{zl}}$ 变化的关系曲线。其中雷诺数 $Re=v_\infty b/\gamma$，γ 是运动黏性系数，b 是翼型弦长；$\bar{x}_{\mathrm{zl}}$ 是翼型上的附面层层流转变为紊流的转捩点相对位置，在没

有可靠的计算数据和实验数据可用的情况下，可认为转捩点位于翼型的最大厚度处，即 $\bar{x}_{zl}=\bar{x}_c$。翼型厚度影响的修正系数 η_c 的数值由图 2-13 的曲线确定。

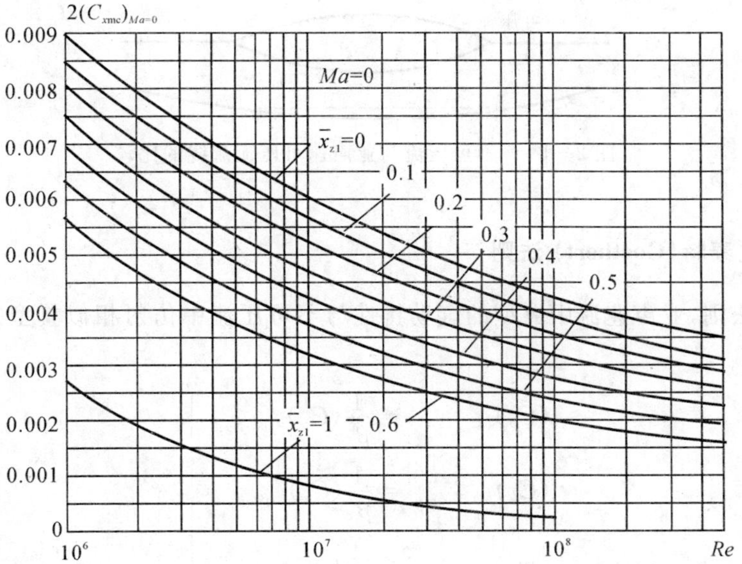

图 2-12　平板两个表面摩阻系数与 Re 和 $\bar{x}_{zl}$ 的关系曲线（$Ma=0$）

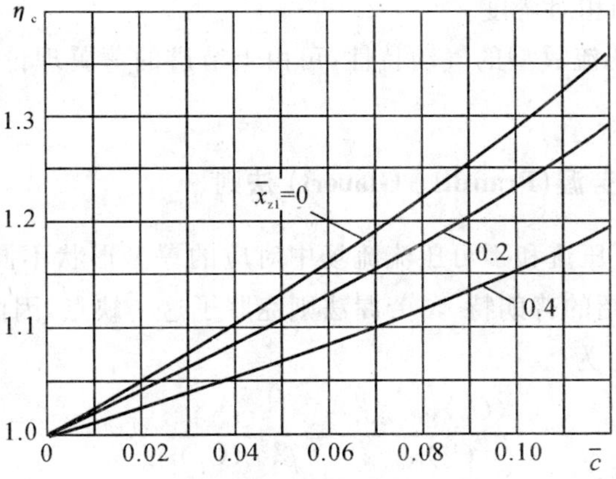

图 2-13　确定与厚度有关的摩阻修正系数 η_c 用的图线

2.3　翼型的亚声速气动特性

当气流以较高的流速流过翼型时，气流的密度就不能当做常量，但流场中当地速度仍小于当地声速，此流场称为亚声速流场。亚声速流与不可压缩流流过相同翼型的流场是没有本质区别的，只是在翼型对流场扰动的大小（见图 2-14）上和在翼型上所受的力的数量上有差异。因此，翼型的亚声速气动特性可以由不可压流气动特性加以修正得到。

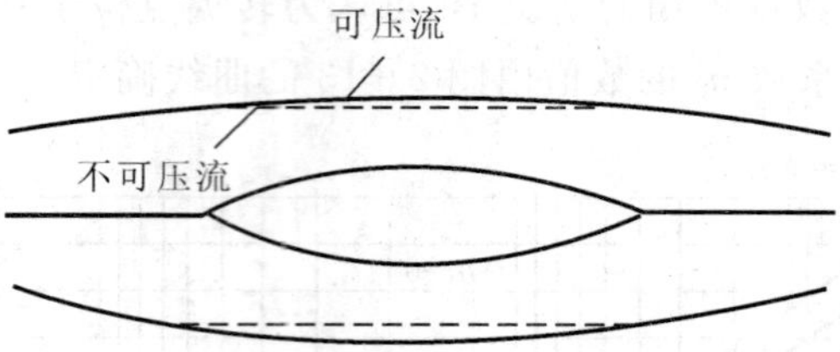

图 2-14　不可压流与亚声速可压流流线的比较

2.3.1　戈泰特(Goethert)法则

根据这个法则，亚声速流中翼型的气动特性与不可压流中仿射相似翼型的气动特性有如下关系：

$$\left.\begin{aligned}(C_p)_{Ma_\infty,\alpha,\bar{c},\bar{f}} &= \frac{1}{\beta^2}(C_p)_{0,\beta\alpha,\beta\bar{c},\beta\bar{f}} \\ (C_y)_{Ma_\infty,\alpha,\bar{c},\bar{f}} &= \frac{1}{\beta^2}(C_y)_{0,\beta\alpha,\beta\bar{c},\beta\bar{f}} \\ (m_z)_{Ma_\infty,\alpha,\bar{c},\bar{f}} &= \frac{1}{\beta^2}(m_z)_{0,\beta\alpha,\beta\bar{c},\beta\bar{f}}\end{aligned}\right\} \tag{2-24}$$

式中，$\beta=\sqrt{1-Ma_\infty^2}$；$C_p,C_y,m_z$ 的下标按顺序分别表示流场(可压流用 Ma_∞，不可压流用0)、迎角、翼型的相对厚度和相对弯度。

式(2-24)中不可压流翼型的气动特性，可由上节讲的薄翼理论求得，也可以取自实验数据和其他理论的结果。

2.3.2　普朗特-葛劳渥(Prandtl-Glauert)法则

在戈泰特法则中，可压流和不可压流流场中对应的翼型形状不同，来流迎角也不同，用起来不够方便。下面所介绍的普朗特-葛劳渥法则克服了这个缺点，因而得到了广泛的应用。将式(2-24)的第一式改写为

$$\frac{(C_p)_{Ma_\infty,\alpha,\bar{c},\bar{f}}}{(C_p)_{0,\alpha,\bar{c},\bar{f}}} = \frac{1}{\beta^2}\,\frac{(C_p)_{0,\beta\alpha,\beta\bar{c},\beta\bar{f}}}{(C_p)_{0,\alpha,\bar{c},\bar{f}}} \tag{2-25}$$

式(2-25)等号右边第二因式表示在同一不可压流中，两个翼型的来流迎角，相对厚度和相对弯度的比值是 β 的翼型在对应点上的压强系数之比。在第2.2节关于低速翼型气动特性中已经讲过，在小扰动情况下，压强系数 C_p 与 x 方向扰动速度 $v_x=\dfrac{\partial\varphi}{\partial x}$ 成正比，并且薄翼型对气流的总扰动，可认为是迎角、弯度和厚度三者所引起扰动的叠加，而所引起的扰动大小显然是和迎角、厚度和弯度的大小成正比的。所以，如果一个翼型的迎角、厚度和弯度分别是另一个翼型对应点相应值的 β 倍，则其所引起的扰动速度 v_x 就随着达到 β 倍，因而压强系数也达到 β 倍。这样可得到

$$\frac{(C_p)_{0,\beta\alpha,\beta\bar{c},\beta\bar{f}}}{(C_p)_{0,\alpha,\bar{c},\bar{f}}} = \beta \tag{2-26}$$

将式(2-26)代入式(2-25)，得

$$(C_p)_{Ma_\infty,\alpha,\bar{c},\bar{f}} = \frac{1}{\beta}(C_p)_{0,\alpha,\bar{c},\bar{f}} \tag{2-27}$$

式(2－27)表明，同样翼型在相同迎角下，可压缩流中的翼面上压强系数与不可压流中的翼面上对应点压强系数之间的关系。通常还可以将式(2－27)的下标省去，写成

$$C_p = \frac{1}{\beta}(C_p)_0 \tag{2-28}$$

翼型的升力和俯仰力矩是由压强沿翼面积分得到的，可得到

$$\left.\begin{aligned} C_y &= \frac{1}{\beta}(C_y)_0 \\ m_z &= \frac{1}{\beta}(m_z)_0 \\ C_y^\alpha &= \frac{1}{\beta}(C_y^\alpha)_0 \end{aligned}\right\} \tag{2-29}$$

式(2-28)和式(2-29)等号左边的各个气动系数是属于可压流的，右边带下标“0”的各个气动系数是属于不可压流的。

根据以上这些关系式，可压流中翼型气动系数可由不可压流中相同迎角同一翼型气动系数推算出来，这就是普朗特-葛劳渥法则。因子 $1/\beta$ 称为亚声速流中翼型的可压缩性修正因子。

显然，上述公式只有在线化理论有效的范围内才有效，亦即在来流 Ma_∞ 小于临界马赫数 Ma_{lj}，迎角、厚度和弯度都不大的情况下才适用。为说明普朗特-葛劳渥法则的有效性和应用范围，图 2－15 给出了在零迎角情况下 C_y^α 随 Ma_∞ 变化的理论值(按式(2－29)第三式)与实验数据的比较曲线。这些实验数据是对应于不同相对厚度但几何形状相仿的对称翼型的。应该注意到，在 $\bar{c} \leqslant 0.15, Ma_\infty < 0.63$ 和 $\bar{c} = 0.06, Ma_\infty < 0.86$ 情况下，理论值与实验结果是一致的。

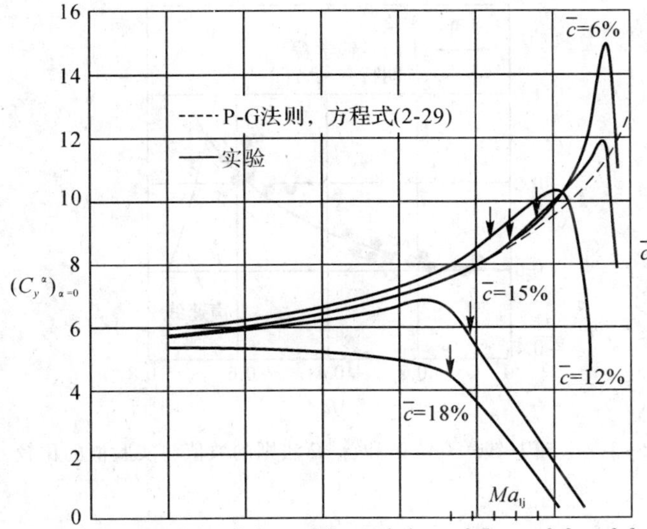

图 2－15　不同相对厚度的对称翼型，其 C_y^α 与 Ma_∞ 关系的 P－G 法则的结果与实验数据的比较

这些曲线有三个特点需要作些说明：

(1) 图中用箭头指出了每个翼型的临界马赫数 Ma_{lj} 的数值。当 $Ma_\infty = Ma_{lj}$ 时，翼型上最

低压强点的局部速度达到声速，即局部 Ma 达到 1，所以，与临界马赫数 Ma_{lj} 相对应的来流 Ma_∞ 数是普朗特-葛劳渥法则有效范围的上限。

(2) 对于较薄的翼型，用普朗特-葛劳渥法则算出的 C_p 值比实验曲线给出的要小。

(3) C_y^α 达到峰值以后再增大 Ma_∞，C_y^α 在不同程度上总是突然下降的，这与在翼型上激波的形成及流动分离有关。这一点将在第 2.5 节翼型的跨声速气动特性中再讨论。

2.3.3 卡门-钱学森法则

戈泰特法则和普朗特-葛劳渥法则都是二维亚声速流压缩性修正法则，但结果不够准确，最主要的原因是这两个法则都是基于小扰动线化方程，对于较厚的翼型，或者对于流场中某些扰动量并不小的地区（例如驻点附近），这两个法则用起来就不十分满意。卡门(Karman) 和钱学森用速度面法推导出了卡门-钱学森公式，这个公式只适用于二维亚声速流。它给出了亚声速流和不可压流以相同迎角 α 绕同一物体时在对应点上的压强系数的关系

$$C_p = \frac{(C_p)_0}{\sqrt{1-Ma_\infty^2} + \dfrac{Ma_\infty^2}{1+\sqrt{1-Ma_\infty^2}}\dfrac{(C_p)_0}{2}} \tag{2-30}$$

式(2-30) 与式(2-28) 相比，并没有本质上的差别，只是分母上多了一项，其作用是修正小扰动线化理论引起的误差。从式(2-30) 不难看出，小扰动线化理论对低压地区(C_p 是负值) 的估计是偏低了，但对高压地区(C_p 为正值) 则是偏高了。图 2-16 表示的是理论结果与实验数据的一个典型比较。该实验的翼型为 NACA 4412，迎角 $\alpha = 2°$，实验数据是在 30% 弦长处翼面测得的。由图 2-16 可见，卡门-钱学森法则一直到 Ma_∞ 很大时还与实验结果吻合，可是，普朗特-葛劳渥法则与实验结果相差较大，Ma_∞ 愈高，差别也愈显著。

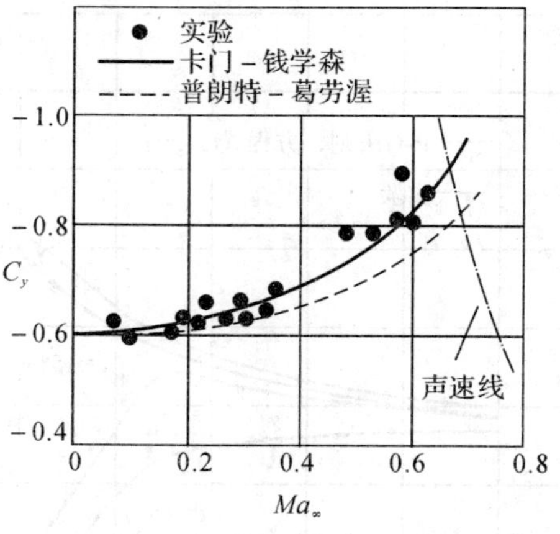

图 2-16 卡门-钱学森法则和普-葛法则的数值与实验值的比较

2.4 翼型的超声速气动特性

2.4.1 翼型的超声速绕流图画

超声速流流过双凸形对称薄翼，翼型迎角为 α，翼型前缘半顶角为 θ。当来流迎角 α 小于 θ

时,气流在机翼前缘上、下表面都产生附体斜激波,如图 2-17(a) 所示。气流经过斜激波以后发生突然的转折,并沿前缘的切线方向流动。在前缘以后,由于上、下表面斜率逐渐减小,相对于前缘方向是往外偏转的,形成气流绕外凸角的流动。所以气流经过斜激波以后,便形成膨胀波而逐渐加速,一直到后缘处,上、下翼面的两股气流汇合。由于上、下两股气流在后缘汇合前方向不一致和压强不相等,所以,在后缘处,上、下翼面各产生一道斜激波。经过斜激波,两股气流各自转折一定角度,形成压强相等、方向一致的气流,向后流去。

由于从翼型前半段发出的膨胀波与前缘斜激波相遇的相互作用,斜激波的强度随之减弱,形状也不再是直线,而成为曲线激波。激波在远离翼型处逐渐退化为来流的马赫波。由于前缘激波与膨胀波的相互作用,还出现一系列反射波(图中未示出),这些反射波对流场的影响很小,初步分析时可略去不计。

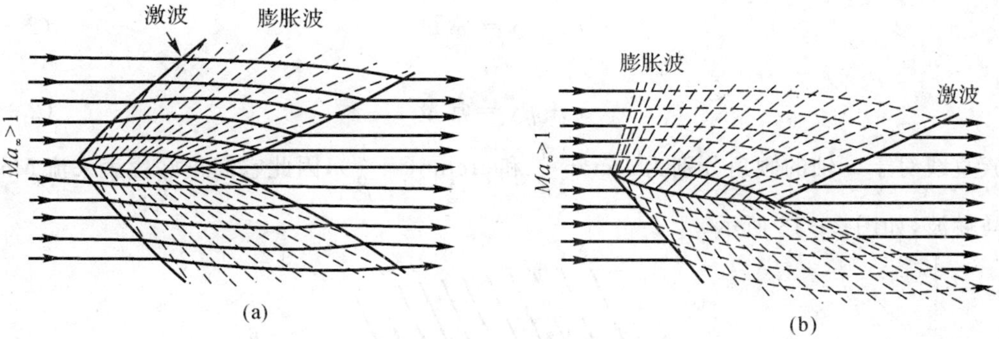

图 2-17　翼型的超声速流动图画

(a)$\alpha<\theta$; (b)$\alpha>\theta$

如果$\alpha>\theta$,如图 2-17(b) 所示,这时机翼上表面的前缘处就不产生斜激波了,而产生膨胀波。前缘以后,随着翼面向外折转,气流继续膨胀,直到后缘。在下翼面,情况和$\alpha<\theta$类似,还是前缘出现斜激波,随后便逐渐膨胀,直到后缘。在后缘处上表面产生一道斜激波,下表面产生一组膨胀波,以使通过后缘波系后在后缘汇合的上、下翼面两股气流方向一致,压强相等。

上面讨论的两种情况,说明一个问题,超声速流绕过翼型时,由于翼面迫使气流转折,便出现斜激波和一系列的膨胀波,气流的压强也发生变化。在$\alpha>\theta$的情况下,下翼面的前缘处出现斜激波,上翼面出现膨胀波,可以肯定,在前缘附近,下翼面的压强总是比上翼面大。至于在$\alpha<\theta$情况,即使上、下翼面的前缘处都是激波,但只要$\alpha>0$,前缘处的上翼面气流的转折角便比下翼面小,上翼面激波的强度便比下翼面弱,所以下翼面的压强仍然比上翼面大,这样就产生了升力。

从上面对流动现象的讨论还可以看出:由于机翼厚度的作用,气流沿翼面经前缘向后流动时,总是处于膨胀状态。机翼表面的压强,不管是上翼面还是下翼面,都是越靠近后缘越低。如果顺着气流方向来看机翼的前、后两部分,显然前面一部分的压强比后面一部分的压强高。机翼前、后两部分的压强不等,造成一个向后的合力,是一个阻力。这个阻力,虽然也是物面的前、后两部分压力差所产生的,但造成压力差的原因不是附面层分离,而是由波系形成的,把这种阻力叫做波阻力。

2.4.2 超声速薄翼型的线性化位流理论

经验已证明，为减小波阻力，超声速飞行器的机翼翼型都是较薄的，在正常飞行时迎角亦较小，即所谓薄翼情况。对于绕薄翼流场，可用超声速流线性化（简称线化）位流方程在给定的线化边界条件下对其进行求解，这就是所谓的翼型的线化位流理论。

超声速线化速势方程为

$$\beta^2 \frac{\partial^2 \varphi}{\partial x^2} - \frac{\partial^2 \varphi}{\partial y^2} = 0 \tag{2-31}$$

式中，$\beta^2 = Ma_\infty^2 - 1$。流动方程式(2-31)的通解为

$$\varphi = f(x - \beta y) + g(x + \beta y) \tag{2-32}$$

式中，f 和 g 是自变量为$(x-\beta y)$和$(x+\beta y)$的任意函数。可以看到

$$x - \beta y = \text{常量} \tag{2-33a}$$

和

$$x + \beta y = \text{常量} \tag{2-33b}$$

的两族直线对于 x 轴的倾角分别为 $\arctan \dfrac{1}{\beta}$ 和 $\arctan\left(-\dfrac{1}{\beta}\right)$，因此它们正好代表来流 Ma_∞ 的两族马赫波，如图 2-18 所示。

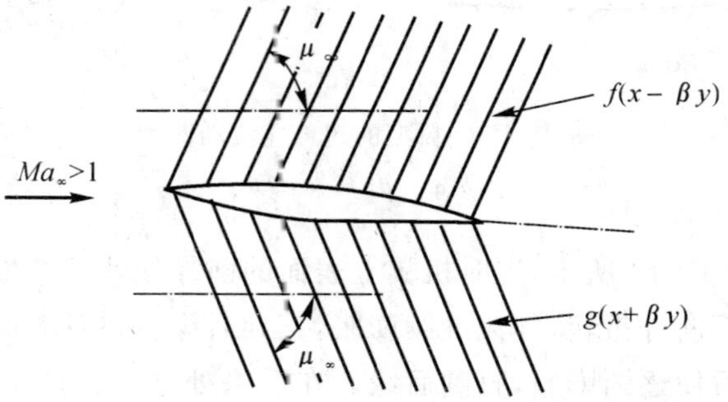

图 2-18 由翼型上、下表面发出的马赫波

在翼型的上半平面流场中，函数 $f(x-\beta y)$ 代表翼型上表面所发出的扰动沿马赫线 $x-\beta y=$常量向下游传播到流场点(x,y)所产生的扰动速度位 φ；而 $g(x+\beta y)$ 代表翼型下表面发出的扰动沿马赫线 $x+\beta y=$常量向下游传播到流场点(x,y)所产生的扰动速度位 φ。在超声速流场中，有意义的解是往下游传播的，而且，受到扰动的区域也只局限于前、后缘马赫波之间。所以对上半平面的流场的小扰动速度位是

$$\varphi = f(x - \beta y) \tag{2-34(a)}$$

同理，对于下半平面流场的小扰动速度位是

$$\varphi = g(x + \beta y) \tag{2-34(b)}$$

可见，沿着翼型上表面的马赫波（$x-\beta y=$常量）或沿下表面的马赫波（$x+\beta y=$常量）φ 为常量，而且，流场上沿着马赫波的两扰动速度分量 $v_x = \dfrac{\partial \varphi}{\partial x}$ 和 $v_y = \dfrac{\partial \varphi}{\partial y}$ 以及其他流动参数也都是常量。

函数 $f(x-\beta y)$ 和 $g(x+\beta y)$ 可根据翼型扰流边界条件确定。设翼型的上表面方程为

$y_U(x)$，由线化边界条件有

$$\frac{1}{v_\infty}\left(\frac{\partial\varphi}{\partial y}\right)_U=\left(\frac{dy_U(x)}{dx}\right) \tag{2-35}$$

对于上表面令 $x-\beta y=z$，那么有

$$\left(\frac{\partial\varphi}{\partial y}\right)_U=\frac{df}{dz}\frac{dz}{dy}=-\beta f'(x-\beta y) \tag{2-36}$$

线化压强系数公式为

$$C_{pU}=-\frac{2}{v_\infty}\frac{\partial\varphi}{\partial x}=\frac{2}{v_\infty}f'(x-\beta y) \tag{2-37}$$

联立式(2-35)、式(2-36)和式(2-37)，得

$$C_{pU}=\frac{2}{\beta}\frac{dy_U}{dx} \tag{2-38}$$

类似地，如果翼型下表面方程为 $y_L(x)$，则

$$C_{pL}=\frac{2}{\beta}\frac{dy_L(x)}{dx} \tag{2-39}$$

从式(2-38)和式(2-39)可看出，根据线化理论，翼型表面上任一点的压强系数与该点翼面相对于来流方向的斜率成正比。式中，下标 U，L 分别代表上、下翼面。

由于物面上任一点相对于来流方向的倾角 $\theta(x)$ 都很小，所以该点物面斜率可表示为

$$dy(x)/dx=\tan\theta\approx\theta(x)$$

这样，式(2-38)和式(2-39)可合并写成

$$C_p=\frac{2\theta(x)}{\sqrt{Ma_\infty^2-1}} \tag{2-40}$$

式(2-38)至式(2-40)就是线化、二维超声速流的基本关系式。式(2-40)表明，物面上任一点的压强系数与该点相对于来流的倾角成正比。相对于来流为压缩的物面倾角 $\theta(x)$ 取正值，为膨胀的物面倾角 $\theta(x)$ 则取负值。

2.4.3　翼型的超声速气动特性

对于薄翼，来流迎角很小，可认为翼型的整个气动力是由厚度、弯度和迎角产生的气动力的代数和。对于各种不同形状的翼型，翼型表面相对于来流的倾角都可以分解为厚度、弯度和来流迎角三部分构成，如图 2-19 所示。如果现在采用如图 2-19 所示的符号，并将 x 轴沿着翼弦方向，y 轴与 x 垂直，则上、下翼面相对于来流的倾角 $\theta(x)$ 可表成

$$\begin{aligned}\theta_U(x)&=\varepsilon_c(x)+\varepsilon_f(x)-\alpha\\ \theta_L(x)&=\varepsilon_c(x)-\varepsilon_f(x)+\alpha\end{aligned} \tag{2-41}$$

式中，ε_c，ε_f 分别代表厚度($y_c(x)$)翼型和弯度($y_f(x)$)翼型表面上某一点的倾角，即

$$\begin{aligned}\varepsilon_c&\approx dy_c(x)/dx\\ \varepsilon_f&\approx dy_f(x)/dx\end{aligned} \tag{2-42}$$

将式(2-41)代入式(2-40)，得任意形状翼面上、下表面压强分布

$$\begin{aligned}C_{pU}&=\frac{2}{\sqrt{Ma_\infty^2-1}}[\varepsilon_c(x)+\varepsilon_f(x)-\alpha]\\ C_{pL}&=\frac{2}{\sqrt{Ma_\infty^2-1}}[\varepsilon_c(x)-\varepsilon_f(x)+\alpha]\end{aligned} \tag{2-43}$$

由式(2-43)可见，对于任意形状的翼型，它的表面压强系数可认为是厚度分布、弯度分布和来流迎角所产生的压强系数的代数和。

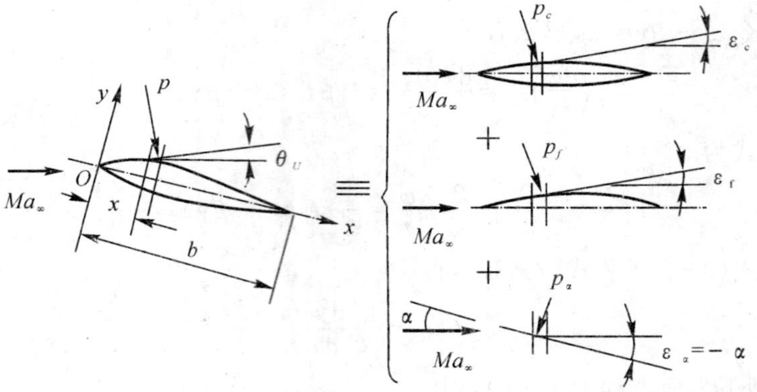

图 2-19　任意形状翼型可线性地分解为厚度、弯度和迎角问题的示意图

根据上述线化理论结果，可很容易地得到任意形状尖前缘翼型的气动特性。

1. 升力特性

从图 2-19 可见，作用在翼型微元上的升力为

$$dY=q_\infty\left[C_{pL}(x)dS_L\cos\theta_L(x)-C_{pU}(x)dS_U\cos\theta_U(x)\right]\approx q_\infty\left[C_{pL}(x)-C_{pU}(x)\right]dx$$

式中，dS_U 和 dS_L 分别为翼型上、下表面微元长度。翼型微元升力系数为

$$dC_y=\frac{dY}{q_\infty b}\approx\left[C_{pL}(x)-C_{pU}(x)\right]d\left(\frac{x}{b}\right) \tag{2-44}$$

将式(2-43)代入式(2-44)，得

$$dC_y=\frac{4}{\sqrt{Ma_\infty^2-1}}\left[\alpha-\varepsilon_f(x)\right]d\left(\frac{x}{b}\right) \tag{2-45}$$

由于在翼型前后缘 $y_U=y_L=0$，因此有

$$\int_0^b\varepsilon_f d\left(\frac{x}{b}\right)\approx\int_0^b\left(\frac{dy_f}{dx}\right)d\left(\frac{x}{b}\right)=\frac{1}{b}\int_{x=0}^{x=b}dy_f=0 \tag{2-46}$$

将式(2-45)对 x 从零积分到 b，并应用式(2-46)，得

$$C_y=\frac{4\alpha}{\sqrt{Ma_\infty^2-1}} \tag{2-47}$$

从式(2-47)可见，在超声速线化理论中，薄翼型的升力系数与厚度分布和弯度分布无关，升力系数与迎角成正比。

2. 波阻力特性

从图 2-19 可见，翼型微元上的阻力为

$$dX_b=q_\infty\left[C_{pL}(x)dS_L\sin\theta_L(x)+C_{pU}(x)dS_U\sin\theta_U(x)\right]$$

因为对于薄翼 $dS\cdot\sin\theta=dS\cdot\cos\theta\tan\theta\approx\theta dx$，所以上式可写为

$$dC_{xb}=\frac{dX_b}{q_\infty b}\approx\frac{2}{\sqrt{Ma_\infty^2-1}}\left[(\varepsilon_c-\varepsilon_f+\alpha)^2+(\varepsilon_c+\varepsilon_f-\alpha)^2\right]d\left(\frac{x}{b}\right)=$$

$$\frac{2}{\sqrt{Ma_\infty^2-1}}\left[2(\varepsilon_c^2+\varepsilon_f^2+\alpha^2)-4\alpha\varepsilon_f\right]d\left(\frac{x}{b}\right) \tag{2-48}$$

利用式(2-46)，可看出式(2-48) 中 $4\alpha\varepsilon_f$ 的积分为零，所以翼型的波阻力系数可表示为

$$C_{x\mathrm{b}}=\frac{2}{\sqrt{Ma_{\infty}^{2}-1}}\int_{0}^{b}[2(\varepsilon_{c}^{2}+\varepsilon_{f}^{2}+\alpha^{2})]\mathrm{d}\left(\frac{x}{b}\right)=$$

$$\frac{4\alpha^{2}}{\sqrt{Ma_{\infty}^{2}-1}}+\frac{4}{\sqrt{Ma_{\infty}^{2}-1}}\int_{0}^{b}[\varepsilon_{c}^{2}+\varepsilon_{f}^{2}]\mathrm{d}\left(\frac{x}{b}\right) \tag{2-49}$$

对于给定翼型 ε_c 和 ε_f 都是知道的，令

$$\left.\begin{aligned}K_{c}\bar{c}^{2}&=\int_{0}^{b}\varepsilon_{c}^{2}\mathrm{d}\left(\frac{x}{b}\right)\\K_{f}\bar{f}^{2}&=\int_{0}^{b}\varepsilon_{f}^{2}\mathrm{d}\left(\frac{x}{b}\right)\end{aligned}\right\} \tag{2-50}$$

式中，$\bar{c}$ 和 $\bar{f}$ 分别为翼型的相对厚度和相对弯度；K_c 和 K_f 分别是与翼型厚度分布和弯度分布有关的几何常数。

利用式(2-50)，式(2-49) 可改写为

$$C_{x\mathrm{b}}=\frac{4\alpha^{2}}{\sqrt{Ma_{\infty}^{2}-1}}+\frac{4}{\sqrt{Ma_{\infty}^{2}-1}}[K_{c}\bar{c}^{2}+K_{f}\bar{f}^{2}] \tag{2-51}$$

式(2-51) 等号右边第二项与迎角无关，仅与翼型的厚度分布和弯度分布有关，称为翼型的零升波阻力系数，以 $(C_{x\mathrm{b}})_0$ 表示，即

$$(C_{x\mathrm{b}})_{0}=\frac{4}{\sqrt{Ma_{\infty}^{2}-1}}[K_{c}\bar{c}^{2}+K_{f}\bar{f}^{2}] \tag{2-52}$$

由于弯度对升力无贡献，只产生波阻力，因而超声速翼型应采用无弯度的对称翼型，对于弯度为零的翼型。零升波阻力系数为

$$(C_{x\mathrm{b}})_{0}=\frac{4}{\sqrt{Ma_{\infty}^{2}-1}}K_{c}\bar{c}^{2} \tag{2-53}$$

表 2-2 给出了几种超声速对称翼型的 K_c 值。表中的 K_c 值按式(2-50) 计算，或由经验确定。由该表可见，菱形翼型的零升波阻力系数是最小的。

表 2-2　几种对称翼型的 K_c 值

翼 剖 面	简　图	K_c
正 弦 形		$\frac{\pi^2}{8}$
四 角 形	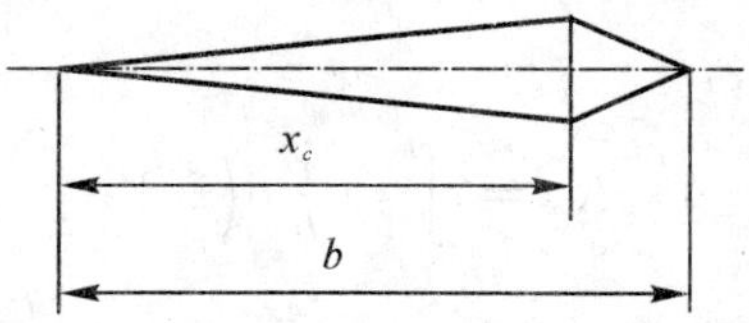	$\frac{1}{4\bar{x}_c(1-\bar{x}_c)}$
六 角 形	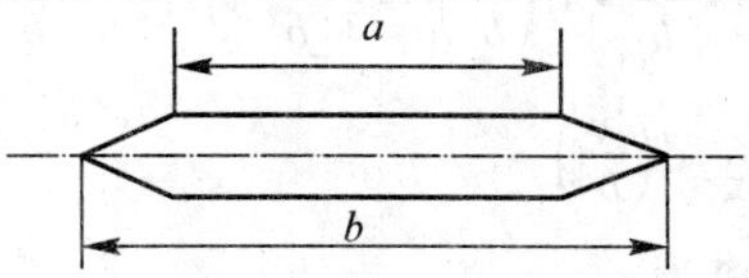	$\frac{1}{1-\frac{a}{b}}$

续 表

翼剖面	简 图	K_c
菱 形	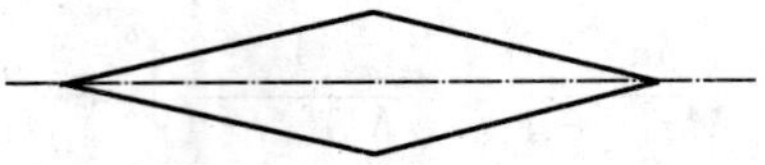	1
圆弧或抛物线形	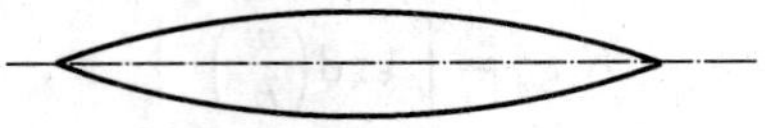	$\frac{4}{3}$
亚声速翼剖面	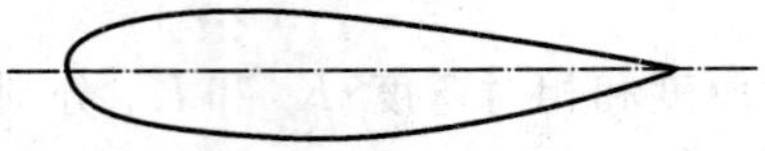	2.5 ～ 4

3. 力矩特性

如果忽略压强弦向分量和其他高阶小量对俯仰力矩的贡献，那么对翼型前缘点的微元俯仰力矩 $\mathrm{d}M_{z\mathrm{L.E}}$ 可表示为

$$\mathrm{d}M_{z\mathrm{L.E.}} = -q_\infty \left[C_{p\mathrm{L}}(x) - C_{p\mathrm{U}}(x)\right] x\,\mathrm{d}x$$

将式(2-43)代入上式，得翼型俯仰力矩系数为

$$m_{z\mathrm{L.E.}} = \int_0^b \frac{\mathrm{d}M_{z\mathrm{L.E.}}}{q_\infty b^2} = -\frac{4}{\sqrt{Ma_\infty^2 - 1}}\int_0^b (\alpha - \varepsilon_f)\,\frac{x}{b}\,\mathrm{d}\left(\frac{x}{b}\right) =$$

$$-\frac{C_y}{2} + \frac{4}{\sqrt{Ma_\infty^2 - 1}}\int_0^b \varepsilon_f\,\frac{x}{b}\,\mathrm{d}\left(\frac{x}{b}\right) \tag{2-54}$$

由式(2-47)和式(2-54)可见，由于厚度产生的压强对翼弦是上下对称的，所以厚度对升力和力矩都无贡献。力矩系数是迎角和弯度作用的代数和，它们分别为

$$(m_{z\mathrm{L.E.}})_\alpha = -\frac{2\alpha}{\sqrt{Ma_\infty^2 - 1}} = -\frac{1}{2}C_y \tag{2-55}$$

$$(m_{z\mathrm{L.E.}})_f = \frac{4}{\sqrt{Ma_\infty^2 - 1}}\int_0^b \varepsilon_f\,\frac{x}{b}\,\mathrm{d}\left(\frac{x}{b}\right) = \frac{2}{\sqrt{Ma_\infty^2 - 1}}K_m \tag{2-56}$$

对于给定的翼型 $\varepsilon_f \approx \frac{\mathrm{d}y_f}{\mathrm{d}x}$，式(2-56)中的 K_m 只是与翼型的弯度分布函数 $y_f(x)$ 有关的参数，它的表达式为

$$K_m = 2\int_0^b \varepsilon_f\,\frac{x}{b}\,\mathrm{d}\left(\frac{x}{b}\right) \tag{2-57a}$$

或

$$K_m = 2\int_0^b \frac{\mathrm{d}y_f}{\mathrm{d}x}\cdot\frac{x}{b}\cdot\mathrm{d}\left(\frac{x}{b}\right) = 2\left[\frac{x}{b^2}y_f\,\Big|_0^b - \frac{1}{b}\int_0^b y_f\,\mathrm{d}\left(\frac{x}{b}\right)\right] =$$

$$-\frac{2}{b}\int_0^b y_f\,\mathrm{d}\left(\frac{x}{b}\right) \tag{2-57b}$$

压力中心距前缘的相对距离为

$$\bar{x}_P = -\frac{(m_{z\mathrm{L.E.}})}{C_y} = \frac{1}{2}\left(1 - \frac{K_m}{\alpha}\right) \tag{2-58}$$

翼型焦点距前缘的相对距离为

$$\bar{x}_F = -\frac{\partial m_{zL.E.}}{\partial C_y} = \frac{1}{2} \tag{2-59}$$

在低速时，翼型的焦点 $\bar{x}_F = 1/4$；而在超声速时，$\bar{x}_F = 1/2$。由此可见，从低速到超声速焦点位置显著后移了，这是研究飞行器的稳定性与操纵性时必须注意的一个问题。

由式(2-58)和式(2-59)可见，由线化理论给出的压力中心位置和焦点位置仍然不随马赫数而变化，这与低、亚声速是相同的。

【例 2-2】　有一双凸面的翼型如图 2-20 所示，该翼型上、下表面方程分别为

$$y_U(x) = 0.28\left(x - \frac{x^2}{b}\right) \quad 和 \quad y_L(x) = 0.12\left(x - \frac{x^2}{b}\right)$$

试用线化理论计算该翼型在 $Ma_\infty = 1.72$ 时的升阻和力矩系数以及压力中心位置。

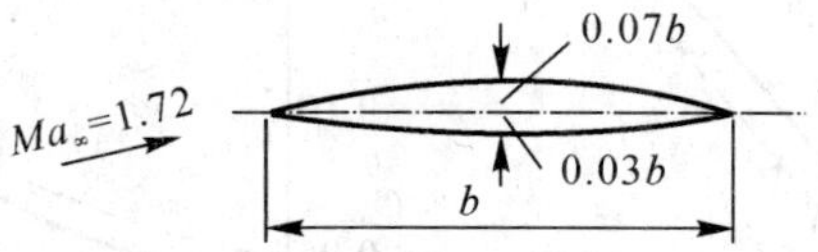

图 2-20　计算双凸面翼型气动特性用图

解　设翼型的迎角为 α，并由给定的翼型表面方程，根据式(2-41)和式(2-42)，上、下表面任一点切线与来流方向的倾角分别为

$$\theta_U = 0.28\left(1 - 2\frac{x}{b}\right) - \alpha$$

$$\theta_L = 0.12\left(1 - 2\frac{x}{b}\right) + \alpha \tag{a}$$

(1) 升力系数。升力系数仅与迎角有关，故

$$C_y = \frac{4\alpha}{\sqrt{Ma_\infty^2 - 1}} = 2.86\alpha \tag{b}$$

(2) 波阻系数。该翼型的厚度分布函数 $y_c = (y_U + y_L)/2$，弯度分布函数 $y_f = (y_U - y_L)/2$，所以零升波阻系数为

$$(C_{xb})_0 = \frac{2}{\sqrt{Ma_\infty^2 - 1}}\left\{\int_0^b \left[0.20\left(1 - \frac{2x}{b}\right)\right]^2 + \left[0.08\left(1 - \frac{2x}{b}\right)\right]^2\right\} \mathrm{d}\,\frac{x}{b} =$$

$$0.0619/\sqrt{Ma_\infty^2 - 1} = 0.0442 \tag{c}$$

该翼型的总波阻系数

$$C_{xb} = (4\alpha^2 + 0.0619)/\sqrt{Ma_\infty^2 - 1} = 2.86\alpha^2 + 0.0442 \tag{d}$$

(3) 力矩系数。与该翼型的弯度分布函数 $y_f(x)$ 相对应的任一点倾角 $\varepsilon_f(x)$ 为

$$\varepsilon_f(x) \approx \frac{\mathrm{d}y_f(x)}{\mathrm{d}x} = 0.08\left(1 - 2\frac{x}{b}\right) \tag{e}$$

将式(e)代入式(2-56)，得弯度产生的绕前缘力矩系数

$$(m_{zL.E.})_\alpha = \frac{4}{\sqrt{Ma_\infty^2 - 1}}\int_0^b 0.08\left(1 - 2\frac{x}{b}\right)\frac{x}{b}\mathrm{d}\left(\frac{x}{b}\right) =$$

$$\frac{2}{\sqrt{Ma_\infty^2 - 1}}\left(\frac{0.16}{2} - \frac{0.32}{2}\right) = -\frac{0.0534}{\sqrt{Ma_\infty^2 - 1}} \tag{f}$$

该翼型总的力矩系数为

$$m_{z\mathrm{L.E.}}=(m_{z\mathrm{L.E.}})_f+(m_{z\mathrm{L.E.}})_\alpha=-\frac{2}{\sqrt{Ma_\infty^2-1}}(\alpha+0.0267)=-1.43\alpha-0.0381 \tag{g}$$

压力中心位置

$$\bar{x}_P=-\frac{m_{z\mathrm{L.E.}}}{C_y}=0.5+\frac{0.0135}{\alpha} \tag{h}$$

(4) 升阻比。升阻比定义为该翼型的升力 Y 与阻力 X 之比。在位流理论中，翼型的阻力就等于波阻力，故

$$\frac{Y}{X}=\frac{C_y}{C_{x\mathrm{b}}}=\frac{\alpha}{\alpha^2+0.155} \tag{i}$$

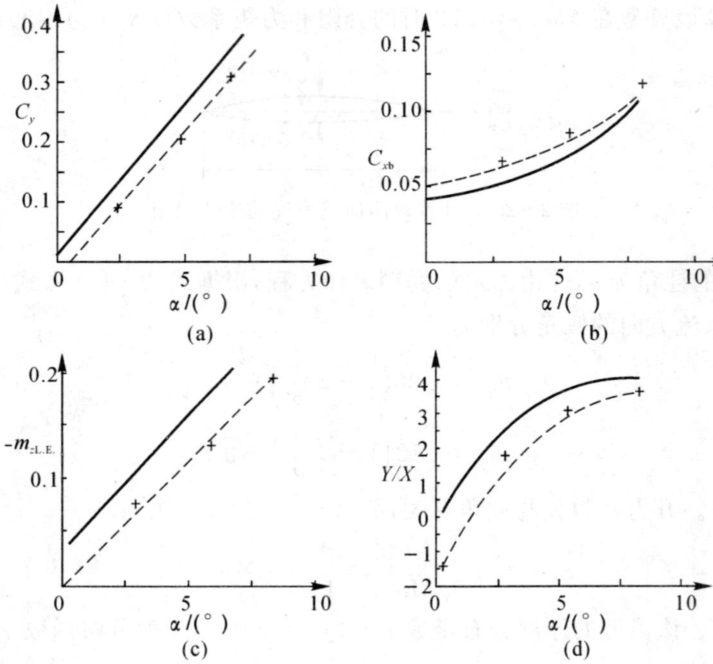

图 2-21　双凸面翼型 $Ma_\infty=1.72$ 的气动特性曲线

虚线 — 实验曲线；实线 — 线化理论曲线

本例题的理论计算结果与斯坦顿(Stanton)实验数据都画在图 2-21 上。比较可见，C_y 的计算值与实验数据随迎角的变化趋势是一致的。存在着的差别是由于线化理论未考虑实际气体的黏性作用以及线化理论与精确理论(见 2.4.4 节)比较在膨胀边界上局部气流膨胀过分，而在压缩边界上局部气流又压缩不足(见图 2-22)造成的。比如 C_y 的理论值偏高，主要是由于线化理论没有考虑到翼型上表面后缘附近附面层与后缘激波的相互作用，它会使上表面后缘附近的压强升高，导致升力降低。而膨胀过分和压缩不足在计算升力时几乎对消了。$m_{z\mathrm{L.E.}}$ 的理论值的绝对值偏高，这主要是由于正迎角时，在翼型上表面后缘附近线化理论的气流膨胀过分和未计及激波与附面层的相互作用。这两个因素都使得上表面后缘处压强理论值偏低，而该处力臂又比较大，致使理论值比实验值有更大的使后缘抬起的力矩。阻力系数的理论值与实验值之差几乎是个常数，这个常数大约等于理论所没有计及的由黏性所产生的摩阻系数。

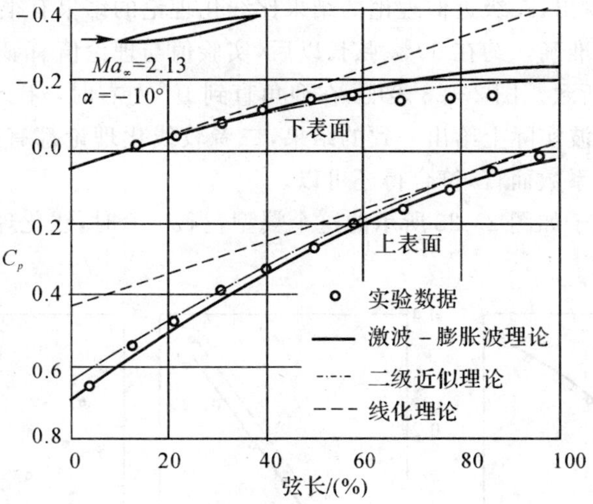

图 2－22　图示绕流下双弧形翼型上、下表面压强参数分布

2.4.4　激波-膨胀波法和二级近似理论概要

在前面讨论的线化理论中，假定绕翼型的超声速气流是无黏流，流动方向变化是足够地小，因而整个流场是等熵流场。而事实上，绕尖前缘翼型的超声速气流，只要 Ma_∞ 数足够地大，在翼型的前缘或后缘将出现附体激波，如图2－17所示。如果忽略波系的干扰效应，在激波之后，气流沿翼面流动又是等熵流，就可以用平面激波公式计算如图2－17所示的前缘激波，并按简单波（普朗特-迈以耳流）公式计算激波下游的膨胀过程。只算出翼型表面上的压强系数分布，不考虑整个流场，并略去膨胀波在激波上反射下来的反射波的作用，这种方法就叫做激波-膨胀波法。然而，激波-膨胀波法的结果却不能用解析式表示，这种方法主要用于得出数值解。当超声速气流沿翼型表面流动的偏转角 θ 很小时，通过激波和膨胀波的压强的变化都可展开成偏转角 θ 的泰勒级数。如果将此泰勒级数保留到 θ^2 项，可得到较精确的结果，此即为布兹曼（Busemann）二级近似理论；如果仅保留 θ 的一阶项，就得到前面说过的线化理论的结果。

二级近似理论的上、下翼面压强系数表达式为

$$\begin{aligned} C_{pU}(x) &= C_1\theta_U + C_2\theta_U^2 \\ C_{pL}(x) &= C_1\theta_L + C_2\theta_L^2 \end{aligned} \tag{2-60}$$

式中，θ_U，θ_L 分别为上、下翼面相对于来流方向的倾角，系数 C_1 和 C_2 分别为

$$\begin{aligned} C_1 &= \frac{2}{\sqrt{Ma_\infty^2 - 1}} \\ C_2 &= \frac{2}{\sqrt{Ma_\infty^2 - 1}}\left[\frac{(\gamma+1)Ma_\infty^4}{4\sqrt{Ma_\infty^2 - 1}} - 1\right] \end{aligned} \tag{2-61}$$

对于给定的翼型，θ_U，θ_L 是已知的，所以根据式(2－60)和式(2－61)可以计算出沿翼面的压强系数分布。沿翼面积分就可求得给定翼型的升力、阻力和力矩系数特性。

上面已经介绍了用于计算翼型超声速气动特性的三种理论。利用这三种理论计算翼型 $\bar{c}=0.063$ 在 $Ma_\infty=2.13$ 的结果与实验值的比较如图 2－22 和图 2－23 所示。

由图 2-22 可以看出，二级近似理论的结果比线化理论的结果有很大的改进，而且几乎与激波-膨胀波理论同样准确。约在 60% 弦长以后，实验值与理论值有显著的不同，这是由于后缘激波与附面层干扰所致。图 2-23 表明，在迎角直到 10° 左右时，对于升力和阻力系数，二级近似理论和激波-膨胀波实际上给出一致的结果，二者较线化理论都有明显的改进，且与实验符合得很好；对于力矩系数而言，符合得还可以。

值得注意的是，对于如图 2-23 所示的这个翼型，当 $\alpha=0$ 时，线化理论给出 $C_y=0$，而其他两理论的 $C_y<0$。

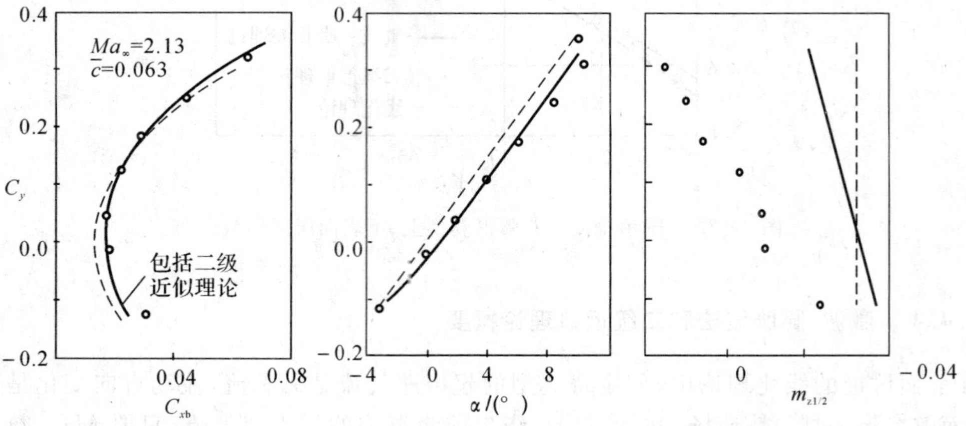

图 2-23　三角形翼型 C_y，C_{xb} 和 $m_{z1/2}$ 的理论值与实验值的比较

。实验值；—— 激波-膨胀波法；　—·— 二级近似理论；— — — 线化理论

2.4.5　无限翼展斜置翼的超声速气动特性

前面分析的是无限翼展直机翼(单位展长)的气动特性，本段要分析的是后掠角为 χ 的无限翼展斜置机翼(单位展长)的气动特性。

对于来流为 v_∞ 超声速气流绕无限翼展斜置机翼(以后简称斜置翼)的流动，可将 v_∞ 分解为两个分速。一个垂直于前缘的法向分速 $v_n=v_\infty\cos\chi$，另一个平行于前缘的切向分速 $v_t=v_\infty\sin\chi$。如图 2-24 所示，不考虑气流的黏性作用时，分速 v_t 不会引起翼面压强分布的任何变化，因而 v_t 对机翼的升力没有贡献，这与来流以流速 v_n 流经无限翼展直机翼(以后简称正置翼)一样。因此，斜置翼的空气动力特性依赖于分速 v_n，而与分速 v_t 无关。

可以将来流速度 v_∞ 分解为两个分量 v_n 和 v_t，从空气动力观点来看，斜置翼的后掠就相当于来流速度的降低，故所需考虑的有效马赫数 $Ma_{\infty n}=Ma_\infty\cos\chi$ 随后掠角 χ 的增大而减小。当然，来流的其他气流参数如温度、压强等是不随速度分解而发生变化的。如果分量 $Ma_{\infty n}=Ma_\infty\cos\chi<1$，绕流具有亚声速特性，气动特性要按第 2.2 节和第 2.3 节的低、亚声速理论确定；如果 $Ma_{\infty n}>1$，斜置翼的绕流才具有超声速绕流特性。

根据前面的叙述，可以借助于以分量 $Ma_{\infty n}$ 绕由斜置翼法向翼型所组成的正置翼的流动来计算斜置翼的气动力。设正置翼上某一点压强为 p，压强系数为

$$C_{pn}=\frac{p-p_\infty}{\frac{1}{2}\rho_\infty v_{\infty n}^2} \tag{2-62}$$

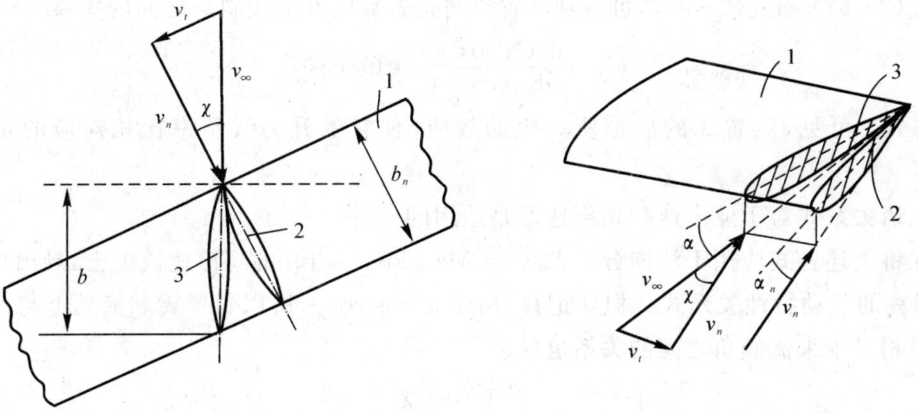

图 2-24　斜置翼的来流速度的分解、顺流向剖面迎角与法向剖面迎角之间的关系

而斜置翼上同一点的压强仍为 p，并考虑到 $v_\infty = v_{\infty n}/\cos\chi$，故其压强系数为

$$C_p = \frac{p - p_\infty}{\frac{1}{2}\rho_\infty v_{\infty n}^2} = C_{pn} \cos^2\chi \tag{2-63}$$

因此，斜置翼与正置翼同一点的载荷系数之间的关系为

$$\Delta C_p = \Delta C_{pn} \cos^2\chi \tag{2-64}$$

设作用在正置翼单位展长（面积为 $b_n \times 1$）上的升力为 Y_n，阻力为 X_n，升力系数和阻力系数分别为

$$C_{yn} = \frac{Y_n}{\frac{1}{2}\rho_\infty v_{\infty n}^2 b_n} = \frac{Y_n}{\frac{1}{2}\rho_\infty v_\infty^2 b_n}\frac{1}{\cos^2\chi} \tag{2-65}$$

$$C_{xn} = \frac{X_n}{\frac{1}{2}\rho_\infty v_{\infty n}^2 b_n} = \frac{X_n}{\frac{1}{2}\rho_\infty v_\infty^2 b_n}\frac{1}{\cos^2\chi} \tag{2-66}$$

式中，正置翼弦长 b_n 与斜置翼弦长 b 的关系为 $b_n = b\cos\chi$。作用在斜置翼上同一段长度上的升力 $Y = Y_n$，v_∞ 方向上的阻力 $X = X_n\cos\chi$，故斜置翼的升力系数和阻力系数应分别为

$$C_y = \frac{Y}{\frac{1}{2}\rho_\infty v_\infty^2 b_n} = C_{yn}\cos^2\chi \tag{2-67}$$

$$C_x = \frac{X}{\frac{1}{2}\rho_\infty v_\infty^2 b_n} = C_{xn}\cos^3\chi \tag{2-68}$$

由图 2-24 可以看出，正置翼的迎角 α_n 与斜置翼的迎角 α 是不一样的。根据该图可求得它们之间的关系为

$$\sin\alpha_n = \frac{v_\infty \sin\alpha}{v_\infty \cos\chi} = \frac{\sin\alpha}{\cos\chi}$$

当迎角 α 很小时，上式写成

$$\alpha_n \approx \frac{\alpha}{\cos\chi} \tag{2-69}$$

式(2-69) 对计算斜置翼的升力线斜率是必要的。

由式(2-67)和式(2-69),可得到斜置翼与正置翼的升力线斜率之间的关系为

$$C_y^\alpha = \frac{\mathrm{d}(C_{yn}\cos^2\chi)}{\mathrm{d}(\alpha_n\cos\chi)} = C_{yn}^\alpha\cos\chi \tag{2-70}$$

由式(2-70)可见,斜置翼的后掠所产生的效应,使它的升力线斜率比相对应的正置翼的要小。

以上诸关系式对于亚声速和超声速都是适用的。

现在将上述各式应用于法向分量 $Ma_{\infty n}=Ma_\infty\cos\chi$ 大于1的超声速流上去,导出后掠角为 χ 的斜置翼的气动特性关系式。但要记住:由于 $\alpha=\alpha_n\cos\chi$,所以斜置翼顺流翼型与法向翼型表面切线相对于来流倾角之间的关系也应为

$$\theta=\theta_n\cos\chi \tag{2-71}$$

式中,θ 是顺流翼型倾角;θ_n 是法向翼型倾角。

由式(2-41)、式(2-43)和式(2-63),斜置翼的上、下表面的压强系数为

$$\left.\begin{aligned} C_{p\mathrm{U}}(x) &= [C_{p\mathrm{U}}(x)]_n\cos^2\chi = \frac{2\cos\chi}{\sqrt{Ma_\infty^2\cos^2\chi-1}}[\varepsilon_c+\varepsilon_f-\alpha] \\ C_{p\mathrm{L}}(x) &= [C_{p\mathrm{L}}(x)]_n\cos^2\chi = \frac{2\cos\chi}{\sqrt{Ma_\infty^2\cos^2\chi-1}}[\varepsilon_c-\varepsilon_f+\alpha] \end{aligned}\right\} \tag{2-72}$$

由式(2-72)获得斜置翼翼面载荷系数为

$$\Delta C_p(x) = \frac{4\cos\chi}{\sqrt{Ma_\infty^2\cos^2\chi-1}}(\alpha-\varepsilon_f) \tag{2-73}$$

由式(2-67)和式(2-47),得斜置翼的升力系数为

$$C_y = \frac{4\alpha_n}{\sqrt{Ma_{\infty n}^2-1}}\cos^2\chi = \frac{4\alpha\cos\chi}{\sqrt{Ma_\infty^2\cos^2\chi-1}} \tag{2-74}$$

由式(2-68)和式(2-48),并利用式(2-71),得斜置翼波阻系数

$$C_{xb} = \frac{4}{\sqrt{Ma_{\infty n}^2-1}}\int_0^{bn}[(\varepsilon_c)_n^2+(\varepsilon_f)_n^2+\alpha_n^2]\,\mathrm{d}\left(\frac{x}{b_n}\right)\cdot\cos^3\chi =$$

$$\frac{4\cos\chi}{\sqrt{Ma_\infty^2\cos^2\chi-1}}\left\{\alpha^2+\int_0^b[\varepsilon_c^2+\varepsilon_f^2]\,\mathrm{d}\left(\frac{x}{b}\right)\right\} \tag{2-75}$$

式(2-72)至式(2-75)虽然是对 $Ma_{\infty n}>1$ 情况的斜置翼而言的,但对有限翼展超声速前缘的二维区也是同样适用的,在第2.7节将应用这些结果。

2.5 翼型的跨声速气动特性

如果在亚声速流场中包含有局部超声速区,或在超声速流场中包含有局部亚声速区,则此种流动称为跨声速流。薄机翼的跨声速流场主要在来流马赫数 Ma_∞ 接近于1时出现,在翼面上往往会产生结尾激波。钝头体作超声速和高超声速运动时,在头部脱体弓形激波之后,也会出现跨声速流。因此,跨声速绕流流场不仅是混合型流场,而且存在有局部激波。另外,在跨声速流动和高超声速流动中,往往不能忽视黏性的作用,必须考虑激波与附面层干扰问题。所有这些就使得跨声速流远较亚声速流和超声速流来得复杂,给理论分析和实验研究跨声速流

场带来很大的困难。

2.5.1　翼型的跨声速绕流图画

翼型的跨声速绕流图画视翼型的不同和迎角的不同而异，但有一个总的特点，翼型表面上一般同时有亚声速区和超声速区，并且从超声速流过渡到亚声速流往往通过激波实现。随着来流 Ma_{∞} 的变化，亚声速区和超声速区范围大小会发生变化，激波的位置也要移动，与这样的流动相应的翼面压强分布也会发生变化。

以迎角 $\alpha=0$ 下双凸形翼型的绕流为例，看一下从亚声速经过跨声速到超声速的整个过程中翼型的绕流图画和压强分布是如何变化的。图 2-25 中画出这种变化的大致情况。由于上、下翼面是对称的，这里只画出了上翼面的情况。图 2-25(a) 和(b) 表示当来流马赫数 Ma_{∞} 小于该翼型的临界马赫数 Ma_{lj} 时绕过翼型上表面的流动情况，此时全流场是亚声速流。从流线的疏密情况可以看出，绕过翼面时开始气流是加速的，压强随之下降，以后气流减速、压强回升。在翼面上的最大速度处，其速度值比来流速度要大得多。随着来流 Ma_{∞} 的增大，翼型上最小压强值也随着降低，最大速度值增大。由于速度增加时，该处的声速是减小的，所以当地的马赫数也以更大的幅度增长，这些就是亚声速的情况。

当来流马赫数 Ma_{∞} 继续增大时，一旦 $Ma_{\infty}>Ma_{lj}$ 时，翼面上就会出现超声速区以及随着超声速区的扩大伴随着有激波发生，这时，流动就属于跨声速流了。图 2-25(c) 所代表的流动情况表明翼面上有一小段的压强数值已低于临界压强系数 C_{plj} 值(用虚线表示)。从流动图画上看，这一段翼面上出现声速线和很小的超声速区，而超声速区以激波结尾，通过激波压强系数发生跃增。为什么会出现激波呢？激波的成因与拉瓦尔管中当喷管出口处逆压比较高时，为了满足逆压的要求而在管中必然发生激波相类同。在亚声速来流马赫数下，翼型后部的压强系数是比较高的(见图 2-25(a)，(b))，这种情况直至来流 $Ma_{\infty}=Ma_{lj}$ 以前均如此。随着 $Ma_{\infty}(>Ma_{lj})$ 的增大，一方面声速线前移，另一方面激波位置后移，强度增强，翼面上的超声速区不断扩大。如图 2-25(d) 所示，随着 Ma_{∞} 的继续扩大，声速线继续前移，激波移到了后缘，如图 2-25(e) 所示。

图 2-25(f) 代表来流 Ma_{∞} 增至略大于 1 的情况。这时，翼型前产生脱体激波，脱体激波的正激波段之后是亚声速区，以后气流沿翼面加速逐渐达到声速点，往后就是超声速区了，激波发生在翼型的后缘处。

当来流 Ma_{∞} 再继续增至大于 1 的某值时，激波附着于翼型的前缘，这时整个翼面上的流动都是超声速流，如图 2-25(g) 所示。

现在简要叙述一下翼面上激波与附面层相互干扰的一些细节。激波与附面层相互干扰的流态如图 2-26 所示。激波与附面层相遇后，通过激波的增压扰动，将沿附面层内的亚声速流往上游传播，从而改变翼面上的压强分布。对层流附面层，往上游传播的距离较远。附面层内压强的增大，使附面层增厚。增厚的附面层对外流形成一压缩边界，所发生的压缩波将与激波相遇，如图 2-26(a) 所示。增厚的附面层由于层内流速较低容易分离，这种分离称为激波诱导分离。它使翼型升力下降，即所谓激波失速。附面层边界可看成为一等压面，激波与它相遇后反射成为膨胀波，使气流往翼型表面偏转，然后通过一系列的压缩波使气流的指向最后偏转成与翼面方向一致，这些压缩波将汇总成一弱激波，如图 2-26(a) 所示。对紊流附面层，由于层内亚声速流层的厚度较薄，因此，在同一位移厚度下，增压扰动往上游传播的范围要较层流附面层为小，如图 2-26(b) 所示。另外，由于紊流附面层从主流输入动量的能力较强，在同样强度的激波作用下较不易产生诱导分离。

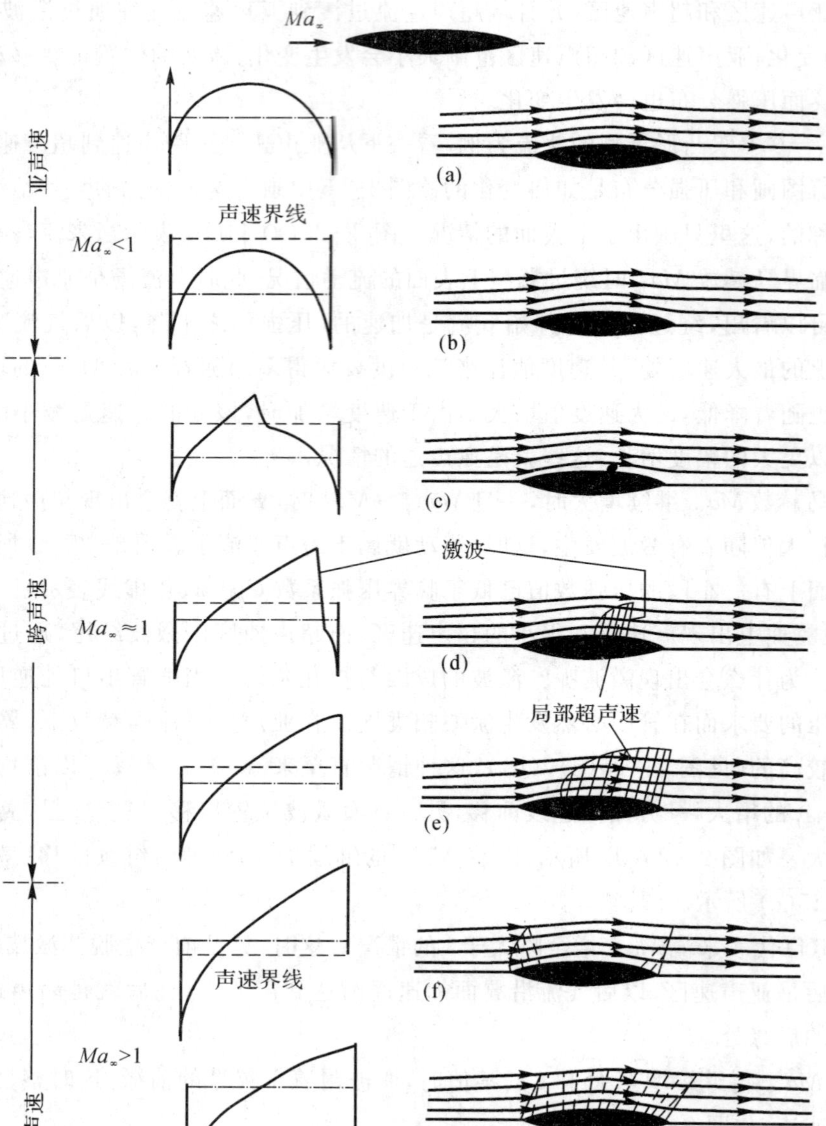

图 2-25　跨声速范围内双凸形翼的压强系数分布和流动图画

激波与附面层干扰对翼面马赫数分布的影响如图 2-27 所示。从该图可见，激波与紊流附面层干扰，对翼面压强分布的影响范围要较附面层为层流时的影响小。因此，翼型跨声速绕流时的流态和表面压强分布与附面层的性质，也就是与来流雷诺数是有很大关系的。

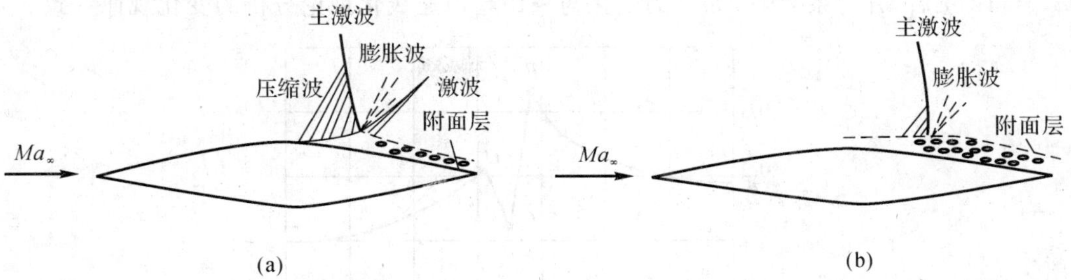

图 2-26　激波与附面层干扰

(a) 层流附面层；(b) 紊流附面层

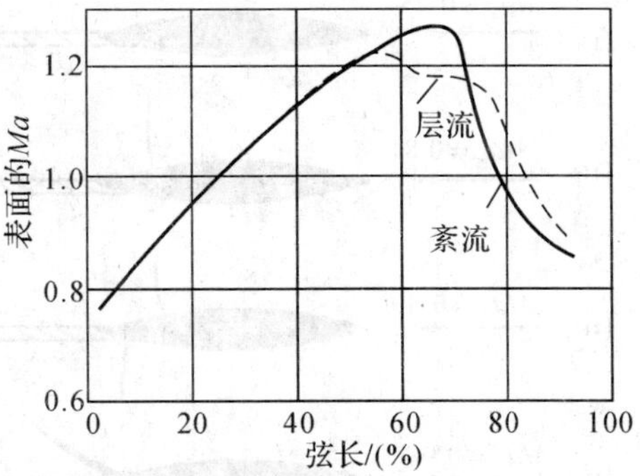

图 2-27　$Ma_\infty = 0.889$ 时，相对厚度为 12% 的双凸圆弧翼型表面马赫数分布

2.5.2　翼型的气动特性

2.5.2.1　气动特性随 Ma_∞ 变化

1. 升力特性

由于在跨声速流动中翼面上产生激波，使压强分布随 $Ma_数$ 发生激烈地改变，因此气动力也有很大变化。图 2-28 给出了某翼型在 $\alpha = 2°$ 时的升力系数 C_y 随 Ma_∞ 变化的实验曲线。升力系数在跨声速范围内（由 A 到 E）出现两起两落。在 A 以前，实验结果与亚声速线化理论基本一致；在 E 以后，与超声速线化理论基本相符。

现在选择图 2-28(a) 中 A,B,C,D,E 各点，附上相对应的流动图画，来分析跨声速区翼型升力系数产生两起两落的原因。由图中可以看出，绕这个翼型流动的 Ma_∞ 从 A 点增至 B 点过程中，即在 AB 段由于上翼面超声速区不断扩大，压强降低，导致升力系数增大。在 B 点以后，上翼面激波继续后移，强度也逐渐增大，激波后逆压梯度激增，激波与附面层相互作用的效应增大，导致上表面附面层分离，因而升力系数突然下降，这个现象叫做激波失速。随着 Ma_∞ 增大，下翼面也出现超声速区和激波，而且下翼面激波比上翼面激波更快地移至后缘，使下翼面压强减小，因而升力系数继续下降，直到 C 点（$Ma_\infty = 0.89$）。Ma_∞ 再继续增加，上翼面激波移到后缘，附面层分离点也后移，上翼面压强继续减小，升力又有增加，直到 D 点（$Ma_\infty = 0.98$）。在 D 点以后，当 Ma_∞ 稍大于 1 时，翼前出现弓形脱体激波。除头部有亚声速区外，上、下翼面基本上都是超声速区。在弓形激波未附体前，上、下翼面压强分布基本上不随 Ma_∞ 而变化，但 Ma_∞ 增大使来流动压增大，所以升力系数仍随 Ma_∞ 增大而下降，到达 E 点

($Ma_\infty = 1.4$) 后，升力系数随 Ma_∞ 的变化与采用超声速线化理论分析的变化规律一致。

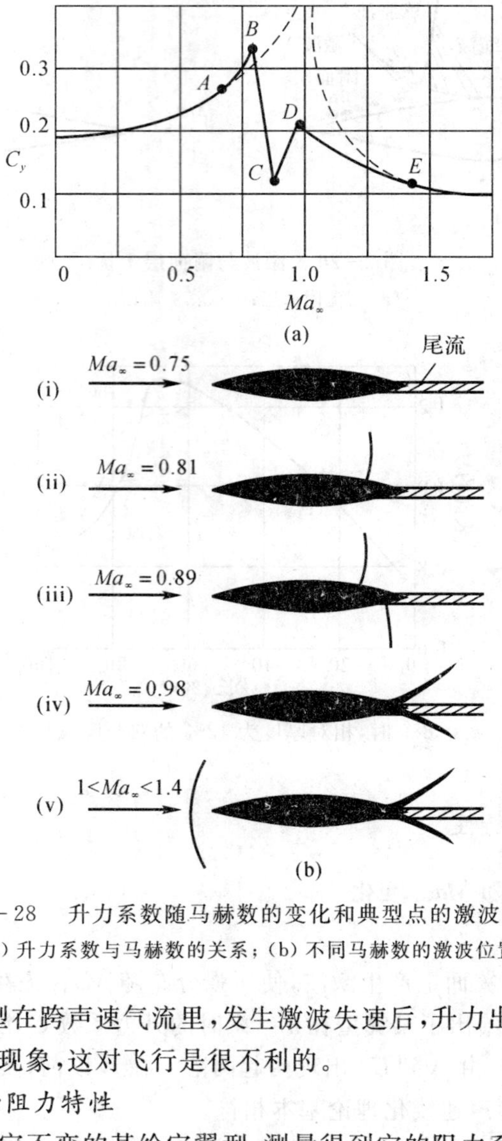

图 2-28　升力系数随马赫数的变化和典型点的激波位置

(a) 升力系数与马赫数的关系；(b) 不同马赫数的激波位置

由上例可以看出，翼型在跨声速气流里，发生激波失速后，升力出现几次升降的同时，压力中心呈现忽前忽后移动的现象，这对飞行是很不利的。

2. 阻力发散马赫数和阻力特性

在风洞中有一迎角固定不变的某给定翼型，测量得到它的阻力系数 C_x 随 Ma_∞ 的变化，如图 2-29 所示。在来流马赫数 Ma_∞ 低于临界马赫数的情况下，翼型阻力主要是由气流黏性所引起的，所以阻力系数基本上为常量。Ma_∞ 稍大于 Ma_{lj} 时，翼面上方出现小范围的超声速区，阻力系数增大，如图 2-29 中 ce 段所示。当稍许再增大 Ma_∞ 时，阻力系数急剧增大，出现阻力发散现象，如图 2-29 的曲线的 ef 段。一般把 $\mathrm{d}Ma_\infty/\mathrm{d}C_x = 0.1$ 的点当做阻力系数急剧增大的起始点，并把此点所对应的 Ma_∞ 称为阻力发散马赫数，用 Ma_D 记之。该翼型的阻力系数在曲线 e 点以后明显地增大，这是与翼型表面超声速区域的扩大，结尾激波产生，激波后逆压梯度的增大导致附面层发生分离现象有关，如图 2-29 左上方的插图所示。随着 Ma_∞ 继续增大，声速线前移，激波后移，波前局部马赫数增大，结尾激波强度也随着增大，阻力系数也就继续增大。当 Ma_∞ 接近于 1 时，上、下翼面的激波都移至后缘，阻力系数达到最大，如曲线上的 g 点所示。随后，虽然 Ma_∞ 继续增大，但由于翼面上压强分布基本不变，而来流动压却随着 Ma_∞

增大而增大，因此阻力系数逐渐减小，如曲线的 gh 段。

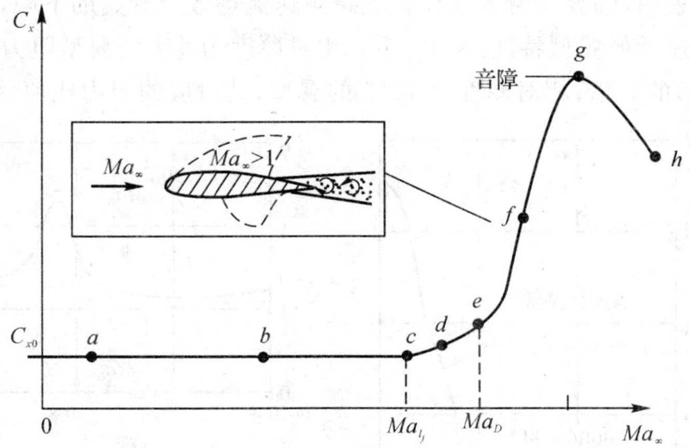

图 2-29　翼型阻力系数 C_x 随 Ma_∞ 的变化曲线

3. 力矩特性

在亚声速流中，翼型的压力中心在不同的 Ma_∞ 下略有变化，但变化不大。当来流 Ma_∞ 超过临界马赫数时，由于上翼面出现局部超声速区，并随着来流 Ma_∞ 增大，低压的超声速区亦随之向后扩展，引起压力中心位置 $\bar{x}_P$ 向后移动，使低头力矩增大。当 Ma_∞ 继续增大，下翼面也出现局部超声速区和局部激波，并且下翼面的局部激波比上翼面的局部激波后移得快，低压的局部超声速区向后也扩展得快。所以翼型下表面后段的吸力迅速增大，致使压力中心位置前移，引起抬头力矩。以后随着上翼面激波也到了后缘，超声速区扩及整个上翼面，压力中心位置又后移了。由此可见，在跨声速范围内，由于翼面激波移动而使压力中心位置随之前后剧烈移动，从而导致翼型纵向力矩发生很大的变化，如图 2-30 所示。

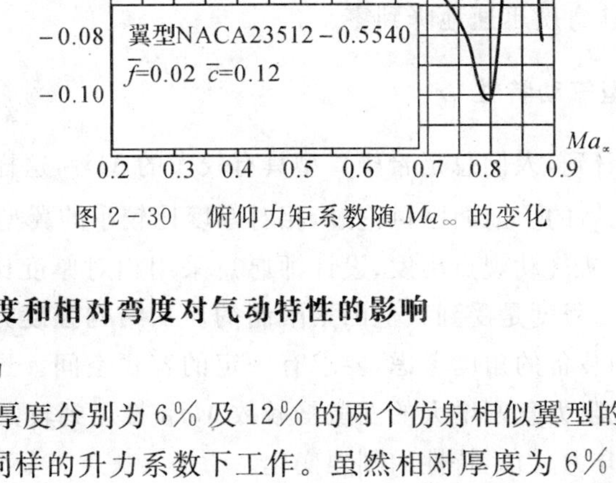

图 2-30　俯仰力矩系数随 Ma_∞ 的变化

2.5.2.2　相对厚度和相对弯度对气动特性的影响

1. 相对厚度的影响

图 2-31 表明相对厚度分别为 6% 及 12% 的两个仿射相似翼型的气动特性随马赫数变化的情况，这两个翼型在同样的升力系数下工作。虽然相对厚度为 6% 的翼型的临界马赫数较

小，但其阻力发散马赫数较大。此外，较薄的这个翼型在激波失速后，气动特性的不利变化也比较小。这些结果表明，临界马赫数仅仅代表跨声速流场效应开始的下限，临界马赫数同气动力突变以及激波失速后的翼型特性并无关系。相对厚度为6%的翼型阻力系数在 $Ma_\infty=1$ 时大约是 $Ma_\infty\approx 0$ 时的3倍；相对厚度为12%的翼型，其对应的阻力比值约为8。

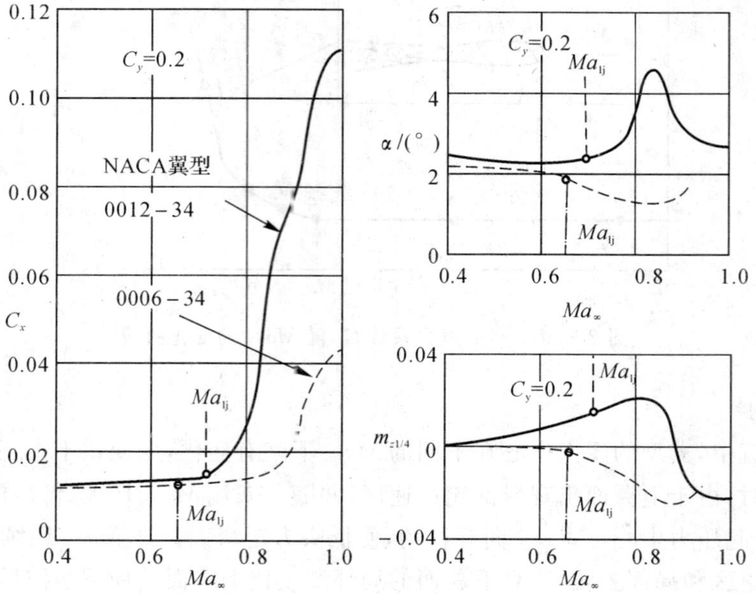

图2-31　相对厚度对于仿射相似翼型气动力特性的影响

2. 相对弯度的影响

图2-32表明了两种翼型气动特性随马赫数变化的情况。这两种翼型除了弯度不同之外，其余参数完全一样，并且在同样的升力系数之下工作。对称翼型的气动力突变马赫数比较高些。更重要的是，在激波失速后，力矩系数的不利变化，在无弯度翼型上小得多。无弯度翼型的阻力特性比有弯度的好。

相对弯度对最大升阻比的影响如图2-33所示。这张图是在一族不同弯度，但厚度为常量的翼型上得到的。低马赫数 Ma_∞ 时，在最大升阻力比 Y/X 之下，相对弯度随着所要求的升力系数值近似地成线性变化。Ma_∞ 增大时，最佳的相对弯度减小，尤其是 C_y 值很大时更是如此。超过 Ma_{lj} 以后，最佳弯度迅速地降到零。

2.5.3　超临界翼型气动特性

从前面的分析可以看到，人们总是希望翼型具有较大的 Ma_{lj}，这样也就可能提高 Ma_D，因为 Ma_D 是紧靠在 Ma_{lj} 之后的。前面已讨论过，相对厚度比较小的翼型，Ma_{lj} 数通常也较大，所以在高速飞行器设计中，从气动观点出发，设计师愿意采用相对厚度比较薄的翼型。但是，实际应用中翼型能薄到什么程度是受到其他因素限制的。从结构强度方面考虑，要求翼型有一定的厚度，从储藏燃油和装备的角度考虑，要求有一定的容积空间。这就引起以下问题，对于给定厚度的翼型，如何把阻力急剧增大的发散马赫数 Ma_D 推迟到较大的马赫数上去或如何缓和阻力发散现象和延缓升力、力矩特性的剧烈变化。

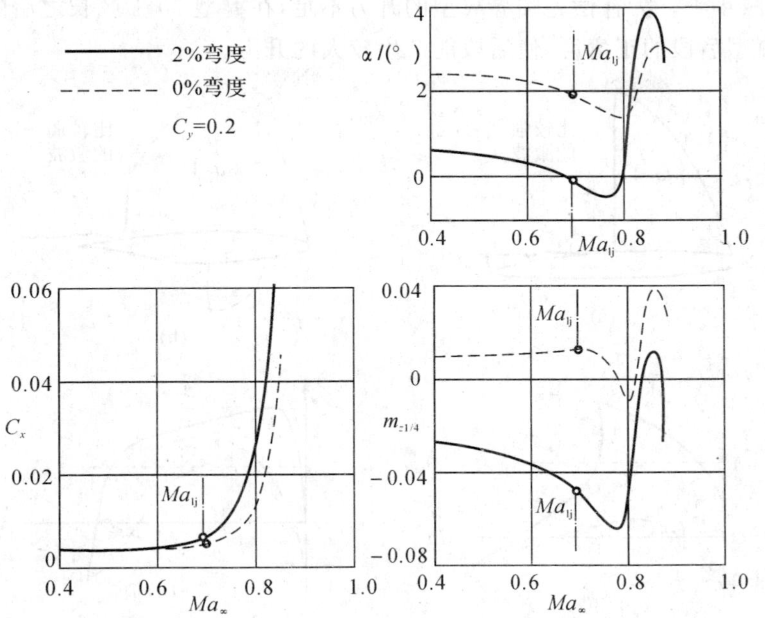

图 2-32　弯度对于两种厚度分布相同的翼型气动特性的影响

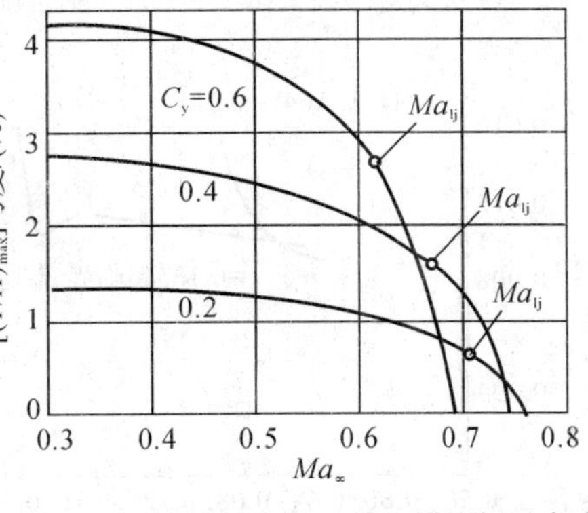

图 2-33　获得最大升阻比所必须的相对弯度

显而易见，增大翼型的 Ma_{lj} 是一种方法，但是实践证明，宁可设计增大 Ma_{lj} 与 Ma_D 之间的间距，而不要增大 Ma_{lj}。也就是说，宁可增大如图 2-29 所示阻力系数曲线上的点 c 与阻力急剧增大时的点 g 之间的间距。自从 1965 年以来，人们一直以这个观点开展研究工作，这就出现了所谓超临界翼型族的设计。

超临界翼型是由惠特柯姆(Whitcomb) 于 1965 年在 NACA 兰利研究中心发展起来的。其中一种超临界翼型与 NACA64-族翼型的特性比较，如图 2-34 和图 2-35 所示。超临界翼型上表面曲率较小，与 NACA64-族翼型比较，在局部超声速区域内局部超声速马赫数的数值较小，结尾激波较弱，因而阻力较弱。从如图 2-34(c) 和(d) 所示压强系数分布，也可看出类似的趋势。

图 2-35 给出了实验结果。从图中可见，超临界翼型的 $Ma_D=0.79$，而 NACA64_2—A215 的 $Ma_D=0.67$。由于超临界翼型的上表面比较平坦，翼型的 60% 弦长之前是负弯度，所以翼

型前段的升力减小了。为补偿超临界翼型的升力不足，在翼型 70% 弦长之后的下表面作成内凹形，以增大翼型后段的正弯度，使后段能产生较大的升力。

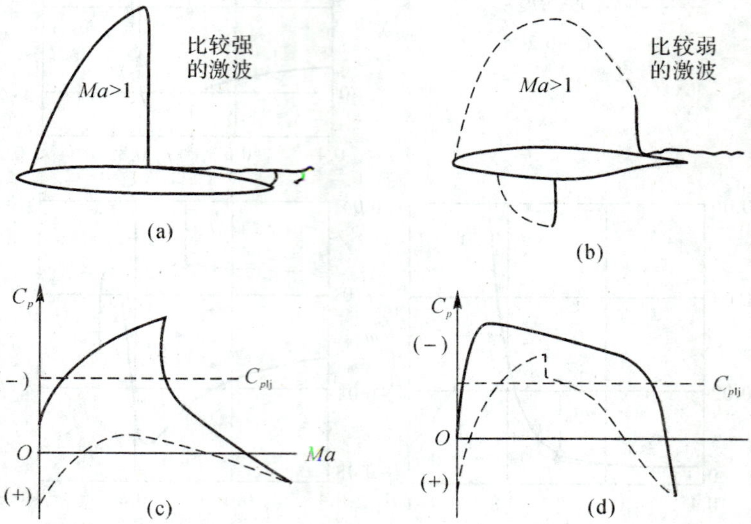

图 2-34　在巡航升力情况下 NACA64 族翼型与超临界翼型的比较

(a)NACA64$_2$-A215 翼型，$Ma_\infty=0.69$ 超声速区；(b)$\bar{c}=13.5\%$ 的超临界翼型，$Ma_\infty=0.79$；(c) NACA64$_2$-A215 翼型，$Ma_\infty=0.69$ C_p 分布；(d)$\bar{c}=13.5\%$ 的超临界翼型，$Ma_\infty=0.79$ C_p 分布

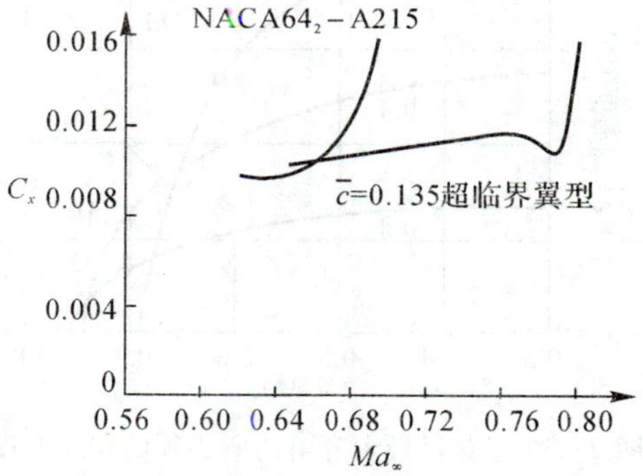

图 2-35　NACA64 族翼型与超临界翼型的阻力发散特性的比较

2.6　机翼的低、亚声速气动特性

2.6.1　大展弦比直机翼的低速绕流图画

低速气流绕机翼流动时，在正升力情况下，因为机翼下翼面压强较高的气流将从翼梢翻向上翼面(见图 2-36(b)，这种翼梢绕流就使机翼上部的流线向内偏斜，而下部的流线向外偏斜(见图 2-36(a))。由于上、下翼面的气流流线的偏斜，上、下翼面的气流在后缘汇合时，尽管压强相同，但展向分速是相反的，因而形成了机翼上表面向内流动而下表面向外流动的旋涡面(见图 2-36(c))。由于旋涡的相互诱导的作用，该旋涡面顺下游方向力图向上卷起(见图

2－36(d)),并形成两个方向相反的涡线,其轴线与迎面气流几乎相重合(见图 2－36(e),(f))。这样,在机翼后便产生两个由翼梢发出的自由旋涡。

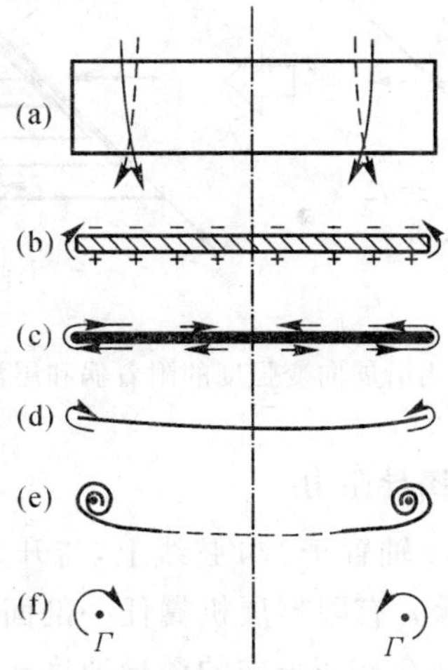

图 2－36　有限翼展机翼的流动图画

2.6.2　升力线理论

2.6.2.1　气动模型

要从理论上分析和计算大展弦比直机翼的气动特性,应根据上一段所述的流动特点建立气动模型。对于无限翼展机翼(翼型),可在翼型的中弧线上分布轴线与展向平行的旋涡来代替机翼的作用,这涡面称为附着涡面,如图 2－37 所示。对于大展弦比直机翼,上面所描述的实际流动图画比较复杂。可作如下简化:由于机翼的弦长比展长小得多,而且机翼每一剖面的 1/4 弦点的连线是一条垂直于来流的直线段,因此最好将所有沿弦向分布的附着涡面合并成一条变强度的直附着涡线,且将它置于 1/4 弦点线上,称它为升力线。附着涡在任一展向 z 处的强度 $\Gamma(z)$ 等于机翼在该展向位置的环量,且从该处的 $\mathrm{d}z$ 段沿来流方向所拖出的自由涡强度为 $\frac{\mathrm{d}\Gamma}{\mathrm{d}z}\mathrm{d}z$,在机翼后形成伸至无限远后方的自由涡系,如图 2－38 所示。将这样的简化涡系模型来代替有限翼展大展弦比直机翼的作用,而由此简化涡系模型建立起来的机翼理论称为升力线理论。普朗特首先根据这个概念定量地分析和解释了有限翼展直机翼的三维流动过程,所以这个简化理论又叫做普朗特升力线理论。

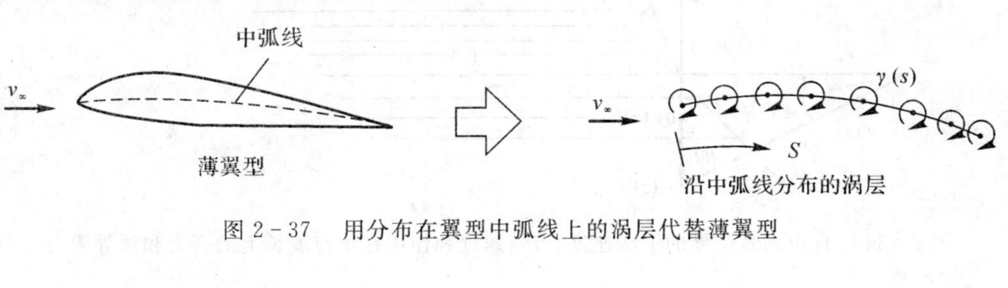

图 2－37　用分布在翼型中弧线上的涡层代替薄翼型

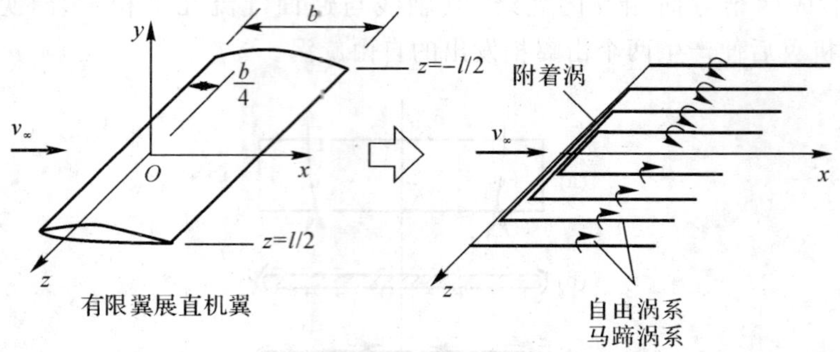

图 2-38　用沿展向变强度的附着涡和尾涡代替机翼

2.6.2.2　诱导速度、升力和诱导阻力

取 x 轴沿来流方向，y 轴向上，z 轴置于1/4弦线上，与升力线重合且指向左半翼，自由涡系位于 xOz 平面内，如图 2-38 所示。有限翼展机翼任一剖面上的绕流情况与无限翼展机翼绕流的主要差别是自由涡系对翼剖面会产生 y 向的诱导速度 v_y，因诱导速度指向下方，故又称为下洗速度。

假设自由涡系对机翼的诱导速度与自由涡系对附着涡线上的诱导速度相同，并规定诱导速度指向负 y 轴为正。设 $\Gamma(\zeta)$ 为展向 ζ 处的附着涡强度，则从微段 $\mathrm{d}\zeta$ 拖出自由涡强度为 $\dfrac{\mathrm{d}\Gamma(\zeta)}{\mathrm{d}\zeta}\mathrm{d}\zeta$（见图 2-39），因而该半无限长自由涡对升力线上 $P(z)$ 点的诱导速度为

$$\mathrm{d}v_y=-\frac{\dfrac{\mathrm{d}\Gamma}{\mathrm{d}\zeta}\mathrm{d}\zeta}{4\pi(\zeta-z)} \tag{2-76}$$

对于图 2-39 所示的情况，$\mathrm{d}\Gamma/\mathrm{d}\zeta$ 为正值，而$(\zeta-z)$ 为负值，规定 $\mathrm{d}v_y$ 向下为正，所以式(2-76)等号右端项前应为负号。

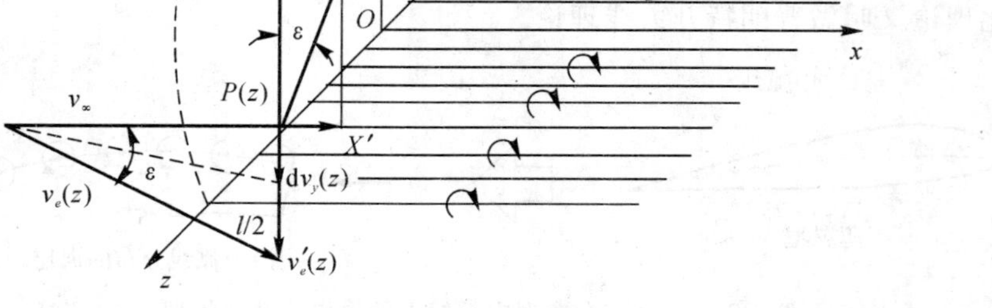

图 2-39　自由涡系诱导的下洗速度、有效速度和作用在单位展长上的升力和诱导阻力

整个自由涡系产生的总下洗速度为

$$v_y(z)=-\frac{1}{4\pi}\int_{-l/2}^{l/2}\frac{1}{\zeta-z}\frac{\mathrm{d}\Gamma}{\mathrm{d}\zeta}\mathrm{d}\zeta \tag{2-77}$$

在求解升力和阻力时，需要求出沿展向的环量分布 $\Gamma(z)$。在求 $\Gamma(z)$ 之前，要研究一下 $P(z)$ 点处气流的细节。为此，过 $P(z)$ 点作一平行于 xOy 平面的切面，所切出的机翼剖面及其绕流情况如图 2-40 所示。考虑到自由涡系产生的下洗速度 $v_y(z)$ 后，$P(z)$ 点的有效速度 $v_e(z)$ 和有效迎角 $\alpha_e(z)$ 都要发生变化，迎角改变的量称为下洗角，并记为 $\varepsilon(z)$（见图 2-40）。

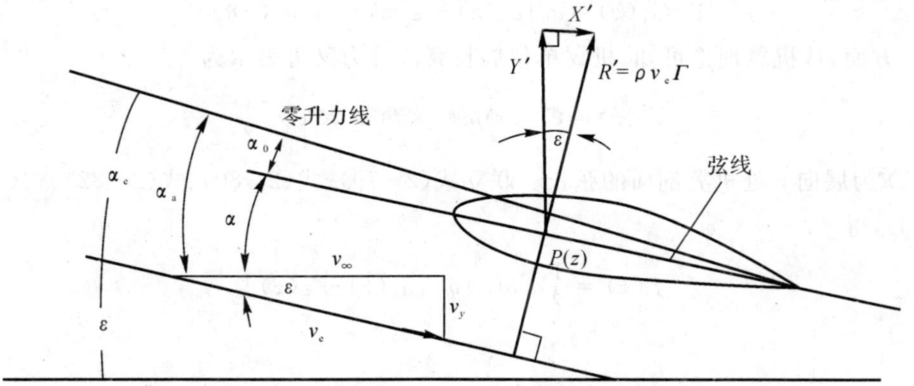

图 2-40　三维机翼理论的基本图解

有效速度 $\boldsymbol{v}_e(z)$、有效迎角 $\alpha_e(z)$、下洗角 $\varepsilon(z)$ 与下洗速度和来流速度的关系为

$$\boldsymbol{v}_e(z)=\boldsymbol{v}_\infty+\boldsymbol{v}_y(z) \tag{2-78}$$

$$\alpha_e(z)=\alpha_a(z)-\varepsilon(z) \tag{2-79}$$

$$\varepsilon(z)=\arctan\frac{v_y(z)}{v_\infty}\approx-\frac{1}{4\pi v_\infty}\int_{-l/2}^{l/2}\frac{1}{\zeta-z}\frac{\mathrm{d}\Gamma}{\mathrm{d}\zeta}\mathrm{d}\zeta \tag{2-80}$$

式中，有效迎角 $\alpha_e(z)$ 和几何迎角 $\alpha_a(z)$ 都是从零升力线量起的剖面绝对有效迎角和绝对几何迎角，如图 2-40 所示。在求作用在机翼上气动力之前，先引入"剖面流动"的假设。假设有限翼展机翼各剖面气动力与在 $v_e(z)$ 和 $\alpha_e(z)$ 下相同剖面形状的翼型气动力相同。利用剖面假设和依照库塔-儒可夫斯基定理，作用在 z 处单位展长翼段上的总气动力 R' 为

$$R'(z)=\rho v_e(z)\Gamma(z) \tag{2-81}$$

根据升力和阻力的定义，单位展长翼段上总气动力 $R'(z)$ 在垂直和平行于未受扰动速度 v_∞ 方面的分量分别为单位展长翼段的升力和（诱导）阻力，即

$$Y'(z)=R'(z)\cos\varepsilon(z)=\rho v_\infty\Gamma(z) \tag{2-82}$$

$$X'_i(z)=R'(z)\sin\varepsilon(z)=\rho v_\infty\Gamma(z)\cdot\varepsilon(z) \tag{2-83}$$

为了与机翼的型阻相区别，把与有限翼展机翼的升力相联系的阻力称为诱导阻力，并在符号 X 的下方加上下标 i。

将上两式沿展向积分，可求得作用在有限翼展机翼上的升力和诱导阻力表达式

$$Y=\int_{-l/2}^{l/2}Y'\mathrm{d}z=\rho v_\infty\int_{-l/2}^{l/2}\Gamma(z)\mathrm{d}z \tag{2-84}$$

$$X_i=\int_{-l/2}^{l/2}X'_i\mathrm{d}z=\rho v_\infty\int_{-l/2}^{l/2}\Gamma(z)\varepsilon(z)\mathrm{d}z \tag{2-85}$$

由式(2-80)、式(2-84)和式(2-85)可见，计算机翼的升阻特性，归结为求环量 $\Gamma(z)$ 沿展向分布。

2.6.2.3 环量分布的积分微分方程

假设无限翼展机翼的升力线斜率为 a_0，则无限翼展机翼剖面升力系数为

$$C'_y(z)=a_0\alpha_a(z) \tag{2-86}$$

对于有限翼展机翼，由于存在着下洗速度，式(2-86)中的绝对几何迎角 $\alpha_a(z)$ 要用绝对有效迎角 $\alpha_e(z)$ 来代替，所以有限翼展机翼剖面的升力系数应为

$$C'_y(z)=a_0[\alpha_a(z)-\varepsilon(z)]=a_0\alpha_e(z) \tag{2-87}$$

另一方面，从机翼理论可知，机翼单位展长翼段升力又可表示为

$$Y'(z)=C'_y(z)\rho v_\infty^2\times b(z)\times 1\times\frac{1}{2} \tag{2-88}$$

式中，$b(z)$ 为展向 z 处机翼剖面的弦长。联立式(2-79)、式(2-80)、式(2-82)、式(2-87)和式(2-88)，得

$$\Gamma(z)=\frac{1}{2}a_0 b(z)v_\infty[\alpha_a(z)-\varepsilon(z)] \tag{2-89}$$

或

$$\Gamma(z)=\frac{1}{2}a_0 b(z)v_\infty\left[\alpha_a(z)+\frac{1}{4\pi v_\infty}\int_{-l/2}^{l/2}\frac{1}{\zeta-z}\frac{\mathrm{d}\Gamma}{\mathrm{d}\zeta}\mathrm{d}\zeta\right] \tag{2-90}$$

这就是普朗特有限翼展机翼环量分布的积分微分方程。在给定翼弦分布 $b(z)$ 和绝对迎角分布 $\alpha_a(z)$ 时，根据式(2-90)可以求出环量分布 $\Gamma(z)$，这是机翼理论的分析问题。与此相反，若已知环量分布 $\Gamma(z)$，根据式(2-90)，在给定翼弦分布 $b(z)$ 下，可以求出迎角分布 $\alpha_a(z)$；或给定 $\alpha_a(z)$ 下，可求出翼弦分布 $b(z)$，这就是机翼理论的反问题，即所谓设计问题。

下面先讨论设计问题，然后再介绍分析问题 —— 方程式(2-90)的三角级数近似解法的结果。

2.6.2.4 椭圆形环量分布的无扭转机翼的气动特性

设机翼环量分布 $\Gamma(z)$ 为椭圆形(见图 2-41)，即

$$\Gamma(z)=\Gamma_0\sqrt{1-\left(\frac{2z}{l}\right)^2} \tag{2-91}$$

式中，Γ_0 表示机翼对称面($z=0$)处的环量值。将式(2-91)代入式(2-82)，得

$$Y'(z)=\rho v_\infty\Gamma_0\sqrt{1-\left(\frac{2z}{l}\right)^2} \tag{2-92}$$

可见，沿展向环量分布为椭圆形的机翼，其升力分布也是椭圆形的。下面讨论一下具有椭圆升力分布的机翼到底有哪些气动力特性。

首先计算一下下洗速度沿展向分布。将式(2-91)代入式(2-77)，得

$$v_y(z)=\frac{-\Gamma_0}{4\pi}\int_{-\frac{l}{2}}^{\frac{l}{2}}\frac{\frac{4\zeta}{l^2}}{\sqrt{1-\left(\frac{2\zeta}{l}\right)^2}}\frac{1}{\zeta-z}\mathrm{d}\zeta \tag{2-93}$$

要计算上式积分，作变量置换。令

$$\left.\begin{aligned} z &= -\frac{l}{2}\cos\theta \\ \zeta &= -\frac{l}{2}\cos\varphi \end{aligned}\right\} \tag{2-94}$$

于是有

$$v_y(\theta)=\frac{\Gamma_0}{2\pi l}\int_0^{\pi}\frac{\cos\varphi}{\cos\varphi-\cos\theta}\mathrm{d}\varphi \tag{2-95}$$

应用定积分公式

$$\int_0^{\pi}\frac{\cos n\varphi}{\cos\varphi-\cos\theta}\mathrm{d}\varphi=\pi\cdot\frac{\sin n\theta}{\sin\theta}$$

式(2-95)写成

$$v_y(z)=\frac{\Gamma_0}{2l}=常量 \tag{2-96}$$

将式(2-96)代入式(2-80)，并认为 $\arctan(v_y(z)/v_\infty)\approx v_y(z)/v_\infty$，可得

$$\varepsilon(z)=\frac{v_y(z)}{v_\infty}=\frac{\Gamma_0}{2lv_\infty} \tag{2-97}$$

由式(2-96)和式(2-97)可见，沿展向升力为椭圆分布的机翼，下洗速度和下洗角沿展向分布都为常量，如图 2-41 所示。当翼展长 $l\to\infty$ 时，$\varepsilon(z)$ 和 $v_y(z)$ 都为零，这个结果与二维薄翼理论是一致的。

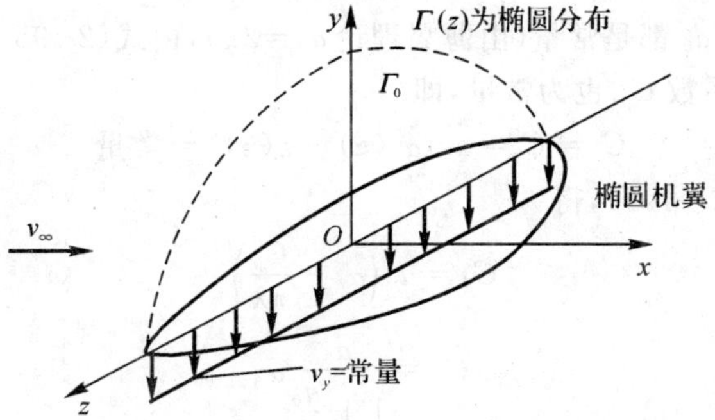

图 2-41　椭圆环量分布机翼示意图

对于无扭转机翼，绝对几何迎角 $\alpha_a(z)=$ 常量，所以有效迎角也为常量，即

$$\alpha_e(z)=\alpha_a(z)-\varepsilon(z)=C \tag{2-98}$$

式中，C 是待定常量。将式(2-91)和式(2-98)代入式(2-89)，得

$$\Gamma_0\sqrt{1-\left(\frac{z}{l/2}\right)^2}=\frac{1}{2}a_0 b(z) v_\infty C \tag{2-99}$$

在机翼对称面处($z=0$)，$b(0)=b_0$，利用这个条件，由式(2-99)得

$$C=\frac{\Gamma_0}{\frac{1}{2}a_0 b_0 v_\infty}$$

将此式代入式(2-99)，得

$$\frac{b^2(z)}{b_0^2}+\frac{z^2}{\left(\frac{l}{2}\right)^2}=1 \tag{2-100}$$

可见,具有椭圆形环量分布的无扭转机翼的平面形状也是椭圆形的。不过上面已讲过附着涡是置于 1/4 弦点线上,所以它应是由两个半椭圆合并组成的。上半椭圆(前缘)的短半轴长度为 $b_0/4$,下半椭圆(后缘)的短半轴长度为 $3b_0/4$,如图 2-41 所示。

下面讨论升力和阻力特性。将式(2-91)代入式(2-84),并利用(2-94),得

$$Y=\rho_\infty v_\infty \Gamma_0\int_{-l/2}^{l/2}\sqrt{1-\left(\frac{2z}{l}\right)^2}\,\mathrm{d}z=\Gamma_0\rho_\infty v_\infty\ \frac{l}{2}\int_0^\pi \sin^2\theta\mathrm{d}\theta=\frac{\pi}{4}\rho_\infty v_\infty l\Gamma_0 \tag{2-101}$$

由式(2-101)得

$$\Gamma_0=\frac{4Y}{\rho_\infty v_\infty l\pi} \tag{2-102}$$

因为升力 Y 又可表示为 $Y=C_y\ \frac{1}{2}\rho_\infty v_\infty^2 S$,所以方程(2-102)可以写为

$$\Gamma_0=\frac{2v_\infty SC_y}{l\pi} \tag{2-103}$$

将式(2-103)代入式(2-97),得

$$\varepsilon(z)=\frac{C_yS}{\pi l^2}=\frac{C_y}{\pi\lambda}=\text{常量} \tag{2-104}$$

机翼的剖面升力系数为

$$C'_y=a_0(\alpha_\mathrm{a}(z)-\varepsilon(z)) \tag{2-105}$$

若假定对每个剖面 a_0 都是常量(由薄翼理论 $a_0=2\pi$),由式(2-98)可知,沿展向 C'_y 必须为常量,并且机翼的升力系数 C_y 也为常量,即

$$C_y=C'_y=a_0(\alpha_\mathrm{a}(z)-\varepsilon(z))=\text{常量} \tag{2-106}$$

联立式(2-104)和式(2-106),得

$$C_y=a_0\left(\alpha_\mathrm{a}-\frac{C_y}{\pi\lambda}\right)$$

或

$$C_y=\frac{a_0}{1+\frac{a_0}{\pi\lambda}}\alpha_\mathrm{a} \tag{2-107}$$

机翼的升力线斜率 C_y^α 为

$$C_y^\alpha=\frac{\mathrm{d}C_y}{\mathrm{d}\alpha}=\frac{a_0}{1+\frac{a_0}{\pi\lambda}}<a_0 \tag{2-108}$$

利用式(2-84)、式(2-85)和式(2-104),得

$$C_{xi}=C_y\varepsilon=\frac{C_y^2}{\pi\lambda} \tag{2-109}$$

式(2-108)和式(2-109)说明:

(1)椭圆形机翼的升力线斜率 C_y^α 比剖面的升力线斜率 a_0 小,但随展弦比 λ 的增加而增大,当 $\lambda\to\infty$ 时,$C_y^\alpha\to a_0$。

(2)诱导阻力系数 C_{xi} 与 C_y^2 成正比,与展弦比 λ 成反比。为增大机翼的升阻比,低速飞机一般采用的是大展弦比机翼。

为评估上述理论的适用性，在图 2-42 中给出展弦比$\lambda=5$的机翼的C_y-C_x曲线。图中左边一条是按式(2-109)计算的结果，右边一条是实验的数据，从图可见诱导阻力系数的理论曲线与测量曲线的变化趋势相当一致，两根曲线的数值之差几乎是个常数。这是因为理论计算中未计及黏性引起的机翼表面摩擦阻力。

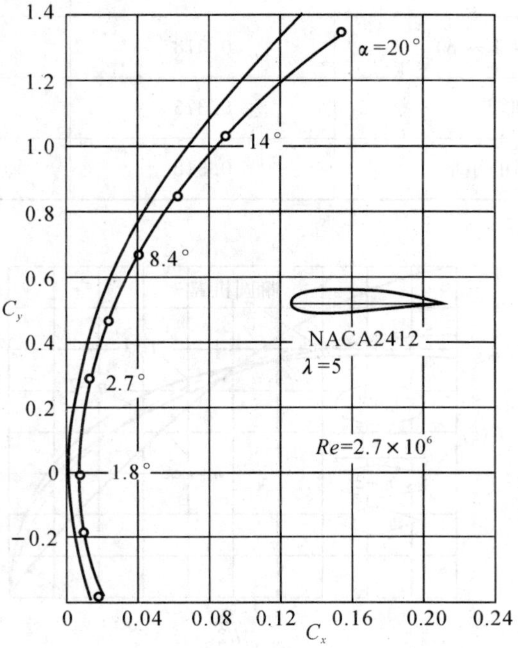

图 2-42　C_y-C_x 的理论值与实验值的比较

2.6.2.5　一般平面形状无扭转直机翼的气动特性

由升力线理论可以证明椭圆翼是具有最佳升阻特性的平面形状，但由于工艺上的复杂性很少被采用。目前广泛采用的是梯形翼，它的升阻特性接近于椭圆翼。在给定机翼平面形状和迎角下求解非椭圆翼的环量分布$\Gamma(z)$有三角级数近似解法和数值解法两种。前者与薄翼型理论中求弦向环量分布$\gamma(x)$三角级数解法类似，本节仅给出其结果。

1. 升、阻力特性

$$C_y=\frac{a_0\alpha_a}{1+\dfrac{a_0}{\pi\lambda}(1+\tau)} \tag{2-110}$$

$$C_{xi}=\frac{C_y^2}{\pi\lambda}(1+\delta)=\frac{C_y^2}{\pi\lambda_e}=AC_y^2 \tag{2-111}$$

式中，$\lambda_e=\dfrac{\lambda}{1+\delta}$，称为有效展弦比；$A=\dfrac{(1+\delta)}{\pi\lambda}$，称为诱导阻力因子；$\alpha_a$ 为机翼的绝对迎角（从零升力线算起的迎角）；a_0 为组成该机翼翼型的升力线斜率。非椭圆形机翼的τ和δ数值，通常称为对椭圆形机翼的气动力修正值，主要取决于机翼的平面形状和展弦比。作为例子，表 2-3 给出了几种常见平面形状机翼的τ和δ的平均值。图 2-43 给出了四种平面形状无扭转机翼的环量沿展向分布图。由图2-43和表2-3可见，λ不大的梯形翼的气动性能最接近于椭圆翼。

表 2-3 几种常见机翼的修正值

机翼平面形状	$\frac{1}{\pi}(1+\tau)$	$\frac{1}{\pi}(1+\delta)$
椭圆($\lambda=2\sim3$)	0.318	0.318
梯形($\lambda=5\sim8$)	0.318	0.318
矩形	0.375	0.335
翼梢倒圆的矩形	0.318	0.365

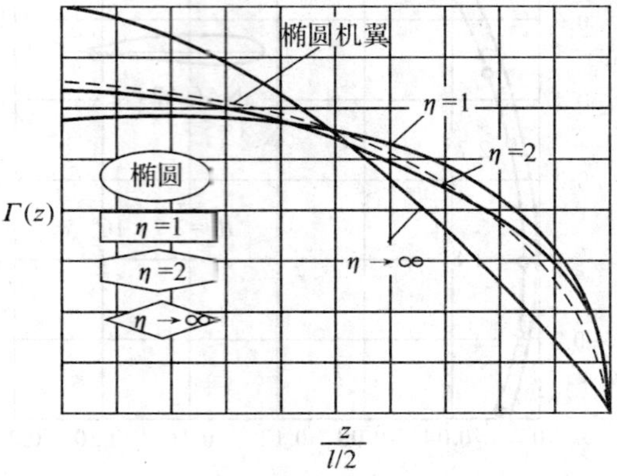

图 2-43 机翼的平面形状对其展向环量分布的影响

2. 展弦比对升、阻特性的影响

如果展弦比分别为λ_1和λ_2的两个机翼具有相同的翼型(它的升力线斜率为a_0)则可利用式(2-110)和式(2-111)把这两个机翼的升、阻特性联系起来。事实上,由式(2-110)得该两机翼的绝对迎角分别为

$$(\alpha_a)_{\lambda_1}=\frac{C_{y1}}{a_0}+\frac{C_y}{\pi\lambda_1}(1+\tau_1)$$

$$(\alpha_a)_{\lambda_2}=\frac{C_{y2}}{a_0}+\frac{C_y}{\pi\lambda_2}(1+\tau_2) \tag{2-112}$$

当该两机翼升力系数相等$C_{y1}=C_{y2}$,即$C_{y1}/a_0=C_{y2}/a_0$时,得两机翼绝对迎角之间的关系为

$$(\alpha_a)_{\lambda_2}=(\alpha_a)_{\lambda_1}+\frac{C_y}{\pi}\left(\frac{1+\tau_2}{\lambda_2}-\frac{1+\tau_1}{\lambda_1}\right) \tag{2-113}$$

由式(2-111)同样可得两机翼诱导阻力系数之间的关系

$$(C_{xi})_{\lambda_2}=(C_{xi})_{\lambda_1}+\frac{C_y^2}{\pi}\left(\frac{1+\delta_2}{\lambda_2}-\frac{1+\delta_2}{\lambda_1}\right) \tag{2-114}$$

根据式(2-113)和式(2-114),若已知展弦比为λ_1机翼的升力和诱导阻力系数,就可求得展弦比为λ_2机翼的升力和诱导阻力系数。所以式(2-113)和式(2-114)称为有限翼展机翼的等换公式。

图 2-44(a)和图 2-45(a)分别表示由实验得出的一系列展弦比矩形翼的$C_y-\alpha$曲线和极

曲线。图 2-44(b) 和图 2-45(b) 表示分别按式(2-113) 和式(2-114) 换算到 $\lambda=5$ 时的相应曲线。从图可见换算的 $C_y-\alpha$ 曲线和极曲线很好地集中在一条曲线上，从而证实了这种换算方法是令人满意的。

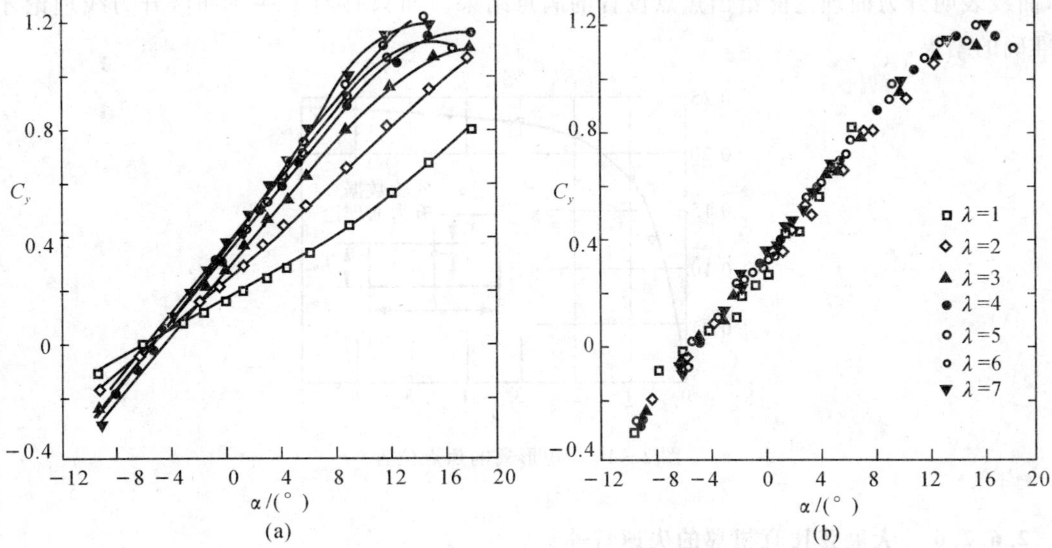

图 2-44　$1\leqslant\lambda\leqslant 7$ 的 $C_y-\alpha$ 曲线换算到 $\lambda=5$ 的结果

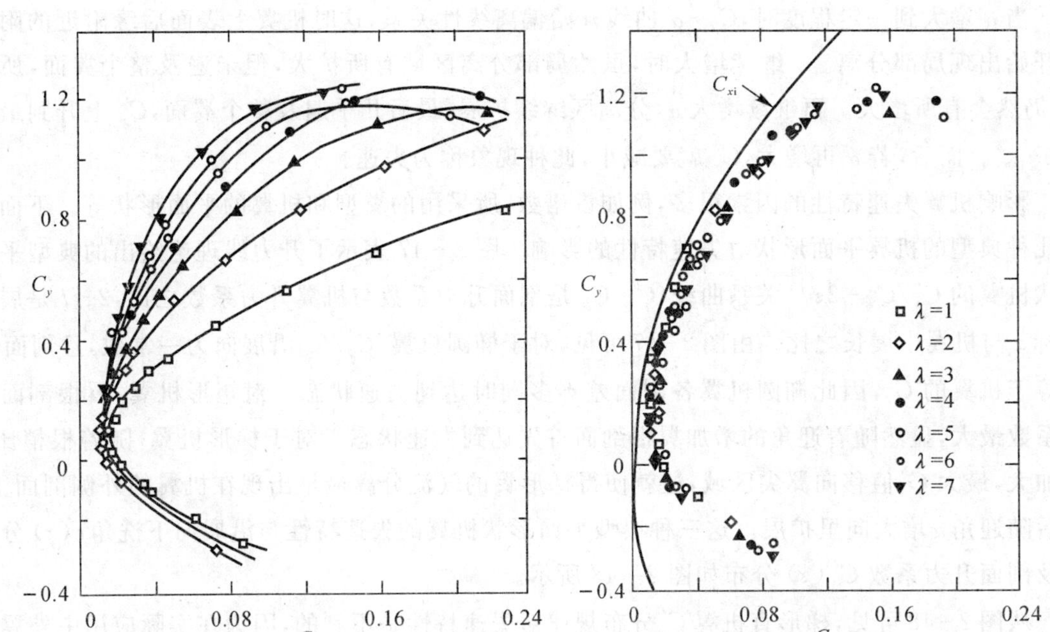

图 2-45　$1\leqslant\lambda\leqslant 7$ 的 C_y-C_x 曲线换算到 $\lambda=5$ 的结果

3. 俯仰力矩特性

在升力线理论中，假设沿机翼的展向各剖面的流动相互没有影响(剖面流动假设)，所以对于大展弦比直机翼而言，机翼的焦点位置 $\bar{x}_F$ 是与组成该机翼的各剖面的焦点位置 $\bar{x}'_F$ 相同的，即 $\bar{x}_F = \overline{x'}_F = \frac{1}{4}$。但实验表明，根据升力线理论不可能得出翼剖面焦点的准确位置。

图 2-46 中给出了按升力面理论计算出和实验得出的矩形翼的焦点位置 $\bar{x}_F$ 与 λ 的关系曲线，曲线表明升力面理论能给出焦点位置的满意结果。而只有当 $\lambda \to \infty$ 时，升力线理论才给出准确的结果。

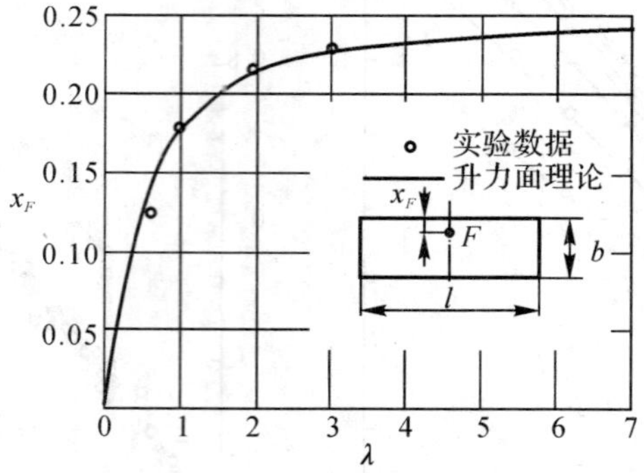

图 2-46　矩形翼的焦点位置

2.6.2.6　大展弦比直机翼的失速特性

前一段所介绍的升力线理论和气动特性仅在小迎角范围内有效，此时 C_y 与 α 成线性关系。当 α 增大到一定程度时，$C_y - \alpha$ 曲线开始偏离线性关系，这时机翼上表面后缘附近的附面层开始出现局部分离。α 继续增大时，虽然局部分离区域有所扩大，但未遍及整个翼面，所以 C_y 仍然会有所增大。再继续增大 α，分离区继续扩展，最后几乎遍及整个翼面，C_y 上升到最大值 $C_{y\max}$。而后，若 α 再增大，C_y 就要减小，此种现象称为失速。

影响机翼失速特性的因素很多，例如雷诺数、所采用的翼型和机翼的平面形状等。下面讨论几种典型的机翼平面形状对失速特性的影响。图 2-47 表示了升力线理论给出的典型平面形状机翼的 $C'_y/C_y - 2z/l$ 关系曲线，C'_y/C_y 是剖面升力系数与机翼升力系数之比，$2z/l$ 是展向坐标 z 与机翼半展长之比。由图 2-47 可见，对于椭圆机翼，C'_y/C_y 沿展向为一常数，且剖面 C'_y 就等于机翼的 C_y，因此椭圆机翼各剖面差不多同时达到失速状态。对矩形机翼，翼根剖面升力系数最大，显然随着迎角的增加翼根剖面首先达到失速状态。对于梯形机翼，随着根梢比 η 的加大，最大 C'_y 值移向翼尖区域，这就使得梯形翼的气流分离最早出现在机翼的外侧剖面上，然后随迎角 α 增大向里扩展。这三种典型平面形状机翼的失速特性与沿展向下洗角 $\varepsilon(z)$ 分布以及剖面升力系数 $C'_y(z)$ 分布如图 2-48 所示。

从图 2-48 可见，梯形直机翼 C'_y 分布规律对失速特性是不利的，因为在实际应用中外翼后段上是要安装操纵面的，如果在外翼后段发生分离，就会使操纵面效率大为降低，由于梯形直机翼结构强度好，平面形状最接近椭圆翼形状，工艺上简单，所以一般还是采用梯形直机翼。为改善它的失速特性，可精心设计机翼沿展向的弯扭分布，以降低外翼的有效迎角，在外翼采用前缘缝翼或吸除附面层装置以延缓外翼的附面层分离特性。

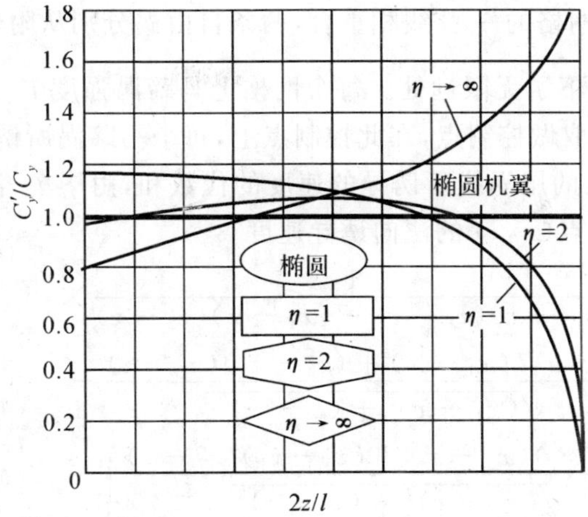

图 2-47　机翼平面形状对 C'_y/C_y 沿展向分布的影响

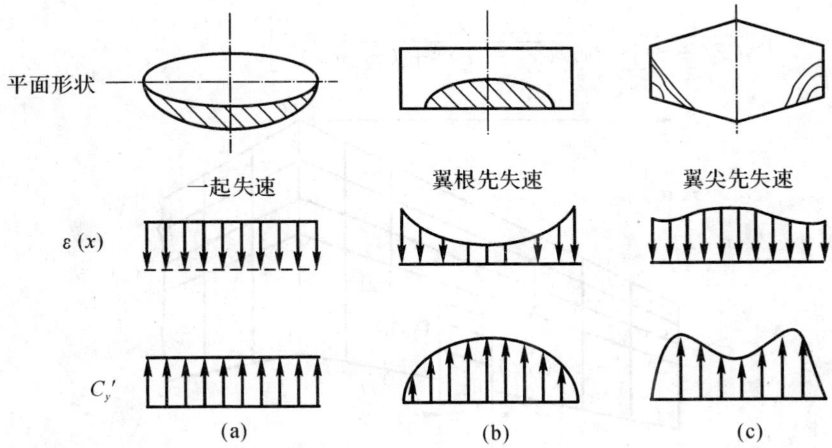

图 2-48　不同平面形状直机翼的 v_{yi} 和 $C'_y(z)$ 分布以及分离失速示意图

(a) 椭圆机翼；(b) 矩形机翼；(c) 梯形机翼

2.6.3　升力面理论概要

对大展弦比直机翼而言，大量的试验数据表明升力线理论的结果是令人满意的，但对于后掠翼和较小展弦比机翼，升力线理论已不能正确地反映实际流动情况，它们的气动特性必须用升力面理论来计算。这种理论是在机翼中弧面上连续布置基元旋涡，形成与机翼形状相同的旋涡面。

要精确求解旋涡面的环量分布强度是困难的，故在解决实际问题中往往对上述气动模型作了不同程度的简化，从而就出现了不同的工程计算方法。在这里介绍一种涡格法，它是一种数值解法，由计算机来完成大量的数值计算工作。

为说明涡格法的基本概念，考虑处在 xOz 平面上一平板机翼，假设来流 v_∞ 的迎角很小。具体做法是，将机翼沿展向分成若干平行于对称面的纵列，然后沿等百分弦长线在弦向分成若干行，这样就把机翼分成 N 个网格，如图 2-49 所示。在每个网格上，如第 i 网格上，放置一个马蹄涡，其附着涡线和该网格的$\frac{1}{4}$弦线相重合，两条自由涡分别从附着涡的两端点(x_1, z_1)和(x_2, z_2)沿x轴方向伸向下游无限远处。每个网格上马蹄涡强度Γ_i为常量，是待定的。网格的3/4弦线的中心(x, z)取做控制点，在此控制点上，每个马蹄涡所诱导的速度v_y是该马蹄涡的附着涡段和两条无限长的尾涡线所诱导的速度的代数和，由毕奥-沙瓦(Biot - Savart)公式可得第i个马蹄涡对控制点(x, z)的法向诱导速度

$$
\begin{aligned}
v_{yi}=\frac{\Gamma_i}{4\pi}\Bigg\{&\frac{1}{(x_2-x)(z_1-z)-(x_1-x)(z_2-z)}\times\\
&\left[\frac{(x_2-x_1)(x_1-x)+(z_2-z_1)(z_1-z)}{\sqrt{(x_1-x)^2+(z_1-z)^2}}-\right.\\
&\left.\frac{(x_2-x_1)(x_2-x)+(z_2-z_1)(z_2-z)}{\sqrt{(x_2-x)^2+(z_2-z)^2}}\right]+\\
&\frac{1}{(z_1-z)}\left[1-\frac{x_1-x}{\sqrt{(x_1-x)^2+(z_1-z)^2}}\right]-\\
&\frac{1}{(z_2-z)}\left[1-\frac{x_2-x}{\sqrt{(x_2-x)^2+(z_2-z)^2}}\right]\Bigg\}
\end{aligned}
\tag{2-115}
$$

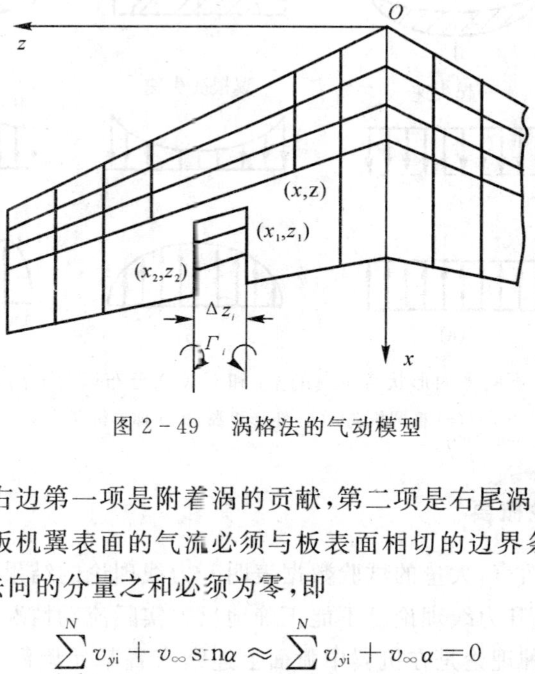

图 2-49　涡格法的气动模型

式(2-115)中等号右边第一项是附着涡的贡献，第二项是右尾涡的贡献，而第三项是左尾涡的贡献。为满足该平板机翼表面的气流必须与板表面相切的边界条件，所有马蹄涡的法向诱导速度与来流v_∞在法向的分量之和必须为零，即

$$\sum_{i=1}^{N} v_{yi}+v_\infty\sin\alpha\approx\sum_{i=1}^{N} v_{yi}+v_\infty\alpha=0 \tag{2-116}$$

这是一N阶代数方程组，利用式(2-115)从这组方程可解得每个涡格上的环量Γ_i。根据库塔-儒可夫斯基定理，第i涡格单位展长的升力是$\rho v_\infty\Gamma_i$，而该机翼的总升力为

$$Y=\sum_{i=1}^{N}\rho v_\infty\Gamma_i\Delta z_i \tag{2-117}$$

式中，Δz_i为第i网格的展向宽度。还可以由Γ_i求得俯仰力矩和焦点位置等机翼的其他气动特性。

2.6.4　后掠机翼的低速气动特性

高速飞行器为了提高机翼的阻力发散马赫数，延缓阻力发散现象，以降低波阻力和减轻不利的升力和俯仰力矩气动特性的变化，大都采用后掠机翼。但飞行器往往都要经过低速飞行阶段，所以在本段介绍后掠翼的低速特性。

1. 无限翼展斜置翼的低速绕流图画

在 2.4.5 小节已经讲过来流 v_∞ 以 α 流过斜置角为 χ 的无限翼展斜置翼时，可将 v_∞ 分解成垂直斜置翼前缘的法向速度分量 $v_n = v_\infty \cos\chi$ 和平行于前缘的切向速度分量 $v_t = v_\infty \sin\chi$。在绕机翼的气流流动过程中，如果忽略黏性影响，切向速度大小始终保持不变，而法向速度一直发生变化。所以流线会左右偏斜，其形状呈S形，如图 2-50 所示。这是因为当气流 v_∞ 流向机翼前段时，如图中 AB 段，法向速度 v_n 受到阻滞，此时气流的合速方向向左偏斜；当气流从点 B 流向最小压力点 C 时，法向分速逐渐增大，所以气流合速逐渐向右偏斜；在气流流过点 C 之后，法向气流又逐渐减小，致使气流合速又向左偏转。所以气流流经斜置机翼时，流线就呈现出S形了。斜置角对无限翼展斜置翼升、阻特性的影响参见第 2.4 节的式(2-62)至式(2-70)。

2. 后掠翼的流动图画和气动特性

大展弦比后掠翼可近似认为由两个对称的斜置翼所组成，其左或右半翼的中间部分的绕流图画与无限翼展斜置翼很接近，如图 2-51 所示。在翼根区域上表面的前段，流线先是偏离对称面，流管扩张变粗，而在后段流线向内偏转，流管收缩变细。在翼尖区域，由于翼尖外的气流是顺流的，这样使流经翼尖区域上表面的气流在前段流管收缩变细，在后段则扩张变粗，恰与翼根区域相反。这种影响分别称为翼根效应和翼尖效应。后掠机翼的翼根效应和翼尖效应引起弦向 C_p 分布的变化在翼剖面前半部较明显。与半翼的中间部分的剖面压强分布相比较，翼根效应使翼剖面前半部的吸力峰下降，翼尖效应则使剖面前缘附近吸力峰提高(见图 2-52)，这就使得翼尖的剖面升力系数增加，翼根剖面升力系数减小。

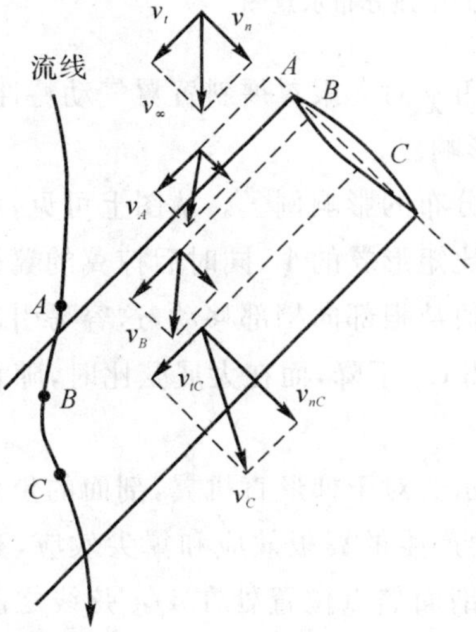

图 2-50　无限翼展斜置翼绕流图

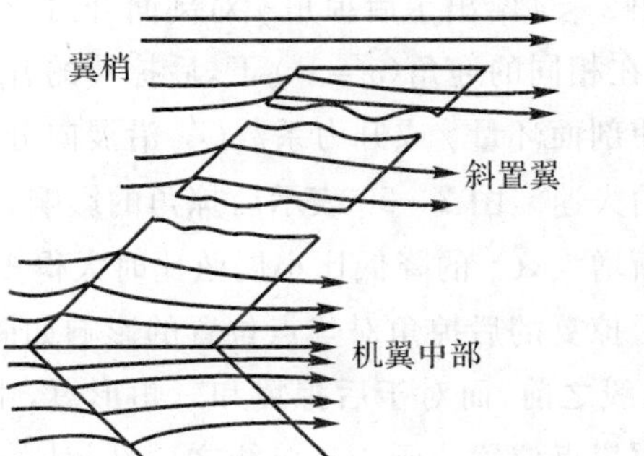

图 2-51　大展弦比后掠翼上翼面流线示意图

图 2-53 给出了对应的无后掠机翼压强系数分布图。将此图与图 2-52 相比较，就可以理

解后掠翼的翼根效应和翼尖效应所带来的压强系数 C_p 分布和展向剖面升力系数 C'_y 分布的变化了。

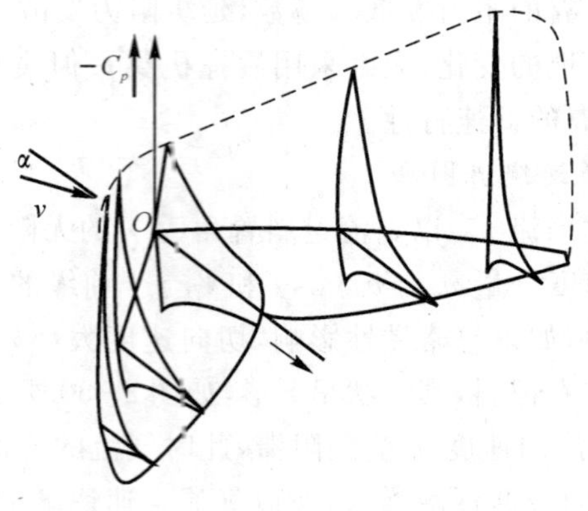

图 2-52　大展弦比无弯度后掠翼上压强分布示意图

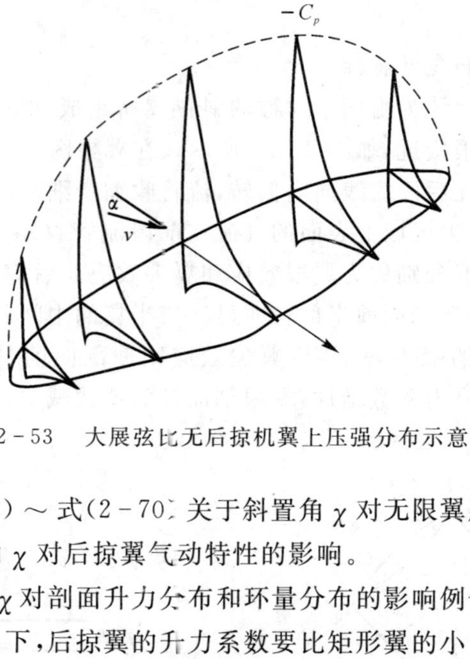

图 2-53　大展弦比无后掠机翼上压强分布示意图

在 2.4 节中的式(2-62)～式(2-70)关于斜置角 χ 对无限翼展斜置翼气动特性的影响，也可用来定性地分析后掠角 χ 对后掠翼气动特性的影响。

图 2-54 给出了后掠角 χ 对剖面升力分布和环量分布的影响例子。从图上可见，由于后掠效应，在相同的迎角($\alpha=1°$)下，后掠翼的升力系数要比矩形翼的小，同时后掠翼的翼根和翼尖效应使剖面环量 γ 或升力系数 C'_y 沿展向分布的最大值从根部向梢部移动，这容易引起机翼翼尖区的失速。图 2-55 表示后掠角的影响，χ 增大使得 C_y^α 下降，而在大展弦比时，随着后掠角的逐渐增大，C_y^α 的降低比小展弦比时大得多。

后掠翼的后掠角对焦点位置的影响如图 2-56 所示。对于梯形直机翼，剖面的焦点位置在 1/4 弦线之前；而对于后掠翼和三角形翼，由于后掠角产生的翼根效应和翼尖效应，翼根区域的剖面焦点位置位于 1/4 弦线之后，同时翼尖区域的剖面焦点位置处在 1/4 弦线之前。图中还给出了机翼的焦点位置 x_F 与机翼的几何焦点位置 x_{Fj} 之间的距离，对于三角机翼这个距离是很大的。

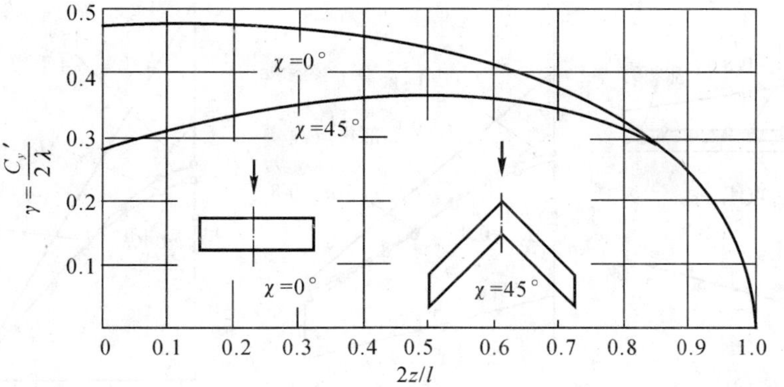

图 2-54　后掠翼和矩形翼沿展向剖面环量或升力系数分布图($\alpha = 1°$,翼型的 $C_y^\alpha = 2\pi$)

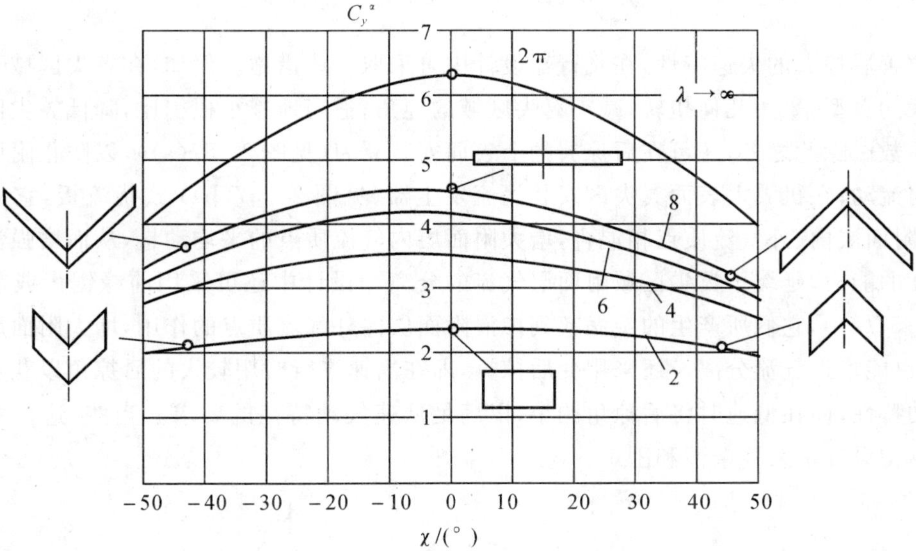

图 2-55　等弦后掠翼升力线斜率与后掠角 χ 和展弦比 λ 的关系曲线

3. 后掠翼的失速特性和改善措施

后掠机翼表面压强分布与相对应的无后掠翼的比较见图 2-52 和图 2-53 。无后掠翼的压强沿弦向分布与二维翼型的相近,而展向分布近似于椭圆形。而对应的后掠翼压强分布只有在两半翼的中部附近才与二维机翼的分布形状相似,根部剖面前段负压比较低,而翼尖区域剖面的前段负压比较高,展向负压分布在翼尖的大,在翼梢的小。因此,后掠翼与根梢比较大的梯形直机翼相似,分离先在翼尖区域发生,然后再往翼根方向扩展。另外,由于机翼上表面翼尖区域压强低,翼根区域压强高,在展向压差作用下,翼面上附面层内气流发生从翼根向翼尖的展向流动,因而翼尖区域的附面层变厚,翼尖区域的附面层也提早分离。后掠角越大,翼尖分离现象越容易发生。

上面所讨论的是后掠翼的低速特性,尽管它的低速失速特性是不令人满意的,但是在高速飞行中它有良好的气动性能(见 2.7 节和 2.8 节),而且低速飞行时的不利特性在设计上采取一些措施也是能够改善的,所以在飞行器设计中仍得到广泛的使用。

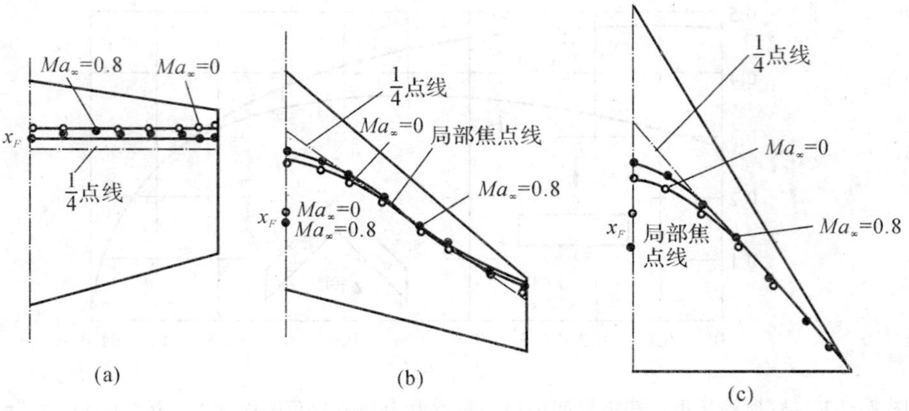

图 2-56　后掠角对三种机翼的焦点和剖面焦点位置影响的示意图

(a) 梯形机翼；(b) 后掠机翼；(c) 三角机翼

要改善后掠翼的失速特性，在飞行器设计中可采取一些措施。例如，在翼尖区域采用失速迎角较大的翼型，采用几何扭转，减小翼尖区域的迎角；适当地减小根梢比，降低翼尖区域剖面的升力系数。除此之外，还可在后掠翼的上表面安装翼刀(见图 2-57(a))，以防止附面层内气流的展向流动；在机翼上表面翼尖区安装涡流发生器(见图 2-57(b))式扰流板，它们产生的旋涡，使附面层内、外气流质点相混合，增大附面层内气流质点的平均动量，从而增强流体抵抗逆压梯度的能力，延缓了翼尖区域附面层气流的分离。设计中还可采用前缘锯齿或前缘缺口(见图 2-57(c))，它们所产生的旋涡起到掺混附面层内外气流质点的作用，增大附面层内气流的能量，也能推迟气流分离。还采用变后掠翼，即在高速飞行时用较大的后掠角以获得良好的高速气动特性，而在低速时将后掠角调小，以满足低速气动特性的要求。当然，这种变后掠机翼会给结构设计带来复杂性和困难。

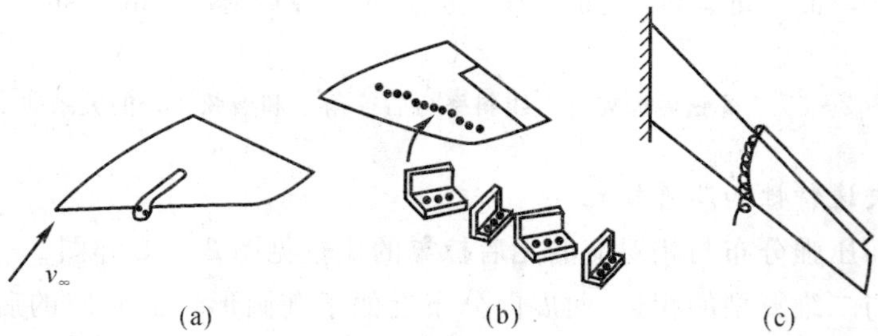

图 2-57　改善后掠翼失速特性的示意图

(a) 加翼刀；(b) 加涡流发生器；(c) 前缘锯齿

2.6.5　机翼的亚声速气动特性

1. 升力和力矩特性

根据亚声速相仿律，无扭转对称翼型的机翼的升力线斜率 C_y^α 和压力中心 $\bar{x}_P$(或焦点 $\bar{x}_F$)由如下关系式给出：

$$\frac{C_y^\alpha}{\lambda}=y(\beta\lambda,\lambda\tan\chi,\eta) \tag{2-118}$$

$$\bar{x}_P=\bar{x}_F=x(\beta\lambda,\lambda\tan\chi,\eta) \tag{2-119}$$

由上两式可见，如果两机翼的仿射组合参数 $\beta\lambda$，$\lambda\tan\chi$ 和 η 相同，则该两机翼的 C_y^α/λ 和 $\bar{x}_P$（或 $\bar{x}_F$）就相等。因此，把不同的 $\beta\lambda$，$\lambda\tan\chi$，η 平面形状的无扭转对称翼型的机翼在不可压流中实验所测得的或计算所得的 C_y^α 和 $\bar{x}_P$ 值，按 $\beta\lambda$，$\lambda\tan\chi$ 和 η 三个参数来整理图线，所得的图线就能提供出任何平面形状机翼在亚声速可压流中的 C_y^α/λ 和 $\bar{x}_P$ 或 $\bar{x}_F$ 值。依照上述方法整理出来，并且经实验修正的图线如图 2-58 和图 2-59 的左半部所示。

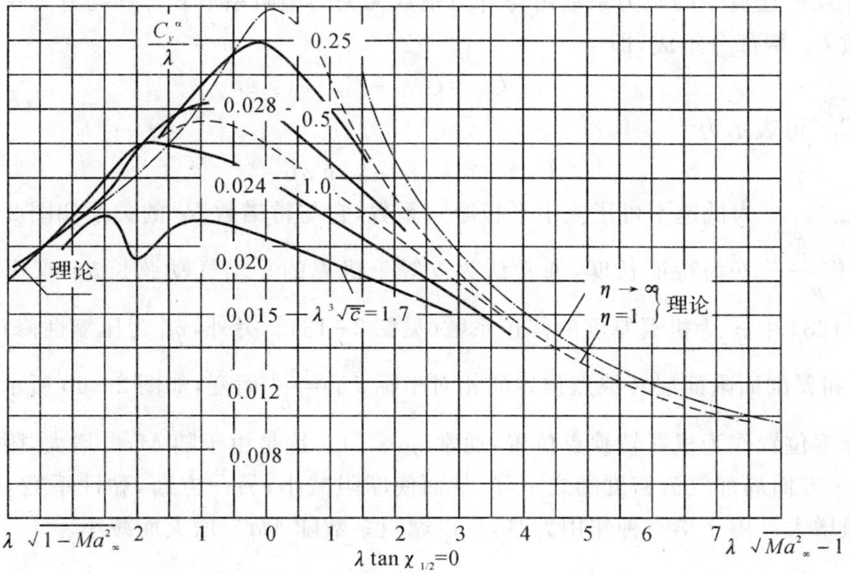

图 2-58　计算单独机翼升力系数用的图线

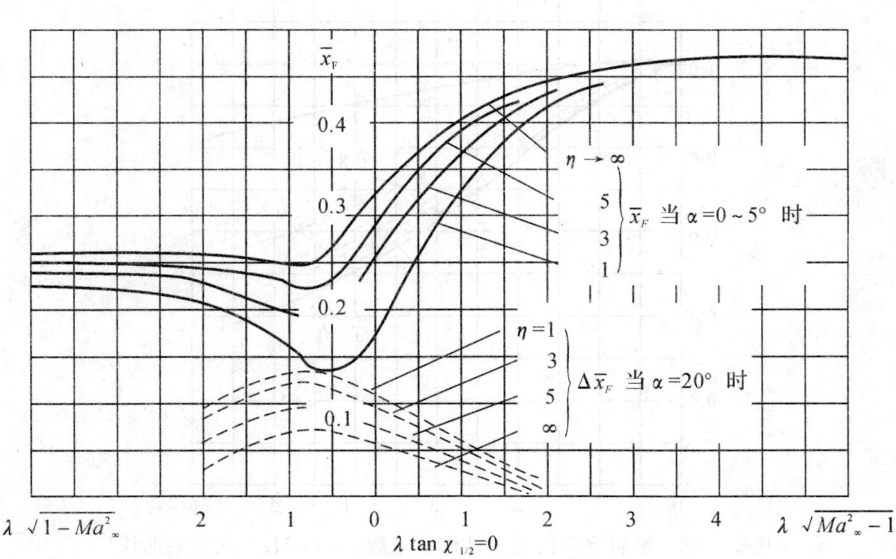

图 2-59　计算单独机翼焦点位置用的图线

实验表明，当迎角增大时，机翼的焦点位置向后移动，对$\lambda\tan\chi_{1/2}$和η都较小的机翼尤为明显。图2-59中下方的虚线表示当$\alpha=20^\circ$时焦点后移量$\Delta\bar{x}_F$。实用上可近似地认为在$5^\circ<\alpha<20^\circ$的范围内，存在线性关系

$$\bar{x}_F=(\bar{x}_F)_{\alpha=5^\circ}+\frac{\alpha-5}{15}(\Delta\bar{x}_F)_{\alpha=20^\circ} \tag{2-120}$$

有了C_y^α/λ和$\bar{x}_F$的数值，无扭转对称翼型机翼的俯仰力矩系数就可用下式计算：

$$m_z=-\bar{x}_F C_y \tag{2-121}$$

2.机翼的阻力特性

机翼在亚声速流中的阻力系数由与升力系数无关的型阻系数$C_{x\text{xi}}$和与升力系数有关的诱导阻力系数$C_{x\text{i}}$两部分组成，即

$$C_x=C_{x\text{xi}}+C_{x\text{i}} \tag{2-122}$$

型阻系数$C_{x\text{xi}}$可表示为

$$C_{x\text{xi}}=2(C_{x\text{mc}})_{Ma=0}\eta_c\eta_{\text{M}} \tag{2-123}$$

式中，$2(C_{x\text{mc}})_{Ma=0}$为低速不可压流中平板摩阻系数，它与雷诺数Re的关系如图2-12所示。其中，$Re=\dfrac{\rho_\infty v_\infty b}{\mu_\infty}$，$b$为特征长度，通常认为$b$等于机翼的平均气动弦长$b_{\text{A}}$或几何平均弦长$b_{\text{pj}}$。式(2-123)中$\eta_c$为机翼厚度的修正系数(见图2-13)。另外，$\eta_{\text{M}}$为压缩性修正系数，它随来流$Ma_\infty$和翼剖面附面层转捩点位置的相对坐标$\bar{x}_{\text{zl}}=\dfrac{x_{\text{zl}}}{b}$而变，如图2-60所示。一般以翼型的最大厚度位置作为机翼转捩点位置，通常$\eta_{\text{M}}<1$。这是由于随Ma_∞增大，附面层的温度增高，因此一方面局部气流密度随之下降，从而使摩阻减小；另一方面，黏性系数μ随之增大，从而使摩阻增大。由于第一种作用大些，所以摩阻系数随Ma_∞增大而减小。

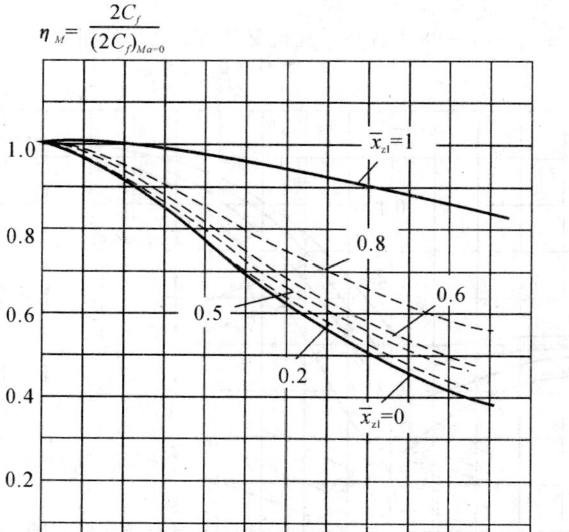

图2-60　平板摩阻的压缩性修正系数η_{M}与Ma_∞的关系曲线

对中等以上展弦比机翼，它在亚声速可压缩流中的诱导阻力系数与升力系数的关系仍为

$$C_{xi} = AC_y^2 \tag{2-124}$$

Ma_∞ 对诱导阻力因子 $A=\dfrac{1+\delta}{\pi\lambda}$ 的影响不大，其中$(1+\delta)$仍可按表 2-3 确定。实验证明，在 $Ma_\infty < Ma_{lj}$ 时，它的误差不超过 5%。

对于展弦比较小的机翼，在迎角不大时，气流就在侧缘和前缘分离，形成侧缘涡和前缘涡。因此，除了考虑自由涡所产生的诱导阻力外，还需计及由前缘和侧缘涡所产生的诱导阻力。在低速和亚声速飞行时，机翼的诱导阻力系数可按如下经验公式估算：

$$C_{xi} = \frac{0.38C_y^2}{\lambda - 0.8C_y(\lambda-1)} \frac{\dfrac{\lambda}{\cos\chi_{1/2}}+4}{\lambda+4} \tag{2-125}$$

2.7　机翼的超声速气动特性

为明确薄机翼的超声速绕流特点，先说明几个基本概念。

2.7.1　基本概念

1. 前、后马赫锥，影响区和依赖区

超声速流场内，从任意一点 P 作两个轴线与来流方向平行的马赫锥，一个锥口迎着来流，另一个背着来流，前者称为点 P 的前马赫锥，后者称为点 P 的后马赫锥，如图 2-61(a) 所示。马赫锥的半顶角 μ_∞ 称为来流马赫角，$\tan\mu_\infty = \dfrac{1}{\sqrt{Ma_\infty^2-1}}$。前马赫锥所围的区域称为点 P 的依赖区，即在前马赫锥内所有的扰动源都能对点 P 产生影响。后马赫锥所围的区域称为点 P 的影响区，即点 P 若是扰动源，则后马赫锥内所有的点都要受到点 P 的扰动。例如，平板翼上一点 $P(x,O,z)$ 仅受位于它的前马赫线内机翼部分扰动的影响，即图 2-61(b) 中的阴影线部分的影响，而不受机翼其余部分的影响。

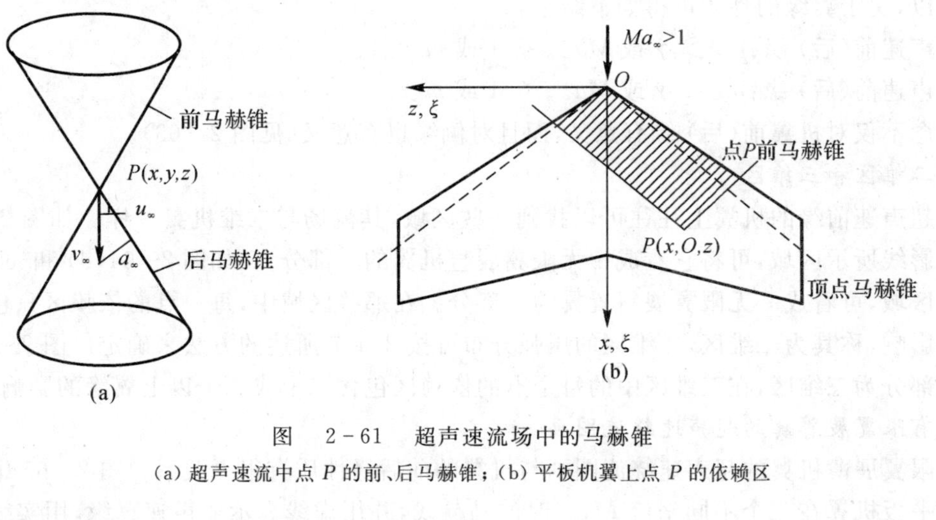

图　2-61　超声速流场中的马赫锥

(a) 超声速流中点 P 的前、后马赫锥；(b) 平板机翼上点 P 的依赖区

2. 前缘、后缘、侧缘

超声速机翼的边界对绕流性质有较大的影响，尤其是前缘影响更大。因此，从气动观点考

虑，必须对超声速机翼的边界划分成前缘、后缘、侧缘三种。机翼与来流方向平行的直线段首先相交的边界称为前缘，第二次相交的边界称为后缘，与来流方向平行的边界称为侧缘，如图 2-62(a) 所示。显然，对给定的机翼，它的边界是前缘或是后缘也不是固定的。例如，当来流有侧滑角β时，图 2-62(a) 中右翼的侧缘在图 2-62(b) 中就变为前缘，左侧缘就变成后缘了。

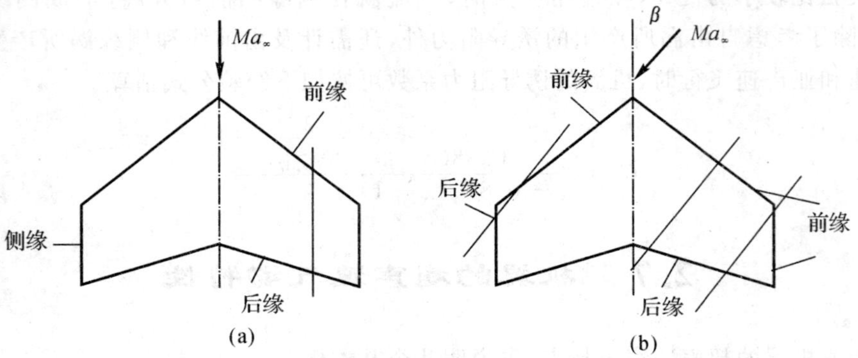

图 2-62　机翼边缘的名称

3. *超声速前(后)缘和亚声速前(后)缘*

下面还要进一步确定上一条所讲的翼缘的性质。以前缘为例，如马赫线位于前缘以前(见图 2-63(a))，则来流速度 v_∞ 垂直于前缘的分速 $v_{\infty n}$ 小于声速 a_∞，即 $Ma_{\infty n}=v_{\infty n}/a_\infty<1$，这种前缘称为亚声速前缘。反之，如果像图 2-63(b) 所示那样，马赫线位于前缘后，$v_{\infty n}>a_\infty$，即 $Ma_{\infty n}>1$，这种前缘称为超声速前缘。以上分析同样适用于机翼的后缘。

以上的判断通常用参数 m 来表达，令

$$m=\frac{\tan\gamma}{\tan\mu_\infty}=\frac{\cot\mu_\infty}{\tan\chi}=\frac{\beta}{K} \tag{2-126}$$

式中，γ 和 χ 分别代表机翼前(后)缘半顶角和后掠角；$\beta=\sqrt{Ma_\infty^2-1}$，$K=\dfrac{1}{\tan\gamma}=\tan\chi$。

所以，关于翼缘的性质可得如下结论：

亚声速前(后)缘：$\mu_\infty>\gamma$ 或 $Ma_{\infty n}<1$ 或 $m<1$；

超声速前(后)缘：$\mu_\infty<\gamma$ 或 $Ma_{\infty n}>1$ 或 $m>1$。

这一概念不仅对机翼前(后)缘有意义，而且对侧缘也有意义(见图 2-63)。

4. *二维区和三维区*

在超声速前缘的机翼上往往可以找到一些区域，其流场与二维机翼一样。如图 2-64(a) 中的阴影线所示区域，可将它看成一无限翼展直机翼的一部分；又如图 2-64(d) 和(e) 中阴影线所示区域，可看成一无限翼展斜置翼的一部分。在那些区域中，每一点的依赖区只包含单一前缘的影响，称其为二维区，二维区的压强分布可按 2.4 节所述的方法来确定。图 2-64 中无阴影线部分为三维区，在三维区中的每个点的依赖区包含二个或二个以上翼缘的影响。

5. *有限翼展薄翼的超声速绕流图画*

有限翼展薄机翼的超声速绕流图画与机翼的前后缘性质有很大关系。图 2-65 中画出了同一个平板机翼在三个不同来流 Ma_∞ 时的马赫线，并用虚线表示亚声速翼缘，用实线表示超声速翼缘。在图 2-65(a) 中，所有翼缘都是亚声速缘，而在图 2-65(c) 中，前后缘为超声速的，侧缘还是亚声速缘。与此相对应的流动图画及其沿弦向载荷分布也在图 2-65 中表示了。

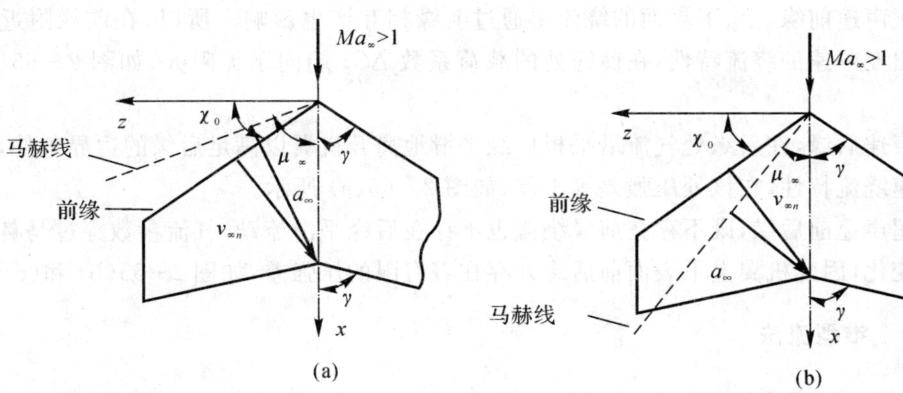

图 2-63 机翼边缘的性质

(a) 亚声速前缘；(b) 超声速前缘

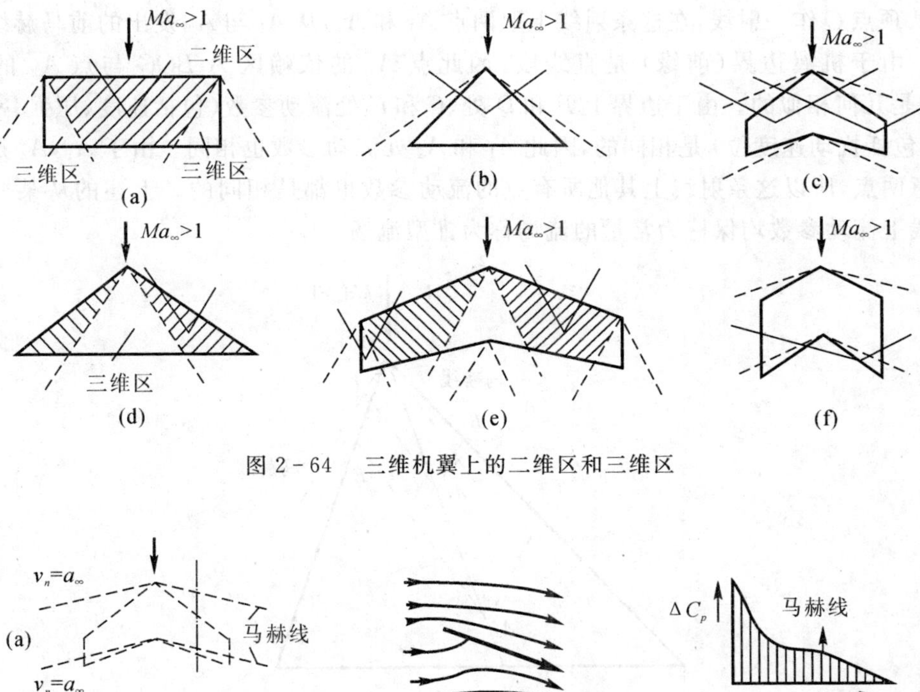

图 2-64 三维机翼上的二维区和三维区

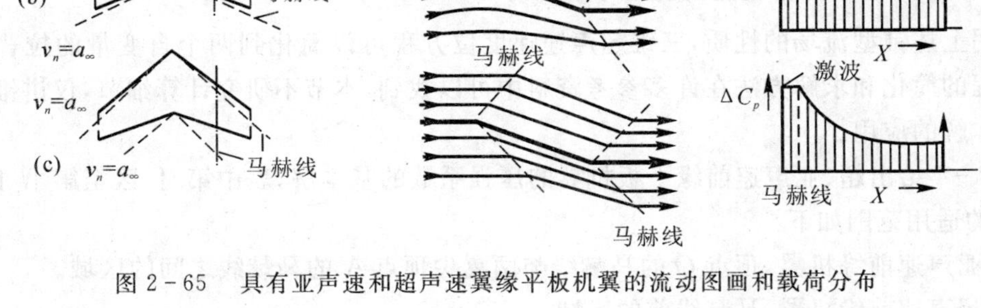

图 2-65 具有亚声速和超声速翼缘平板机翼的流动图画和载荷分布

对于亚声速前缘，上、下翼面的绕流要通过前缘相互产生影响。所以，在前缘附近的流动图画显示出亚声速的绕流特性，在前缘处的载荷系数 ΔC_p 趋向于无限大，如图 2-65(a)，(b) 所示。

对亚声速后缘，在后缘处气流沿平板后缘平滑地离开机翼以满足后缘的边界条件，也显示出了亚声速绕流特性，在该处压强差等于零，如图 2-65(a) 所示。

而对超声速前后缘，既不存在前缘绕流也不存在后缘平滑流动，气流参数穿过马赫线时发生不连续变化，因此机翼上下表面前后缘处存在着有限的压强差，如图 2-65(b) 和(c) 所示。

2.7.2 锥型流法

2.7.2.1 锥型流场的概念

在分析三维机翼超声速流理论和气动特性之前，先讲一种对有限翼展机翼特别重要的特殊情况。对于如图 2-66 所示的三角平板翼的绕流，三角平板翼右边是亚声速缘，左边是超声速缘。从顶点 O 作一射线，在这条射线上取两点 A_1 和 A_2，从 A_1 与 A_2 发出的前马赫线是相互平行的。由于机翼边界（前缘）是直线段，因此点 A_1 的依赖区 A_1BOC 与点 A_2 的依赖区 A_2DOE 是几何相似的。由于边界上 B 和 D 处、C 和 E 处流动参数（包括速度、压强、密度和温度，但不包括扰动速度位）是相同的，因此 A_1 和 A_2 处流动参数也相同。由于 A_1，A_2 是这条射线上任意两点，所以这条射线上其他所有点的流动参数也都是相同的。上述的从某一顶点发出的射线上流动参数均保持为常量的流场称为锥型流场。

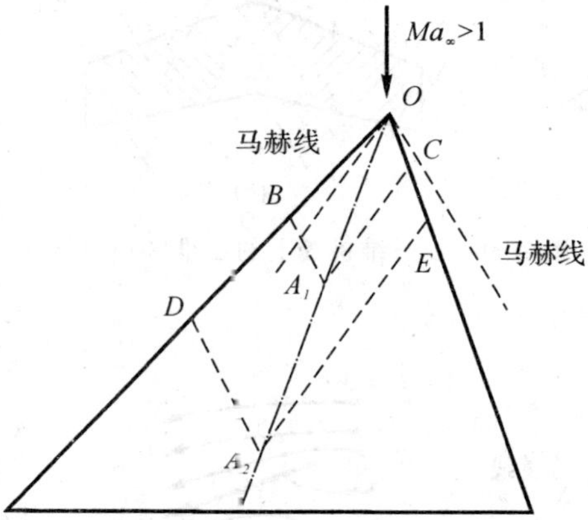

图 2-66　锥型流的几何解释

2.7.2.2 超声速锥型流场的基本解

应用上述锥型流场的性质，三维超声速速度位方程可以简化到两个自变量的拉普拉斯方程。方程的简化和求解方法在许多参考资料中可以找到，本节不研究计算细节，仅讲锥型流法给出基本解的应用。

表 2-4 给出超、亚声速前缘平板机翼的压强系数的基本解，表中第 Ⅰ 区至第 Ⅳ 区（见图 2-67）的适用范围如下：

Ⅰ：亚声速前缘机翼，顶点 O 的马赫线与两翼尖顶点 A 的马赫线之间的区域。

Ⅱ：超声速前缘机翼，马赫线前的区域。

Ⅲ:超声速前缘机翼,顶点 O 的马赫线之后和顶点 A 的马赫线之前的区域。

Ⅳ:对于后掠翼,顶点 O 的马赫线之前与 A 点马赫线之后的区域;对于矩形翼是 B 点马赫线之后的区域。

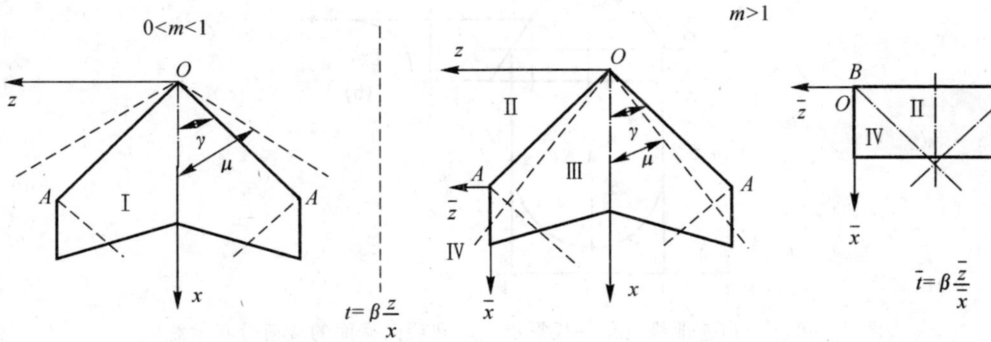

图 2-67　亚、超声速前缘平板机翼分区示意图

表 2-4　超、亚声速前缘平板机翼的压强系数的基本解

区域	锥顶	m	压强系数 C_p	
			后掠的前缘	非后掠的前缘
Ⅰ	O	$0 < m < 1$	$\dfrac{2\alpha}{\beta}\cdot\dfrac{m^2}{E(k)}\dfrac{1}{\sqrt{m^2-t^2}}$	
Ⅱ		$m > 1$	$\dfrac{2\alpha}{\beta}\dfrac{m}{\sqrt{m^2-1}}$	$\dfrac{2\alpha}{\beta}$
Ⅲ	O	$m > 1$	$\dfrac{2\alpha m}{\beta\sqrt{m^2-1}}\left[1-\dfrac{2}{\pi}\arcsin\sqrt{\dfrac{1-t^2}{m^2-t^2}}\right]$	
Ⅳ	A,B	$m > 1$	$\dfrac{2\alpha m}{\beta\sqrt{m^2-1}}\left[\arccos\left(1+2\bar{t}\dfrac{m+1}{m-1}\right)\right]$	$\dfrac{2\alpha}{\pi\beta}\arccos(1+2t)$

表 2-4 中,$E(k)=\int_0^{\pi/2}\sqrt{1-k^2\sin^2\varphi}\,\mathrm{d}\varphi$,是以 k 为模的第二类完备椭圆积分 $k=\sqrt{1-m^2}$。

2.7.2.3　典型平面形状平板翼的压强系数

1. 亚声速前缘三角形平板翼

亚声速前缘三角形平板翼的流场为锥型流场(第 Ⅰ 区),根据表 2-4,该机翼上、下表面压强系数为

$$C_{p\mathrm{U,L}}=\mp\frac{2\alpha m^2}{\beta E(k)}\cdot\frac{1}{\sqrt{m^2-t^2}} \tag{2-127}$$

式中,负号属于上表面的 $C_{p\mathrm{U}}$,正号属于下表面的 $C_{p\mathrm{L}}$。沿展向和弦向载荷系数 ΔC_p 分布如图 2-68 所示。由于是亚声速前缘,所以在前缘处($t=m$)ΔC_p 值趋于无限大;后缘是超声速缘,所以后缘的 ΔC_p 为有限值。

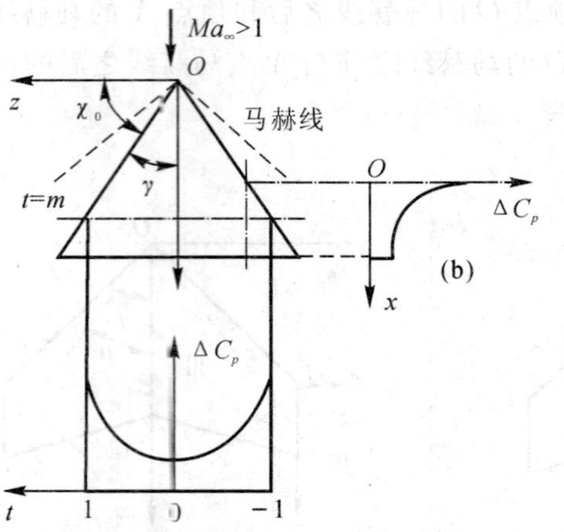

图 2-68 亚声速前缘三角平板翼沿弦向和展向截面的载荷分布示意图

2. 超声速前缘三角形平板翼

超声速前缘三角形平板翼，如图 2-69 所示。顶点 O 的马赫线将翼面分成两个区：马赫线与前缘之间的区域的流场性质与二维无限展斜置翼的相同，是二维区；两条马赫线以内的区域是三维锥型流区。二维区（第 Ⅱ 区）的压强系数为

$$C_{p\mathrm{U.L}}=\mp\frac{2m\alpha}{\beta\sqrt{m^2-1}} \tag{2-128}$$

三维锥型流区（第 Ⅲ 区）的压强系数为

$$C_{p\mathrm{U.L}}=\mp\frac{2m\alpha}{\beta\sqrt{m^2-1}}\left[1-\frac{2}{\pi}\arcsin\sqrt{\frac{1-t^2}{m^2-t^2}}\right] \tag{2-129}$$

式(2-128)与式(2-129)比较表明三维区的压强系数比二维区的减小量为

$$\frac{2}{\pi}\arcsin\sqrt{(1-t^2)/(m^2-t^2)}$$

沿展向和弦向载荷系数的分布如图 2-69 所示。由于前、后缘都是超声速缘，所以在前、后缘处 ΔC_p 都为有限值。

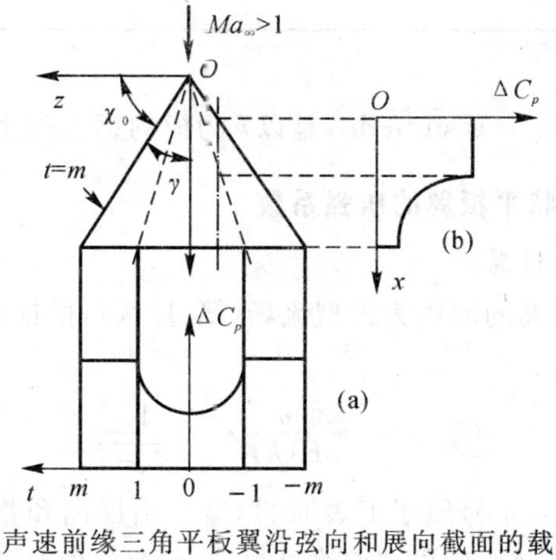

图 2-69 超声速前缘三角平板翼沿弦向和展向截面的载荷分布示意图

3. 超声速前后缘的后掠平板机翼

考虑顶点 O 和点 A 的马赫线不在翼面上相交的特殊情况。如图 2-70 所示，此时点 O 发出的马赫线所围的翼面区域与超声速前缘的三角形平板翼的锥型流区（第 Ⅲ 区）一样。四边形 $OACD$ 区（第 Ⅱ 区）与无限翼展斜置翼一样，是二维区。从点 A 发出的马赫线 AC 和侧缘所包围的 ABC 区域，是以点 A 为顶点的锥型流区（第 Ⅳ 区），它的压强系数公式为

$$C_{p\mathrm{U.L}} = \mp \frac{2\alpha m}{\beta\sqrt{m^2-1}}\arccos\left(1+2\bar{t}\,\frac{m+1}{m-\bar{t}}\right) \tag{2-130}$$

$$C_{p\mathrm{U.L}} = \mp \frac{2\alpha m}{\beta\sqrt{m^2-1}}\left[1-\frac{2}{\pi}\arctan\sqrt{\frac{-m(1+\bar{t})}{(1+m)\bar{t}}}\right] \tag{2-131}$$

式中，$\bar{t}$ 是以点 A 为原点的锥型坐标，$\bar{t}=\beta\dfrac{\bar{z}}{\bar{x}}$。式(2-131) 与式(2-128) 相比较可见，第 Ⅳ 区较之第 Ⅱ 区的压强系数降低量为 $\dfrac{2}{\pi}\arctan\sqrt{-m(1+\bar{t})/(1+m)\bar{t}}$。其展向载荷系数分布如图 2-70 所示。

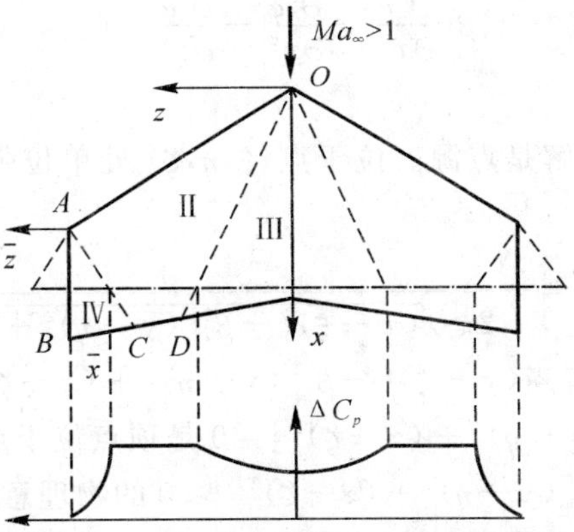

图 2-70　后掠平板翼的展向截面的载荷分布

4. 矩形平板翼

对于左右翼尖角点 B 的马赫线在翼面上不相交的特殊情况而言，如图 2-71 所示。翼尖马赫线把矩形翼分成两个区：前缘与马赫线之间的区域为二维区（第 Ⅱ 区）；角点 B 的马赫线与翼梢所围的 BCD 区为锥型流区（第 Ⅳ 区），该区的上、下表面的压强系数为

$$C_{p\mathrm{U.L}} = \mp \frac{2\alpha}{\pi\beta}\arccos(1+2\bar{t}) \tag{2-132a}$$

$$C_{p\mathrm{U.L}} = \mp \frac{4\alpha}{\pi\beta}\arcsin\sqrt{-\bar{t}} \tag{2-132b}$$

式中，$\bar{t}=\beta\dfrac{\bar{z}}{\bar{x}}$，为以点 B 为原点的锥型坐标，如图 2-71 所示。沿弦向和展向载荷系数如图 2-71 所示。

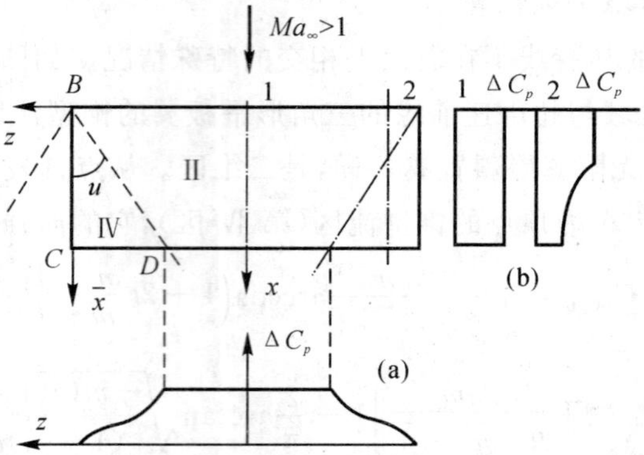

图 2-71　矩形平板翼沿弦向和展向截面的载荷分布

2.7.3　超声速机翼的源汇法

超声速线化位流方程为

$$\beta^2 \frac{\partial^2 \varphi}{\partial x^2} - \frac{\partial^2 \varphi}{\partial y^2} - \frac{\partial^2 \varphi}{\partial z^2} = 0 \tag{2-133}$$

式中，$\beta^2 = Ma_\infty^2 - 1$。

式(2-133)的一个基本解是点源。位于点(ξ, η, ζ)处单位强度点源对流场点$P(x, y, z)$的扰动速位为

$$\varphi(x, y, z) = -\frac{1}{2\pi\sqrt{(x-\xi)^2 - \beta^2[(y-\eta)^2 + (z-\zeta)^2]}} \tag{2-134}$$

从式(2-134)可见，只有当$(x-\xi)^2 - \beta^2[(y-\eta)^2 + (z-\zeta)^2] \geqslant 0$时，式(2-134)才有意义。由于$(x-\xi)^2 - \beta^2[(y-\eta)^2 + (z-\zeta)^2] = 0$是顶点位于点$(\xi, \eta, \zeta)$处的点源的前后马赫锥方程，因此$(x-\xi)^2 - \beta^2[(y-\eta)^2 + (z-\zeta)^2] \geqslant 0$的物理意义为，只有点$P(x, y, z)$位于点源的马赫锥内时，该点源才对其有扰动速度贡献。超声速点源后马赫锥内的任何一点P，在每一时刻总要受到两个扰动波的影响，如图 2-72(a)所示；而亚声速点源的流场中任一点P，在每一时刻只受到一个扰动波的影响，如图 2-72(b)所示。所以，式(2-134)等号右边的系数要比不可压流基本解点源的扰动速位的系数大 1 倍。

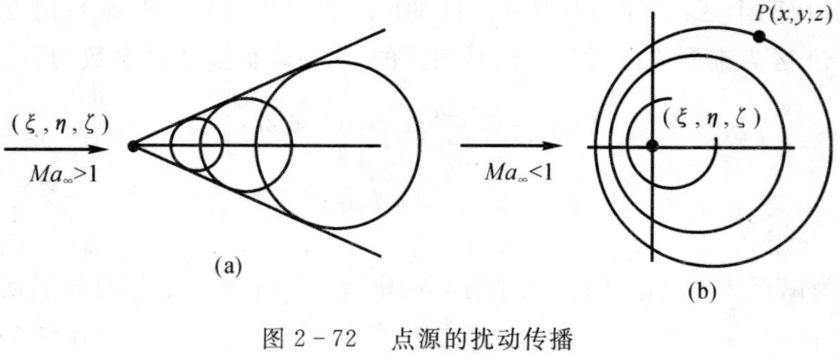

图 2-72　点源的扰动传播

(a) 超声速；(b) 亚声速

如果机翼的翼型是对称翼型，在零迎角时机翼对流场的扰动是上下对称的。而分布在

$y=0$ 平面上的超声速点源对流场所产生的小扰动速位对 $y=0$ 平面也是上下对称的，见式(2-134)。因此，可在 $y=0$ 平面上的机翼区域分布超声速点源以代替机翼的厚度分布效应。由于流场对 $y=0$ 平面是上下对称的，因此只需研究上半空间（$y \geqslant 0$）的流场。根据式(2-134)，机翼上点$(\xi,0,\zeta)$附近的微元面积 $d\xi d\zeta$ 内，单位面积强度为 $q(\xi,0,\zeta)$ 的超声速点源分布对流场上半空间内某点 $P(x,y,z)$ 的扰动速位可表示为

$$d\varphi(x,y,z)=\frac{-q(\xi,0,\zeta)}{2\pi\sqrt{(x-\xi)^2-\beta^2[y^2+(z-\zeta)^2]}}d\xi d\zeta \tag{2-135}$$

因此点 P 前马赫锥内所有超声速点源分布对点 P 的总扰动速位可写成

$$\varphi(x,y,z)=-\frac{1}{2\pi}\iint_{\Sigma}\frac{q(\xi,0,\zeta)}{\sqrt{(x-\xi)^2-\beta^2[(z-\zeta)^2+y^2]}}d\xi d\zeta \tag{2-136}$$

式中，积分域 Σ 表示点 P 前马赫锥所围的机翼部分的面积。

从式(2-136)可见，当点源分布的单位面积强度 $q(\xi,0,\zeta)$ 为已知时，求翼面上任一点 P 的 φ 的问题就简单地归结为求积分问题，为此必须首先确定源强度 $q(\xi,0,\zeta)$。

2.7.3.1　源分布强度 $q(\xi,0,\zeta)$ 的确定

根据式(2—135)，微元面积 $d\xi d\zeta$ 内的源对点 $P(x,y,z)$ 所产生的 y 向扰动速度分量 v_y 为

$$dv_y=\frac{\partial}{\partial y}(d\varphi)=-\frac{1}{2\pi}\frac{q(\xi,0,\zeta)\beta^2 y}{\{(x-\xi)^2-\beta^2[(z-\zeta)^2+y^2]\}^{3/2}}d\xi d\zeta \tag{2-137}$$

从式(2-137)可见，若点 P 在 $d\xi d\zeta$ 区域之外，则当点 P 位于 $y=0$ 平面上时，$dv_y=0$；若点 P 在 $d\xi d\zeta$ 区域内，因$(x-\xi)$和$(z-\zeta)$均趋于零，故当 $y\to 0$ 时，$dv_y\neq 0$，但这时式(2-137)不能直接给出此 dv_y 的极限值。

由上述分析可知，当点 P 位于 $y=0$ 平面上时，只有点 P 附近的源对点 P 的 v_y 值才有贡献，而机翼平面上其余的源对点 P 的 v_y 值无贡献。根据这个特性，就能确定 $y=0$ 平面上任一点 $P(x,0,z)$ 的 V_y 值与该点超声速点源强度 $q(x,0,z)$ 之间的关系。为此，考虑在 $y=0$ 平面分布有超声速点源的微元面积 ds 略微上方处的一点 $P(x,y,z)$。点 P 在 $y=0$ 平面上的投影 P_0 位于微元面积 ds 内，如图 2-73 所示。

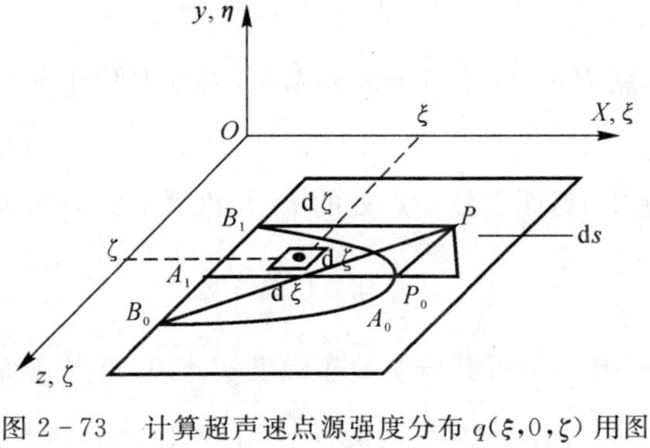

图 2-73　计算超声速点源强度分布 $q(\xi,0,\zeta)$ 用图

仅 ds 内区域 $B_1A_0B_0B_1$ 中的源对点 P 的 v_y 值才有贡献，图中曲线 $B_1A_0B_0$ 系点 P 前马赫锥面与微元面积 ds（$\eta=0$ 平面）的交线，该交线可由如下两方程

$$(x-\xi)^2-\beta^2[(y-\eta)^2+(z-\zeta)^2]=0 \tag{2-138}$$

$$\eta=0 \tag{2-139}$$

联立解得。式(2-138)表示顶点在 $P(x,y,z)$ 的马赫锥面方程。将式(2-139)代入式(2-138),得交线方程为

$$(x-\xi)^2=\beta^2[(z-\zeta)^2+y^2] \tag{2-140}$$

由于 ds 系微元面积,其中源的强度可认为是常量,并等于点 $P_0(x,y,z)$ 处的值 $q(x,0,z)$。根据式(2-136),区域 $B_1A_0B_0B_1$ 中的源对点 $P(x,y,z)$ 的诱导速位 φ' 为

$$\varphi'(x,y,z)=-\frac{q(x,0,z)}{2\pi}\int_{x_{A_1}}^{x_{A_0}}\mathrm{d}\xi\int_{\zeta_{B_1A_0}}^{\zeta_{B_0A_0}}\frac{\mathrm{d}\zeta}{\sqrt{(x-\xi)^2-\beta^2[(z-\zeta)^2+y^2]}} \tag{2-141}$$

式(2-141)所给出的 φ' 值并不是点 $P(x,y,z)$ 处的真正 φ 值,所以用 φ' 表示,它只能用以计算点 P 处的 v_y 值。因为式(2-141)是根据仅有点 P 下方微元面积 ds 内的源才可能对点 P 的 v_y 有贡献的特性推导得到的,这个特性对点 P 的 v_x 和 v_z 值是不存在的,式(2-141)的积分限可根据式(2-140)推导得到。因 $(z-\zeta)$ 沿 B_1A_0 为正,沿 B_0A_0 为负,故从式(2-140)得

$$\zeta_{B_1A_0}=z-\frac{1}{\beta}\sqrt{(x-\xi_1)^2-\beta^2y^2}$$

$$\zeta_{B_0A_0}=z+\frac{1}{\beta}\sqrt{(x-\xi_1)^2-\beta^2y^2} \tag{2-142}$$

式中,ξ_1 表示 $B_1A_0B_0$ 曲线上的 ξ 坐标。根据式(2-142),式(2-141)的积分就可写成

$$\int_{\zeta_{B_1A_0}}^{\zeta_{B_0A_0}}\frac{\mathrm{d}\zeta}{\sqrt{(x-\xi)^2-\beta^2[(z-\zeta)^2+y^2]}}=\frac{1}{\beta}\arcsin\frac{-\beta(z-\zeta)}{\sqrt{(x-\xi)^2-\beta^2y^2}}\Bigg|_{\zeta=\zeta_{B_1A_0}}^{\zeta=\zeta_{B_0A_0}}=\frac{\pi}{\beta} \tag{2-143}$$

另外,根据图 2-73 的几何关系,有

$$x_{A_0}=x-y/\tan\mu_\infty=x-\beta y \tag{2-144}$$

将式(2-143)和式(2-144)代入式(2-141),得

$$\varphi'(x,y,z)=-\frac{q(x,0,z)}{2\beta}(x-\beta y-x_{A_1}) \tag{2-145}$$

将式(2-145)对 y 取偏导数可获得点 P 处 v_y 值与当地源强度 $q(x,0,z)$ 之间的关系为

$$v_y=\frac{\partial\varphi'}{\partial y}=\frac{q(x,0,z)}{2} \tag{2-146}$$

从式(2-146)可见,点 P 的 v_y 值与坐标 y 无关,当点 P 位于 $y=0$ 平面上时,式(2-146)仍成立。

由于机翼的厚度问题中,翼面上任一点处的 v_y 与机翼上翼面的当地斜率 $\frac{\partial y_U}{\partial x}$ 的关系为

$$v_y=v_\infty\left(\frac{\partial y_U}{\partial x}\right)_t \tag{2-147}$$

将式(2-147)代入式(2-146),就可获得源分布强度 $q(x,0,z)$ 与翼面当地斜率之间的关系为

$$q(x,0,z)=2v_\infty\left(\frac{\partial y_U}{\partial x}\right)_t=2v_\infty\tau_U \tag{2-148}$$

式中,$\tau_U=\left(\frac{\partial y_U}{\partial x}\right)_t$ 表示厚度问题在点 $(x,0,z)$ 处的上翼面斜率。

2.7.3.2 源汇法的应用

根据小扰动位流线化理论,一个机翼的气动力特性可以由厚度问题(或称阻力问题)和升

力问题的气动力特性叠加而成。这两个问题可以应用 2.7.2 节所述的锥型流法给出解答，也可以用源汇法进行计算。下面通过实例说明怎样应用源汇法计算厚度问题和升力问题。

对于厚度问题，令 $\varepsilon(x,0,z)$ 代表对称厚度机翼翼型上表面相对于弦平面的倾斜角。根据式(2－148)，布在该机翼弦平面上的源强度为

$$q(x,0,z)\approx 2v_{\infty}\varepsilon(x,0,z) \tag{2-149}$$

将式(2－149) 代入式(2－136)，得翼面上一点 $P(x,0,z)$ 的扰动速位和压强系数

$$\varphi(x,0,z)=-\frac{v_{\infty}}{\pi}\iint\limits_{\Sigma}\frac{\varepsilon}{\sqrt{(x-\xi)^2-\beta^2\,(z-\zeta)^2}}\mathrm{d}\xi\mathrm{d}\zeta \tag{2-150}$$

$$C_p(x,0,z)=-\frac{2}{v_{\infty}}\frac{\partial\varphi}{\partial x}=\frac{2}{\pi}\frac{\partial}{\partial x}\iint\limits_{\Sigma}\frac{\varepsilon}{\sqrt{(x-\xi)^2-\beta^2\,(z-\zeta)^2}}\mathrm{d}\xi\mathrm{d}\zeta \tag{2-151}$$

对于对称厚度机翼，下表面压强系数 $C_p(x,0,z)$ 与上表面压强系数关系为

$$C_p(x,0_-,z)=C_p(x,0_+,z) \tag{2-152}$$

压强系数 $C_p(x,0,z)$ 沿来流方向分量可近似写成 $C_p(x,0,z)\cdot\varepsilon$，微元 $\mathrm{d}\xi\mathrm{d}\zeta$ 上的波阻力为 $q_{\infty}\cdot C_p\cdot\varepsilon\mathrm{d}\xi\mathrm{d}\zeta$，沿上、下翼面积分得该机翼的零升力厚度波阻力 $(X_{\mathrm{b}})_0$ 或零升厚度波阻力系数 $(C_{x\mathrm{b}})_0$，即

$$(C_{x\mathrm{b}})_0=\frac{(X_{\mathrm{b}})_0}{q_{\infty}S}=\frac{2}{S}\iint\limits_{S}c_p\varepsilon\,\mathrm{d}\xi\mathrm{d}\zeta \tag{2-153}$$

对于升力问题，如果所研究的机翼的前、后缘都是超声速缘，可直接应用源汇法。这是由于前、后缘都是超声速缘的机翼，上、下翼面对气流的扰动就不会产生相互影响。在研究上翼面流动和计算压强分布时，不妨设想下翼面的形状与上翼面是对称的，因此与厚度问题一样，求解上翼面流动时，可以在 $y=0$ 平面的机翼部分分布上与机翼的当地倾斜角 ε 成正比的点源，它的强度 $q(x,0,z)\approx 2v_{\infty}\varepsilon$。如果机翼为平板翼，迎角为 α，则 $\varepsilon=-\alpha=$ 常量。

对式(2－150) 和式(2－151) 积分，得点 $P(x,0_+,z)$ 的 $\varphi(x,0_+,z)$ 和 $C_p(x,0_+,z)$。对于升力问题，下表面上的压强系数与上表面的压强系数关系为

$$C_p(x,0_-,z)=-C_p(x,0_+,z) \tag{2-154}$$

所以平板翼载荷系数表示成

$$\Delta C_p(x,0,z)=C_p(x,0_-,z)-C_p(x,0_+,z)=-2C_p(x,0_+,z) \tag{2-155}$$

有了沿翼面载荷分布 ΔC_p，将它沿垂直于来流速度方向和平行于来流速度方向分解，然后沿翼面积分可得到平板翼的升力和诱导阻力。

1. 源汇法的基本解

对于如图 2－74 所示的楔形剖面三角形翼，剖面对于机翼弦平面的倾斜角 $\varepsilon=$ 常数。对式(2－150) 进行积分，再利用式(2－151)，可得到物面上压强系数 C_p 的解析式，其结果见表 2－5。

表 2－5 给出超声速前缘和亚声速前缘楔形剖面三角翼的压强系数的基本解，表中第 Ⅰ 区至第 Ⅲ 区(见图 2－75) 的适用范围如下：

Ⅰ：亚声速前缘三角形翼；

Ⅱ：超声速前缘三角形翼，顶点马赫线前的区域；

Ⅲ：超声速前缘三角形翼，顶点马赫线后的区域。

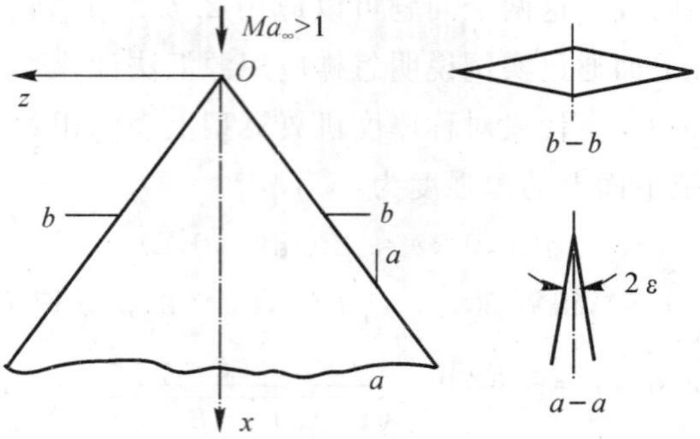

图 2-74 楔形剖面三角形翼

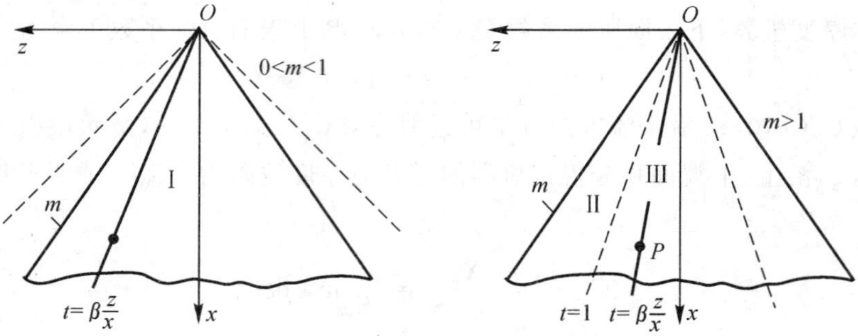

图 2-75 源汇法基本解分区示意图

表 2-5 超声速前缘和亚声速前缘楔形剖面三角形翼的压强系数

区域	锥顶	m	压强系数 C_p
Ⅰ	O	$0<m<1$	$\dfrac{4\varepsilon m}{\pi\beta\sqrt{1-m^2}}\operatorname{arch}\sqrt{\dfrac{1-t^2}{m^2-t^2}}$
Ⅱ	O	$m>1$	$\dfrac{2\varepsilon m}{\beta\sqrt{m^2-1}}$
Ⅲ	O	$m>1$	$\dfrac{2\varepsilon m}{\beta\sqrt{m^2-1}}\left(1-\dfrac{2}{\pi}\arcsin\sqrt{\dfrac{1-t^2}{m^2-t^2}}\right)$

2. 超声速前缘三角形平板机翼的升力问题

由于是超声速前缘，在计算迎角为 α 的三角形平板翼的升力问题时，可将该三角形翼当做具有剖面倾角 $\varepsilon=-\alpha$ 的厚度问题处理。根据表2-5，上翼面马赫锥外、内的第 Ⅱ 区和第 Ⅲ 区(见图 2-76) 的压强系数分别为

$$C_{pU}=-\frac{2m\alpha}{\beta\sqrt{m^2-1}} \tag{2-156a}$$

$$C_{pU}=-\frac{2m\alpha}{\beta\sqrt{m^2-1}}\left[1-\frac{2}{\pi}\arcsin\sqrt{\frac{1-t^2}{m^2-t^2}}\right] \tag{2-156b}$$

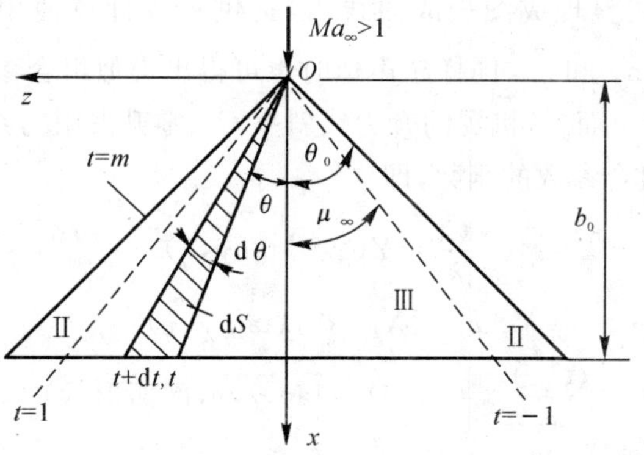

图 2-76　计算三角平板翼三维区的三角形积分微元用图

将上两式与式(2-128)和式(2-129)比较可见，这个结果与锥型流法的结果是一致的。根据式(2-155)和式(2-156)，第Ⅱ区和第Ⅲ区的载荷系数分别为

$$\Delta C_{p\,\text{II}}=\frac{4m\alpha}{\beta\sqrt{m^2-1}} \tag{2-157a}$$

$$\Delta C_{p\,\text{III}}=\frac{4m\alpha}{\beta\sqrt{m^2-1}}\left[1-\frac{2}{\pi}\arcsin\sqrt{\frac{1-t^2}{m^2-t^2}}\right] \tag{2-157b}$$

因此，马赫锥外第Ⅱ区的升力系数 C_y 为

$$C_{y\,\text{II}}=\frac{4m\alpha}{\beta\sqrt{m^2-1}}\frac{S_{\text{II}}}{S} \tag{2-158a}$$

式中，S 为三角形翼面积，S_{II} 为马赫锥外的机翼面积。从图 2-76 可见

$$S_{\text{II}}=2\left[\frac{1}{2}b_0^2\tan\theta_0-\frac{1}{2}b_0^2\tan\mu_\infty\right]=\frac{b_0^2}{\beta}(m-1)$$

由于 $S=b_0\cdot b_0\tan\theta_0=b_0^2m/\beta$，所以

$$C_{y\,\text{II}}=\frac{4\alpha}{\beta}\sqrt{\frac{m-1}{m+1}} \tag{2-158b}$$

在区域Ⅲ内扇形微元面积为

$$\mathrm{d}S=\frac{1}{2}b_0\,\mathrm{d}z=\frac{1}{2}\,\frac{b_0}{\cos\theta}\cdot\frac{b_0}{\cos\theta}\mathrm{d}\theta=\frac{1}{2}b_0^2\tan\theta=\frac{b_0^2}{2\beta}\mathrm{d}t \tag{2-159}$$

由式(2-157b)和式(2-159)可得到第Ⅲ区的升力系数为

$$C_{y\,\text{III}}=\frac{2}{S}\iint\Delta C_{p\,\text{III}}\,\mathrm{d}S=\frac{2}{S}\int_0^1\frac{2m\alpha b_0^2}{\beta^2\sqrt{m^2-1}}\left[1-\frac{2}{\pi}\arcsin\sqrt{\frac{1-t^2}{m^2-t^2}}\right]\mathrm{d}t=$$

$$\frac{4m\alpha b_0^2}{S\beta^2}\left(1-\sqrt{\frac{m-1}{m+1}}\right)=\frac{4\alpha}{\beta}\left(1-\sqrt{\frac{m-1}{m+1}}\right) \tag{2-160}$$

所以超声速前缘三角形平板机翼的升力系数为

$$C_y=C_{y\,\text{II}}+C_{y\,\text{III}}=\frac{4\alpha}{\beta} \tag{2-161}$$

由此可见，超声速前缘三角形平板机翼的升力系数与二维薄翼型的升力系数完全相同。

2.7.4　机翼的超声速气动特性的估算

在亚声速流一节里以线化理论为基础，收集不同形状机翼的各种计算数据和实验数据，将这些数据按组合参数方式整理成图表或曲线，以提供工程计算使用。亚声速的组合参数为 $\beta\lambda(\beta=\sqrt{1-Ma_\infty^2})$，$\lambda\tan\chi$ 和 η。同样超声速时也可得出类似组合参数 $\beta\lambda(\beta=\sqrt{Ma_\infty^2-1})$，$\lambda\tan\chi$ 和 η。所以对超声速而言，机翼的升力线斜率 C_y^α、零升波阻力系数 $(C_{xb})_0$ 和压力中心位置 $\bar{x}_P$ 都可以写成这些组合参数的函数，即

$$\frac{C_y^\alpha}{\lambda}=Y(\beta\lambda,\lambda\tan\chi,\eta) \tag{2-162}$$

$$\bar{x}_P=X_P(\beta\lambda,\lambda\tan\chi,\eta) \tag{2-163}$$

$$\frac{(C_{xb})_0}{\lambda\bar{c}^2}=X_b(\beta\lambda,\lambda\tan\chi,\eta,\text{剖面形状}) \tag{2-164}$$

2.7.4.1 升力特性

按关系式(2-162)，图 2-58 给出了组合参数 $\lambda\tan\chi_{1/2}=0$ 的升力线斜率 C_y^α 与展弦比 λ 比值的曲线图。图的左半部是亚声速范围，右半部是超声速范围，在 $\beta\lambda=0$ 或 $\beta\lambda=0$ 附近则为跨声速范围。在跨声速范围引入了组合参数 $\lambda\sqrt[3]{\bar{c}}$，这一参数的含义将在下节介绍。跨声速范围的曲线是利用实验数据加以整理得到的，亚超声速范围的曲线是利用理论计算和实验数据相结合的方法整理出来的。

现在我们来分析来流 Ma_∞ 数、展弦比 λ、根梢比 η 和后掠角 χ 对机翼升力特性的影响。

在图 2-58 中应该注意到，对于超声速区域，虽然机翼的升力系数与亚声速不同，是随着来流 Ma_∞ 的增大而减小的，但是机翼的升力随 Ma_∞ 的增大是增大的。因为升力 $Y=\frac{1}{2}\rho_\infty v_\infty^2 SC_y=\frac{1}{2}\gamma p_\infty Ma_\infty^2 SC_y$，式中 γ 为比热比。由上式可见，在同一迎角下，虽然 C_y 随 Ma_∞ 数的增大而减小，但来流动压 $\frac{1}{2}\rho_\infty v_\infty^2$ 随 Ma_∞ 的平方而增大，所以对给定的机翼面积 S，随着 Ma_∞ 增大，机翼的升力仍然是要增加的。

从图 2-58 还可以看到，机翼的根梢比 η 对升力系数的影响不太大，其一般趋势是随着 η 增大，C_y^α 值略有增加。这主要是由于 η 越大，翼尖马赫锥所影响到的机翼面积就越小，升力损失也就越小所致。

为了说明机翼展弦比 λ 对 C_y^α 特性的影响，从图 2-58 的曲线族中取出两根曲线，一根是属于矩形翼的 $(\eta=1,\lambda\tan\chi_{1/2}=0)$，另一根是三角形翼的 $(\eta\to\infty,\lambda\tan\chi_{1/2}=2)$。为了分析给定来流 Ma_∞ 情况下，展弦比 λ 对矩形翼和三角形翼 C_y^α 特性的影响，可利用这两根曲线绘制矩形翼和三角形翼的 βC_y^α 随 $\beta\lambda$ 的变化曲线，如图 2-77 所示。

对于矩形翼，从图 2-77 可见，随着展弦比增大，矩形机翼的 C_y^α 是增加的，这主要是由于随着展弦比增大，翼尖扰动马赫锥的影响区域相对减小所致。从该图可见，矩形翼的 C_y^α 值是以超声速翼型的 C_y^α 值作为其极限值的，即 βC_y^α 趋近于 4。

对于三角形翼，从图 2-77 可见，在亚声速前缘时，三角形翼的 C_y^α 是随着展弦比的增大而增大的。这主要由于在给定来流的 Ma_∞ 下，随着展弦比 λ 增大，前缘后掠角 χ_0 减小，机翼前缘更接近于声速缘，这就使翼面上下流场的扰动区域减小且减弱，从而提高了翼面升力系数。到超声速前缘后，升力系数不随 λ（因而也是不随前缘后掠角 χ_0）而变（见式(2-161)），并趋近于超声速翼型的 C_y^α 值。

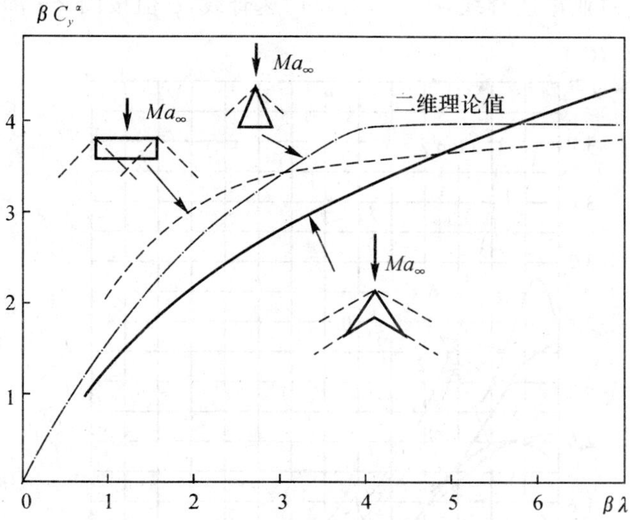

图 2－77　三种平面形状机翼的升力特性

2.7.4.2　阻力特性

在位流理论中机翼有两部分阻力，零升波阻力和诱导阻力。前者是机翼的厚度产生的阻力，后者是伴随着机翼的升力产生而出现的阻力。对于实际流体，还存在着与黏性有关的阻力，即所谓型阻。故超声速机翼的阻力系数可表为

$$C_x = (C_{xb})_0 + C_{xi} + C_{xxi} \tag{2-165a}$$

式中，$(C_{xb})_0$，C_{xi} 和 C_{xxi} 分别为零升波阻力系数、诱导阻力系数和型阻系数。型阻系数 C_{xxi} 的计算方法与亚声速机翼相同，可参阅第 2.6 节中讲过的有关内容，下面将分别讨论 $(C_{xb})_0$ 和 C_{xi} 的计算方法。

1. 零升波阻力系数 $(C_{xb})_0$

按关系式（2－164），图 2－78 给出了菱形剖面（$\bar{x}_c = 0.5$）机翼的 $(C_{xb})_0$ 的曲线。图中的点画线是线性理论值，实线是实验值。从该图可见，实验曲线并无尖峰出现，而理论曲线具有三个尖峰，第一尖峰出现在声速前缘时（$\beta\lambda = \lambda\tan\chi_0$），第二个尖峰出现在脊线为声速缘时（$\beta\lambda = \lambda\tan\chi_c$），第三个尖峰出现在后缘为声速缘时（$\beta\lambda = \lambda\tan\chi_1$）。在尖峰附近理论值和实验值相差很大，这主要是由于在声速缘（$Ma_n = 1$）时，绕流具有跨声速性质，这时超声速线化理论在声速缘附近就不适用了。对 $\bar{x}_c = 5$ 的情况，理论和实践都表明，当脊线为亚声速缘时，脊线位置对 $\lambda\bar{c}^2$ 几乎无影响；当脊线为超声速缘时，最大脊线位置对 $(C_{xb})_0/\lambda\bar{c}^2$ 的影响大体上与脊线位置对超声速菱形翼型的零升波阻力的影响一样，见表 2－2。

机翼剖面形状对零升波阻力系数的影响与机翼脊线的性质有很大关系。实验与理论都表明，当脊线为声速缘和亚声速缘时（$\beta\lambda \leqslant \lambda\tan\chi_0$），零升波阻力系数几乎与剖面形状无关；当脊线为超声速缘时（$\beta\lambda \gg \lambda\tan\chi_c$），翼剖面形状对 $(C_{xb})_0$ 的影响几乎与超声速翼型一样，见表 2－2。若以菱形剖面为参考剖面，则任意剖面机翼的 $(C_{xb})_0$ 与菱形剖面的机翼的 $(C_{xb})_{0菱形}$ 的关系可表示为

$$(C_{xb})_0 = (C_{xb})_{0菱形}\left[1 + \varphi(K_c - 1)\right] \tag{2-165b}$$

式中，$(C_{xb})_{0菱形}$ 可按图 2－78 根据给定的机翼几何参数确定；K_c 按表 2－2 确定；φ 为修正因子，

它与脊线性质有关。对亚声速脊线，$\varphi=0$；对超声速脊线，φ 值按图 2-79 确定。

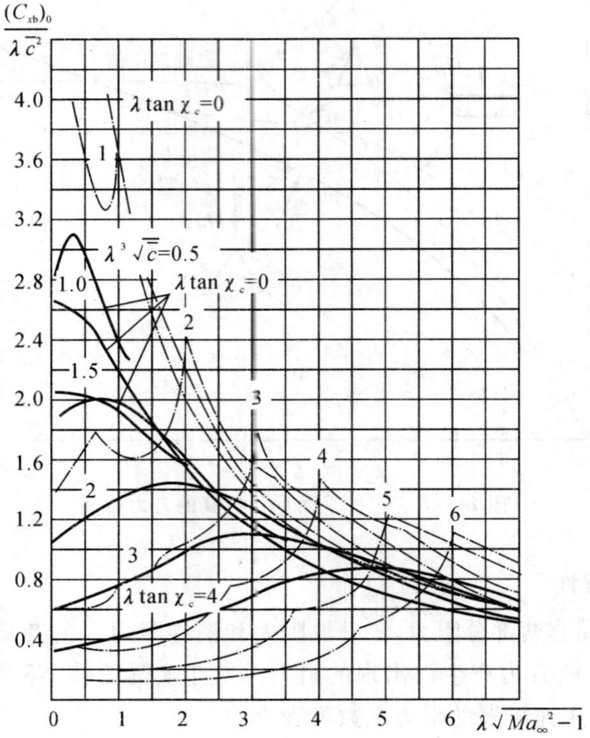

图 2-78　计算菱形剖面机翼的波阻力系数用图($\bar{x}_c=0.5,\eta=5$)

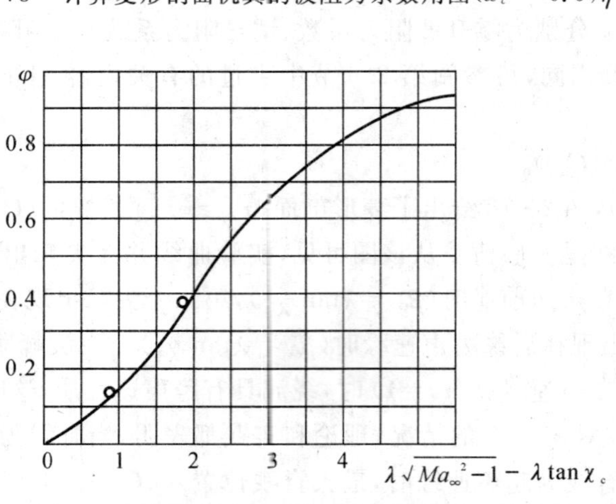

图 2-79　计算任意剖面机翼波阻力的辅助函数 φ 的图线

2. 诱导阻力系数 C_{xi}

对于超声速前缘平板机翼，总空气动力系数 C_R 垂直于机翼平板，它沿来流方向的分量即为诱导阻力系数

$$C_{xi}=C_R\sin\alpha=C_y\tan\alpha \tag{2-166}$$

对于亚声速前缘平板机翼，平板前缘附近的绕流具有亚声速绕流特点(见图 2-65)，因此在机翼前缘与低、亚声速薄机翼一样存在着前缘吸力。由于前缘吸力的存在，使亚声速前缘的

诱导阻力系数比式(2-166)的要小，为了有效地利用这种吸力，机翼前缘都加工成小圆头。理论上可以证明前缘吸力系数 C_{xT} 与升力系数二次方成正比。例如，对于亚声速前缘三角形翼，前缘吸力系数为

$$C_{xT}=\frac{C_y^2}{\pi\lambda}\sqrt{1-m^2} \tag{2-167}$$

式中，$m=\beta/\tan\chi_0$。对于三角形翼，$\lambda\tan\chi_0=4$，所以式(2-167)可改写成

$$\frac{1}{\tan\chi_0}\frac{C_{xT}}{C_y^2}=\frac{1}{4\pi}\sqrt{1-m^2} \tag{2-168}$$

按式(2-168)，在图 2-80 上画出了尖翼梢机翼($\eta\to\infty$)的 $\frac{1}{\tan\chi_0}\frac{C_y^2}{\pi\lambda}$ 随 m 的变化曲线，其中组合参数 $\lambda\tan\chi_0=4$ 的曲线为三角形翼的曲线。该组曲线可近似地用于有限根梢比的后掠机翼上。实验表明，实际的前缘吸力要比式(2-167)给出的理论值小得多，这是由于超声速机翼的前缘曲率半径都比较小，会发生局部气流分离。机翼翼型前缘半径愈小，尤其是迎角较大时，这种不利现象就愈加明显。所以工程计算中，诱导阻力系数写成

$$C_{xi}=C_y\tan\alpha-\left(\frac{C_{xT}}{C_y^2}\right)C_y^2\cdot\xi \tag{2-169}$$

式中，ξ 为修正系数，如图 2-81 所示。

如果迎角不大，并且零升迎角 $\alpha_0=0$，则有 $\tan\alpha\approx\alpha$ 和 $C_y=C_y^\alpha\alpha$。在这些条件下，式(2-169)可改写成

$$C_{xi}=\left[\frac{1}{57.3}-\xi C_y^\alpha\left(\frac{C_{xT}}{C_y^2}\right)\right]C_y^\alpha\alpha^2 \tag{2-170}$$

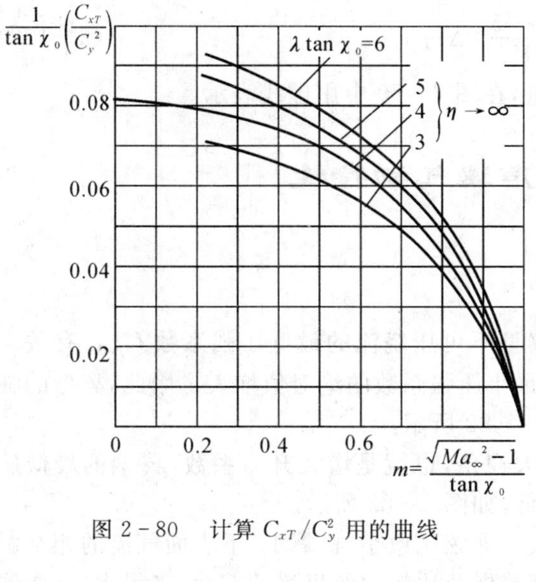

图 2-80　计算 C_{xT}/C_y^2 用的曲线

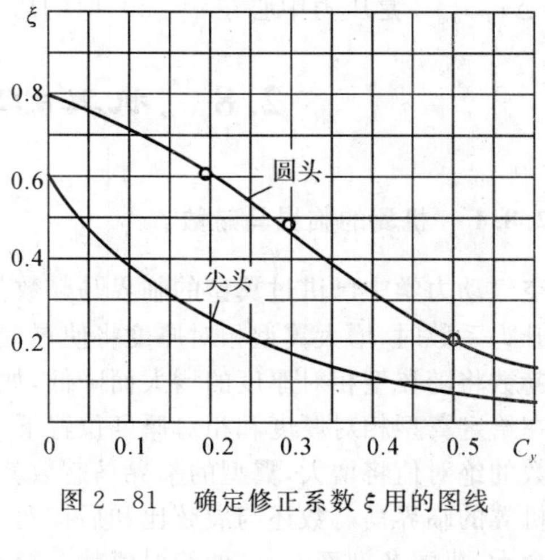

图 2-81　确定修正系数 ξ 用的图线

综上所述，为了减小诱导阻力，亚声速前缘机翼应采用圆头翼型。前面曾经指出当脊线为亚声速缘时，零升波阻力几乎与翼型形状无关，故可得如下结论：

(1) 在亚声速脊线时，圆头翼型的阻力系数最小；

(2) 在超声速脊线但为亚声速前缘时，要根据零升波阻力和诱导阻力在阻力中所占的比重而定，采取折中方案选择翼型前缘形状；

(3) 在超声速前缘时，宜采用尖前缘翼型。

2.7.4.3 压力中心位置

为了确定纵向力矩，必须先知道作用力的大小与作用点的位置，即压力中心位置。压力中心位置通常用无量纲坐标表示，即

$$\bar{x}_P = \frac{x_P}{b_A} \tag{2-171}$$

式中，x_P 是从平均气动弦长前缘至机翼压力中心沿弦向测量的距离。尽管由线化理论算出的升力系数与实验结果较为符合，但用线化理论算得的压强系数分布与实验值相差较大。这是由于气流绕翼面流动中，当气流受压缩时，线化理论给出的结果压缩不足；而当气流流动中出现膨胀时，由线化理论给出的结果又膨胀过分了，同时理论上未计及实际流体的黏性影响，如图2-22所示。从受力的大小来看，压缩不足与膨胀过分差不多相抵消，所以，沿翼面积分所得的升力系数与实验结果仍能符合得很好，但力的作用点，即压力中心位置显然与实验值相差就较大。根据线化理论公式(2-163)作计算，并经过实验校正的结果，如图2-59所示。

从图2-59可见，压力中心位置 $\bar{x}_P$(或焦点)均随着展弦比增大而后移。这主要是因为当展弦比减小时，由于翼尖三维区的升力损失，使机翼压力中心位置前移。当展弦比增大时，翼尖三维区所占面积相对减小，因此，随着展弦比增大，压力中心位置就随之后移。另外，对后掠翼，压力中心位置随后掠角 $\chi_{1/2}$ 的增大而显著后移，这主要是由于机翼承受力面积随着后掠角增大而后移所引起的。根梢比 η 对压力中心位置也有影响，η 值减小时，翼尖三维区所占面积相对增大，故压力中心位置前移，在计算中可以认为当 $|\alpha| \leqslant 5°$ 时，对给定的 Ma_∞ 和机翼 $\bar{x}_P = (\bar{x}_P)_{\alpha \leqslant 5}$ = 常量，在 $5° < \alpha < 20°$ 的范围内，$\bar{x}_P$ 与迎角 α 成线性关系。故压力中心位置的一般公式为

$$\bar{x}_P = (\bar{x}_P)_{\alpha \leqslant 5} + \frac{\alpha - 5}{15}(\Delta \bar{x}_P)_{\alpha = 20} \tag{2-172}$$

式中$(\Delta \bar{x}_P)_{\alpha=20}$ 是压力中心在 $\alpha = 20°$ 时的后移量，在图2-59中用虚线表示。

2.8 机翼的跨声速气动特性

2.8.1 机翼的临界马赫数

空气动力学中已讲过翼型的临界马赫数与翼型不可压绕流的最低压强系数 $C_{p\min}$ 有关。在小升力系数时，增大翼型相对厚度将使翼型的最小压强系数的绝对值增大。因此，翼型的临界马赫数将随翼型相对厚度的增大而降低，如图2-82所示。

在给定翼型相对厚度和相对厚度位置下，增大迎角，也就是增大升力系数，翼型的最低压强系数的绝对值将增大，翼型的临界马赫数就降低，如图2-82所示。

机翼的临界马赫数还与展弦比和后掠角有关。展弦比愈小，机翼上、下表面气流的相互影响就愈大，机翼各剖面 $C_{p\min}$ 的绝对值就要较翼型或展弦比较大的机翼的 $C_{p\min}$ 来得小，这样展弦比愈小，机翼的临界马赫数就愈高。另外，机翼后掠角愈大，在同一来流 Ma_∞ 下，垂直于机翼前缘的马赫数法向分量 Ma_n 就愈小，因此，机翼的临界马赫数就愈高。

展弦比和后掠角对机翼临界马赫数的影响，一般可按下式进行估算：

$$(Ma_{\text{lj}})_{\text{机翼}} = (Ma_{\text{lj}})_{\text{翼型}} + (\Delta Ma_{\text{lj}})_\lambda + (\Delta Ma_{\text{lj}})_\chi \tag{2-173}$$

式中，$(\Delta Ma_{\text{lj}})_\lambda$ 为考虑展弦比影响的修正；$(\Delta Ma_{\text{lj}})_\chi$ 为考虑后掠角影响的修正，其值可按图2-

83 查得。在近似计算中，这些修正值可以认为与机翼的升力系数 C_y 无关。

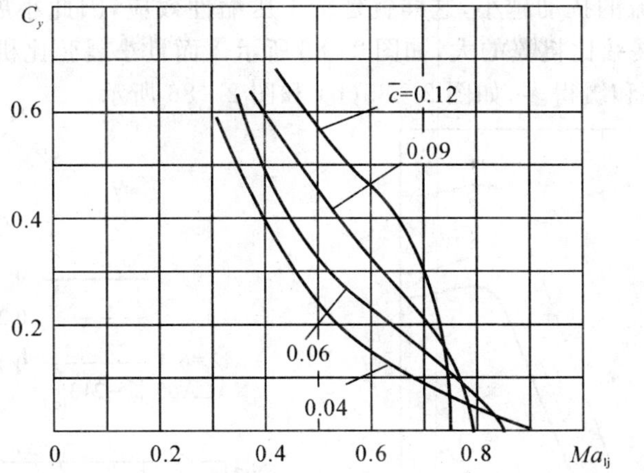

图 2-82　翼型的 Ma_{lj} 与翼型相对厚度 $\bar{c}$ 和 C_y 的关系（$\bar{x}_c = 0.5$）

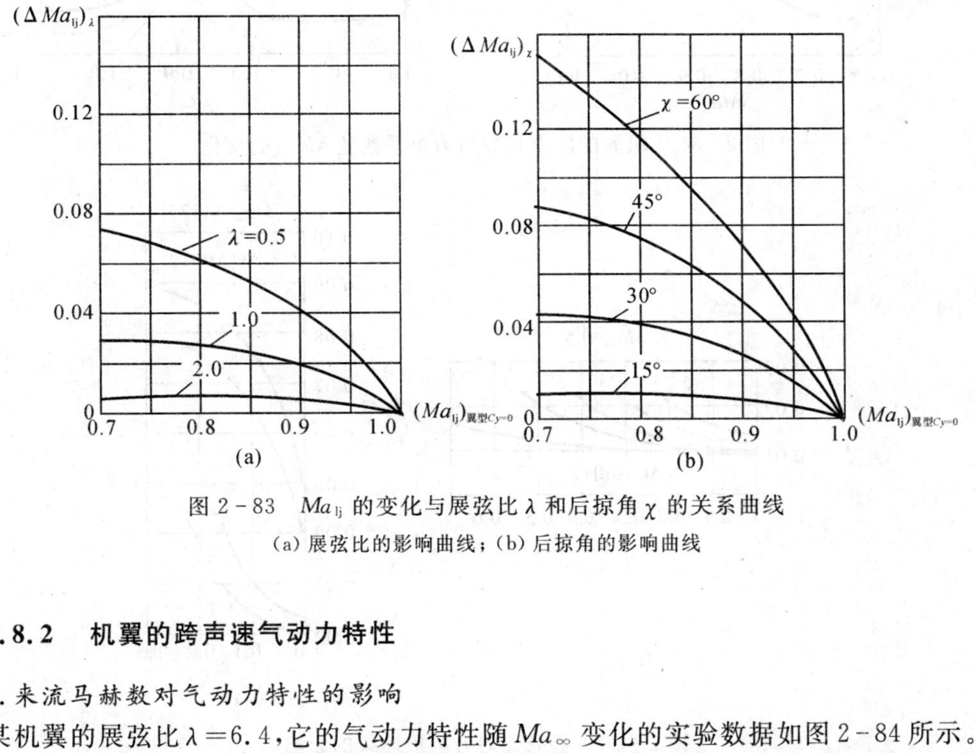

图 2-83　Ma_{lj} 的变化与展弦比 λ 和后掠角 χ 的关系曲线

(a) 展弦比的影响曲线；(b) 后掠角的影响曲线

2.8.2　机翼的跨声速气动力特性

1. 来流马赫数对气动力特性的影响

某机翼的展弦比 $\lambda=6.4$，它的气动力特性随 Ma_∞ 变化的实验数据如图 2-84 所示。由此图可见，通过跨声速范围阻力系数和力矩系数显著增大。但在 Ma_∞ 大于 Ma_{lj} 不多的情况下，由于在翼面上超声速区域还很小，且在该区内的流速很接近声速，因此结尾激波很弱，对气动力特性的影响很小。这一点可由图 2-15 和图 2-84 的结果看出来。图 2-15 和图 2-84 还指出了跨声速效应使升力线斜率 C_y^α 出现不同程度的减小，且使阻力系数激增。气动力特性出现这些急剧变化是与激波失速现象有关的，这一现象已在第 2.5 节中作了说明。

2. 展弦比对气动特性的影响

不同展弦比的阻力特性曲线如图 2-85 和图 2-86 所示。在第 2.6 节中已讲过，在亚声速情况下，机翼的展弦比越大，阻力越小，如图 2-85 所示。然而在跨声速范围内，阻力中波阻力占的比例大，为减小总阻力，宜采用小展弦比机翼。由于机翼的展弦比越小，翼端所产生三维效应越强，机翼对气流的扰动越小，这样就延缓了压缩性效应，因此小展弦比机翼的阻力发散马赫数 Ma_D 就比大展弦比机翼的大，如图 2-86 所示。而且小展弦比机翼的阻力随 Ma_∞ 的变化比大展弦比机翼要和缓得多，如图 2-85(b) 和图 2-86 所示。

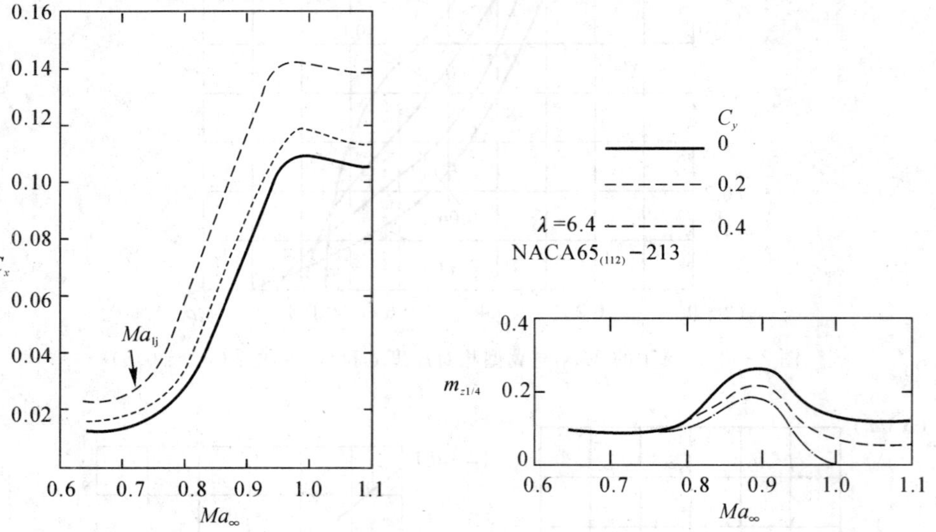

图 2-84　机翼的阻力系数与力矩系数随 Ma_∞ 的变化

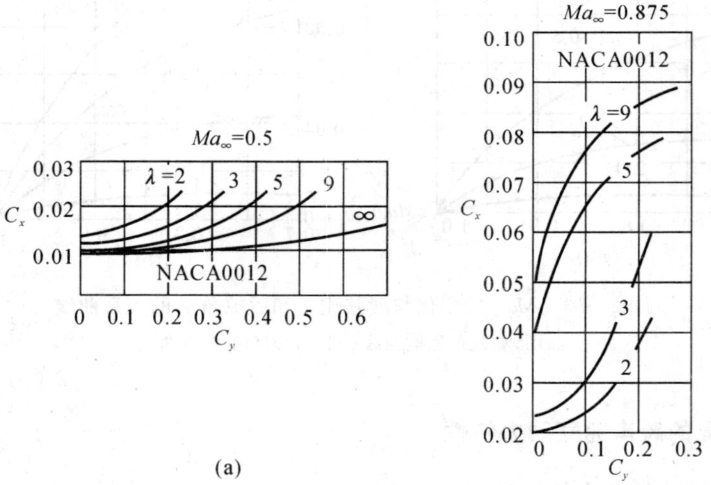

(a)　(b)

图 2-85　展弦比对升阻极曲线的影响

(a) 低亚声速马赫数；(b) 高亚声速马赫数

3. 后掠角对气动力特性的影响

在第 2.4 节中已经讲过，可以将绕过斜置翼的流动，分解成沿机翼的展向流动和垂直于机翼前缘的法向流动两部分。前者不影响压强分布，只影响附层面；而后者决定了该机翼的压强分布（不考虑黏性作用）。因此，斜置翼的斜置角增大将提高临界马赫数与阻力发散马赫数，延缓阻力发散现象。这个效应对后掠翼来说趋势也是一样的，如图 2-87 至图 2-89 所示。

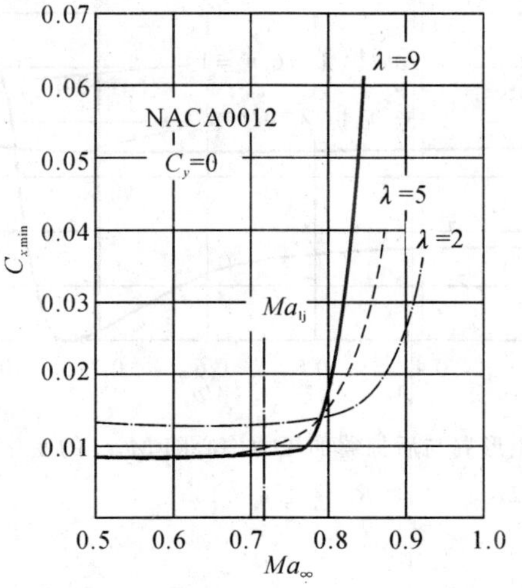

图 2-86　展弦比对于低马赫数下的最小阻力的影响

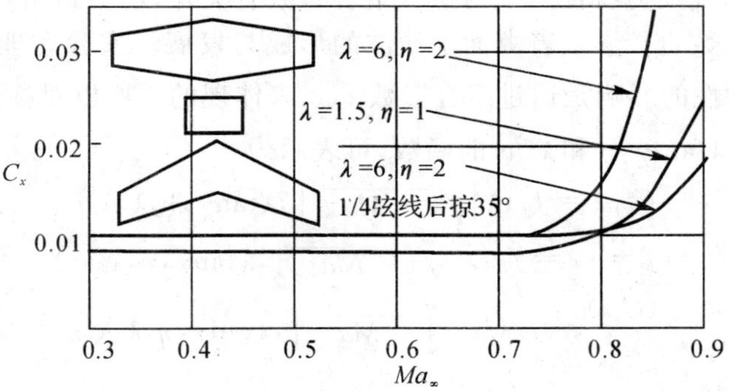

图 2-87　机翼阻力系数随平面形状和 Ma_∞ 的变化(NACA0012, $Ma_\infty = 0.8, Re = 4.3\times10^6, \alpha = 5°$)

图 2-88 和图 2-89 还表明，后掠机翼的升力线斜率和压力中心位置随 Ma_∞ 变化比较缓和，升力线斜率和压力中心位置开始出现不利变化的马赫数比直机翼的要高。

由以上分析表明，从气动力观点来看，高速飞行器采用小展弦比后掠机翼是有利的。

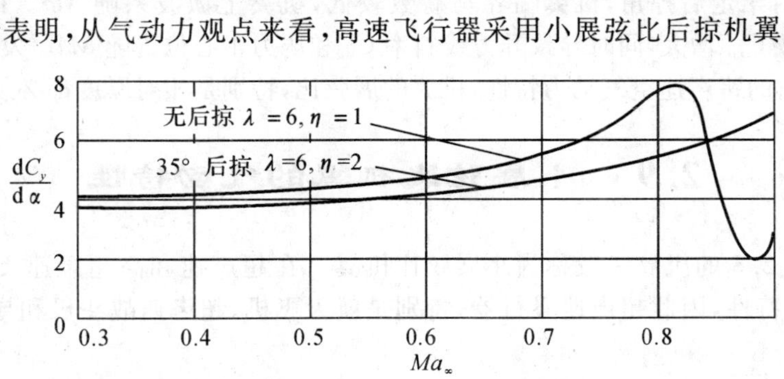

图 2-88　矩形翼与后掠翼的升力线斜率随 Ma_∞ 的变化(NACA0012, $Ma_\infty = 0.8, Re = 4.3\times10^6$)

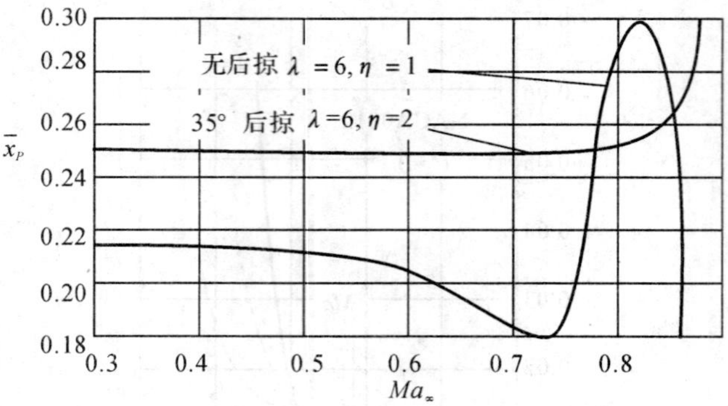

图 2-89　矩形翼与后掠翼的压力中心随 Ma_∞ 的变化(NACA0012，$Ma_\infty = 0.8, Re = 4.3\times10^6$)

2.8.3　薄翼跨声速流的相仿律

具有对称翼型的薄翼，其亚声速和超声速气动力特性可表示为组合参数 $\beta\lambda$，$\lambda\tan\chi$、η 的函数。但薄翼的跨声速气动力特性除了与这些组合参数有关外，还受到相对厚度 $\bar{c}$ 的影响，这是由于相对厚度这个参数直接影响着翼面上激波的形成与发展。实验和理论分析均表明，相对厚度 $\bar{c}$ 对薄翼气动特性的影响是通过组合参数 $\lambda\sqrt[3]{\bar{c}}$ 来体现的。所以对称薄翼跨声速的气动力特性是组合参数 $\beta\lambda$，$\lambda\tan\chi$，η 和 $\lambda\sqrt[3]{\bar{c}}$ 的函数，可表示为

$$C_y^\alpha/\lambda = f_1\left(\lambda\left|\sqrt{1-Ma_\infty^2}\right|, \lambda\tan\chi, \eta, \lambda\sqrt[3]{\bar{c}}\right)$$
$$\bar{x}_P = \bar{x}_F = f_2\left(\lambda\left|\sqrt{1-Ma_\infty^2}\right|, \lambda\tan\chi, \eta, \lambda\sqrt[3]{\bar{c}}\right)$$
$$\frac{(C_{xb})}{\lambda\bar{c}^2} = f_3\left(\lambda\left|\sqrt{1-Ma_\infty^2}\right|, \lambda\tan\chi, \eta, \lambda\sqrt[3]{\bar{c}}\right) \tag{2-174}$$

根据相仿律式(2-174)整理出一组在跨声速流中的升力系数、波阻力系数和压力中心位置的图线，分别如图 2-58、图 2-78 和图 2-59 所示。图 2-90 还给出了矩形翼的压力中心位置的变化图线。从这几幅图线可见，组合参数 $\lambda\sqrt[3]{\bar{c}}$ 愈大，波阻力愈大，升力线斜率 C_y^α 和压力中心位置随 Ma_∞ 的变化就愈剧烈。这是可以理解的，因为 $\lambda\sqrt[3]{\bar{c}}$ 愈大，意味着机翼展弦比或相对厚度较大，因而对给定后掠角，机翼临界马赫数较低，机翼上激波系随 Ma_∞ 的变化就比较复杂，从而波阻系数 C_{xb} 增大，同时导致升力线斜率 C_y^α 和压力中心位置随 Ma_∞ 发生强烈变化。因此，为了改善机翼的跨声速空气动力特性，机翼的展弦比，特别是相对厚度都必须小些。

2.9　小展弦比机翼的气动特性

展弦比 $\lambda < 2.5$ 的机翼一般称为小展弦比机翼。在超声速和高超声速飞行时，小展弦比机翼具有较好的特性，因此超声速飞行器，特别是航天飞机、超声速战斗机和导弹，广泛采用小展弦比机翼。

前面讨论的亚、超声速机翼理论是以小迎角为前提的，在这种情况下采用附着涡和尾涡都处于机翼的弦平面内的简化旋涡模型，由此模型求得的升力系数与迎角呈线性关系，这样的理论叫做线性机翼理论。实验研究表明，对于小展弦比机翼($\lambda < 2.5$)，特别是展弦比 $\lambda < 1$ 的机

翼，由线化理论求得的升力系数 C_y 随迎角变化的关系曲线与实际有很大的差别，如图 2-91 所示。要想在理论上解释升力随迎角变化的非线性关系，就不能再用此简化的旋涡模型了。下面对小展弦比三角形机翼所采用的旋涡模型和气动力特性进行讨论。

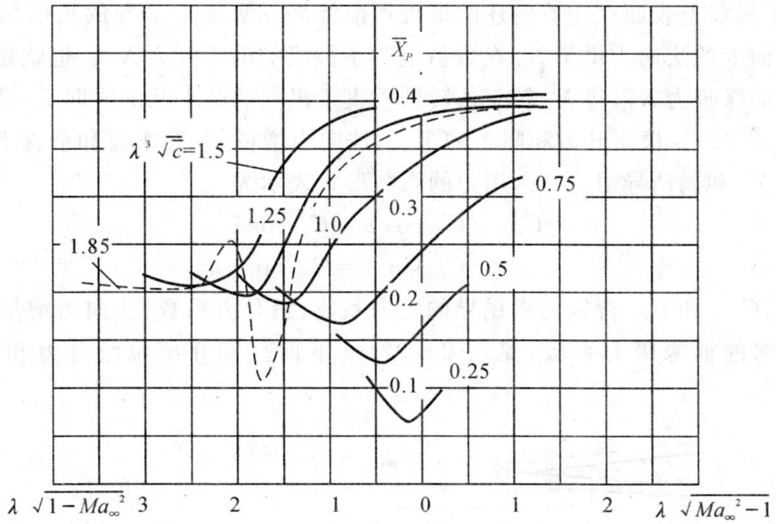

图 2-90　组合参数 $\lambda\sqrt[3]{c}$ 对矩形机翼压力中心位置的影响（$\lambda\tan\chi_{1/2}=0$，$\eta=1$）

大后掠角、尖锐前缘的小展弦比三角形翼，当迎角很小时在机翼前缘就会出现前缘气流分离现象，并形成一对螺旋形的涡面，如图 2-91 的右上方的插图所示。这一对前缘分离涡的强度从机翼的顶点到机翼的后缘逐渐增大，然后从后缘伸向下游。这对前缘分离涡一方面在机翼上表面会诱导出负的压力，所以机翼的升力比按位流理论算出的升力要大。由前缘分离涡诱导的这一部分升力称为涡升力，如图 2-91 所示。另一方面，前缘分离涡的出现，改变了位流的前缘绕流（见图 2-92(a) 和(c)），破坏了前缘吸力的形成，所以机翼的阻力比位流理论算出的要大。

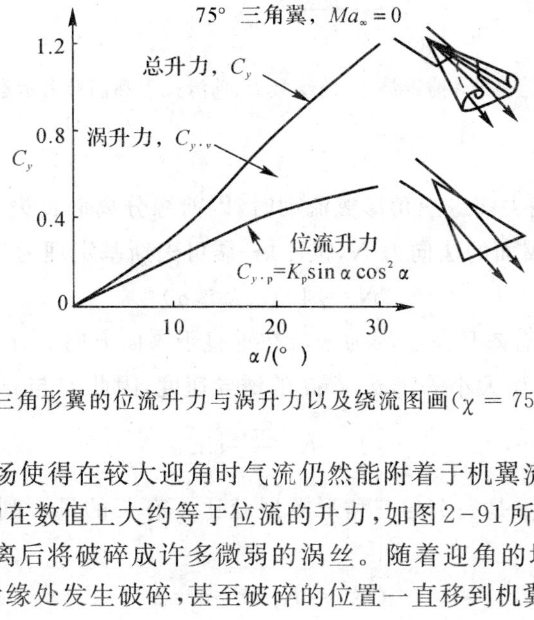

图 2-91　三角形翼的位流升力与涡升力以及绕流图画（$\chi=75°$，$Ma_\infty=0$）

前缘涡之后的压力场使得在较大迎角时气流仍然能附着于机翼流动，所以 C_y 随迎角增大而增大，并且此时涡升力在数值上大约等于位流的升力，如图 2-91 所示。实验表明，旋涡从机翼后缘伸向下游一定距离后将破碎成许多微弱的涡丝。随着迎角的增大，旋涡破碎的位置逐渐向机翼靠近，直到在后缘处发生破碎，甚至破碎的位置一直移到机翼的顶点处。

根据上述的小展弦比、大后掠、尖前缘三角形翼的绕流图画，要精确计算出气动力特性是困难的。1966 年波尔哈末斯(Polhamus) 提出了一种“前缘吸力比拟法”，该方法把小展弦比三角形翼的升力分成两部分，一部分是位流升力，另一部分是涡升力。前者是按位流理论算出的，后者是由于机翼上表面存在着前述的螺旋形前缘涡在翼面上诱导的负压而产生的升力增量。作用在翼面上的法向力增量 N_v 在数值上等于位流的前缘吸力 X_T。也就是说由位流理论计算出机翼的前缘吸力 X_T，将 X_T 转 90°，转到垂直于机翼的弦平面的方向上，就是涡诱导的法向力 N_v(见图 2-92)。根据升力和阻力的定义，法向力增量 N_v 在来流和垂直于来流方向的投影就是涡升力 Y_v 和涡诱导阻力 X_v，用力的系数形式表示为

$$C_{y\cdot v}=C_{Nv}\cos\alpha=C_{xT}\cos\alpha$$
$$C_{x\cdot v}=C_{Nv}\sin\alpha=C_{y\cdot v}\tan\alpha \tag{2-175}$$

式中 $C_{x\cdot v}$，$C_{y\cdot v}$，$C_{N\cdot v}$ 和 C_{xT} 分别为涡诱导的阻力系数、涡升力系数、法向力增量系数和机翼平面内垂直于前缘的前缘吸力系数(见图 2-92)。下面分别介绍位流升力和涡升力的计算方法。

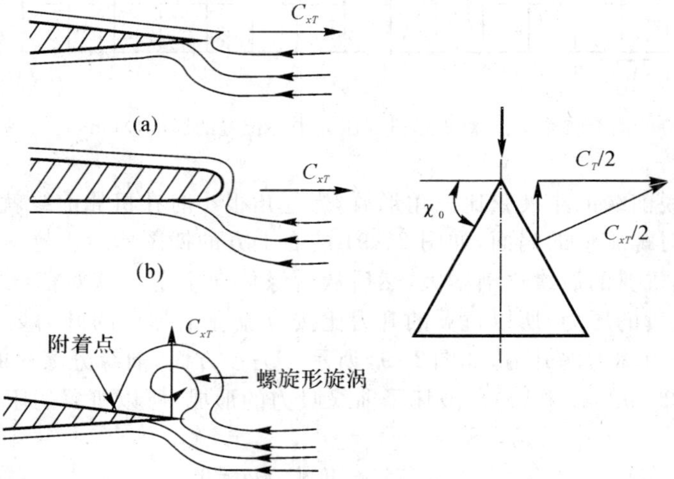

图 2-92　前缘绕流、前缘吸力、前缘拉力和涡升力示意图

1. 位流升力的计算

气流 v_∞ 以迎角 α 绕尖前缘三角形翼流动时，因前缘分离而丧失了前缘吸力，所以作用在机翼上的合力即垂直于翼面的法向力 N，按库塔-儒可夫斯基定理为

$$N=\rho\Gamma l(v_\infty\cos\alpha) \tag{2-176}$$

式中，l 为展长，Γ 为总的有效环量。因为来流在垂直于翼面方向的分速为 $v_\infty\sin\alpha$，为满足翼面边界条件，要求环量 Γ 产生大小等于 $v_\infty\sin\alpha$ 的诱导速度，因此 Γ 与 $v_\infty\sin\alpha$ 成正比，写成

$$\Gamma=K_p\frac{Sv_\infty}{2l}\sin\alpha \tag{2-177}$$

式中，S 为机翼的面积，K_p 是一个与三角形翼展弦比 λ 有关的量。利用式(2-176) 和式(2-177)，得法向力系数为

$$C_{N\cdot p}=K_p\sin\alpha\cos\alpha \tag{2-178}$$

该法向力 N 沿垂直于来流方向的分量称为位流升力，所以位流升力系数为

$$C_{y\cdot p}=K_p\sin\alpha\cos^2\alpha \tag{2-179}$$

在小迎角时，$C_{y\cdot p}\approx K_p\alpha$。显然式中 K_p 就等于小迎角时线化位流理论算出的升力线斜率 C_y^α。图 2-93 给出了用升力面理论和细长机翼理论算出的 K_p 与 λ 的关系曲线。

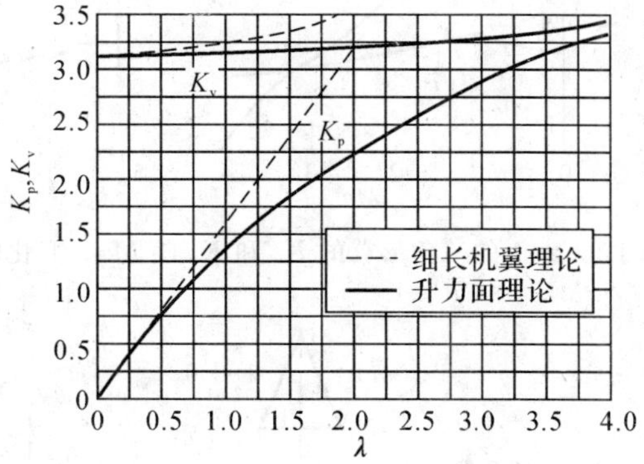

图 2-93　在不可压流中三角形翼的 K_v 和 K_p

2. 涡升力的计算

根据库塔-儒可夫斯基定理，作用在左、右机翼前缘沿顺弦向的总拉力 T 为

$$T=\rho\Gamma l(v_\infty\sin\alpha-w_i) \tag{2-180}$$

式中，w_i 为机翼涡系在垂直于平板方向的诱导下洗速度。利用式(2-177)，拉力系数 C_T 可表示为

$$C_T=\frac{T}{\frac{1}{2}\rho_\infty v_\infty^2 S}=\left(1-\frac{w_i}{v_\infty\sin\alpha}\right)K_p\sin^2\alpha \tag{2-181}$$

由图 2-92 可见，前缘吸力系数与拉力系数的关系为

$$C_{xT}=C_T/\cos\chi_0 \tag{2-182}$$

式中，χ_0 为前缘后掠角。将式(2-181)和式(2-182)代入式(2-175)，给出涡升力和诱导阻力系数

$$C_{y\cdot v}=\left(1-\frac{W_i}{v_\infty\sin\alpha}\right)K_p\sin^2\alpha\frac{\cos\alpha}{\sin\chi}=K_v\sin^2\alpha\cos\alpha \tag{2-183}$$

$$C_{x\cdot v}=K_v\sin^3\alpha \tag{2-184}$$

K_v 由升力面理论确定，近似估算时，可取 $K_v\approx K_p-K_p^2/\pi\lambda$。

图 2-94 给出了用升力面理论和细长机翼理论算得的 K_v 随 λ 变化的曲线。机翼的总升力为位流升力与涡升力的代数和，用系数形式表示为

$$C_y=C_{y\cdot p}+C_{y\cdot v}=K_p\sin\alpha\cos^2\alpha+K_v\cos\alpha\sin^2\alpha \tag{2-185}$$

上面的计算方法，可以推广到亚、超声速小展弦比尖前缘三角机翼上去。只要三角形翼的前缘是亚声速前缘，其前缘绕流特性仍然是亚声速的，在机翼前缘也同样发生分离，形成前缘涡。展弦比 $\lambda=1$ 的三角形翼 K_p 与 K_v 随 Ma_∞ 的变化曲线，如图 2-94 所示。此图线表明在前缘为声速缘时，$K_v=0$。按图 2-94 曲线和式(2-185)给出了展弦比 $\lambda=1$ 的三角形翼在低速和两个超声速马赫数 $Ma_\infty=1.97$，$Ma_\infty=3.3$ 的计算结果与实验数据的比较曲线(见图 2-95)，可见两者符合得很好。

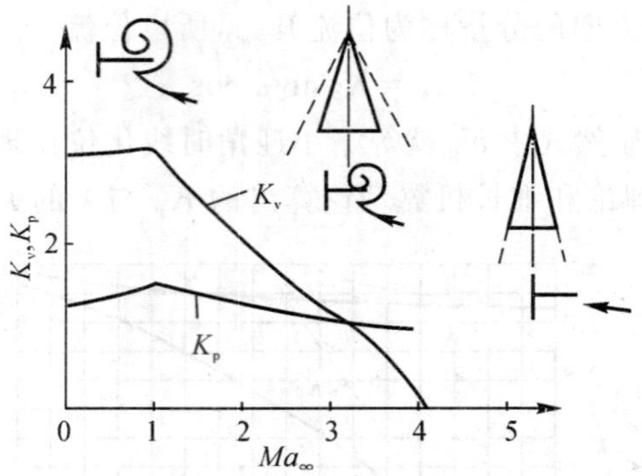

图 2-94　$\lambda=1$ 的三角形翼的 K_v 和 K_p 随 Ma_∞ 变化的曲线

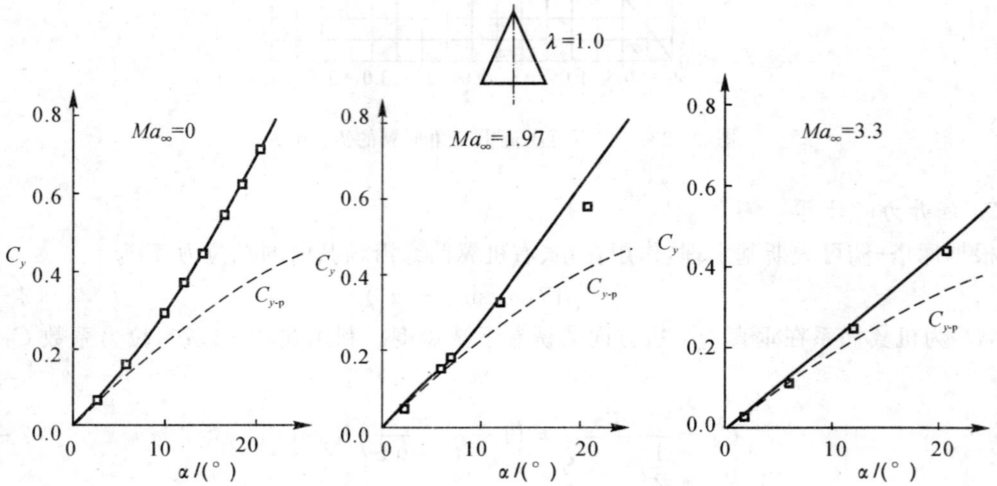

图 2-95　对 $\lambda=1$ 三角形翼前缘吸力比拟法理论结果与实验数据的比较

2.10　算　　例

1. 原始数据

计算高度 $H=10\ 000\text{m}$，$\rho_\infty=0.412\ 7\ \text{kg/m}^3$，$\mu_\infty=1.457\ 1\times10^{-5}\text{kg/(m}\cdot\text{s)}$，$v_\infty=299.46\text{m/s}$，飞行马赫数 $Ma_\infty=0.3$，0.6，0.8，0.94，1.0，1.02，1.1，1.2，1.4 和 1.6。机翼的平面形状和几何数据见图 2-96 和表 2-6。

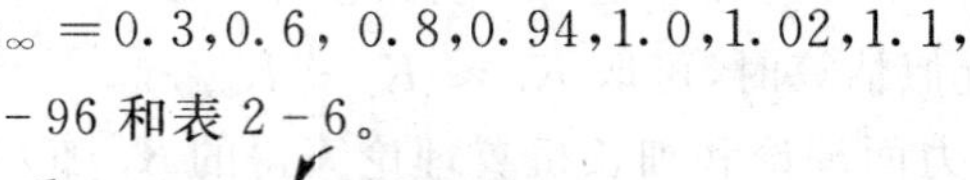

图 2-96　机翼的平面形状草图

表 2-6　机翼几何参数

机翼翼型(剖面)	参数	双弧形	机翼翼型(剖面)	参数	双弧线
相对厚度	$\bar{c}$	0.06	根弦	b_0	4.870
最大相对厚度位置	$\bar{x}_c$	0.50	梢弦	b_1	1.985
			平均弦长	b_{pj}	3.430
后掠角	χ_0	19.11°	平均气动弦长	b_A	3.630
	$\chi_{1/4}$	11.51°			
	$\chi_c = \chi_{1/2}$	3.48°	展弦比	λ	2.950
前缘后掠角正切	$\tan\chi_0$	0.346	根梢比	η	2.450
最大厚度线后掠角正切	$\tan\chi_c$	0.0608	组合参数	$\lambda\tan\chi_c$	0.180
机翼面积	S	34.650		$\lambda\sqrt[3]{\bar{c}}$	1.150
机翼翼展	l	10.110			

2. 机翼的升力线斜率 C_y^α

计算结果见表 2-7 和图 2-97。

表 2-7　机翼升力系数

Ma_∞	0.3	0.6	0.8	0.94	1.0	1.02	1.1	1.2	1.4	1.6	备注
C_y^α	0.058	0.060	0.068	0.077	0.079	0.076	0.071	0.065	0.055	0.052	图 2-58

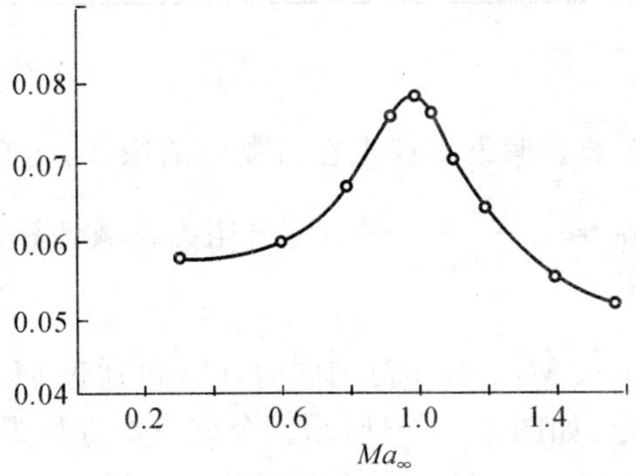

图 2-97　机翼的升力线斜率 C_y^α 随 Ma_∞ 的变化曲线

3. 机翼的临界马赫数 Ma_{lj}

对于给定机翼，Ma_{lj} 随 C_y 变化的计算结果见表 2-8 和图 2-98。

表 2-8　机翼临界马赫数随升力系数的变化

C_y	0	0.1	0.2	0.3	0.4	0.5	0.6	备注
Ma_{lj} 翼型	0.850	0.760	0.640	0.540	0.450	0.400	0.350	图 2-82
$(\Delta Ma_{lj})_\lambda$	0.000							图 2-83
$(\Delta Ma_{lj})_\chi$	0.000							
Ma_{lj}	0.850	0.760	0.640	0.540	0.450	0.400	0.350	式(2-173)

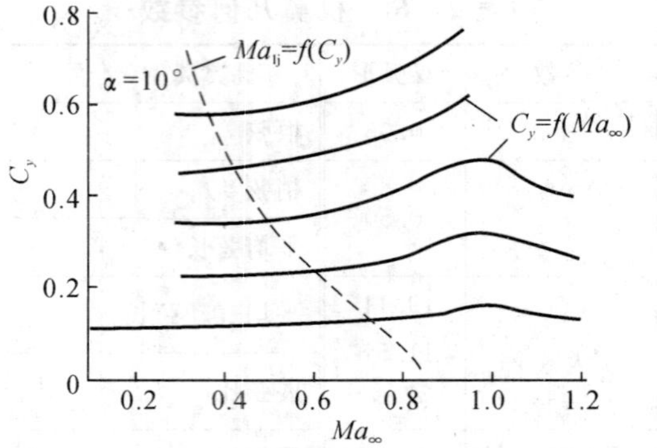

图 2-98　用于图解确定不同升力系数 C_y 和不同迎角 α 下的 Ma_{lj} 图像

作该机翼的以 α 为参数的 $C_y=f(Ma_\infty)$ 曲线，数据见表 2-9。这一组曲线与 $Ma_{lj}=f(C_y)$ 曲线的交点决定了在给定迎角下的临界马赫数，如图 2-98 所示。

表 2-9　$C_y=f(Ma_\infty)$ 曲线

α \ C_y \ Ma_∞	0.3	0.6	0.8	0.94	1.0	1.02	1.1	1.2	1.4	1.6
2°	0.116	0.120	0.136	0.154	0.158	0.152	0.142	0.130	0.110	0.104
6°	0.348	0.360	0.408	0.462	0.474	0.456	0.426	0.390	0.330	0.312
10°	0.580	0.600	0.680	0.770	0.790	0.760	0.710	0.650	0.550	0.520

4. 机翼的阻力系数 C_x

(1) 机翼的零升阻力系数。假设转捩点在机翼的前缘，$\bar{x}_{zl}=0$。计算雷诺数的参考长度为机翼的平均气动弦长 b_A，$Re=\dfrac{\rho_\infty Ma_\infty a_\infty b_A}{\mu_\infty}$。零升阻力系数计算过程见表 2-10，结果见表 2-10 最后一行和图 2-99。

当马赫数 Ma_∞ 在 $Ma_{lj}<Ma_\infty<1$ 范围内时，C_{x0} 可通过 $Ma_\infty=Ma_{lj}$ 和 $Ma_\infty=1$ 两点的三次方程的过渡曲线来确定，如图 2-100 所示。令该三次方程为

$$C_{x0}=A\,(Ma_\infty-Ma_{lj})^3+B\,(Ma_\infty-Ma_{lj})^2+(C_{x0})_{Ma_{lj}} \tag{a}$$

当 $Ma_\infty=1$ 时，式(a) 为

$$(C_{x0})_{Ma_\infty=1}=A\,(Ma_\infty-Ma_{lj})^3+B\,(Ma_\infty-Ma_{lj})^2+(C_{x0})_{Ma_{lj}} \tag{b}$$

且
$$\left(\frac{\partial(C_{x0})}{\partial Ma_\infty}\right)_{Ma_\infty=1}=3A\,(1-Ma_{lj})^2+2B(1-Ma_{lj}) \tag{c}$$

式(c) 的导数值可取为

$$\left(\frac{\partial(C_{x0})}{\partial Ma_\infty}\right)_{Ma_\infty=1}=\frac{(C_{x0})_{Ma_\infty=1.02}-(C_{x0})_{Ma_\infty=1.0}}{1.02-1.0} \tag{d}$$

式(d) 中与 $Ma_\infty=1$ 相邻近的点来流马赫数 $Ma_\infty=1.02$ 是任意选定的，原则上来流马赫数 Ma_∞ 应选略大于 1.0。

表 2-10　机翼零升阻力系数

Ma_∞	0.3	0.6	0.8	0.94 *	1.0	1.02	1.1	1.2	1.4	1.6	备注
$Re/10^6$	9.237	18.47	24.63	28.94	30.78	31.40	33.87	36.95	43.10	49.26	
$2(C_{xmc})_{Ma=0}$	0.006 1	0.005 4	0.005 2	0.005 1	0.005 05	0.005 0	0.004 9	0.004 8	0.004 75	0.004 7	图 2-12
C_{xxi}	0.007 0	0.006 00	0.005 60	0.005 40	0.005 30	0.005 30	0.005 20	0.005 00	0.004 70	0.004 50	式(2-23)、图 2-13 式(2-123)、图 2-60
$\beta\lambda - \lambda\tan\chi_0$						0.413	1.17	1.78	2.71	3.50	
φ						0.03	0.14	0.30	0.50	0.64	图 2-79
$(C_{xb})_{0菱}$					0.025 0	0.025	0.021	0.017	0.013 0	0.010	图 2-78
$(C_{xb})_0$	0	0	0	0.016 2	0.025 0	0.025	0.022 0	0.019 0	0.015 0	0.012 0	表 2-2 式(2-165b)
C_{x0}	0.007 00	0.006 00	0.005 60	0.021 6	0.030 3	0.030 3	0.027 2	0.024 0	0.019 7	0.016 5	$C_{x0}=C_{xxi}+(C_{xb})_0$

* 马赫数在 $Ma_{ij} < Ma_\infty < 1$ 范围内的 C_{x0} 值。

利用式(d),联立求解式(b)和(c),得待定系数 A 和 B,将 A 和 B 代入式(a),可求得与 Ma_∞ 对应的 C_{x0}。

对于本算例 $Ma_\infty=0.94$ 时,$A=-14.6$,$B=3.3$,所以 $(C_{x0})_{Ma_\infty=0.94}=0.0216$。

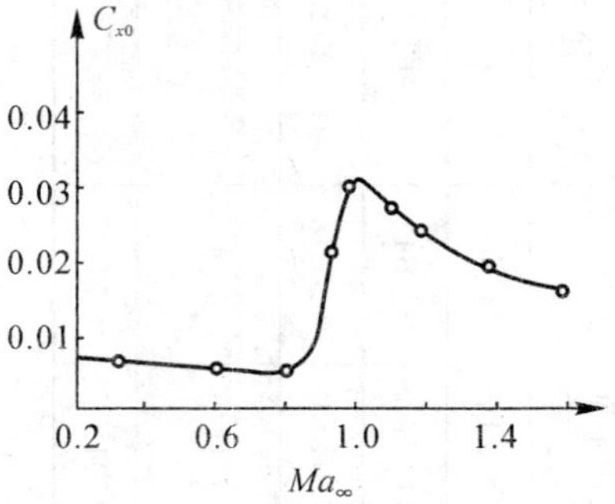

图 2-99　机翼零升阻力系数 C_{x0} 随 Ma_∞ 的变化曲线

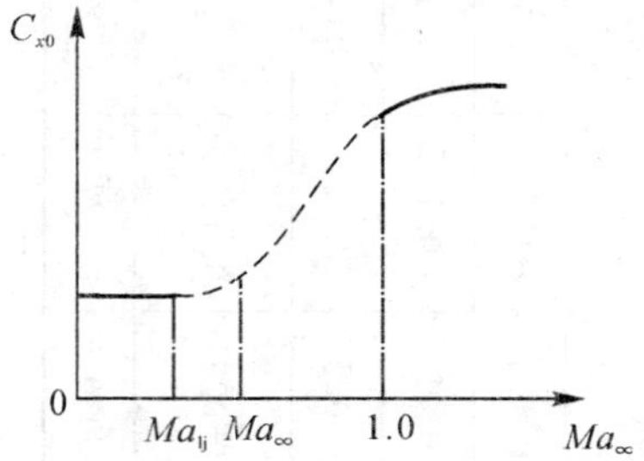

图 2-100　用于确定 $Ma_{lj}<Ma_\infty<1$ 范围的零升阻力系数示意图

(2) 机翼的诱导阻力系数 C_{xi}。

$Ma_\infty<Ma_{lj}$ 的情况:

对于小展弦比机翼,诱导阻力系数按下列经验公式计算:

$$C_{xi}=\frac{0.38C_y^2}{\lambda-0.8C_y(\lambda-1)}\frac{\dfrac{\lambda}{\cos\chi_{1/2}}+4}{\lambda+4}\tag{e}$$

此式包括 $C_y=0$ 改变到 $C_y\neq 0$ 时型阻的变化。对于本算例计算结果见表 2-11 的前两列。由图 2-98 可见,当 $C_y>0.07$ 时,$Ma_{lj}<0.8$,所以 $Ma_{lj}=0.8$ 的这列数据未考虑翼面上出现激波。

表 2-11　机翼诱导阻力

Ma_∞		0.3	0.8	1.1	1.4	1.6
C_y	C_y^α	0.0580	0.0680	0.0710	0.0550	0.052
0.1	C_{xi}	0.001 36	0.001 36	0.002 46	0.003 17	0.003 36
0.2		0.005 72	0.005 72	0.009 84	0.012 7	0.013 4
0.3		0.013 6	0.013 6	0.022 2	0.028 6	0.030 3
0.4		0.025 8	0.025 8	0.039 5	0.051 0	0.054 0
0.5		0.043 0	0.043 0	0.061 8	0.080 0	0.084 7
0.6		0.066 3	0.066 3	0.089 1	0.116	0.122

$Ma_\infty > 1$ 的情况：

1）当 $Ma_\infty = 1.1, 1.4$ 和 1.6 时，$\sqrt{Ma_\infty^2 - 1}/\tan\chi_0 > 1$，此时机翼的前缘为超声速前缘，诱导阻力系数为

$$C_{xi} = C_y \tan\alpha \tag{f}$$

计算结果见表 2-11 的后三列。

2）当 $Ma_\infty = 1.02$ 时，$\sqrt{Ma_\infty^2 - 1}/\tan\chi_0 < 1$，机翼的前缘为亚声速前缘，由式(2-169)，诱导阻力系数为

$$C_{xi} = C_y \tan\alpha - \left(\frac{C_{xT}}{C_y^2}\right) C_y^\alpha \xi \tag{g}$$

对于本算例，$\sqrt{Ma_\infty^2 - 1}/\tan\chi_0 = 0.580$，$\lambda\tan\chi_0 = 1.02$。由图 2-80 查得 $(C_{xT}/C_y^2) = 0.0138$，由图 2-81 查得 ξ 值列于表 2-12 中。

表 2-12　$Ma_\infty = 1.02$ 时的诱导阻力计算值

C_y	α	$\tan\alpha$	$C_y \cdot \tan\alpha$	ξ	C_{xi}
0.1	1.32	0.023	0.0023	0.38	0.0022
0.2	2.63	0.046	0.0092	0.25	0.0091
0.3	3.95	0.069	0.0207	0.17	0.0205
0.4	5.26	0.092	0.0368	0.12	0.0366
0.5	6.58	0.115	0.0577	0.08	0.0574
0.6	7.89	0.139	0.0830	0.06	0.0830

将表 2-10 至表 2-12 的结果绘成极曲线，如图 2-101 所示。

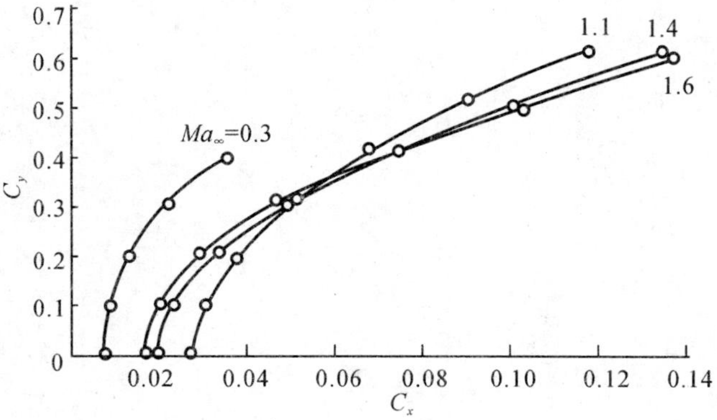

图 2-101　机翼的极曲线

5. 机翼的焦点位置 $\bar{x}_F$

估算结果见表 2-13 和图 2-102。

表 2-13　机翼焦点位置估算结果

Ma_∞	0.3	0.6	0.8	0.94	1.00	1.02	1.10	1.20	1.40	1.60	备注
$\bar{x}_F$	0.240	0.235	0.230	0.205	0.260	0.320	0.410	0.430	0.460	0.470	图 2-59
$\Delta\bar{x}_F$	0	0.06	0.085	0.105	0.095	0.065	0.033	0.015	0	0	图 2—59
$\bar{x}_F(\alpha=20°)$	0.240	0.295	0.315	0.310	0.355	0.385	0.443	0.445	0.460	0.460	式(2-120)

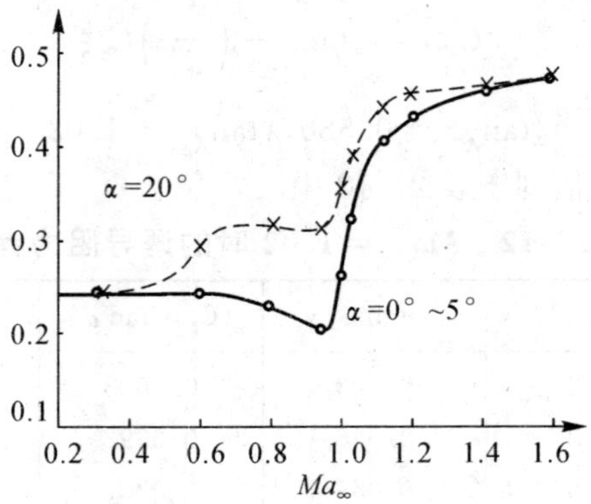

图 2-102　机翼的焦点或压力中心随 Ma_∞ 的变化

第 3 章　机身的气动特性分析

3.1　机身的几何参数

飞行器的机翼是提供升力的主要部件，它的作用主要是产生升力以支持飞行器在空中飞行，而机身的主要作用是提供体积以承受有效载荷，如货物、战斗部和旅客等。因此，在设计中要求在给定机翼升力和机身体积条件下尽量减小阻力。

亚声速飞行器一般是圆头尖尾的机身（见图 3-1），而超声速飞行器多为尖头体的机身（见图 3-2），这是由于减小波阻的需要。图 3-1(a)，(b)为非圆截面机身，图 3-1(c)为圆截面机身，也就是通常说的旋成体。超声速飞机和导弹多为旋成体机身。本章所要介绍的内容以旋成体为主，对于非旋成体机身的气动特性计算可化成当量旋成体来处理。

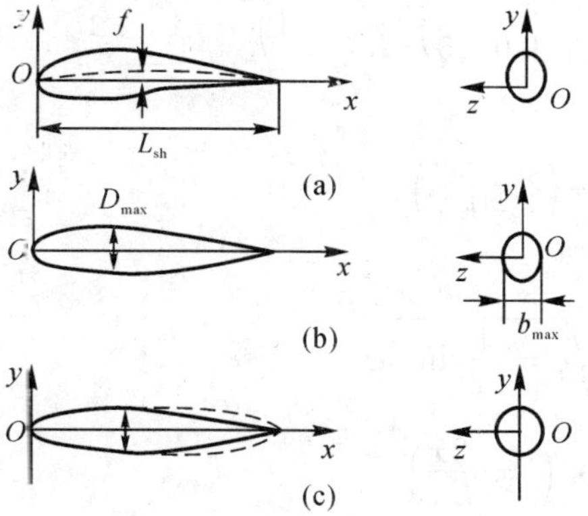

图 3-1　亚声速类型的机身

(a)普通机身；(b)非圆截面机身；(c)旋成体机身

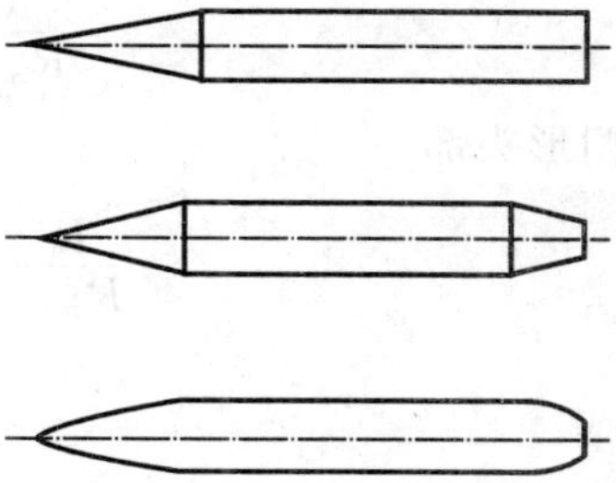

图 3-2　超声速类型的机身

为描述机身几何参数，选取坐标系 $Oxyz$。坐标原点取在机身头部顶点，x 轴沿机身纵轴向后，y 轴在机身纵对称面内垂直于 x 向上，z 轴垂直于 Oxy 平面，按右手法则向左为正。对于旋成体来说，任一子午面上的外形边界都是相同的，故可用坐标 r 代替 y，z，如图 3-3 所示。

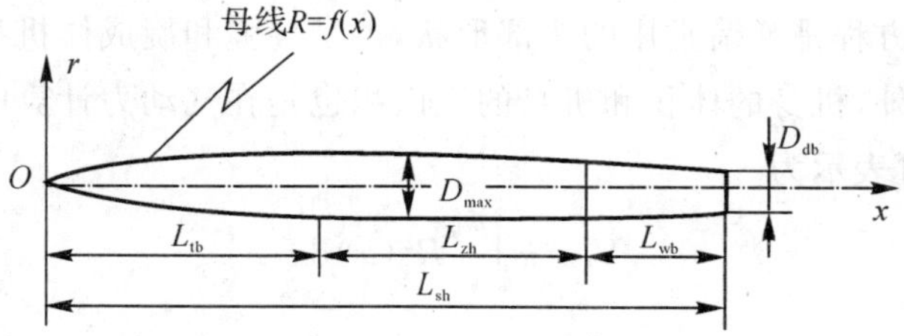

图 3-3　旋成体机身的几何参数

机身的几何参数列出如下：

(1)L_{sh} 为机身总长度；L_{tb} 为机身头部长度；L_{wb} 为机身尾部长度；b_{max} 为机身最大宽度；h_{max} 为机身最大高度；

(2)D_{max} 为旋成体机身最大直径；$R(x)$ 为旋成体半径；

(3)$\lambda_{sh}=\dfrac{L_{sh}}{D_{max}}$ 是旋成体长细比；$\lambda_{tb}=\dfrac{L_{tb}}{D_{max}}$ 为旋成体头部长细比；$\lambda_{wb}=\dfrac{L_{wb}}{D_{max}}$ 为旋成体尾部长细比；$\eta_{wb}=-\dfrac{D_{db}}{D_{max}}$ 是旋成体尾部收缩比；

(4)$\delta_h=\dfrac{h_{max}}{L_{sh}}$ 为机身相对高度；$\delta_b=\dfrac{b_{max}}{L_{sh}}$ 为机身相对宽度；f 为机身中线距机身纵轴线的最大距离。

旋成体头部母线有各种形式，常用的头部母线方程介绍如下：

(1) 锥形头部

$$R=x\tan\delta_{tb} \tag{3-1}$$

式中，δ_{tb} 为头部半顶角。

(2) 蛋形头部

$$\frac{R}{R_{max}}=2(\lambda_{tb}^2+0.25)\left[\left(1-\frac{\lambda_{tb}^2}{\lambda_{tb}^2+0.25}\right)\left(\frac{x}{L_{tb}}-1\right)^2-1\right]+1 \tag{3-2}$$

(3) 抛物形头部

$$\frac{R}{R_{max}}=\frac{x}{L_{tb}}\left(2-\frac{x}{L_{tb}}\right) \tag{3-3}$$

(4) 卡门形头部

$$\frac{R}{R_{max}}=\frac{1}{\sqrt{\pi}}\sqrt{\varphi-\frac{1}{2}\sin 2\varphi} \tag{3-4}$$

式中

$$\varphi=\arccos\left(1-\frac{2x}{L_{tb}}\right)$$

(5) 哈克形头部

$$\frac{R}{R_{max}}=\left[\frac{x}{L_{tb}}\left(2-\frac{x}{L_{tb}}\right)\right]^{\frac{3}{4}} \tag{3-5}$$

(6) 指数形头部

$$\frac{R}{R_{max}}=\left(\frac{x}{L_{tb}}\right)^{\frac{3}{4}} \tag{3-6}$$

以上介绍的母线方程是弹箭常用的头部形状，也是导弹和旋成体机身头部常用的形状。

除上述几何参数外，机身的体积和机身的表面积也是在气动力计算中常用到的，对于旋成体机身来说，其体积可表示为

$$V=\pi\int_0^{L_{sh}}R^2(x)\mathrm{d}x \tag{3-7}$$

其表面积为

$$S_b=2\pi\int_0^{L_{sh}}R(x)\sqrt{1+\left(\frac{\mathrm{d}R}{\mathrm{d}x}\right)^2}\mathrm{d}x \tag{3-8}$$

例如对于旋成抛物体可积分得

$$V=\frac{8}{15}L_{sh}S_{sh} \tag{3-9}$$

式中，S_{sh} 为机身最大横截面积。

旋成体机身表面与最大横截面积之比可近似表示为

$$\frac{S_b}{S_{sh}}\approx 2\left[2\lambda_{sh}-\lambda_{tb}(1-\eta_{tb})-\lambda_{wb}(1-\eta_{wb})\right] \tag{3-10}$$

式中，η_{tb} 为机身头部有进气道时引入的头部收缩比，$\eta_{tb}=\frac{D_f}{D_{max}}$，$D_f$ 为头部进气道口所在处的机身直径。

3.2　机身绕流特点

3.2.1　亚声速绕流图画

图 3-4 给出零迎角亚声速绕流圆头尖尾旋成体机身的绕流流谱，该绕流流谱与其母线相同外形的翼型的流动是相似的，两者没有本质的差别。只是由于旋成体与二维翼型相比，其对来流的“排挤”和“顶开”扰动作用要小得多。这反映在 C_p 分布上，旋成体的 $|C_{p\min}|$ 小于翼型的 $|C_{p\min}|$，如图 3-4 所示。

在小迎角下，旋成体与其母线同一外形的翼型的流谱有很大的差别，如图3-5所示。对于翼型，前驻点在下翼面，后汇合点在后缘；而对于旋成体来说，前驻点在迎风面($\theta=\pi$)，而后汇合点在背风面($\theta=0$)，并不在机身尾端上，这是由于存在绕机身横侧向流动的缘故。由图 3-5 可见，机身头部上表面是“吸力区”，下表面是“压力区”，合力是向上的；在机身的尾部，上表面是“压力区”，下表面是“吸力区”，合力是向下的。这样机身提供的升力是很小的，在计算升力时，可以忽略不计。但却存在一个不稳定的力矩 M_z，在小迎角时，M_z 与迎角成正比。对于小迎角细长旋成体，该不稳定力矩可近似写为

$$M_z=2q_\infty V\alpha \tag{3-11}$$

式中，q_∞ 是来流动压；V 是旋成体体积；α 是迎角。

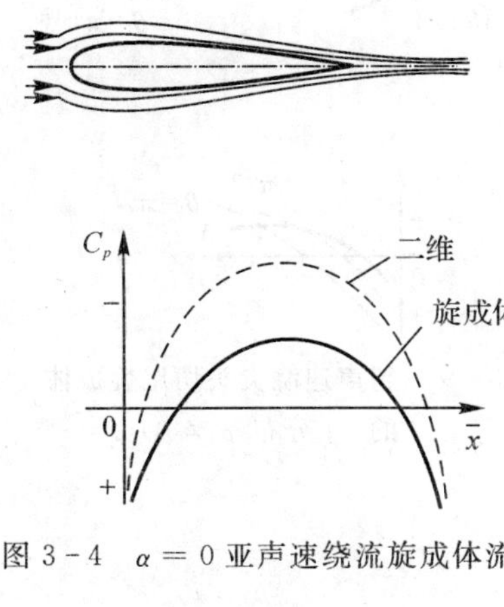

图 3-4　$\alpha=0$ 亚声速绕流旋成体流谱

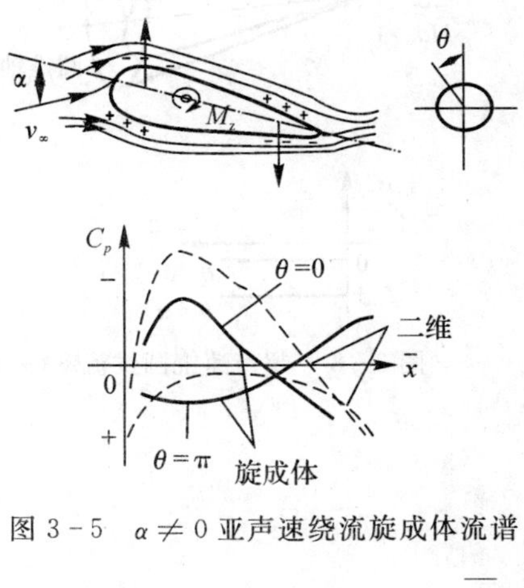

图 3-5　$\alpha\neq 0$ 亚声速绕流旋成体流谱

3.2.2 超声速细长旋成体流动图画

图 3-6 给出超声速零迎角绕过细长旋成体(锥柱组合体)的流动图画。在锥头顶点处通常产生锥型激波,跨锥型激波后,沿流线继续压缩(注意这与二维激波是不同的),锥型激波后为锥形流区,在锥面上 C_p 是某一定值。在锥柱结合处,因超声速流动外折而产生膨胀波,C_p 由转折前的正值突降为负值,就这一局部流动区的性质而言,物面转折处附近为一二维流动。此后沿圆柱面向后流动时,压强将逐渐恢复,流速将逐渐减慢。如果圆柱段有足够的长度,则会恢复到 p_∞,速度降至 Ma_∞。可见,柱面上的流动是减速增压的流动,这一点与二维物体超声速绕流流动不同(见图 3-7 中的 C_p 分布)。在旋成体尾部和柱段交接处还将产生二维膨胀流动,随后就是减速增压流动过程。在底部超声速气流膨胀,使得底部压强较来流压强 p_∞ 要低,因而形成底部阻力。由于在底部气流要向外转折趋于来流方向,因此气流又压缩形成尾部激波。

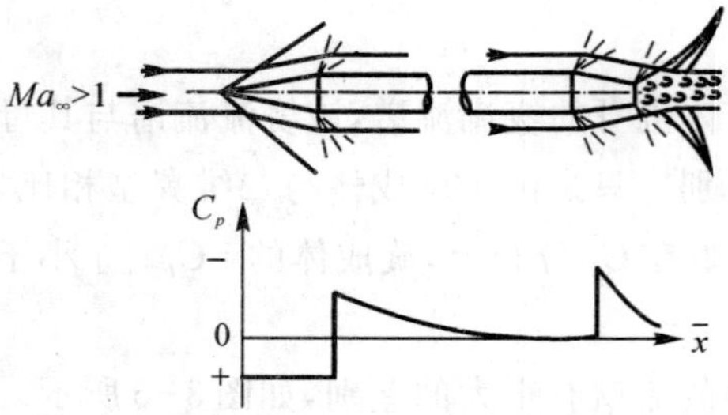

图 3-6 超声速绕 $\alpha=0$ 锥柱体流动

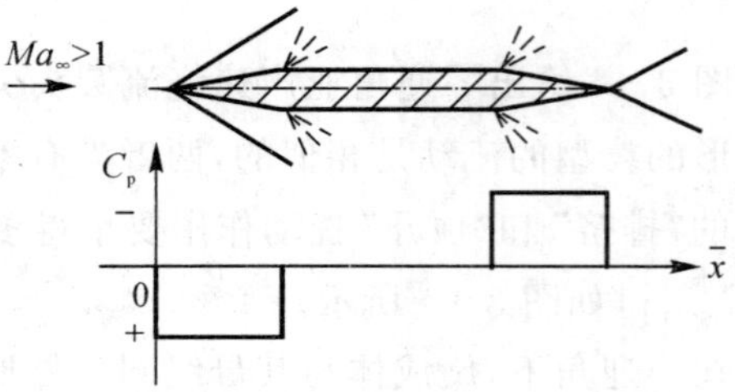

图 3-7 超声速 $\alpha=0$ 绕二维翼型流动

在小迎角下,整个流动不再是轴对称的,如图 3-8 所示的超声速绕圆锥流动,当迎角 α 小于圆锥半顶角 δ_{tb} 时,产生圆锥形激波,其激波的对称轴不再与圆锥体轴重合。锥面上的 C_p 分布随子午角 θ 的不同而不同。图 3-9 给出尖头切尾旋成体的三条子午线上的 C_p 分布的测量结果,可见旋成体横向绕流的影响是非常突出的。

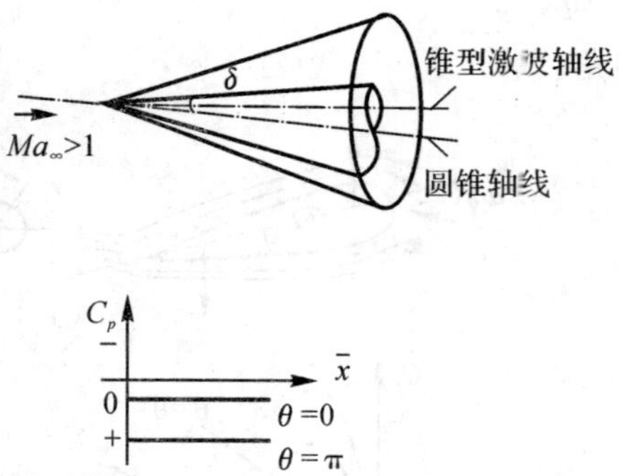

图 3-8 超声速绕圆锥流动($\alpha\neq0$)

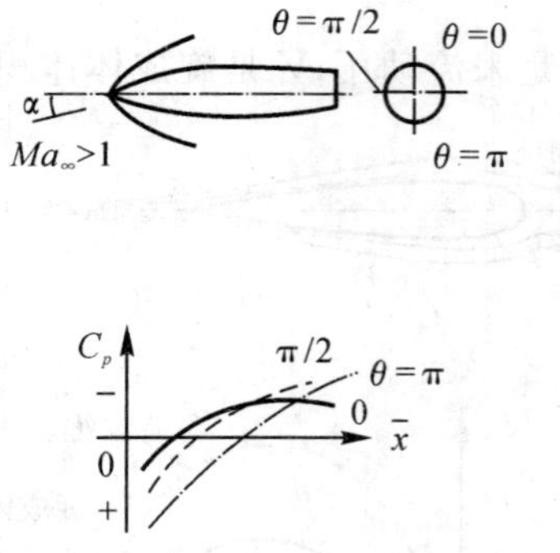

图 3-9 超声速绕尖头切尾旋成体的 C_p 分布($\alpha\neq0$)

3.3　细长旋成体小迎角气动特性

3.3.1　压强分布

1. 旋成体 C_p 公式

对于像机翼那样扁平物体，在一阶近似的情况下，物面压强系数表示为

$$C_p=-\frac{2}{v_\infty}\varphi_x \tag{3-12}$$

式中，$\varphi_x=\dfrac{\partial\varphi}{\partial x}$ 为 x 方向扰动速度，它与来流方向平行，φ 是扰动速度位。

对于旋成体来说，若用式(3-12)，则显得过于粗糙，还必须考虑扰动速度的平方项，以柱坐标表示为

$$C_p=-\frac{2}{v_\infty}\varphi_x-\frac{\varphi_x^2+\varphi_r^2+\varphi_\theta^2\dfrac{1}{r^2}}{v_\infty^2} \tag{3-13}$$

对于细长旋成体，式中 x 方向扰动速度 φ_x 比 r 方向及 θ 方向扰动速度 φ_r，φ_θ 要小，故常略去，式(3-13) 简化为

$$C_p=-\frac{2}{v_\infty}\varphi_x-\frac{\varphi_r^2+\varphi_\theta^2\dfrac{1}{r^2}}{v_\infty^2} \tag{3-14}$$

该式是在速度坐标系内的，在实用中常用机体坐标系内的关系式，以 (x,y,z)，(x,r,θ) 表示体轴坐标，以 (x',y',z')，(x',r',θ') 表示风轴坐标(见图 3-10)，两者之间的换算关系为

$$x=x'\cos\alpha-y'\sin\alpha=x'-y'\alpha$$

$$y=y'\cos\alpha+x'\sin\alpha=y'+x'\alpha$$

两个坐标系下扰动速度的关系式为

$$\varphi'_x=\varphi_x\frac{\partial x}{\partial x'}+\varphi_y\frac{\partial y}{\partial x'}+\varphi_z\frac{\partial z}{\partial x'}=\varphi_x+\varphi_y\alpha$$

而

$$\varphi_y=\varphi_r\cos\theta-\frac{1}{r}\varphi_\theta\sin\theta$$

式中，$\varphi_r=\varphi'_r$，$\varphi_\theta=\varphi'_\theta$。请注意式中带撇量为风轴系，不带撇量为体轴系。将以上转换关系代入式(3-14) 中，并注意式(3-14) 中各物理量，此时都应该理解为是带撇量，最后可得

$$C_p=-\frac{2}{v_\infty}\varphi_x-\frac{2\alpha}{v_\infty}\left(\varphi_r\cos\theta-\frac{1}{r}\varphi_\theta\sin\theta\right)-\frac{\varphi_r^2+\varphi_\theta^2\dfrac{1}{r^2}}{v_\infty^2}$$

将上式配方，加上$\dfrac{v_\infty^2\alpha^2}{v_\infty^2}(\cos^2\theta+\sin^2\theta-1)$，则可改写成

$$C_p=-\frac{2}{v_\infty}\varphi_x-\frac{1}{v_\infty^2}\left[(v_\infty\alpha\cos\theta+\varphi_r)^2+\left(v_\infty\alpha\sin\theta-\frac{1}{r}\varphi_\theta\right)^2-v_\infty^2\alpha^2\right] \tag{3-15}$$

式(3-15) 表明，只要求得旋成体绕流流场中的三个扰动分速度 φ_x，φ_r 和 φ_θ，就可求得任一 α 下的 C_p。式(3-15) 还表明，与扁平体不同，旋成体 C_p 与扰动速度是非线性关系，一般情况下，求

流场中某点 C_p，不能应用叠加原理，而只有对十分细长体求物面 C_p 的特殊情况，才存在有叠加性，后面将会介绍。

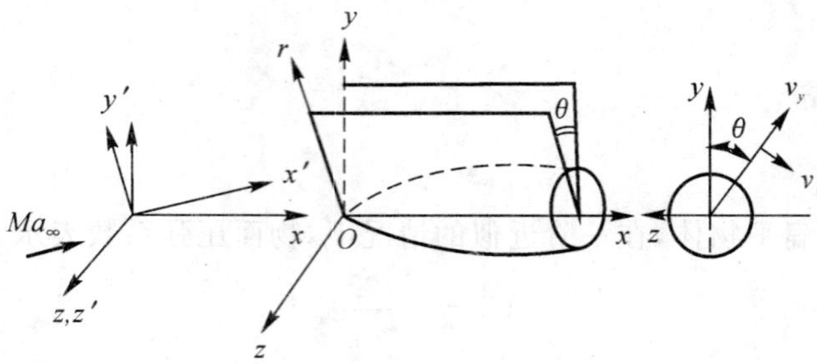

图 3-10　风轴与体轴的关系

理论上处理旋成体绕流计算时采用小扰动假设，将来流 v_∞ 以小迎角绕旋成体流动看成是两种流动的叠加：一是来流以速度 $v_\infty \cos\alpha \approx v_\infty$ 零迎角绕旋成体的流动 —— 称之为轴向流；另一是来流以 $v_\infty \sin\alpha \approx v_\infty \alpha$ 垂直于旋成体轴线绕旋成体流动 —— 称之为横向流。

2. 细长旋成体轴向流的物面压强分布

对于轴向绕流旋成体(即 $\alpha=0$)物面上所有母线上的 C_p 分布是一致的，这时是轴对称流动，$\varphi_\theta=0$。根据细长体理论可以求得细长旋成体轴向亚声速流动的扰动速度 φ_x 和 φ_r，因而可求得轴向绕流时的压强分布 C_{p1}。

$$C_{p1}=-\frac{1}{\pi}\frac{\mathrm{d}^2S}{\mathrm{d}x^2}\ln R-\left(\frac{\mathrm{d}R}{\mathrm{d}x}\right)^2+\frac{1}{\pi}\left\{\frac{L-2x}{2x(L-x)}\frac{\mathrm{d}S}{\mathrm{d}x}+\left[\ln 2\sqrt{x(L-x)}-1-\ln\beta\right]\frac{\mathrm{d}^2S}{\mathrm{d}x^2}\right\} \tag{3-16}$$

式中，$\frac{\mathrm{d}^2S}{\mathrm{d}x^2}$ 为旋成体横截面积 S 沿轴线 x 的二阶导数；R 是旋成体半径；$\frac{\mathrm{d}R}{\mathrm{d}x}$ 为旋成体半径对 x 的导数；L 是旋成体长度；$\beta=\sqrt{1-Ma_\infty^2}$。

式(3-16)中仅等号右边最后一项与马赫数有关，其他项与 Ma_∞ 无关，这最后一项可视为压缩性修正项。由式(3-16)可见，压缩性影响不但与 Ma_∞ 有关，而且和 $\frac{\mathrm{d}^2S}{\mathrm{d}x^2}$ 有关，在 $\frac{\mathrm{d}^2S}{\mathrm{d}x^2}=0$ 的地方则不存在压缩性影响。图 3-11 给出了长细比为 10 的旋成体亚声速轴向流动时 C_{p1} 分布。由图可见压缩性影响在物面上各点是不同的，同时还可看出 C_{p1} 分布前后是对称的，所以旋成体不但不受升力作用，也不受轴向力作用。后面将会遇到的超声速轴向流动则不然。

超声速轴向流绕过细长旋成体时，由细长体理论可得出下面的扰动速度表达式：

$$\varphi_{x1}=-\frac{v_\infty}{2\pi}\frac{\mathrm{d}^2S}{\mathrm{d}x^2}\ln\left(\frac{2}{\beta R}\right)-\frac{v_\infty}{2\pi}\frac{\mathrm{d}}{\mathrm{d}x}\int_0^x\frac{\mathrm{d}^2S}{\mathrm{d}\xi^2}\ln(x-\xi)\,\mathrm{d}\xi \tag{3-17}$$

$$\varphi_{r1}=-\frac{v_\infty}{2\pi R}\frac{\mathrm{d}S}{\mathrm{d}x} \tag{3-18}$$

式(3-17)中 $\beta=\sqrt{Ma_\infty^2-1}$，其他符号与式(3-16)相同。当旋成体物面形状已知时，由上两式可求得 φ_{x1}，φ_{r1}，再通过式(3-15)即可求得 C_{p1}，需注意轴向流动 $\theta=0$，$v_\theta=0$。图 3-12 给出长细比为 10 的旋成抛物体的超声速轴向流动时的 C_{p1} 分布，为了比较，同时给出 $Ma_\infty=0$ 的 C_{p1} 分布。由图 3-11 可见，尽管旋成体前后对称，但 C_{p1} 分布前后不对称，这就导致轴向力的存在，这种力正是厚度波阻的成因。

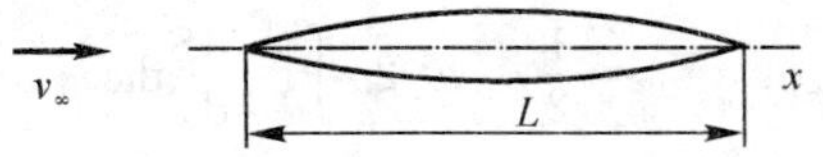

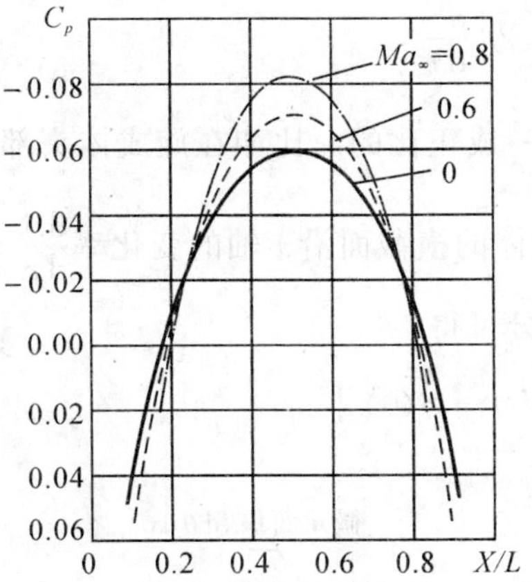

图 3－11　亚声速轴向绕流旋成体的压强分布

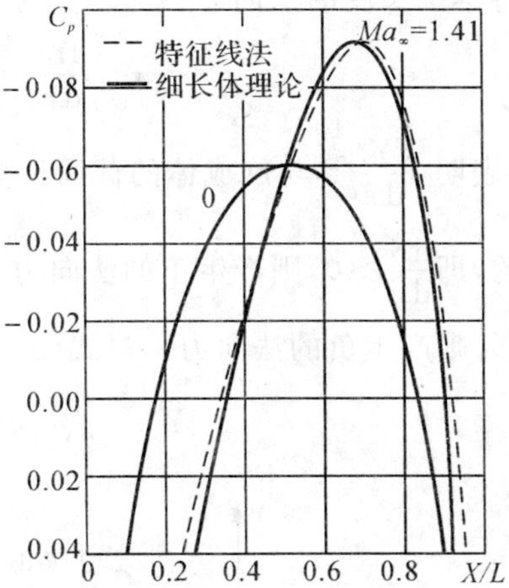

图 3－12　超声速轴向绕流旋成体的压强分布

3. 细长旋成体横向流动的压强分布

对于细长旋成体的横向流动常采用简单细长体理论，就该理论而言，不管来流是亚声速还是超声速，在小迎角下就其横流速度 $v_\infty\alpha$ 来说都是不可压流动，按简单的细长体理论求得横向流时物面上的三个扰动分速度为

$$\varphi_{x2}=2v_\infty\alpha\cos\theta\frac{\mathrm{d}R}{\mathrm{d}x} \tag{3-19}$$

$$\varphi_{r2}=-v_\infty\alpha\cos\theta \tag{3-20}$$

$$\varphi_{\theta}=-v_\infty\alpha\sin\theta \tag{3-21}$$

将以上三个分速度代入式(3－15)，可求得以 $v_\infty\alpha$ 横向绕流细长旋成体物面上的压强分布 C_{p2} 为

$$C_{p2}=-4\alpha\frac{\mathrm{d}R}{\mathrm{d}x}\cos\theta+\alpha^2(1-4\sin^2\theta) \tag{3-22}$$

式中，θ 为旋成体母线子午角(见图 3－5)。

至此，倘若求来流以迎角 α 亚声速(或超声速)绕过细长旋成体物面上的压强分布时，只需分别求出轴向流动的 C_{p1} 和横向流动的 C_{p2}，二者之和即为所求。细长旋成体物面上的 C_p 具有叠加性，这一点可从速度公式(3－19)～式(3－21)及至(3－15)不难加以证明。但需提出注意的是，求流场中任一点 C_p 则不存在这一叠加特性。对于非细长旋成体来说也不存在 C_p 的叠加特性，这时只能求出横向流与轴向流的速度 φ_{x1}，φ_{x2}，φ_{r1} 和 φ_{r2}，然后对速度进行叠加，再将合速度代入式(3－15)中求总的压强系数 C_p。

3.3.2　法向力系数

轴向绕流 C_{p1} 不产生法向力，只有横向流动 C_{p2} 才产生法向力，对物面 C_{p2} 进行积分即可得到法向力。在细长旋成体物面处取微元面积 $R\mathrm{d}\theta\mathrm{d}x$(见图 3－13)。作用在微元面积上的力在 y

轴上的分量为 $C_{p2}R\cos\theta\mathrm{d}\theta\mathrm{d}x$，小迎角情况下由式(3-22)略去 α^2 项，沿整个旋成体表面积分得

$$Y_t=\frac{1}{2}\rho_\infty v_\infty^2 2\alpha\int_0^{L_{sh}}\frac{\mathrm{d}S}{\mathrm{d}x}\mathrm{d}x$$

由上式可得单位长度的法向力

$$\frac{\mathrm{d}Y_t}{\mathrm{d}x}=\frac{1}{2}\rho_\infty v_\infty^2 2\alpha\frac{\mathrm{d}S}{\mathrm{d}x} \tag{3-23}$$

式(3-23)表明，$\frac{\mathrm{d}Y_t}{\mathrm{d}x}$ 是与旋成体的截面积变化率 $\frac{\mathrm{d}S}{\mathrm{d}x}$ 成正比的。比如在旋成体头部截面积沿 x 轴是增加的，即 $\frac{\mathrm{d}S}{\mathrm{d}x}>0$，则产生正的法向力；当旋成体的横截面沿 x 轴的变化率 $\frac{\mathrm{d}S}{\mathrm{d}x}<0$ 时，如在收缩的尾部，则产生负的法向力。对式(3-23)积分可得

$$Y_t=\frac{1}{2}\rho_\infty v_\infty^2 2\alpha[S(L)-S(0)]$$

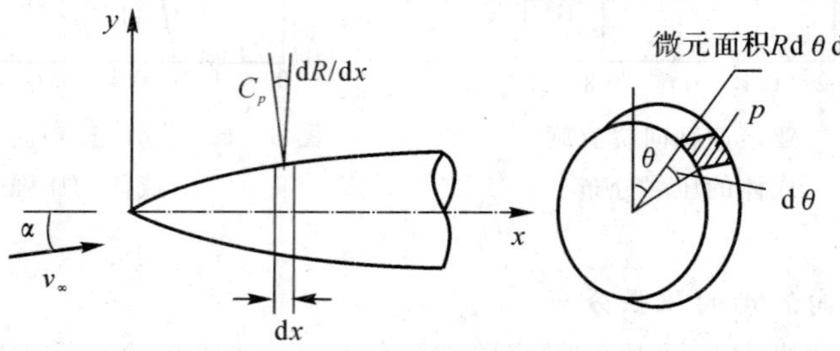

图 3-13　求法向力示意图

式中，$S(L)$，$S(0)$ 分别表示 $x=L$ 及 $x=0$ 处的旋成体横截面积，L 为旋成体长度。对于尖头截尾旋成体 $S(L)\neq 0$，$S(0)=0$，写成系数形式则有

$$C_{yt}=\frac{Y_t}{\frac{1}{2}\rho_\infty v_\infty^2 S_{sh}}=2\alpha\frac{S(L)}{S_{sh}} \tag{3-24}$$

式中，S_{sh} 为旋成体最大横截面积。式(3-24)就是简单细长体理论得到的法向力系数结果公式，它表明对尖头尖尾旋成体，无黏流动时 $C_{yt}=0$，这是因为头部产生的正法向力与尾部产生的负法向力抵消。当然，这一理论与实际是有出入的，实际上在旋成体尾部由于附面层的存在不可能产生这样大的负法向力。一般情况，所产生的负法向力是简单细长体理论值的 15% ～ 20%，所以总体来看，尖头尖尾旋成体还是有法向力产生。从简单细长体理论出发，当 $\frac{\mathrm{d}S}{\mathrm{d}x}=0$ 时，旋成体柱段是不产生法向力的。这在亚声速情况下大体如此，但在超声速时却不同，由于超声速流动在锥柱交接处的过度膨胀而产生有一定的法向力(见图 3-14)，这与理论结果是不同的。

由上述分析可见，简单细长体理论是相当粗糙的，但它却能给出解析解，指导人们分析几何参数对气动力的影响。只要对该理论结果进行必要的修正，仍不失其使用价值。在实际应用时，对于小迎角细长旋成体机身的法向力线斜率 C_{yt}^α 的计算，通常分头部、柱段和尾部三部分分别计算。通常认为柱段 $C_{yt}^\alpha=0$，而把柱段与头部相接的肩台处提供的法向力(超声速时)计入到头部法向力中。如果按简单细长体理论，头部的法向力线斜率为

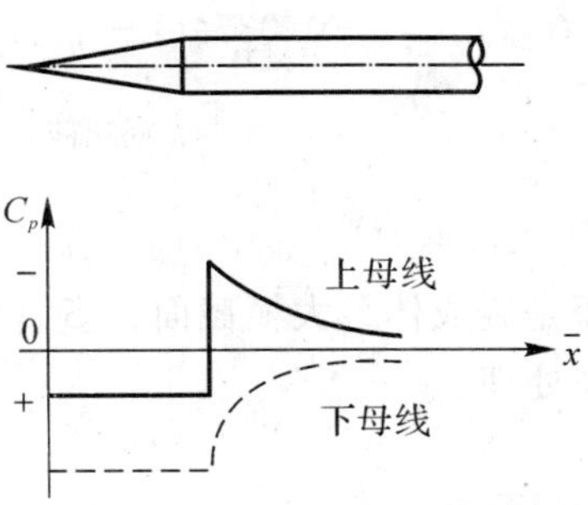

图 3-14　超声速流动时旋成体锥柱交接处产生法向力

$$(C_{yt}^{\alpha})_{tb}=2(1/\text{rad})=0.035(1/^{\circ}) \tag{3-25}$$

注意上式的参考面积为 S_{sh}。考虑到柱段提供的法向力，把 $(C_{yt}^{\alpha})_{tb}$ 用相似参数整理成供计算用的曲线，这些曲线值是参考了实验结果整理成的，如图 3-15 所示。图中左边为亚声速，右边为超声速。

$$(C_{yt}^{\alpha})_{tb}=f\left(\frac{\sqrt{|1-Ma_{\infty}^{2}|}}{\lambda_{tb}},\frac{\lambda_{zh}}{\lambda_{tb}}\right) \tag{3-26}$$

图 3-15 及式(3-26) 中 λ_{tb} 为头部长细比，λ_{zh} 为柱段长细比。由图 3-15 可见，在亚声速时 $(C_{yt}^{\alpha})_{tb}$ 基本上是简单细长体理论值，但对于超声速，$(C_{yt}^{\alpha})_{tb}$ 与柱段长细比有关，λ_{zh} 越大，$(C_{yt}^{\alpha})_{tb}$ 越高，当 $\lambda_{zh}=0$ 时，$(C_{yt}^{\alpha})_{tb}$ 接近于简单细长体理论值。

图 3-15 所给出的计算 $(C_{yt}^{\alpha})_{tb}$ 用曲线是对锥形头部而言的，对其他形状头部的 $(C_{yt}^{\alpha})_{tb}$ 计算用曲线在图 3-16 和图 3-17 中。

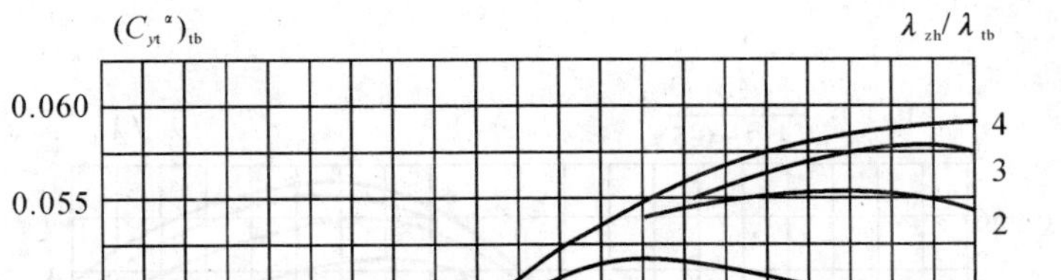

图 3-15　锥形头部，计算 $(C_{yt}^{\alpha})_{tb}$ 用曲线

尾部的法向力系数，如果按简单细长体理论为

$$(C_{yt})_{wb}=2\alpha\frac{S_{db}}{S_{zh}}-2\alpha=-2\alpha(1-\eta_{wb}^{2}) \tag{3-27}$$

式中，η_{wb} 是尾部收缩比；S_{db} 是旋成体底部截面积。

实际上尾部的 C_{yt} 比式(3-27) 理论值要小得多，通常计算时须进行修正。方法如下：

$$(C_{yt})_{wb} = -0.035\xi(1-\eta_{wb}^2) \tag{3-28}$$

式中，ξ 为经验修正系数，取 0.15 ～ 0.20。

至此，全机身 C_{yt}^{α} 即可求得

$$C_{yt}^{\alpha} = (C_{yt}^{\alpha})_{tb} + (C_{yt}^{\alpha})_{wb} \tag{3-29}$$

这里需注意的是，C_{yt}^{α} 的参考面积是旋成体最大横截面积 S_{sh}。当计算的机身不是旋成体时，则可将横截面积化成当量旋成体来处理。

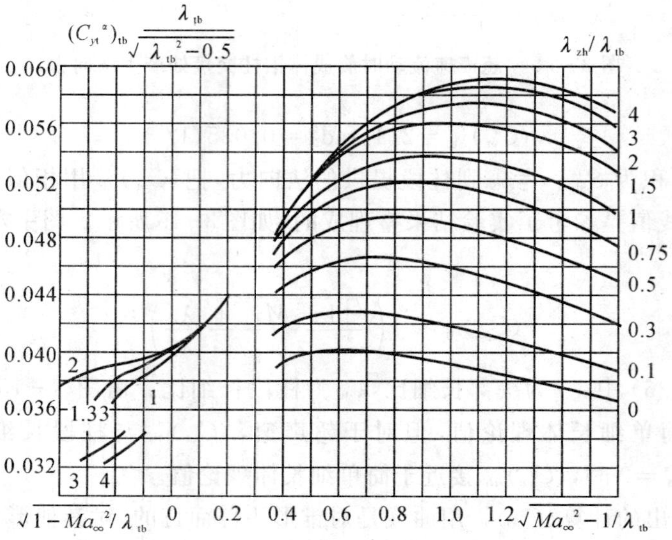

图 3-16　蛋形头部，计算 $(C_{yt}^{\alpha})_{tb}$ 用曲线

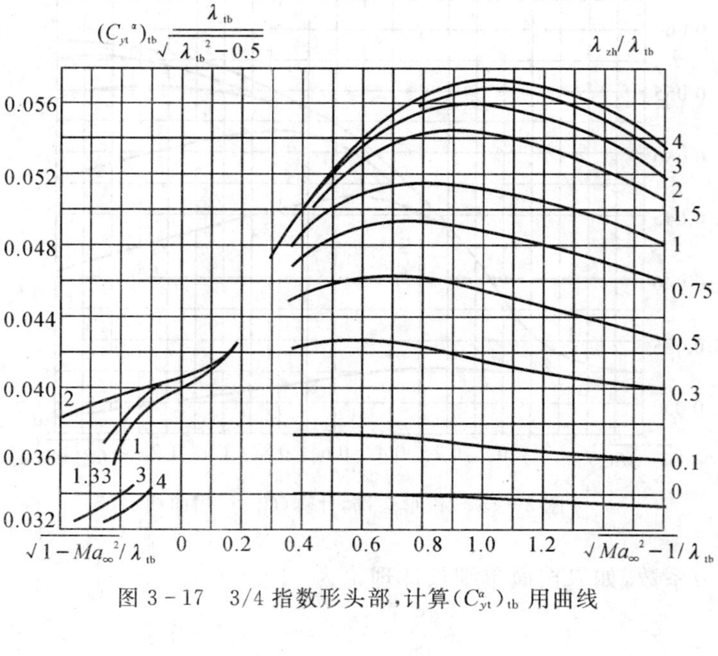

图 3-17　3/4 指数形头部，计算 $(C_{yt}^{\alpha})_{tb}$ 用曲线

3.3.3　力矩系数及压力中心

小迎角下，依细长体理论，细长旋成体对头部顶点的俯仰力矩可写为

$$M_{zt}=-\int_0^L x\frac{\mathrm{d}Y_t}{\mathrm{d}x}\mathrm{d}x=-\rho_\infty v_\infty^2\alpha\int_0^L x\frac{\mathrm{d}S}{\mathrm{d}x}\mathrm{d}x$$

改写成系数形式为

$$m_{zt}=\frac{M_{zt}}{\frac{1}{2}\rho_\infty v_\infty^2 S_{sh}L}=-\frac{2\alpha S_{db}}{S_{sh}}\left(1-\frac{V}{S_{db}L}\right) \tag{3-30}$$

式中，L 为旋成体长度；S_{db} 是旋成体底部面积。由式(3-30)可见，只要来流迎角给定，旋成体几何尺寸给定，m_{zt} 就一定。对于尖头尖尾旋成体，按简单细长体理论 $C_{yt}=0$，此时

$$m_{zt}=m_{z0}=\frac{2\alpha V}{S_{sh}L}$$

上式是一不稳定的力矩系数。由于旋成体尾部负法向力没有理论值那么大，式(3-30)所给的不稳定力矩也没有那么大。

旋成体压力中心可写为

$$\bar{x}_P=\frac{x_P}{L}=-\frac{M_{zt}}{LY_t}=-\frac{m_{zt}}{C_{yt}}$$

将式(3-30)及式(3-24)代入上式，得

$$\bar{x}_P=1-\frac{V}{LS_{db}} \tag{3-31}$$

这是简单细长体理论结果，它表明十分细长旋成体的压力中心只是几何参数的函数，与气动参数无关，不随 α 和来流而变化。

在实际计算时，如果需要快速估计细长旋成体的压力中心时，可按下述步骤计算：

(1) 计算头部压力中心。

$$(\bar{x}_P)_{tb}=\frac{(x_P)_{tb}}{L_{tb}}=1-\frac{V_{tb}}{L_{tb}S_{db}}+\Delta\bar{x}_P \tag{3-32}$$

式中，V_{tb} 为头部体积；L_{tb} 为头部长度；$\Delta\bar{x}_P$ 是考虑柱段升力引起的压力中心移动量。其值可由图 3-18 查取，$\Delta\bar{x}_P=\frac{\Delta x_P}{L_{tb}}$。

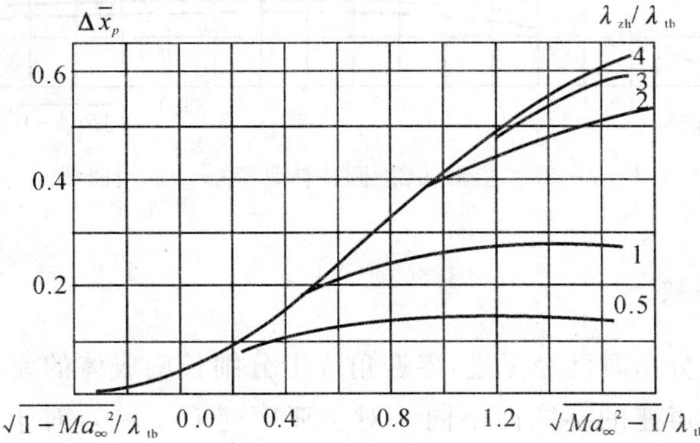

图 3-18　计算 $\Delta\bar{x}_p$ 用曲线

(2) 计算尾部收缩段压力中心。

$$(\bar{x}_P)_{wb} = \frac{(x_P)_{wb}}{L_{wb}} = \frac{L}{L_{wb}} - 0.5 \tag{3-33}$$

式中，L_{wb} 为尾部长度；L 是旋成体全长。

(3) 计算旋成体压力中心。

$$\bar{x}_P = \frac{(C_{yt})_{tb}(x_P)_{tb} + (C_{yt})_{wb}(x_P)_{wb}}{C_{yt}L} \tag{3-34}$$

如果上述计算希望更精确一些，对头部和尾部的压力中心计算也可采用更精确一些的线化理论结果。图 3-19 ～ 图 3-23 给出了各种头部和尾部的压力中心计算用曲线，但需注意图中尾部压力中心 $(\bar{x}_P)_{wb}$ 与式(3-33)的 $(\bar{x}_P)_{wb}$ 两者的坐标起始点不同，式(3-33)的 $(\bar{x}_P)_{wb}$ 是距头部顶点的无量纲距离。

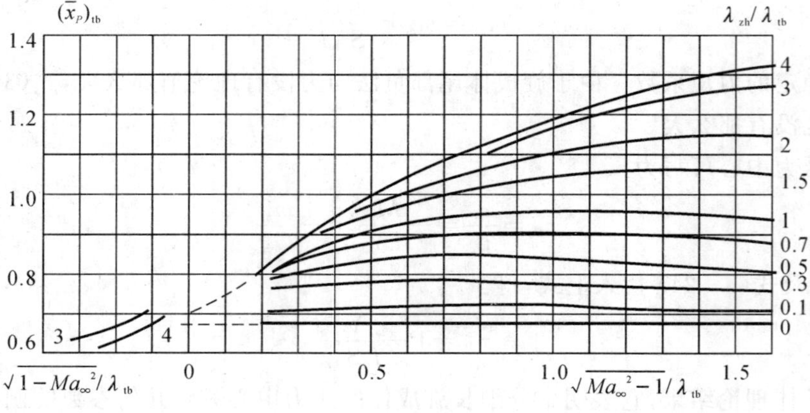

图 3-19　锥形头部-圆柱体计算 $(\bar{x}_P)_{tb}$ 用曲线

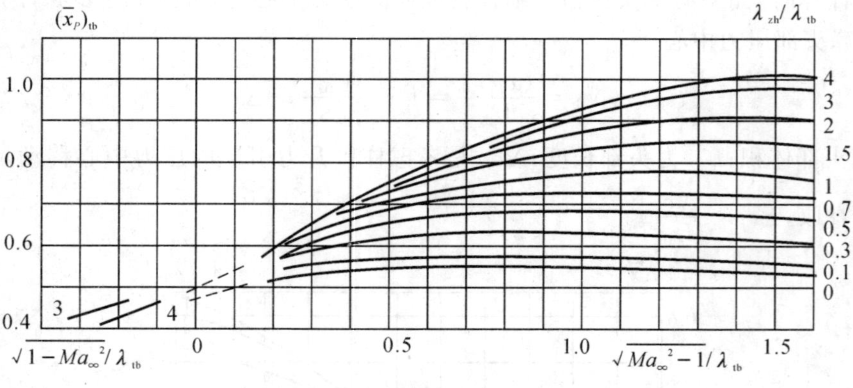

图 3-20　蛋形头部-圆柱体计算 $(\bar{x}_P)_{tb}$ 用曲线

3.3.4　轴向力系数

在分析旋成体 C_p 分布时已经提过，零迎角绕十分细长旋成体的流动(即轴向流动)，其轴向力系数视超声速、亚声速的不同而不同。对于亚声速 $C_{xt1}=0$，对于超声速 $C_{xt1}=(C_{xb})_0$，$(C_{xb})_0$ 为零升波阻系数。

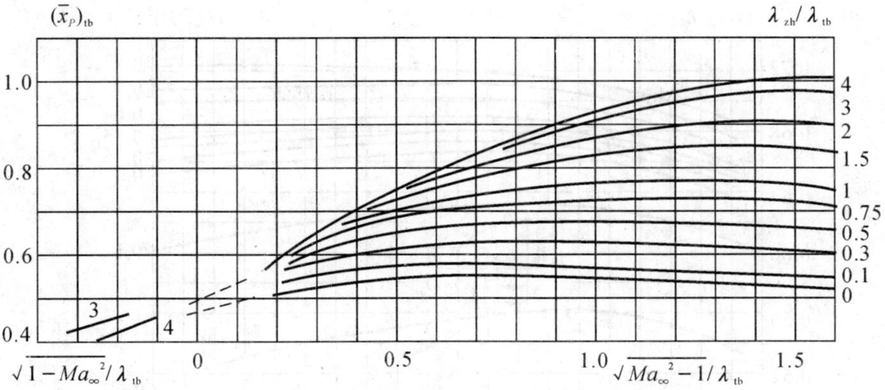

图 3－21　3/4 指数形头部-圆柱体计算$(\bar{x}_P)_{tb}$用曲线

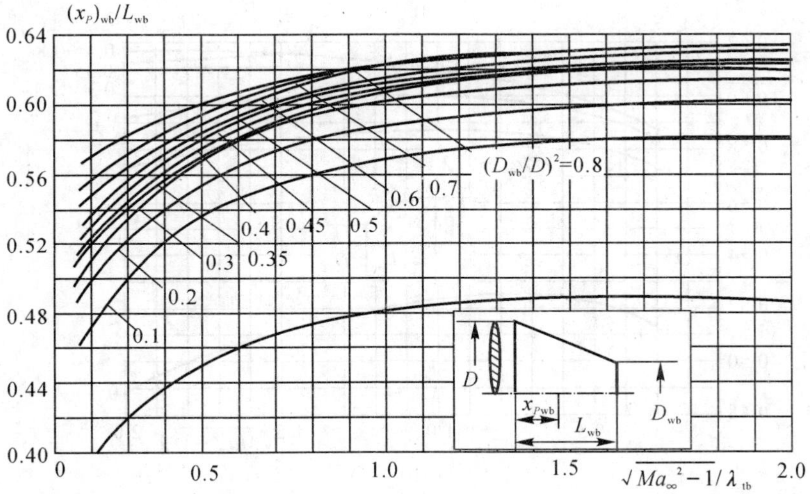

图 3－22　锥形收缩尾部压力中心计算用曲线

当来流以 $v_\infty\alpha$ 横向绕十分细长旋成体流动时(即轴向流动)，对物面压强系数 C_{p2}(见式(3－22))积分，可得到横向流动下的轴向力系数为

$$C_{xt2}=\frac{1}{S_{sh}}\int_0^L\int_0^{2\pi}C_{p2}R\frac{dR}{dx}d\theta dx=-\alpha^2\frac{S_{db}}{S_{sh}}\text{(亚声速和超声速均适用)}\qquad(3-35)$$

所以由简单细长体理论给出的总的轴向力系数是 C_{xt1} 与 C_{xt2} 之和。

对于亚声速

$$C_{xt}=-\alpha^2\frac{S_{db}}{S_{sh}}\qquad(3-36)$$

对于超声速

$$C_{xt}=(C_{xb})_0-\alpha^2\frac{S_{db}}{S_{sh}}\qquad(3-37)$$

3.3.5　升力系数和阻力系数

根据风轴系和体轴系的关系，可得升力系数和阻力系数

$$C_y=C_{yt}\cos\alpha-C_{xt}\sin\alpha\approx C_{yt}$$
$$C_x=C_{yt}\sin\alpha+C_{xt}\cos\alpha\approx C_{yt}\alpha+C_{xt}$$

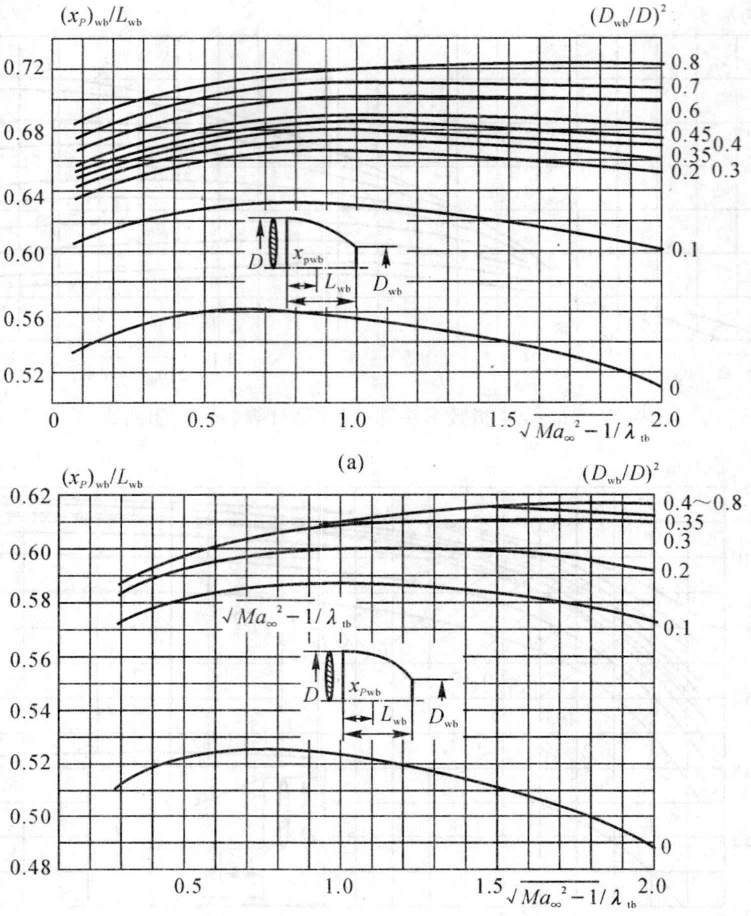

图 3-23　抛物线形收缩尾部压力中心计算用曲线

(a) 相切；(b) 相接

将 C_{yt}，C_{xt} 公式代入上式，可得

$$C_y = 2\alpha \frac{S_{db}}{S_{sh}} \tag{3-38}$$

$$C_x = \alpha^2 \frac{S_{db}}{S_{sh}} \quad (\text{亚声速}) \tag{3-39}$$

$$C_x = (C_{xb})_0 + \alpha^2 \frac{S_{db}}{S_{sh}} \quad (\text{超声速}) \tag{3-40}$$

以上各式是简单细长体的理论结果，C_y 的计算式与前面的 C_{yt} 是一致的。亚声速时，C_x 只有与 α 有关的阻力(称为升致阻力)，$\alpha=0$ 时无阻力，这是无黏流的结果，事实上存在有黏性摩擦阻力；超声速时多了一项 $(C_{xb})_0$，这是零升波阻系数，它是一压差阻力，它是由激波、膨胀波的产生而引起的。有关旋成体零升波阻系数的计算同法向力系数计算一样，分成头部和尾部两部分分别计算再求和。图 3-24 至图 3-27 给出不同的头部形状和尾部形状的压差阻力系数 C_{xp} 随 Ma_∞ 的变化。图中亚声速范围是有限元法的计算结果，跨声速范围是风洞实验结果，超声速范围是特征线法的计算结果。由于图中包括了亚声速，所以这里统称为压差阻力系数，对于超声速来说，也就是零升波阻系数。

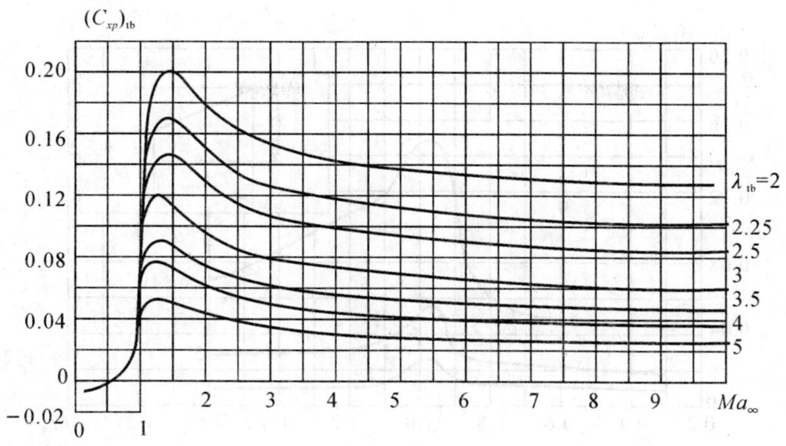

图 3-24　锥形头部压差阻力系数

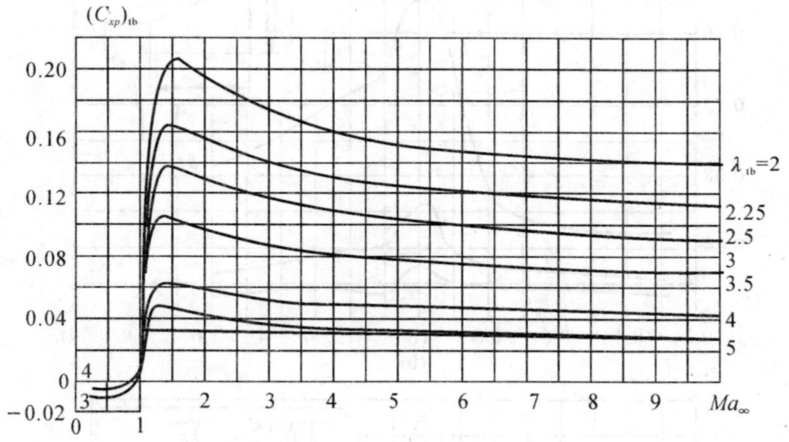

图 3-25　蛋形头部压差阻力系数

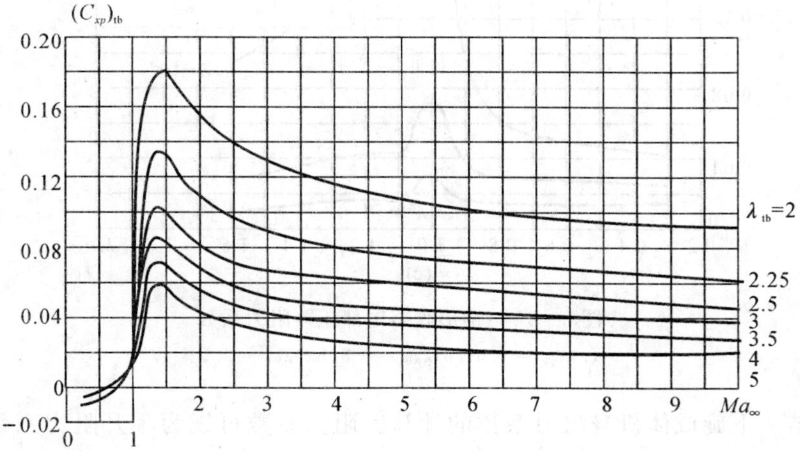

图 3-26　3/4 指数形头部压差阻力系数

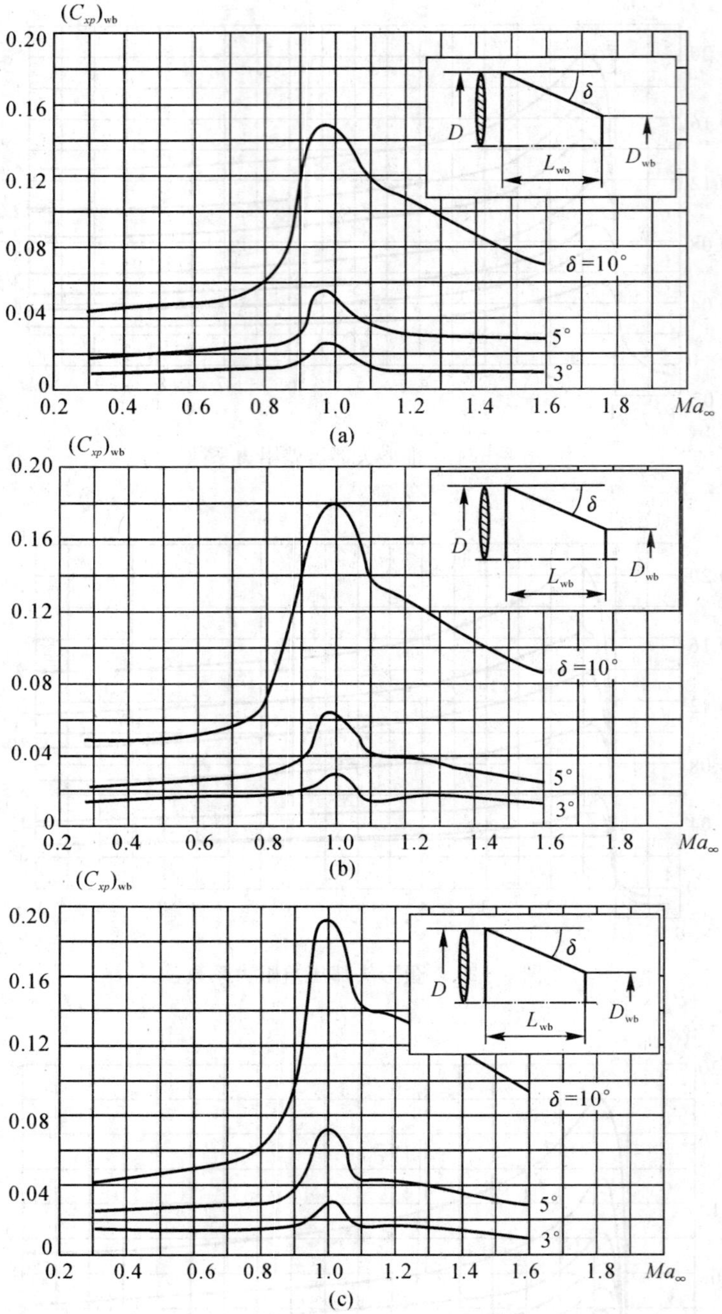

图 3-27　锥形收缩尾部压差阻力系数

(a)$\lambda_{wb}=0.6$;(b)$\lambda_{wb}=0.8$;(c)$\lambda_{wb}=1.0$

下面总结一下旋成体机身阻力系数的计算。阻力系数可视为零升阻力系数和升致阻力系数 C_{xi} 之和,即

$$C_x = C_{x0} + C_{xi} \tag{3-41}$$

式中,C_{x0} 又由两部分组成:摩擦阻力系数和压差阻力系数,压差阻力系数又分成头部压差阻力系数和尾部压差阻力系数。

$$C_{x0}=(C_{xmc})_{sh}+(C_{xp})_{tb}+(C_{xp})_{wb} \tag{3-42}$$

机身头部压差阻力系数$(C_{xp})_{tb}$和尾部压差阻力系数$(C_{xp})_{wb}$的计算可由图 3-24 至图 3-27 查得。机身摩擦阻力系数 C_{xmc} 计算可按下式进行：

$$(C_{xmc})_{sh}=(C_{xmc})_{Ma=0}\,\eta_c\eta_M\,\frac{S_b}{S_{sh}} \tag{3-43}$$

式中，$(C_{xmc})_{Ma=0}$ 是平板不可压摩擦阻力系数，可由图 2-12 依全紊流(即 $\bar{x}_{zl}=0$) 查取。雷诺数取实际飞行雷诺数(以机身长度为参考长度)；η_M 是压缩性修正系数，由图 2-60 查取；η_c 为厚度修正系数，由图 2-13 查取，初步可取 1.2～1.3；S_b 为旋成体表面积；S_{sh} 是旋成体最大横截面积。

对于切尾式底部旋成体在零升阻力系数 C_{x0} 中除式(3-42)之外，尚需计入底部阻力系数 C_{xdb}，它可依下式计算

$$C_{xdb}=-(C_p)_{db}k_\eta\frac{S_{db}}{S_{sh}} \tag{3-44}$$

式中，$(C_p)_{db}$ 是圆柱段后体底部压强系数，可由图 3-28 取得；k_η 为尾部收缩修正系数，可由图 3-29 查取，图中 η_{wb} 为尾部收缩比。

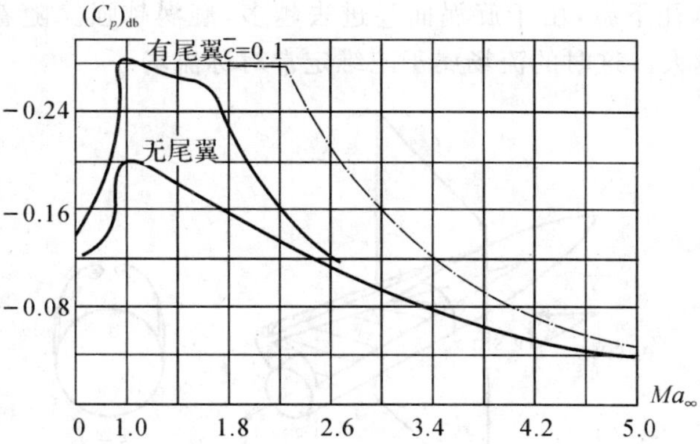

图 3-28　圆柱机身底部压强系数

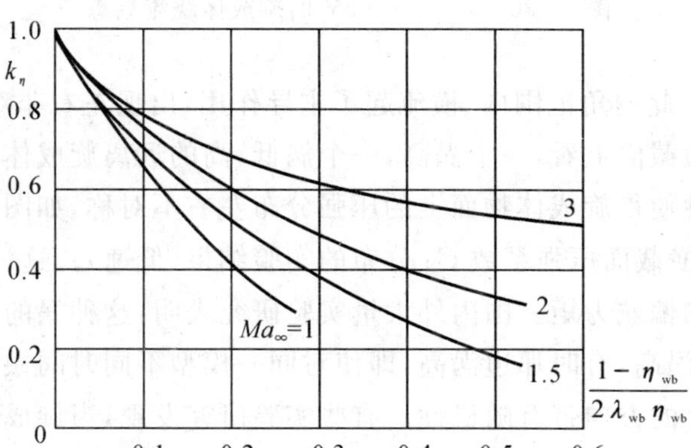

图 3-29　求 k_η 用曲线

关于旋成体升致阻力系数，简单细长体理论式(3-39)和式(3-40)已指出，它是迎角的平方量级。在实际计算时，可按下式估算：

$$C_{xi} = (1+\zeta)\left[57.3C_{ytb}^{\alpha} - 2\xi(1-\eta_{wb}^{2})\right]\alpha^{2} \tag{3-45}$$

式中，C_{ytb}^{α} 为头部升力线斜率(1/°)；η_{wb} 为尾部收缩比；ξ 是尾部升力修正系数，取 0.15 ～ 0.20；ζ 是压缩性修正系数。当 $Ma_{\infty} > 1.2$ 时，取 $\zeta = \frac{1.5}{1+\lambda_{tb}}$；当 $Ma_{\infty} \approx 0.2$，取 $\zeta = -0.2$。

3.4 细长旋成体大迎角气动特性

3.4.1 绕流图画

前面所介绍的细长旋成体的气动特性均指小迎角情况，忽略了气流黏性影响。大量的实验结果表明，这在迎角 $\alpha \leqslant 5°$ 时是可以的，也就是说 $\alpha = 0° \sim 5°$ 时，用位流理论来描述是可行的。当 $\alpha > 5°$ 时，随着 α 的增加，流动的黏性起着重要的作用，流动特点随迎角 α 的变化大致可划分如下几个阶段。

迎角 $\alpha = 5° \sim 25°$ 的中等迎角范围，此时横流对流动起重要影响，如图 3-30 所示，旋成体上的附面层在其两侧从某一点开始沿一条线发生分离，在旋成体上半部形成两个涡面并逐渐卷起形成两个旋涡，越往下游，由于旋涡面卷进去越多，旋涡越强。随着迎角增大，分离点前移，后面的旋涡也就越大。这时的流场属于三维定常对称流场。

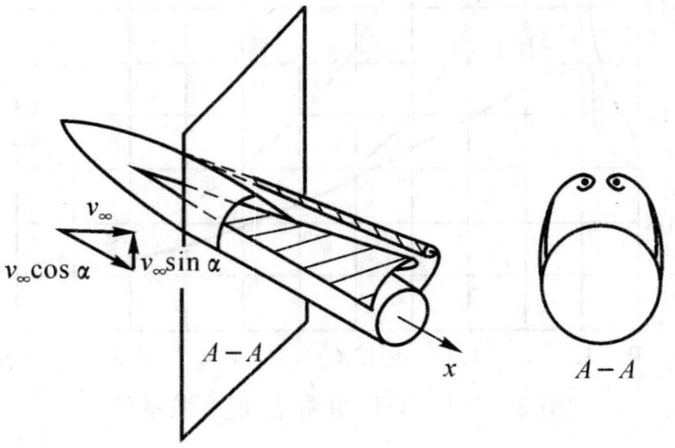

图 3-30 $\alpha = 5° \sim 25°$ 时旋成体绕流流态

迎角 $\alpha = 25° \sim 50°$，此迎角范围内，横流起了主导作用，出现左右非对称的涡面，如图 3-31 所示。该非对称涡在横截面上看，一个涡高，一个涡低，高的远离旋成体轴线，而低的一个则靠近轴线。这一不对称性使得旋成体物面上的压强分布左右不对称，如图 3-32 所示。该图给出了 $\alpha = 40°$ 钝头旋成体横截面压强系数 C_p 分布的实验结果(低速)。这一结果必然导致无侧滑下的旋成体出现侧力和偏航力矩。国内外大量实验研究表明：这种涡的不对称性是不固定的，带有随机性，有时这边涡高，有时那边涡高，即使对同一模型不同时间做实验，结果也可能不一样，表现出侧力系数 C_z 的方向带有随机性。有些实验研究发现，当旋成体足够长时，在其某一侧涡发生破裂从体侧剥落，而于其后下游接着又出现一个分离涡，结果形成了三涡系的流态，如图 3-33 所示。该图给出了随迎角增加四个阶段的流态变化，同时还给出了法向力系数 C_{yt} 及侧向力系数 C_z 随迎角 α 的变化。在非对称涡流动的迎角范围内，无侧滑情况下旋成体出现了与法向力同一数量级的侧力。这一力是飞行器设计者们所不希望出现的，目前国内外都在从机理上研究这方面的问题，并设法消除和推迟这种不对称性流场的出现。

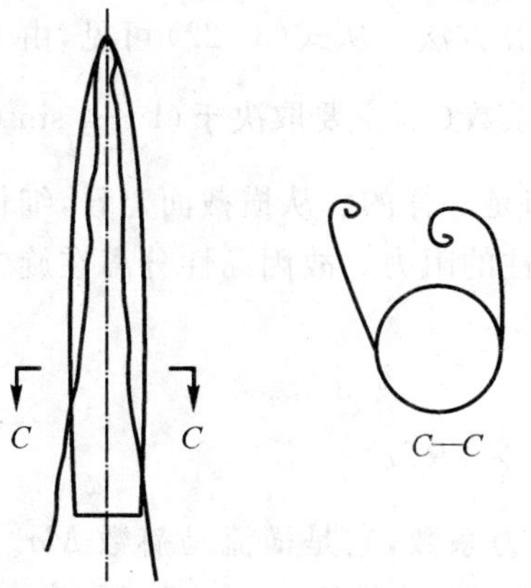

图 3-31　$\alpha = 44°$ 尖头旋成体流态示意图

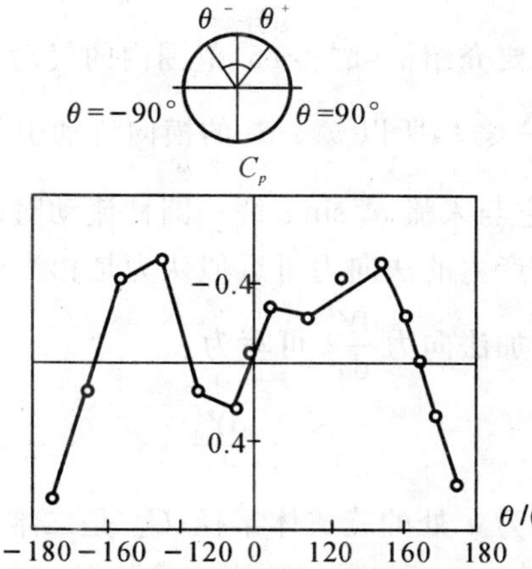

图 3-32　$\alpha = 40°$ 钝头旋成体横截面 C_p 分布

$\alpha > 50°$ 以后，旋成体的横向流动起着完全的作用，不对称涡交错地从体上剥落，类似于卡门涡阶形式随着尾迹流而向下游流去。这时的流场显示出非定常流态，此时随迎角增加侧力系数下降，以至最后完全消失。

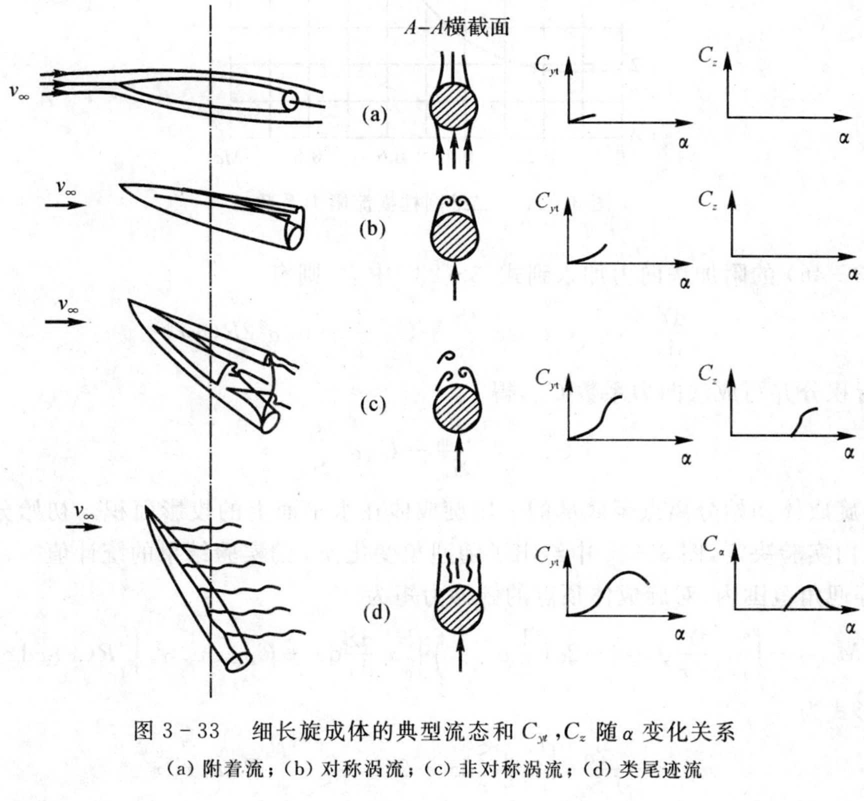

图 3-33　细长旋成体的典型流态和 C_{yt}，C_z 随 α 变化关系

(a) 附着流；(b) 对称涡流；(c) 非对称涡流；(d) 类尾迹流

3.4.2 横流理论简介

本节主要介绍$\alpha=5°\sim25°$范围内的气动力工程计算方法。从式(3-22)可见，由于旋成体十分细长$\dfrac{dR}{dx}\ll1$，所以$v_\infty\sin\alpha$的横向流动引起的压强系数C_{p2}主要取决于$(1-4\sin^2\theta)\alpha^2$项，也就是说，它与来流$v_\infty\sin\alpha$绕一圆柱流动时的$C_p$分布是一样的。从横截面上看，细长旋成体因分离涡而产生的法向力可近似认为是相当于二维圆柱的阻力。故因黏性分离在旋成体单位长度上的附加法向力$\dfrac{dY'_t}{dx}$可写为

$$\frac{dY'_t}{dx}=C_{xc}\times\frac{1}{2}\rho_\infty v_\infty^2\times\alpha^2\times2R(x) \tag{3-46}$$

式中，$R(x)$为x处的旋成体半径；C_{xc}是二维圆柱体阻力系数，它是横流马赫数Ma_c的函数，$Ma_c=Ma_\infty\sin\alpha$。C_{xc}最好选用实验数据，也可以从图3-34中选取。

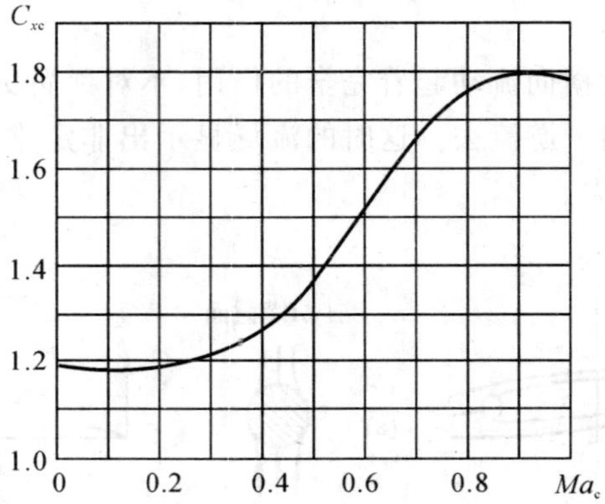

图3-34 二维圆柱横流阻力系数

将式(3-46)的附加法向力加入到式(3-23)中去，则有

$$\frac{dY_t}{dx}=\frac{1}{2}\rho_\infty v_\infty^2 2\alpha\frac{dS}{dx}+C_{xc}\frac{1}{2}\rho_\infty v_\infty^2\alpha^2 2R(x)$$

对上式进行积分并写成法向力系数C_{yt}，得

$$C_{yt}=2\alpha\frac{S_{db}}{S_{sh}}+C_{xc}\alpha^2\frac{S_c}{S_{sh}} \tag{3-47}$$

式中，S_c为旋成体初始分离点至底部的一段旋成体在水平面上的投影面积。初始分离点的位置x_{f1}一般由实验决定，图3-35中给出了随迎角变化x_{f1}的实验结果的统计值。

在中等迎角范围内，对旋成体顶点的俯仰力矩为

$$M_z=-\int_0^L x\frac{dY_t}{dx}dx=-2\alpha\left(\frac{1}{2}\rho_\infty v_\infty^2\right)\int_0^L x\frac{dS}{dx}dx+C_{xc}\rho_\infty v_\infty^2\alpha^2\int_0^L R(x)x\,dx$$

写成系数形式为

$$m_z=-\frac{2\alpha}{LS_{sh}}\int_0^L x\frac{dS}{dx}dx-2C_{xc}\frac{\alpha^2}{LS_{sh}}\int_0^L R(x)x\,dx \tag{3-48}$$

旋成体压力中心距顶点的距离为

$$\bar{x}_P=-\frac{M_z}{Y_t L}=\frac{\int_0^L x\frac{dS}{dx}dx+C_{xc}\alpha\int_0^L R(x)x dx}{L\left(S_{db}+\frac{1}{2}C_{xc}\alpha S_c\right)} \tag{3-49}$$

由式(3-48)和式(3-49)可见，只要旋成体外形给定，$\frac{dS}{dx}$就已知，$R(x)$也已知，从上二式即可计算得 m_z，$\bar{x}_p$。

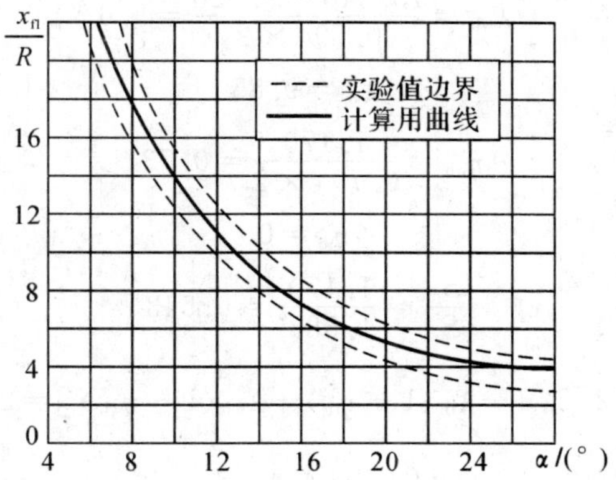

图 3-35　细长旋成体初始分离点位置的实验统计结果

横流理论指出，C_{yt} 与 α^2 成正比，$\bar{x}_P$ 也与 α 有关，这是对简单细长体理论的改进。图 3-36 给出了一个弹头圆柱体用上述理论及简单细长体理论的计算结果曲线，同时还与实验值进行了比较。由图可见，当迎角大于 5° 时，黏性的影响是很大的，升力系数远大于位流理论的结果，压力中心 $\bar{x}_P$ 也后移了很多，显然横流理论更接近于实际情况。

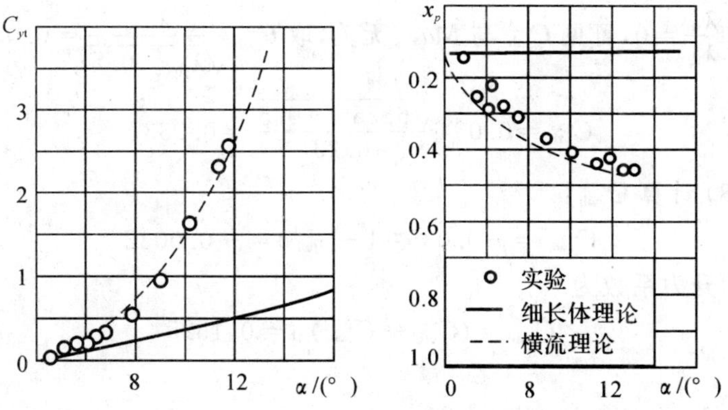

图 3-36　$Ma_\infty=2.0$，$\lambda_{sh}=21$，C_{yt}，$\bar{x}_P$ 的计算值与实验结果的比较

3.5 算　　例

已知一截尾旋成体机身如图 3-37 所示，其机身外形曲线为

$$\frac{R}{R_{max}}=\left[1-\left(1-\frac{2x}{L}\right)^2\right]^{\frac{3}{4}}$$

式中，$R_{\max}=0.794\ \mathrm{m}$，$L=19.840\ \mathrm{m}$，求在飞行高度为10 000 m，迎角为5°时的升力系数、阻力系数和压力中心。计算 Ma_∞ 为0.3，0.8，0.94，1.1，1.40，1.60。

1.首先计算出需用的几何参数

$$\lambda_{zh}=0$$

$$\lambda_{tb}=\frac{9.920}{0.794\times 2}=6.25$$

$$\lambda_{wb}=\frac{15.640-9.920}{0.794\times 2}=3.6$$

$$\lambda_{sh}=9.85$$

$$\eta_{wb}=\frac{1.170}{0.794\times 2}=0.737$$

$$\eta_{tb}=0$$

$$\frac{S_{db}}{S_{sh}}=\frac{1.170^2}{1.588^2}=0.543$$

$$\frac{S_b}{S_{sh}}=2\left[2\lambda_{sh}-\lambda_{tb}(1-\eta_{tb})-\lambda_{wb}(1-\eta_{wb})\right]=25.006$$

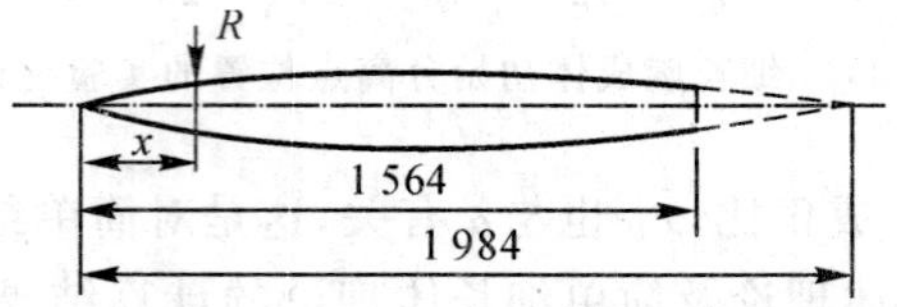

图3-37　机身尺寸示意图(单位:cm)

2. C_y 的计算

由图3-17知 $\frac{\lambda_{sh}}{\lambda_{tb}}=0$，可见 C_{ytb}^{α} 与 Ma_∞ 无关，取 $C_{ytb}^{\alpha}\frac{\lambda_{tb}}{\sqrt{\lambda_{tb}^2-0.5}}=0.034$，由此计算得

$$C_{ytb}^{\alpha}=0.034\frac{\sqrt{6.25^2-0.5}}{6.25}=0.0337$$

再依式(3-28)计算 C_{ywb}^{α}：

$$C_{ywb}^{\alpha}=-0.035\xi(1-\eta_{wb}^2)=-0.0032$$

机身在 $\alpha=5°$ 时的升力系数为

$$C_{ysh}=(C_{ytb}^{\alpha}+C_{ywb}^{\alpha})\alpha=0.1525$$

3. $\bar{x}_P$ 的计算

由图3-21知 $\frac{\lambda_{sh}}{\lambda_{tb}}=0$，可查得 $(\bar{x}_P)_{tb}\approx 0.62$，$(x_P)_{tb}\approx 0.62\times 9.920=6.150$。由于尾部的 $(\bar{x}_p)_{wb}$ 本书中没有合适的曲线可供选用，现就直接用简单细长体理论。由式(3-33)得

$$(\bar{x}_P)_{wb}=\frac{L}{L_{wb}}-0.5=2.234$$

$$(x_P)_{wb}=2.234L_{wb}=12.780$$

最后依式(3-34)计算机身压力中心为

$$(\bar{x}_P)_{sh}=\frac{(C_{yt})_{tb}(x_P)_{tb}+(C_{yt})_{wb}(x_P)_{wb}}{C_{yt}L}=0.349$$

所求的压力中心与 Ma_∞ 无关。这里计算时取 $\alpha=5^\circ$，事实上这里的压力中心与 α 无关，这是由于在小迎角下按线化关系 $(C_y)_{sh}=(C_y^\alpha)_{sh}\alpha$ 所致。

4. C_x 的计算

为计算雷诺数，查 $H=10\ 000$ m 时，$\gamma=3.5306\times10^{-5}\ \mathrm{m^2/s}$，声速 $a=299.4$ m/s。雷诺数可按下式计算：

$$Re=\frac{v_\infty L}{\gamma}=\frac{Ma_\infty aL}{\gamma}=1.683\times10^8 Ma_\infty$$

机身零升阻力 C_{x0} 计算见表 3-1。

表 3-1　机身零升阻力计算

序号	项目 \ Ma_∞	0.30	0.80	0.94	1.10	1.40	1.60
(1)	Re	0.504×10^8	1.35×10^8	1.52×10^8	1.85×10^8	2.36×10^8	2.69×10^8
(2)	$C_{x\mathrm{mc}}$，图 2-12	0.002 35	0.002 05	0.002 0	0.001 95	0.001 90	0.001 85
(3)	η_c	1.30	1.30	1.30	1.30	1.30	1.30
(4)	η_M，图 2-60	0.98	0.93	0.92	0.905	0.85	0.825
(5)	$(C_{x\mathrm{mc}})_{sh}=(3)(4)(2)\dfrac{S_b}{S_{sh}}$	0.074 9	0.061 9	0.059 8	0.057 4	0.052 5	0.049 6
(6)	$(C_{xp})_{tb}$，图 3-26 $\lambda_{tb}=5$	−0.005	0.005	0.010	0.020	0.060	0.055
(7)	$(C_{xp})_{wb}$ 图 3-27(c)，$\delta=3^\circ$	0.015	0.015	0.030	0.015	0.015	0.015
(8)	$-(C_p)_{db}$ 图 3-28，无尾翼	−0.12	−0.12	−0.24	−0.28	−0.27	−0.26
(9)	k_η，图 3-29	0.70	0.70	0.70	0.70	0.70	0.70
(10)	$C_{x\mathrm{db}}=-(8)(9)\dfrac{S_{db}}{S_{sh}}$	0.045 6	0.045 6	0.091 2	0.106 4	0.102 6	0.098 8
(11)	$C_{x0}=(5)+(6)+(7)+(10)$	0.130 5	0.127 5	0.191 0	0.198 8	0.230 1	0.218 4

第 4 章 翼身组合体的气动特性分析

4.1 翼身组合体绕流特点

飞行器各个部件之间存在着许多干扰现象，这些干扰不同程度地影响着飞行器的气动特性，最重要的是机翼和机身的相互干扰及机翼对尾翼的干扰。本章主要介绍机翼与机身之间的干扰。为了从量上了解翼身组合体的干扰量级，图 4-1 给出了矩形翼和旋成椭球体机身($\lambda_{sh}=7$)组成的翼身组合体的实验结果。该结果中包括升力系数 C_y 随迎角 α 的变化，也包括俯仰力矩系数 m_z 随升力系数 C_y 的变化。

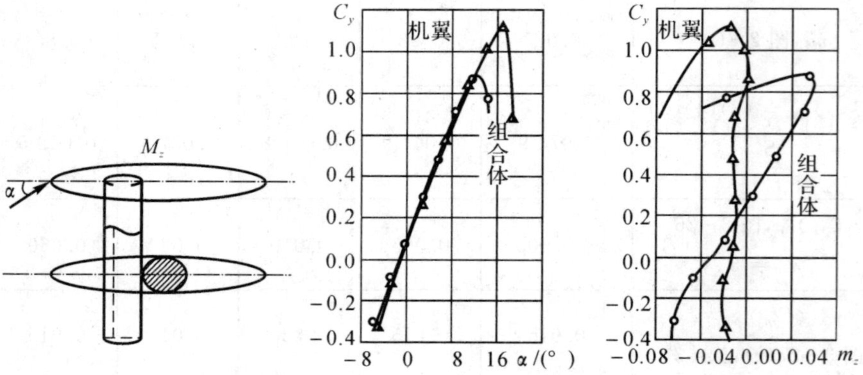

图 4-1　低速时毛机翼与翼－身组合体的 $C_y-\alpha$ 和 C_y-m_z 的比较($\lambda_{sh}=7, \lambda=5$)

由图 4-1 可见，当 $\alpha \leqslant 12°$ 时，单独机翼与组合体的升力系数 C_y 相差不大，但两者的最大升力系数 C_{ymax} 却相差很大。这里指的单独机翼是包括机身遮盖了的那部分在内的机翼——即毛机翼。弹身的存在使 C_{ymax} 大大下降，这是很容易理解的，因为组合体机翼上表面绕流受到弹身的干扰，所以引起气流过早地分离，使 C_{ymax} 下降。由图 C_y-m_z 曲线可见，$\dfrac{dm_z}{dC_y}$ 的值由于机身的存在而急剧变大。这是因为这种机身在有迎角的时候本身就存在一不稳定的俯仰力矩(见第 3.2 节)；而机翼存在时，机翼的自由涡系对机身头部和尾部有干扰影响，更加加大了这一不稳定力矩。图 4-1 表明，在低速大展弦比翼身组合体情况下，组合体的升力系数可以近似用毛机翼的升力系数来估算，但组合体的俯仰力矩系数则必须计及翼身干扰引起的增量。

现代超声速飞行器的机身直径与毛机翼展长之比 $\dfrac{D}{l}$ 一般达到 0.3～0.5，这与图 4-1 中的情况相比要大得多，低速大展弦比飞机的 $\dfrac{D}{l}$ 通常小于 0.1。对于 $\dfrac{D}{l}>0.1$ 的飞行器，实验表明，不能用毛机翼的升力系数来代替翼身组合体的升力系数了。例如，图 4-2 给出两种机翼的组合体，这两个机翼有不同的根梢比，但有相同的翼展 l 和相同的毛机翼面积。令 $\frac{D}{l}=0.5$，机翼展弦比为 3.0，机翼相对机身无安装角。按毛机翼分别计算矩形翼（No.1 翼）与三角形翼（No.2 翼），可知 No.2 的升力比 No.1 的升力大 10%。但实际上，组合体 No.2 的升力并不大于组合体 No.1 的升力，而且相反，组合体 No.2 的升力比组合体 No.1 的升力还低 20%。这主要是由于外露机翼 No.2 的面积比外露机翼 No.1 的面积要小一半。这就是说，对于 $\frac{D}{l}$ 值大的近代超声速飞行器来说，在研究翼身组合体的空气动力时，需从外露翼出发。大量的细长翼身组合体实验表明，组合体的升力不等于单独机身升力与外露翼升力之和，这是由于存在着翼身干扰升力的缘故。

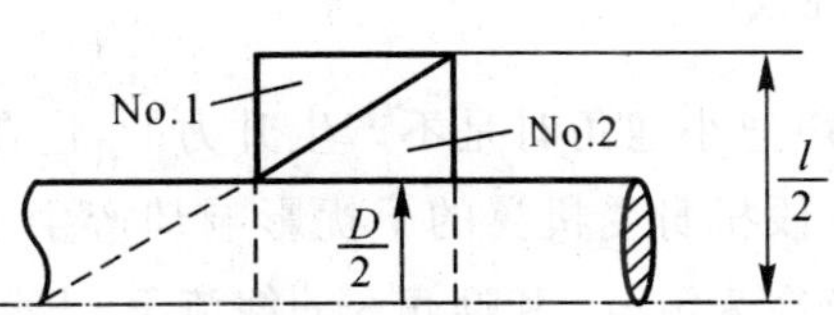

图 4-2　两种翼身组合体示意图

4.1.1　身对翼的干扰现象

图 4-2 给出了两种翼身组合体的示意图，取中单翼式翼身组合体的亚声速绕流为例来进行分析。组合体中的机翼与单独机翼绕流不同，前者是处于机身影响的气流之中的。如图 4-3 所示，当机身迎角大于零（$\alpha>0°$）时，在机身横截面上产生了以来流 $v_\infty\alpha$ 绕机身横截面的流动，这种流动使机身两侧的气流方向较之来流方向更向上偏斜，或者说引起了上洗。这种绕流流场势必改变机翼展向的局部迎角分布，越接近机身的地方，上洗速度越大，因而局部迎角 α_l 也就越大。随着远离机身，机翼的局部迎角 α_l 渐小，且趋于来流迎角 α，这一局部迎角 α_l 沿翼展方向 z 的分布规律，可以近似地按二维圆柱绕流来计算，即

$$\alpha_l=\alpha\left(1+\frac{R^2}{z^2}\right) \tag{4-1}$$

式中，R 为机翼所在位置的圆柱段机身的半径；z 为机翼展向坐标。由式(4-1)可知，当 $z=R$ 时，$\alpha_l=2\alpha$。换言之，当组合体的机翼翼展很小时，即 l 几乎接近于 $2R$ 时，机身绕流流场作用可使外露机翼的当地迎角由单独存在时的迎角 α 增加到 2α；这样外露机翼的升力也就由单独存在时的 Y 值增加到 $2Y$。当然，这种分析是就极端情况讨论的，事实上机翼受到机身上洗流场的影响，沿翼展方向局部迎角是不断变化的，在翼根处最大，在翼梢处最小。由这一点出发，也就很容易理解小的 $\frac{D}{l}$ 值（即大展弦比翼身组合体），机翼受机身干扰影响引起的升力与毛机翼的升力之比是不大的；而 $\frac{D}{l}$ 值较大时（即中小展弦比翼身组合体），翼受身的干扰影响就大了。

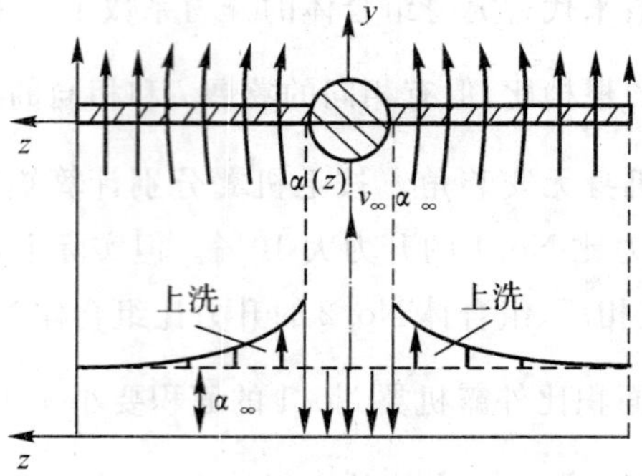

图 4-3 身对翼的干扰

4.1.2 翼对身的干扰现象

单独的机身圆柱段在亚声速小迎角时是不产生升力的，这在前一章中已经分析过了，但当它与机翼组合在一起时，圆柱段机身受机翼的干扰影响却产生了升力。首先从物理概念上去理解它(见图 4-4(a))。机翼在来流 v_∞ 和迎角 α 的绕流下，上翼面一般是低压区，称其为吸力场(因 C_p 为负值)，下翼面一般是高压区，称其为压力场(因 C_p 为正值)。这种吸力场在亚声速流场中势必向机身上表面传递，压力场向机身下表面传递。机身上、下表面压力差导致了附加升力的产生。这种压力传递效应主要取决于机翼翼根区压强场的影响。这也就容易理解小展弦比机翼对圆柱段机身的干扰影响相对于大展弦比机翼来说要大。

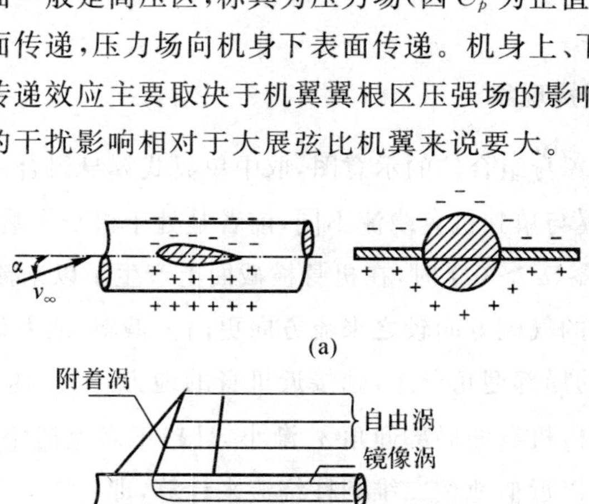

图 4-4 翼对身压力场传递示意图

(a) 压强示意图；(b) 涡系示意图

上述翼对身的干扰也可用数学模型来解释。当机翼迎角为正时，机翼产生的升力可以用附着涡线和自由尾涡系来代替。在机翼与机身组合的情况下，为了满足机身的边界条件，机翼涡系必将反映到机身内部，形成镜像涡系。如图 4-4(b) 所示，这一镜像涡系就导致机身有附加升力产生，这就是翼对身的干扰升力。

翼对身干扰的另一因素是机翼涡系沿机身纵轴诱导而产生上洗或下洗的干扰效应，如图 4-5 所示。在机翼的影响下，绕机身的气流方向是逐渐变化的。当机翼有升力时，代替机翼的附着涡和自由涡都会产生 y 方向的洗流。在机翼前的机身段，附着涡产生上洗，自由涡产生下洗，但因距离较远，其作用较小。在机身与机翼结合部位，气流应满足机身的边界条件。在机翼后方的机身段，附着涡和自由涡都产生下洗，离机翼越远，附着涡的作用越小，而自由涡的作用逐渐趋于一定值。机翼涡系干扰沿机身轴线产生的上、下洗分布，对总的升力影响不大，但对纵向俯仰力矩干扰较大，如图 4-1 所示。

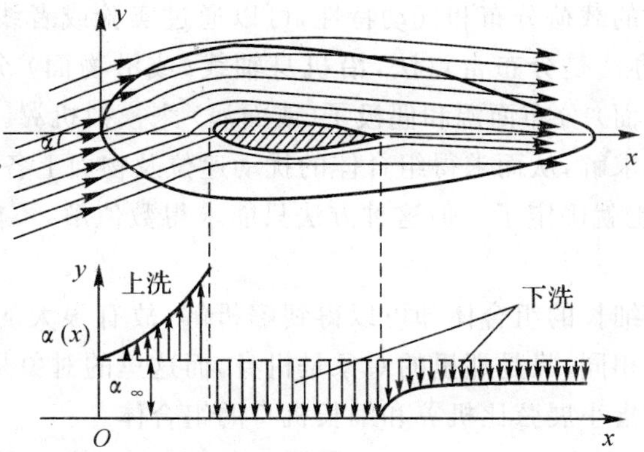

图 4-5　翼对身洗流干扰示意图

超声速时的绕流，在小迎角下，尽管来流 v_∞ 为超声速，但横向分速 $v_\infty \sin\alpha$ 却仍为亚声速，因此绕机身的横向流动对机翼产生的上洗干扰仍然与低速和亚声速时的情况相似，如图 4-3 所示。至于绕机翼的流动对机身的压强传递效应仍然存在，只是在小扰动情况下，扰动只能影响到其后马赫锥内的区域，所以机身上受机翼影响的区域将后移(见图 4-6 中的阴影区)。图 4-6(a) 中只给出了翼根弦和翼梢弦在机身上的影响区，图 4-6(b) 给出了根弦之后沿轴线方向上的洗流分布。可见，因超声速气流扰动不能传到上游，故机翼涡系对前机身不再产生上洗，而对后机身仍然产生下洗。这一下洗干扰自然引起一负升力，该负升力量值很小，对总升力影响不大，但力臂较长(特别是后段机身较长的情况)，对俯仰力矩的影响也就要大一些，这一点在计算组合体压力中心时必须要加以考虑。

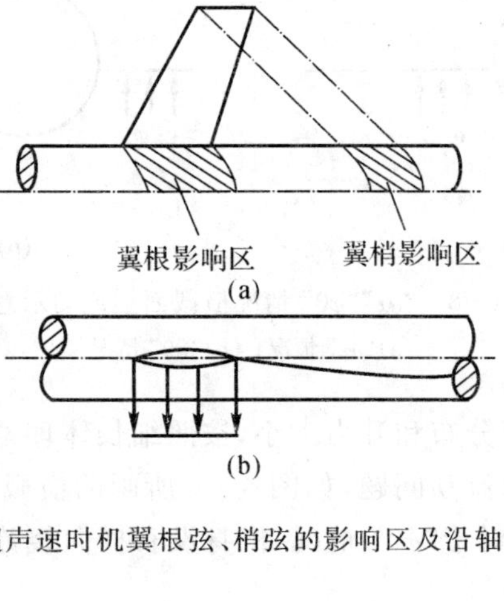

图 4-6　超声速时机翼根弦、梢弦的影响区及沿轴线洗流干扰

4.2 翼身组合体的升力特性

4.2.1 细长体理论结果介绍

细长翼身组合体上的载荷分布和气动特性，可以通过实验或者线化理论计算得到。在线化理论分析中，常用的办法是分布奇点法，沿机身轴线（或沿物面）分布线源、线涡来模拟机身，沿机翼弦平面（或翼面）分布面源和偶极子（或面涡）来模拟机翼。而这些奇点的强度则利用物面边界条件联立来求解，从而求得组合体的扰动速位及物面上各点的扰动速度分布，因而压强系数 C_p 和气动力也就确定了。但这种方法只能求得数值解，不能得到解析解，而且只能利用计算机来计算。

细长体理论对十分细长的组合体却可以得到解析解，故有很大的实用价值。它处理问题的思路与第 3 章介绍的相同，只是那里的对象是机身，而这里的对象是细长的翼身组合体。细长的翼身组合体通常是指小展弦比机翼和细长机身的组合体。

按细长体理论，假定来流迎角 α 很小，机翼厚度很薄，可视为一平板机翼。当机翼相对于机身轴线有一安装角 φ_{yi} 时，在小扰动线化流场中，整个流场可以看成是下列两种情况的线性叠加：一种情况称为“$\alpha\alpha$”情况，即平板翼的安装角 φ_{yi} 为零，机身和机翼迎角均为 α；另一种情况称为“$\varphi 0$”情况，即机翼相对于机身纵轴有安装角 φ_{yi}，而机身迎角为零，如图 4-7 所示。图4-8 给出“$\alpha\alpha$”情况和“$\varphi 0$”情况在横截面上的流动示意图。

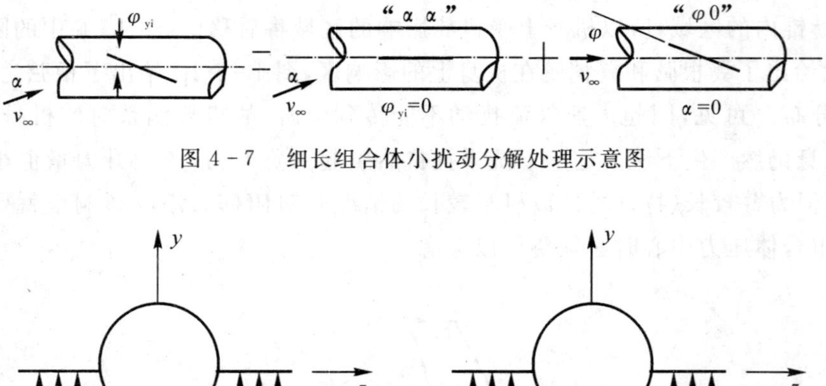

图 4-7 细长组合体小扰动分解处理示意图

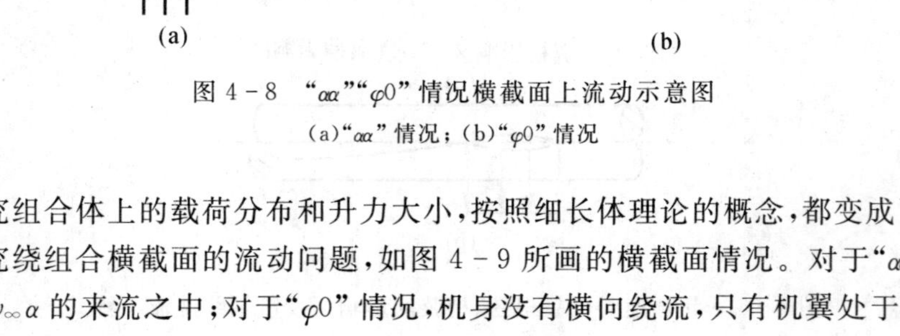

图 4-8 “$\alpha\alpha$”“$\varphi 0$”情况横截面上流动示意图

(a)“$\alpha\alpha$”情况；(b)“$\varphi 0$”情况

如果研究组合体上的载荷分布和升力大小，按照细长体理论的概念，都变成了在 $x=$常数的截面上研究绕组合横截面的流动问题，如图 4-9 所画的横截面情况。对于“$\alpha\alpha$”情况，机翼机身均处于 $v_\infty\alpha$ 的来流之中；对于“$\varphi 0$”情况，机身没有横向绕流，只有机翼处于 $v_\infty\varphi_{yi}$ 的来流之中，如图 4-8 所示。

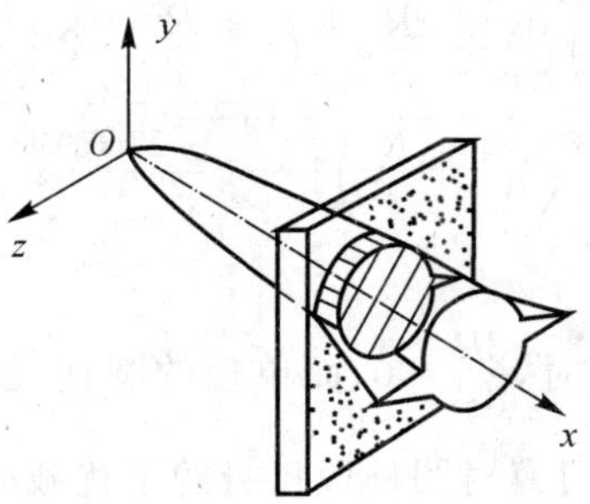

图 4 - 9　细长翼身组合体 $x=$ 常数的截面

下面把根据细长体理论所得的载荷分布及升力系数列写出来。所列写的结果是针对图 4 - 10 所示的翼身组合体，小展弦比机翼安装在柱段（或可变直径段）机身上，机身为细长旋成体。机翼后缘后掠角为零，按"$\alpha\alpha$"和"$\varphi 0$"两种情况给出。

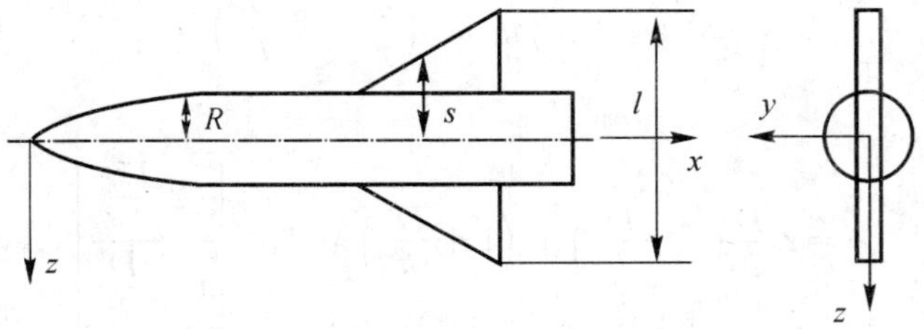

图 4 - 10　细长翼身组合体示意图

4.2.1.1　"$\alpha\alpha$"情况

1. 翼身组合体作用在圆柱段（$\dfrac{\mathrm{d}R}{\mathrm{d}x}=0$）机身上的载荷系数和升力

依细长体理论，作用在组合体机身上的载荷系数（上、下表面的压强系数之差）$\Delta C_{p\mathrm{sh}}$ 为

$$\Delta C_{p\mathrm{sh}}=4\alpha\frac{\left(1-\dfrac{R^4}{s^4}\right)\dfrac{\mathrm{d}s}{\mathrm{d}x}+\dfrac{2R}{s}\dfrac{\mathrm{d}R}{\mathrm{d}x}\left(1+\dfrac{R^2}{s^2}-2\dfrac{z^2}{R^2}\right)}{\sqrt{\left(1+\dfrac{R^2}{s^2}\right)^2-4\dfrac{z^2}{s^2}}}\tag{4-2}$$

式中，R 为机身半径，是坐标 x 的函数；s 是毛机翼半展长；z 是展向坐标；α 为来流迎角。式（4 - 2）给出了某一横截面上在有机翼影响下作用在机身上的载荷系数沿翼展方向 z 的分布，该式所给的结果是对机翼安装的机身段可以不是柱段，因而有$\dfrac{\mathrm{d}R}{\mathrm{d}x}$存在，若是柱段，则$\dfrac{\mathrm{d}R}{\mathrm{d}x}=0$。

只有机身而没有安装机翼时，取 $s=R$，由式（4 - 2）可得单独机身的载荷系数

$$\Delta C_{p\mathrm{dush}}=8\alpha\frac{\sqrt{R^2-z^2}}{R}\frac{\mathrm{d}R}{\mathrm{d}x}\tag{4-3}$$

式（4 - 2）与式（4 - 3）之差即为机翼对机身产生的干扰载荷系数 $\Delta C_{p\mathrm{sh}(yi)}$，即

$$\Delta C_{p\mathrm{sh(yi)}}=\Delta C_{p\mathrm{sh}}-\Delta C_{p\mathrm{dush}}$$

亦即

$$\Delta C_{p\mathrm{sh(yi)}}=4\alpha\frac{\left(1-\frac{R^4}{s^4}\right)\frac{\mathrm{d}s}{\mathrm{d}x}+\frac{2R}{s}\frac{\mathrm{d}R}{\mathrm{d}x}\left(1+\frac{R^2}{s^2}-2\frac{z^2}{R^2}\right)}{\sqrt{\left(1+\frac{R^2}{s^2}\right)^2-4\frac{z^2}{s^2}}}-8\alpha\frac{\sqrt{R^2-z^2}}{R}\frac{\mathrm{d}R}{\mathrm{d}x} \tag{4-4}$$

对于机翼与机身组合处是圆柱段时，$\frac{\mathrm{d}R}{\mathrm{d}x}=0$，而单独的圆柱段是不产生升力的，也即载荷系数是零，因而可从式(4-4)中得到机翼对圆柱段机身的干扰载荷系数 $\Delta C_{p\mathrm{sh(yi)}}$ 为

$$\Delta C_{p\mathrm{sh(yi)}}=4\alpha\frac{\left(1-\frac{R^4}{s^4}\right)\frac{\mathrm{d}s}{\mathrm{d}x}}{\sqrt{\left(1+\frac{R^2}{s^2}\right)^2-4\frac{z^2}{s^2}}} \tag{4-5}$$

对式(4-5)积分，可得圆柱段机身上的干扰升力 $\Delta Y_{\mathrm{sh(yi)}}$

$$\Delta Y_{\mathrm{sh(yi)}}=\frac{\pi}{2}q_\infty\alpha l^2\left(\frac{\psi}{\pi}-2\frac{D^2}{l^2}\right) \tag{4-6}$$

式中

$$\psi=2\frac{D}{l}\left(1-\frac{D^2}{l^2}\right)+\left(1+\frac{D^2}{l^2}\right)\arcsin\left(\frac{2\frac{D}{l}}{1+\frac{D^2}{l^2}}\right) \tag{4-7}$$

式(4-7)表明圆柱段上的干扰升力 $\Delta Y_{\mathrm{sh(yi)}}$ 是径展比 $\frac{D}{l}$ 的函数。式(4-6)写成升力系数的形式为

$$\Delta C_{y\mathrm{sh(yi)}}=\frac{\Delta Y_{\mathrm{sh(yi)}}}{q_\infty S_{\mathrm{wl}}}=\frac{\frac{\pi}{2}q_\infty\alpha l^2\left[\frac{\psi}{\pi}-2\frac{D^2}{l^2}\right]}{q_\infty S_{\mathrm{wl}}}$$

这里提醒注意的是参考面积 S_{wl} 为外露机翼面积，它与外露翼展弦比有如下关系：

$$\lambda_{\mathrm{wl}}=\frac{(l-D)^2}{S_{\mathrm{wl}}}$$

所以 $\Delta C_{y\mathrm{sh(yi)}}$ 可以写成

$$\Delta C_{y\mathrm{sh(yi)}}=\frac{\frac{\pi}{2}\lambda_{\mathrm{wl}}\alpha\left[\frac{\psi}{\pi}-2\frac{D^2}{l^2}\right]}{\left(1-\frac{D}{l}\right)^2} \tag{4-8}$$

2. 机翼处的机身为圆柱段时，作用在机翼上的载荷系数和升力

图4-10所示的组合体，在“$\alpha\alpha$”情况下，作用在组合体机翼上的载荷系数 $\Delta C_{p\mathrm{yi(sh)}}$ 为

$$\Delta C_{p\mathrm{yi(sh)}}=4\alpha\frac{\left(1-\frac{R^4}{s^4}\right)\frac{\mathrm{d}s}{\mathrm{d}x}+\frac{R}{s}\frac{\mathrm{d}R}{\mathrm{d}x}\left[2\left(\frac{R^2}{s^2}-1\right)+\left(1-\frac{R^2}{z^2}\right)^2\right]}{\sqrt{\left(1+\frac{R^4}{s^4}\right)-\left(1+\frac{R^4}{z^4}\right)\frac{z^2}{s^2}}} \tag{4-9}$$

式(4-9)是针对机翼处的机身为非圆柱段，对于圆柱段，$\frac{\mathrm{d}R}{\mathrm{d}x}=0$，此时作用在机翼上的载荷系数为

$$\Delta C_{pyi(sh)}=\frac{4\alpha\left(1-\frac{R^4}{s^4}\right)\frac{\mathrm{d}s}{\mathrm{d}x}}{\sqrt{\left(1+\frac{R^4}{s^4}\right)-\left(1+\frac{R^4}{z^4}\right)\frac{z^2}{s^2}}} \tag{4-10}$$

对式(4-10)积分，可得圆柱段机身流场干扰下的机翼升力

$$Y_{yi(sh)}=\frac{\pi}{2}q_\infty \alpha l^2\left[1+\frac{D^4}{l^4}-\frac{\psi}{\pi}\right] \tag{4-11}$$

式中，ψ 同式(4-7)。将式(4-11)写成升力系数形式为

$$C_{yyi(sh)}=\frac{Y_{yi(sh)}}{q_\infty S_{wl}}=\frac{\frac{\pi}{2}\lambda_{wl}\alpha\left[1+\frac{D^4}{l^4}-\frac{\psi}{\pi}\right]}{\left(1-\frac{D}{l}\right)^2} \tag{4-12}$$

"$\alpha\alpha$"情况下圆柱段机身与机翼的组合体（简称翼身组合段）的升力系数 $(C_y)_{yi\cdot sh}$ 为式(4-8)与(4-12)之和

$$(C_y)_{yi\cdot sh}=C_{yyi(sh)}+\Delta C_{ysh(yi)} \tag{4-13}$$

这里需要提醒的是，式(4-13)翼身组合段升力并未包括机身头部、尾部所产生的升力，如果将机身升力系数 C_{ysh}（包括头部和尾部）也计入在内，可得翼身组合体升力系数（以毛机翼面积为 S 参考面积）

$$(C_y)_{yi\text{-}sh}=C_{ysh}\frac{S_{sh}}{S}+C_{yyi(sh)}\frac{S_{wl}}{S}+\Delta C_{ysh(yi)}\frac{S_{wl}}{S} \tag{4-14}$$

3. 翼身干扰因子

为计算翼身组合体升力系数方便，定义"$\alpha\alpha$"情况下三个翼身干扰因子：

$$K_{yi(sh)}=\frac{\text{“}\alpha\alpha\text{”情况受机身影响下的机翼升力}}{\text{外露翼升力}}=\frac{C_{yyi(sh)}}{C_{ywl}}=\frac{C^\alpha_{yyi(sh)}}{C^\alpha_{ywl}} \tag{4-15}$$

$$K_{sh(yi)}=\frac{\text{“}\alpha\alpha\text{”情况下机翼对机身柱段干扰升力}}{\text{外露翼升力}}=\frac{\Delta C_{ysh(yi)}}{C_{ywl}}=\frac{\Delta C^\alpha_{ysh(yi)}}{C^\alpha_{ywl}} \tag{4-16}$$

$$K_{\alpha\alpha}=\frac{\text{“}\alpha\alpha\text{”情况下翼身组合段升力}}{\text{外露翼升力}}=\frac{C_{yyi(sh)}+\Delta C_{ysh(yi)}}{C_{ywl}}=K_{yi(sh)}+K_{sh(yi)} \tag{4-17}$$

下面导出这些干扰因子的细长体理论结果。首先由式(4-7)和式(4-8)不难得出单独外露翼的 C_{ywl} 细长体理论结果：

$$C_{ywl}=\frac{\pi}{2}\lambda_{wl}\alpha \tag{4-18}$$

将式(4-8)、式(4-12)和式(4-13)代入式(4-15)～式(4-17)，可得"$\alpha\alpha$"情况下的三个干扰因子的细长体理论结果表达式，如

$$K_{\alpha\alpha}=\frac{\frac{\pi}{2}\lambda_{wl}\alpha\left[1+\frac{D^4}{l^4}-\frac{\psi}{\pi}\right]+\frac{\pi}{2}\lambda_{wl}\alpha\left[\frac{\psi}{\pi}-2\frac{D^2}{l^2}\right]}{\frac{\pi}{2}\lambda_{wl}\alpha\left(1-\frac{D}{l}\right)^2}=\left(1+\frac{D}{l}\right)^2 \tag{4-19}$$

式(4-19)表明 $K_{\alpha\alpha}$ 是径展比 $\frac{D}{l}$ 的函数，同理可得 $K_{yi(sh)}$ 和 $K_{sh(yi)}$ 的结果表达式，它们都是径展比的函数，即

$$K_{yi(sh)}=\frac{\frac{D^2}{l^2}}{\pi\left(1-\frac{D}{l}\right)^2}\left[\frac{\pi}{2}\left(\frac{1-\frac{D^2}{l^2}}{\frac{D}{l}}\right)^2+\left(\frac{1+\frac{D^2}{l^2}}{\frac{D}{l}}\right)^2\arcsin\left(\frac{1-\frac{D^2}{l^2}}{1+\frac{D^2}{l^2}}\right)-2\frac{1-\frac{D^2}{l^2}}{\frac{D}{l}}\right] \tag{4-20}$$

$$K_{sh(yi)}=\left(1+\frac{D}{l}\right)^2-K_{yi(sh)} \tag{4-21}$$

$K_{\alpha\alpha}$, $K_{yi(sh)}$ 和 $K_{sh(yi)}$ 的关系曲线表示于图 4-11 中。

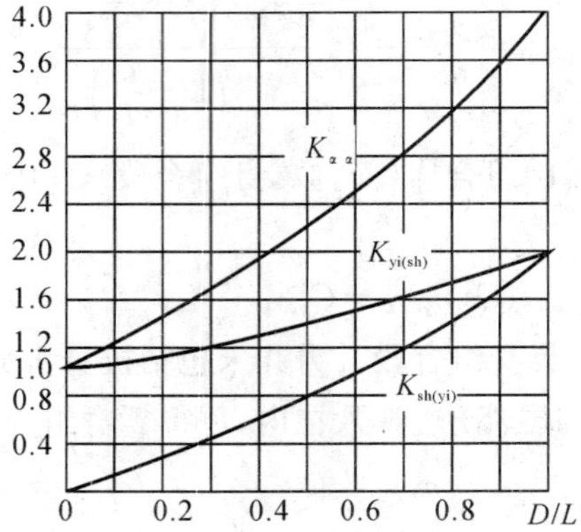

图 4-11 "$\alpha\alpha$"情况计算翼-身干扰因子图线

4.2.1.2 "$\varphi 0$"情况

同"$\alpha\alpha$"情况一样，首先定义三个干扰因子：

$$k_{yi(sh)}=\frac{\text{“}\varphi 0\text{”情况下机身影响下的机翼升力}}{\text{外露翼升力}}=\frac{C_{yyi(sh)}^{\varphi}}{C_{ywl}^{\alpha}} \tag{4-22}$$

$$k_{sh(yi)}=\frac{\text{“}\varphi 0\text{”情况下机翼对柱段机身干扰升力}}{\text{外露翼升力}}=\frac{\Delta C_{ysh(yi)}^{\varphi}}{C_{ywl}^{\alpha}} \tag{4-23}$$

$$K_{\varphi 0}=\frac{C_{yyi(sh)}^{\varphi}+\Delta C_{ysh(yi)}^{\varphi}}{C_{ywl}^{\alpha}}=k_{yi(sh)}+k_{sh(yi)} \tag{4-24}$$

与"$\alpha\alpha$"情况相同，"$\varphi 0$"情况的三个干扰因子也都是$\frac{D}{l}$的函数，即

$$K_{\varphi 0}=\frac{C_{yyi(sh)}^{\varphi}+\Delta C_{ysh(yi)}^{\varphi}}{C_{ywl}^{\alpha}}\approx\frac{1}{5}\left[\left(2+\frac{D}{l}\right)^2+1\right] \tag{4-25}$$

$k_{yi(sh)}$ 和 $k_{sh(yi)}$ 也是$\frac{D}{l}$的函数，这里不列写函数关系式了，图 4-12 给出了 $K_{\varphi 0}$, $k_{yi(sh)}$ 和 $k_{sh(yi)}$ 随$\frac{D}{l}$的关系曲线，供计算使用。由图 4-11 和图 4-12 可知各干扰因子随$\frac{D}{l}$增加而增大，表明大展弦比翼身组合体比起小展弦比翼身组合体之间的干扰要小得多。

当细长翼身组合体中的机翼与圆柱段机身相组合时，只要知道$\frac{D}{l}$的值，则 $K_{\alpha\alpha}$, $K_{yi(sh)}$ 和 $K_{sh(yi)}$ 及 $K_{\varphi 0}$, $k_{yi(sh)}$ 和 $k_{sh(yi)}$ 均可知。求得外露翼的升力斜率 C_{ywl}^{α} 之后，翼身组合段的升力系数

$(C_y)_{yi\cdot sh}$(注意不包括机身本身的升力系数),作用在外露机翼上的升力系数 $C_{yyi(sh)}$,在圆柱段的干扰升力系数 $\Delta C_{ysh(yi)}$ 均可求得。

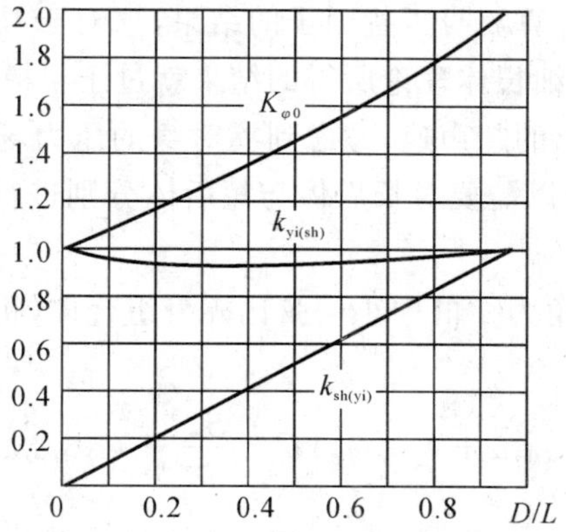

图 4-12　“$\varphi 0$”情况计算翼身干扰因子用图线

“$\alpha\alpha$”情况下,有

$$(C_y)_{yi\cdot sh}=K_{\alpha\alpha}C_{ywl}^{\alpha}\alpha=(K_{yi(sh)}+K_{sh(yi)})C_{ywl}^{\alpha}\alpha \tag{4-26}$$

$$C_{yyi(sh)}=K_{yi(sh)}C_{ywl}^{\alpha}\alpha \tag{4-27}$$

$$\Delta C_{ysh(yi)}=K_{sh(yi)}C_{ywl}^{\alpha}\alpha \tag{4-28}$$

“$\varphi 0$”情况下,有

$$(C_y)_{yi\cdot sh}=K_{\varphi 0}C_{ywl}^{\alpha}\varphi \tag{4-29}$$

$$C_{yyi(sh)}=k_{yi(sh)}C_{ywl}^{\alpha}\varphi \tag{4-30}$$

$$\Delta C_{ysh(yi)}=k_{sh(yi)}C_{ywl}^{\alpha}\varphi \tag{4-31}$$

以上各式虽然是由细长体理论推导出的,但对于并非十分细长的翼身组合体也可以应用,只要 C_{ywl}^{α} 值不用细长体理论公式(4-18)结果,而是用精确理论结果或者是实验值即可。这就使得细长体理论有较高的实用价值。它说明,尽管细长体理论本身较为粗糙,所求的 C_{ywl}^{α} 不够精确,但用细长体理论求出的干扰因子却是精度较好的。下面将要介绍的翼身组合体升力计算就是以此为基础的。

这里需提醒注意,上面所计算的翼身组合体是机翼与圆柱段机身相组合,对于机翼与非圆柱段机身($\frac{dR}{dx}\neq 0$)组合时,工程应用上,取机翼所在处的机身平均直径 D_{pj} 代替 D 求干扰因子。

4.2.2　小迎角翼身组合体升力特性计算

1. 大展弦比翼身组合体

对于机翼展弦比 $\lambda\geqslant 5$,$\frac{D}{l}\leqslant 0.1$ 的翼身组合体,在亚声速 $Ma_{\infty}<0.6$ 时,组合体升力系数可用毛机翼升力系数代替,即

$$(C_y)_{yi\text{-}sh}=C_{ymyi} \tag{4-32}$$

在线性升力范围内

$$(C_y)_{yi\text{-}sh}=C_{ymyi}^{\alpha}(\alpha+\varphi-\alpha_0) \tag{4-33}$$

式中,$C_{ymyi}^{\alpha}(1/(^{\circ}))$ 是毛机翼升力线斜率,其计算方法可参考第 2 章内容。α_0 为机翼零升迎角,

当翼型为正弯度时为负值。注意本章所说的翼身组合体升力系数$(C_y)_{yi\text{-}sh}$其中包括单独机身贡献。

2. 中、小展弦比翼身组合体(圆柱机身)

前面介绍了细长体理论计算翼身干扰因子的结果,这对于马赫数不大的细长翼身组合体是可以的。但对于矩形翼,用细长体理论所得的结果就过于粗糙,显然需要用更精确的一些理论。对于来流马赫数较大一点的超声速,考虑到翼对身的压力场传递作用与马赫线相对于后体的长短有关(见图 4-6),所以需要对长后体与短后体分别进行处理。这里对实际工程计算中所用的方法作综合介绍。

机身迎角为α,机翼安装角为φ的中小展弦比翼身组合体(机翼位于机身圆柱段中单翼安装)的升力系数可按下式计算:

$$(C_y)_{yi\text{-}sh}=C_{ysh}\frac{S_{sh}}{S}+(K_{yi(sh)}\alpha+k_{yi(sh)}\varphi_e)C_{ywl}^{\alpha}\frac{S_{wl}}{S}+(K_{sh(yi)}\alpha+k_{sh(yi)}\varphi_e)C_{ywl}^{\alpha}\frac{S_{wl}}{S} \tag{4-34}$$

其中

$$\varphi_e=\varphi-\alpha_0 \tag{4-35}$$

式中,α_0是机翼零升迎角;C_{ysh}为单独机身升力系数,其计算方法参考第3章;$C_{ywl}^{\alpha}(1/(°))$是外露翼升力线斜率,计算方法参考第2章。利用式(4-34)计算$(C_y)_{yi\text{-}sh}$的关键是如何计算处理干扰因子$K_{yi(sh)}$,$K_{sh(yi)}$,$k_{sh(yi)}$和$k_{yi(sh)}$。

(1)$K_{yi(sh)}$。

1) 矩形翼,$\beta\lambda_{wl}>2$的超声速情况用图 4-13 中的值,$\beta=\sqrt{Ma_{\infty}^2-1}$。

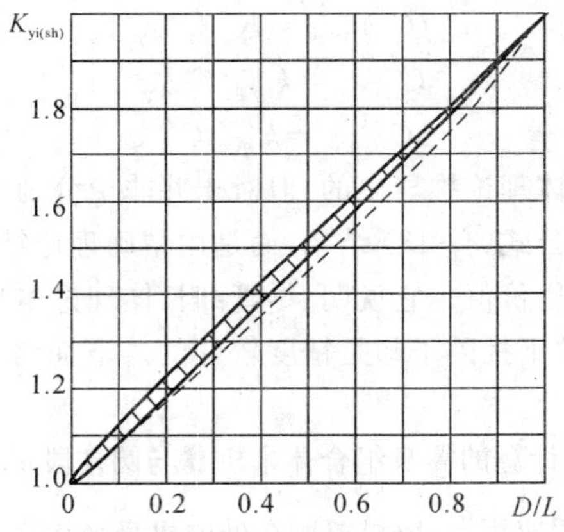

图 4-13 矩形翼身组合体干扰因子$K_{yi(sh)}$

其中---细长体理论;— 线化理论;阴影区为数值积分产生的误差范围

2) 其他情况一律选用图 4-11 中细长体理论值。

(2)$K_{sh(yi)}$。

1) 亚声速、跨声速和$(\beta\lambda_{wl}+\lambda_{wl}\tan\chi_0)(1+\xi_{wl})\leqslant 4$的超声速,取图 4-11 中细长体理论结果。这里的ξ_{wl}为外露翼梢根比,χ_0为机翼前缘后掠角。

2)$(\beta\lambda_{wl}+\lambda_{wl}\tan\chi_0)(1+\xi_{wl})>4$的超声速首先根据马赫数$Ma_{\infty}$和后体$L_{wb}$的长短,分为短后体、无后体和全后体三种情况(见图 4-14)。

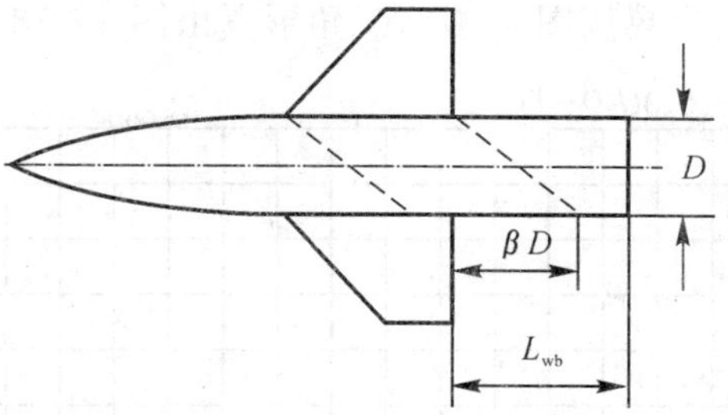

图 4-14　判断后体长短示意图

全后体：$L_{wb} > \beta D$，非三角形翼用图 4-15，三角形翼由图 4-16 查取。

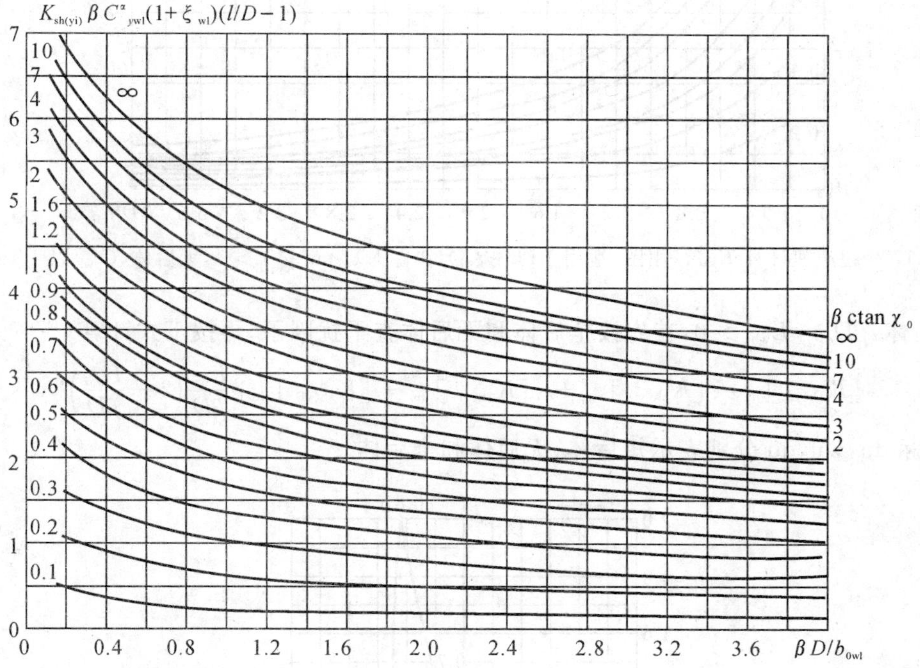

图 4-15　计算超声速 $K_{sh(yi)}$ 用图（适用于$(1+\xi_{wl})(\beta\lambda_{wl}+\lambda_{wl}\tan\chi_0)>4$，全后体 C_{ywl}^{α} 以 1/rad 计）

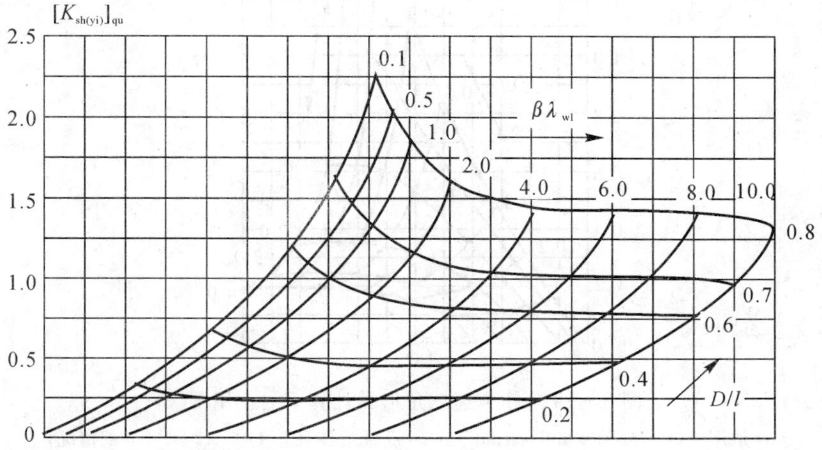

图 4-16　计算三角形翼超声速 $K_{sh(yi)}$ 用图（适用于$(1+\xi_{wl})(\beta\lambda_{wl}+\lambda_{wl}\tan\chi_0)>4$ 全后体）

无后体：$L_{wb}=0$，非三角形翼用图 4－17，三角形翼由图 4－18 查取。

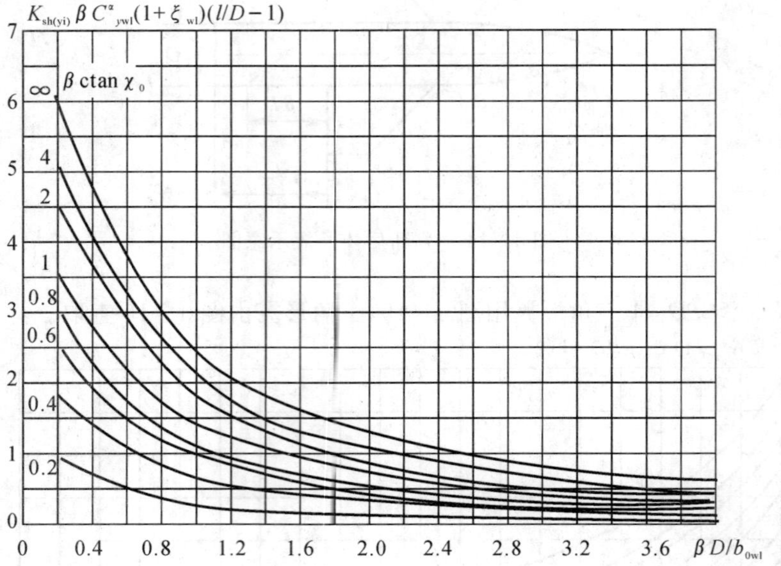

图 4－17　超声速计算 $K_{sh(yi)}$ 用图（适用于$(1+\xi_{wl})(\beta\lambda_{wl}+\lambda_{wl}\tan\chi_0)>4$，无后体，$C^{\alpha}_{ywl}$ 以 1/rad 计）

短后体：$\beta D>L_{wb}>0$，首先按全后体和无后体查干扰因子，再按下式计算

$$[K_{sh(yi)}]_{du}=[K_{sh(yi)}]_{wu}+\{[K_{sh(yi)}]_{qu}-[K_{sh(yi)}]_{wu}\}\frac{L_{wb}}{\beta D}\left(2-\frac{L_{wb}}{\beta D}\right)\tag{4-36}$$

式中，下标 du，wu，qu 分别表示短后体、无后体和全后体。

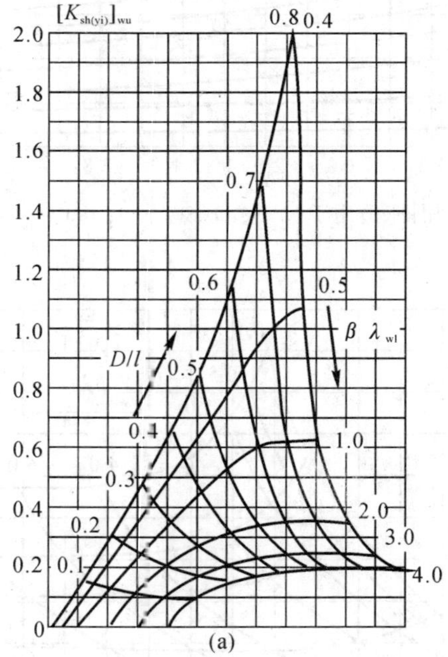

图 4－18　超声速三角形翼计算 $K_{sh(yi)}$ 用图

(a) 适用于$(1+\xi_{wl})(\beta\lambda_{wl}+\lambda_{wl}\tan\chi_0)>4$）无后体且 $0.4<\beta\lambda_{wl}<4.0$ 的情况；

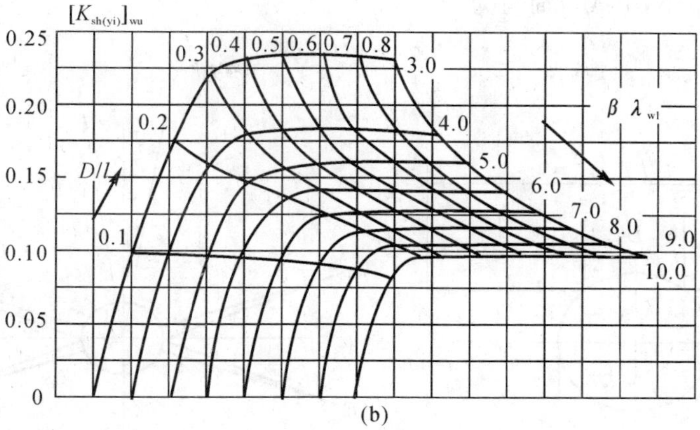

续图 4-18　超声速三角形翼计算 $K_{sh(yi)}$ 用图

(b) 适用于 $(1+\xi_{wl})(\beta\lambda_{wl}+\lambda_{wl}\tan\chi_0)>4$) 无后体且 $3.0<\beta\lambda_{wl}<10.0$ 的情况

(3) $k_{sh(yi)}$ 由图 4-12 查取。

(4) $k_{yi(sh)}$ 对于矩形翼 $\beta\lambda_{wl}>2$ 的超声速由图 4-19 查取，其他情况，选用图 4-12 细长体理论结果。

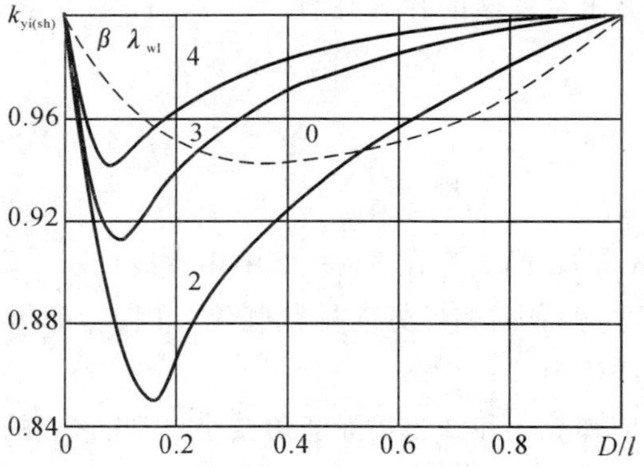

…… 细长体理论；— 线化理论。

图 4-19　确定矩形翼 $k_{yi(sh)}$ 用图(用于 $\beta\lambda_{wl}\geqslant 2$)

以上方法均指圆柱机身中单翼安装情况，对于圆柱机身非中单翼安装情况也可适用，只是将直径 D 换成 D' 来计算，D' 的含义见图 4-20。

3. 十字型和 X 型翼身组合体

导弹常采用十字型或 X 型翼与圆柱段弹体相组合，这时组合体的气动力计算还需要考虑翼对翼之间的干扰。当弹翼是十字型或 X 型安装时，选取毛机翼(即计入机身部分)面积为参考面积，即一对翼的翼面积，气动力和力矩系数都是相对这个面积而言的。X 型翼的特点就在于其外露翼的有效迎角 α_e 不等于机身的迎角，即使是弹翼无安装角的对称翼型。令弹翼平面与 xOz 平面的夹角为 ψ，称其为上反角(见图 4-21)，此时弹翼的有效迎角 α_e 与 ψ 及弹身迎角 α 之间有如下关系：

$$\tan\alpha_e=\frac{v_\infty\sin\alpha\cos\psi}{v_\infty\cos\alpha}=\tan\alpha\cos\psi$$

当 α 较小时，α_e 也很小，上式可简写为

$$\alpha_e = \alpha \cos \psi \tag{4-37}$$

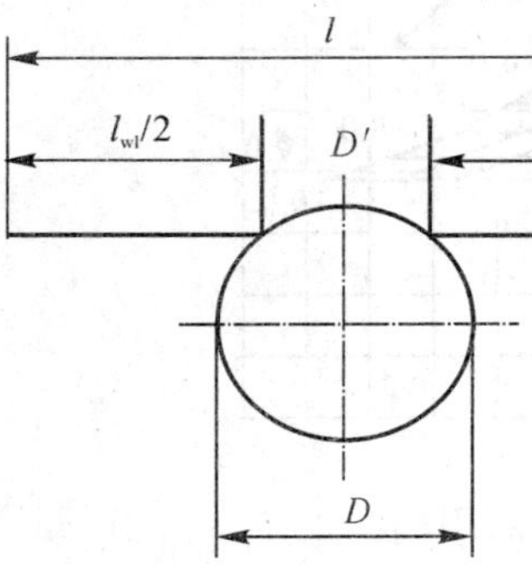

图 4-20　非中单翼-身组合体示意图

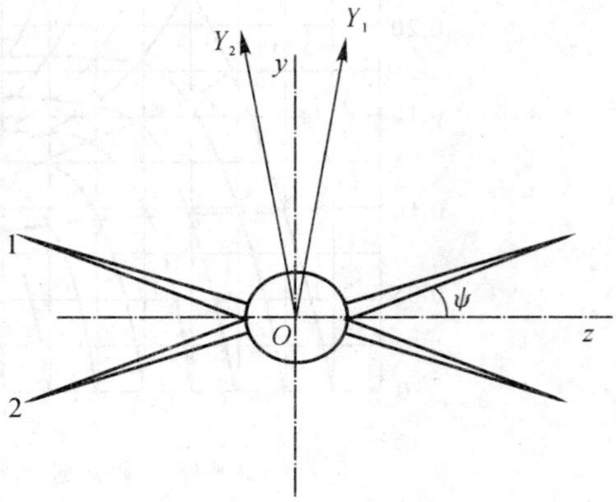

图 4-21　X 型翼的飞行器示意图

若不计翼片之间的干扰，则每一对弹翼产生的升力为

$$Y_1 = Y_2 = Y_{yi} \cos \psi \tag{4-38}$$

式中，Y_{yi} 指的是弹翼 1 或 2 水平安装的弹翼升力。将 Y_1，Y_2 投影到 y 轴上得到合力

$$Y_X = 2Y_{yi} \cos^2 \psi$$

引入系数 K_ψ，令

$$K_\psi = \frac{Y_X}{Y_{yi}} = 2\cos^2\psi \tag{4-39}$$

用式(4-39)表示的 K_ψ 与 ψ 的关系在图 4-22 中用虚线表示。实际上，弹翼 1 与弹翼 2 之间存在干扰。为了产生升力，弹翼向相反方向排开气流。因此，弹翼 1 处于弹翼 2 的洗流中，而弹翼 2 又处在弹翼 1 的洗流中。

如果 $\psi < 45°$，则洗流使弹翼 1 和 2 的实际迎角减小，因此它们的升力比由式(4-38)所确定的值要小些。显然，此时 $K_\psi < 2\cos^2\psi$。ψ 越小，翼片之间的相互干扰越严重，K_ψ 与 $2\cos^2\psi$ 的差别也就越大。在 $\psi = 0$ 的极限情况下，X 型翼变成了平面中单翼，$K_\psi = 1.0$。

如果 $\psi > 45°$，则弹翼 1 所产生的洗流使弹翼 2 的实际迎角增大。这时，$K_\psi > 2\cos^2\psi$。

如果 $\psi = 45°$，即两对弹翼互相垂直，弹翼 1 下洗流方向平行于弹翼 2 的翼面，因而它对弹翼 2 无影响，这时 $K_\psi = 2\cos^2\psi = 1.0$。换句话说，相互垂直的 X 型翼与同样外形的中单翼有相同的升力。

考虑到翼片之间的相互影响，$K_\psi = f(\psi)$ 的大致关系如图 4-22 实线所示，利用 K_ψ 可以写出 X 型翼的升力系数表达式为

$$(C_{ywl})_X = K_\psi C_{ywl} \tag{4-40a}$$

式中，C_{ywl} 是与 X 型翼同一平面形状的外露翼升力系数；K_ψ 是翼对翼的干扰系数，由图 4-22 实线查取。

同理，若两对弹翼都是全动式弹翼，弹翼相对于弹体纵轴偏转一个 δ 角时，则

$$(C_{ywl}^{\delta})_X = C_{ywl}^{\delta} \frac{K_\psi}{\cos\psi} \tag{4-40b}$$

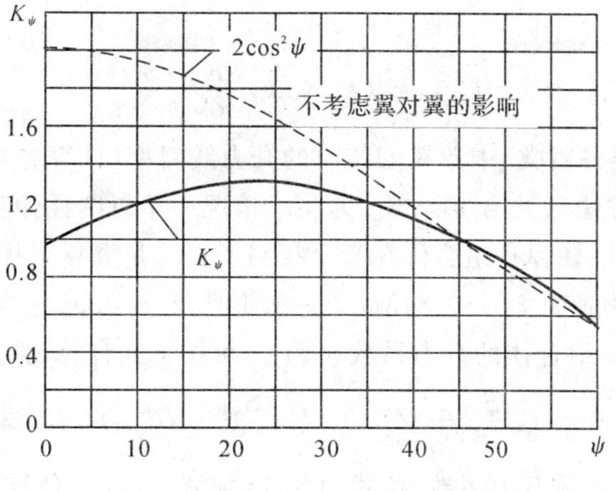

图 4-22　确定 X 型翼干扰 K_ψ 用图

当弹体上装有六片弹翼时，需区别两种姿态，分别计算单独弹翼的总升力系数(见图 4-23)。

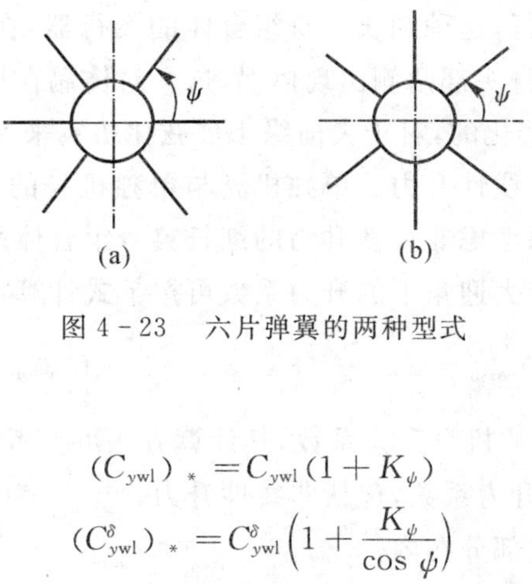

图 4-23　六片弹翼的两种型式

图 4-23(a) 情况：

$$(C_{ywl})_* = C_{ywl}(1 + K_\psi) \tag{4-41}$$

$$(C^\delta_{ywl})_* = C^\delta_{ywl}\left(1 + \frac{K_\psi}{\cos\psi}\right) \tag{4-42}$$

图 4-23(b) 型情况：

$$(C_{ywl})_* = C_{ywl}K_\psi \tag{4-43}$$

$$(C^\delta_{ywl})_* = C^\delta_{ywl}\frac{K_\psi}{\cos\psi} \tag{4-44}$$

以上是十字型翼、X 型翼、六片式翼的单独弹翼升力系数。当它们安装在弹身圆柱段时，则根据组合体情况可按下列各式计算其升力系数。

(1) 十字型翼身组合体的升力系数 $(C_y)_+$ 可写为

$$(C_y)_+ = (C_y)_- \tag{4-45}$$

式中，$(C_y)_-$ 为中单翼身组合体升力系数，计算方法同式(4-34)。

(2)X 型翼身组合体的升力系数 $(C_y)_X$ 可写为

$$(C_y)_X = C_{ysh}\frac{S_{sh}}{S} + K_\psi C^\alpha_{ywl}\alpha K_{\alpha\alpha}\frac{S_{wl}}{S} \tag{4-46}$$

式(4-46)是对于弹翼无安装角、无偏转角而言的，若弹翼有偏转角 δ，在式(4-46)中还需计入 $(C_y^\delta)_X\delta$ 一项：

$$(C_y^\delta)_X = C_{ywl}^\alpha K_{\varphi 0} k_f \frac{K_\psi}{\cos\psi}\frac{S_{wl}}{S} \tag{4-47}$$

以上两式中，C_{ywl}^α 为同类外露翼、中单翼安装时的升力线斜率，计算方法参见第 2 章；C_{ysh} 是单独弹身升力系数，计算方法参见第 3 章；$K_{\alpha\alpha}$ 为“$\alpha\alpha$”情况中单翼圆柱弹身组合体翼身干扰因子；$K_{\varphi 0}$ 为“$\varphi 0$”情况中单翼圆柱弹身组合体翼身干扰因子；K_ψ 是翼翼干扰因子，由图 4-22 查取；k_f 是缝隙影响系数，亚声速时 $k_f=0.8$，$Ma_\infty>1.4$ 时，$k_f=0.95\sim1.0$。

(3) 对于六片翼翼身组合体的升力系数 $(C_y)_*$，可按下式计算(弹身迎角 α，弹翼偏角 δ)：

$$(C_y)_* = C_{ysh}\frac{S_{sh}}{S} + (C_{ywl})_* K_{\alpha\alpha}\frac{S_{wl}}{S} + (C_{ywl}^\delta)_* K_{\varphi 0}\delta k_f \frac{S_{wl}}{S} \tag{4-48}$$

式中，$(C_{ywl})_*$ 是单独六片翼升力系数，按式(4-41)或式(4-43)计算；$(C_{ywl}^\delta)_*$ 为单独六片翼由偏角 δ 引起的升力系数，按式(4-42)或式(4-44)计算。其他符号的含义与前边的相同。

4.2.3 亚声速大迎角细长翼身组合体升力特性

高机动性超声速巡航战斗机在进入作战状态过程中经常出现亚声速大迎角飞行，某些导弹有时也需要在大迎角下飞行，这种细长翼身组合体的飞行器，在大迎角状态下的升力，就需要计入非线性升力。此时机身头部两侧出现体涡，这一对体涡在机翼上引起一个附加的升力，这个力与迎角 α 不是呈线性变化的，对于尖前缘小展弦比机翼来说，即使迎角 α 不大，也会出现前缘分离涡，该涡也将引起非线性升力。单独机翼与单独机身的非线性升力计算已在第 2 章和第 3 章中介绍了，这里介绍考虑非线性升力的细长翼身组合体的升力计算方法。

亚声速细长翼身组合体，大迎角下的升力系数可按下式计算：

$$(C_y)_{yi\text{-}sh} = C_{ysh}\frac{S_{sh}}{S} + C_{yyi(sh)}\frac{S_{wl}}{S} + C_{ysh(yi)}\frac{S_{wl}}{S} \tag{4-49}$$

式中，C_{ysh} 为考虑非线性升力的机身升力系数，其计算方法可参考本书第 3 章；$C_{yyi(sh)}$ 是考虑机身影响的作用在外露翼上的升力系数，包括非线性升力；$C_{ysh(yi)}$ 为机翼对圆柱段机身的干扰升力系数，包括非线性升力干扰部分在内。

关于 $C_{yyi(sh)}$ 和 $C_{ysh(yi)}$ 的计算是按包括非线性升力在内的单独机翼计算方法，计算时只是将迎角用考虑干扰后的有效迎角来代替，下面介绍这两个升力系数计算时的有效迎角。

(1) 计算 $C_{yyi(sh)}$ 的有效迎角 $\alpha_{yi(sh)}$ 为

$$\alpha_{yi(sh)} = K_{yi(sh)}\alpha + 57.3\frac{D}{l}iC_\Gamma\frac{K_{yi(sh)}}{K_{\alpha\alpha}} \quad (^\circ) \tag{4-50}$$

式中，i 是涡干扰因子，可由图 4-24 查得。图 4-24 中，D 为机身直径；x_{fl} 为机身头部涡起始分离点的坐标；x_q 为机翼根弦前缘距机头顶点距离；C_Γ 是体涡涡强系数，可由图 4-25 查得，图中符号含义同图 4-24，图中 x_{f1} 值可由图 4-26 查出；$K_{yi(sh)}$，$K_{\alpha\alpha}$ 是小迎角“$\alpha\alpha$”情况下翼身干扰因子取细长体理论值(见图 4-11)。

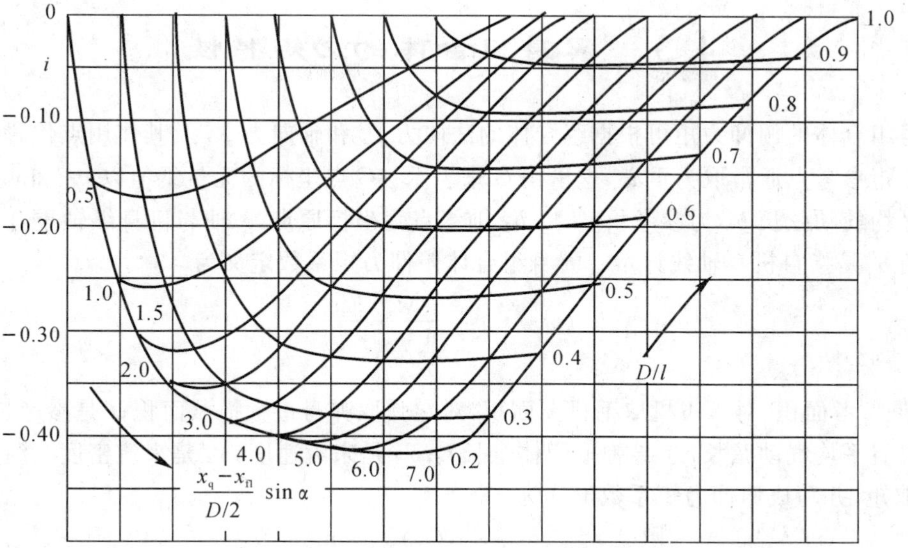

图 4-24　确定涡干扰因子 i 用图

关于单独机翼计入非线性升力的升力系数的计算，可参考本书第 2.9 节。图 4-25 和图 4-26 是实验数据的整理结果。由图可见：迎角越大，初始分离点的位置越靠前，体涡涡强也越强，涡干扰因子 $|i|$ 也越大，体涡对翼的干扰产生负干扰升力。

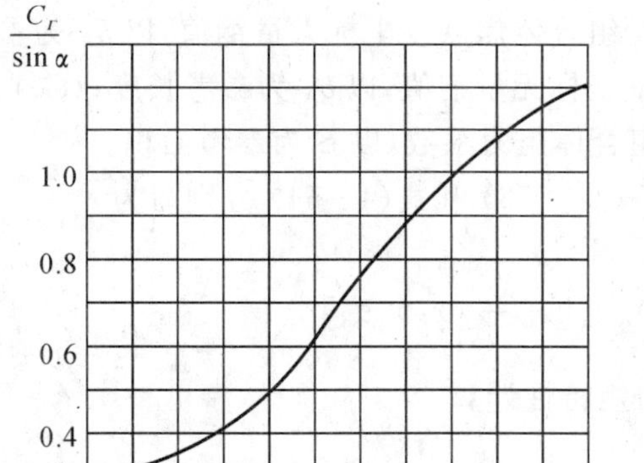

图 4-25　亚声速确定体涡涡强度系数 C_Γ 用图

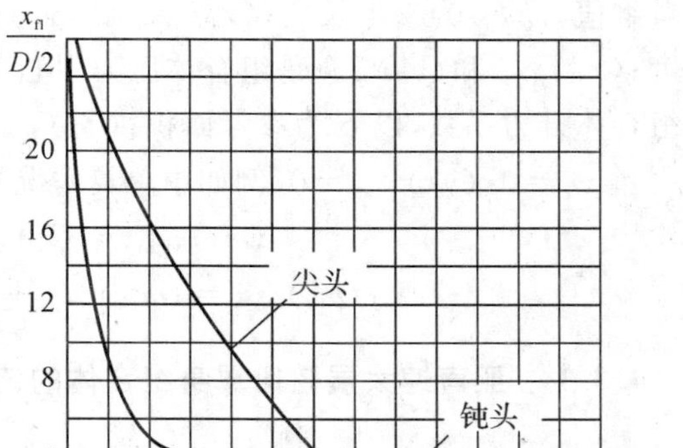

图 4-26　亚声速确定体涡初始分离点位置用图

(2) 计算 $C_{ysh(yi)}$ 的有效迎角 $\alpha_{sh(yi)}$ 为

$$\alpha_{sh(yi)} = \alpha + 57.3\frac{D}{l}i\frac{C_\Gamma}{K_{\alpha\alpha}} \quad (°) \tag{4-51}$$

式中符号含义同式(4-50)，这里所介绍的计算方法适用的迎角范围为

$$\alpha < \frac{\alpha_b}{K_{yi(sh)}} \tag{4-52}$$

式中，$K_{yi(sh)}$ 是小迎角细长体理论结果(见图4-11)；α_b 为外露翼前缘分离涡在后缘处破裂时的迎角，一般由实验决定。对于三角机翼，其值为$15° \sim 35°$(当 $\chi_0 = 45° \sim 80°$ 时)。

4.3 翼身组合体的力矩特性

翼身组合体的俯仰力矩可根据组合体的法向力 Y_t 和轴向力 X_t 及其作用点位置计算。飞行器的力矩参考点通常取为重心，这里用 G 来表示。G 点坐标的无量纲值以 $\bar{x}_G$ 和 $\bar{y}_G$ 表示，取毛机翼平均气动弦长 b_A 为参考长度，以 b_A 前缘点为坐标原点，x 轴与机身纵轴重合。这里所说的迎角 α，是指自机身轴线计量。翼身组合体俯仰力矩系数定义为

$$(m_z)_{\text{yi-sh}}=\frac{(M_z)_{\text{yi-sh}}}{\frac{1}{2}\rho_\infty v_\infty^2 Sl}$$

式中，S 是参考面积，对于飞机取毛机翼面积，对导弹取弹身最大横截面积；l 是参考长度，对飞机取毛机翼平均气动弦长 b_A，导弹取弹体全长 L；v_∞ 是来流速度；ρ_∞ 是来流密度。组合体的力对 G 点取矩，并写成俯仰力矩系数形式为

$$(m_z)_{\text{yi-sh}}=-[(C_y)_{\text{yi-sh}}\cos\alpha+(C_x)_{\text{yi-sh}}\sin\alpha][\bar{x}_G-(\bar{x}_P)_{\text{yi-sh}}]-[(C_x)_{\text{yi-sh}}\cos\alpha-(C_y)_{\text{yi-sh}}\sin\alpha][\bar{y}_G-(\bar{y}_P)_{\text{yi-sh}}] \quad (4-53)$$

对于小迎角，式(4－53)写成

$$(m_z)_{\text{yi-sh}}=(m_{z0})_{\text{yi-sh}}+(C_y)_{\text{yi-sh}}[\bar{x}_G-(\bar{x}_F)_{\text{yi-sh}}]-[(C_x)_{\text{yi-sh}}-(C_y)_{\text{yi-sh}}\alpha][\bar{y}_G-(\bar{y}_F)_{\text{yi-sh}}] \quad (4-54)$$

式(4－53)和式(4－54)中，$(m_{z0})_{\text{yi-sh}}$ 是组合体的零升力矩系数；$(\bar{x}_F)_{\text{yi-sh}}$ 是组合体焦点 x 坐标无量纲值，以 b_A 为参考长度；$(x_P)_{\text{yi-sh}}$ 和 $(\bar{y}_F)_{\text{yi-sh}}$ 是组合体焦点 y 坐标无量纲值，以 b_A 为参考长度；$(x_P)_{\text{yi-sh}}$ 和 $(\bar{y}_P)_{\text{yi-sh}}$ 是组合体压力中心 x 和 y 坐标无量纲值，以 b_A 为参考长度；$(C_y)_{\text{yi-sh}}$ 是组合体升力系数，以 S 为参考面积；$(C_x)_{\text{yi-sh}}$ 是组合体阻力系数，以 S 为参考面积。

当 $\bar{y}_G=0$，$(\bar{y}_P)_{\text{yi-sh}}=0$（例如中单翼情况）时，式(4－53)和式(4－54)分别写为

$$(m_z)_{\text{yi-sh}}=(C_y)_{\text{yi-sh}}[\bar{x}_G-(\bar{x}_P)_{\text{yi-sh}}]$$

$$(m_z)_{\text{yi-sh}}=(m_{z0})_{\text{yi-sh}}+(C_y)_{\text{yi-sh}}[\bar{x}_G-(\bar{x}_F)_{\text{yi-sh}}]$$

4.3.1 亚声速大展弦比翼身组合体的俯仰力矩特性计算

对于机翼展弦比 $\lambda\geqslant 5$，径展比 $\frac{D}{l}\leqslant 0.1$ 的翼身组合体，绕机身轴线上 G 点（例如重心）的俯仰力矩系数可用下式计算：

$$(m_z)_{\text{yi-sh}}=m_{z0}+\Delta m_{z0\text{sh}}+(\bar{x}_G-\bar{x}_F-\Delta\bar{x}_{F\text{sh}})C_{y\text{myi}} \quad (4-55\text{a})$$

$$\Delta m_{z0\text{sh}}=-0.0032(\varphi-\alpha_0) \quad (4-55\text{b})$$

其中

$$\Delta\bar{x}_{F\text{sh}}=-k_{\text{sh}}\frac{wb_0^2}{Sb_A} \quad (4-55\text{c})$$

以上式中，m_{z0}，$\bar{x}_F$，$C_{y\text{myi}}$ 分别为毛机翼的零升力矩系数，焦点位置和升力系数（其计算方法参见第二章）；$\bar{x}_G=\frac{x_G}{b_A}$ 为 G 点的无量纲 x 坐标，坐标原点在 b_A 的前缘，b_A 为毛机翼平均气动弦长；φ 是机翼安装角，以度计；$\Delta m_{z0\text{sh}}$ 是机身对组合体零升力矩的贡献；$\Delta\bar{x}_{F\text{sh}}$ 是机身对组合体焦点的影响；k_{sh} 是机身对组合体焦点的影响系数，由图 4－27 确定；w 是机身最大宽度尺寸。

大展弦比翼身组合体的升力在第 4.2 节中已经阐明，可直接用毛机翼的升力代替，机身的影响不大。在第 4.1 节中已提过，对于翼身组合体的力矩，则不能像升力问题那样处理，必需考虑机身的影响。从式(4-55a)可以看出，等号右边第一、二项之和是组合体的零升力矩，其中第二项是机身对零升力矩的贡献，这一力矩是由于机翼有一有效安装角 $\varphi-\alpha_0$ 在机身上引起的干扰量。式(4-55b)中等号右边第三项括号内可写为 $\bar{x}_G-(\bar{x}_F+\Delta\bar{x}_{Fsh})$，而从式(4-55c)可知 $\Delta\bar{x}_{Fsh}$ 为一负值，$\Delta\bar{x}_{Fsh}$ 是机身的存在使得毛机翼焦点 $\bar{x}_F$ 前移的量，这是由于单独机身在有 α 时存在一不稳定力矩而引起的。大展弦比翼身组合体的压力中心 $(\bar{x}_P)_{\text{yi-sh}}$ 和焦点 $(\bar{x}_F)_{\text{yi-sh}}$ 可依下列公式计算：

$$(\bar{x}_P)_{\text{yi-sh}}=\frac{(x_P)_{\text{yi-sh}}}{b_A}=\bar{x}_G-\frac{(m_z)_{\text{yi-sh}}}{C_{\text{ymyi}}} \tag{4-56}$$

$$(\bar{x}_F)_{\text{yi-sh}}=\bar{x}_F+\Delta\bar{x}_{Fsh} \tag{4-57}$$

需要提醒注意的是，这里所介绍的方法在小迎角线性升力范围内适用。

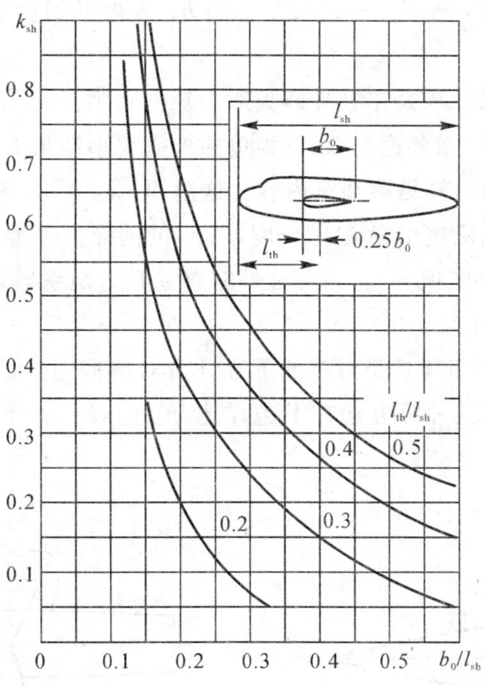

图 4-27　确定 k_{sh} 用图

4.3.2　亚、超声速时中、小展弦比翼身组合体的俯仰力矩特性计算

4.3.2.1　中单翼身组合体的俯仰力矩系数

小迎角时，中单翼身组合体绕机身轴线上 G(重心)的俯仰力矩由下列几部分组成：

(1) 单独机身的升力产生的俯仰力矩 $Y_{sh}(x_G-x_{Psh})$；

(2) 单独外露机翼的升力产生的俯仰力矩 $Y_{wl}(x_G-x_{Pyi})$；

(3) 机身对翼干扰升力增量的俯仰力矩 $\Delta Y_{yi(sh)}(x_G-x_{Pyi(sh)})$；

(4) 翼的压强场传递作用在机身上所产生的干扰升力增量的俯仰力矩 $\Delta Y_{sh(yi)}(x_G-x_{Psh(yi)})$；

(5) 翼的洗流对机身干扰产生的力矩(这是一力偶)$M_{zsh(v)}$。

引用单独外露翼焦点和零升力矩概念,并写成系数形式,组合体的俯仰力矩系数可写成

$$(m_z)_{yi\text{-}sh}=C_{ysh}(\bar{x}_G-\bar{x}_{Psh})\frac{S_{sh}}{S}+C_{ywl}^{\alpha}(\alpha+\varphi-\alpha_0)(\bar{x}_G-\bar{x}_{Fwl})\frac{S_{wl}}{S}+$$
$$m_{z0wl}+[(K_{yi(sh)}-1)\alpha+(k_{yi(sh)}-1)(\varphi-\alpha_0)]C_{ywl}^{\alpha}(\bar{x}_G-\bar{x}_{Pyi(sh)})\frac{S_{wl}}{S}+$$
$$[K_{sh(yi)}\alpha+k_{sh(yi)}(\varphi-\alpha_0)]C_{ywl}^{\alpha}(\bar{x}_G-\bar{x}_{Psh(yi)})\frac{S_{wl}}{S}+m_{zsh(v)} \tag{4-58}$$

式(4-58)等号右边第一项是单独机身对力矩系数的贡献。其中,C_{ysh} 为单独机身升力系数(以 S_{sh} 为参考面积),其计算方法见第3章;$\bar{x}_G$ 为G点的无量纲x坐标值,坐标原点取在毛机翼平均气动弦前缘点;$\bar{x}_{Psh}$ 为单独机身压力中心无量纲坐标值,以毛机翼平均气动弦长 b_A 为参考长度。有量纲的 x_P 按第3章内容计算,在第3章中它是从机头顶点作原点计量,在本章中把从机头计量的写为 x_{Psh},$x_{Psh}=x'_{Psh}-x'_{b_A}$。$x'_{b_A}$ 为 b_A 前缘点到机头顶点的距离,如图 4-28 所示。

式(4-58)等号右边第二项是单独外露翼对力矩的贡献。α_0 为机翼的零升迎角,φ 为机翼的安装角,α 为自机身轴线计量的迎角,C_{ywl}^{α} 为单独外露翼小迎角下的升力线斜率,$\bar{x}_{Fwl}$ 为单独外露翼焦点,$\bar{x}_{Fwl}$ 和 C_{ywl}^{α} 的计算见第2章内容。这里用 $\bar{x}''_{Fwl}$表示,这一无量纲值以 b_{Awl} 为参考长度,在此必须转化为以毛机翼 b_A 为参考长度,以 b_A 的前缘为参考点,后面将给出转换公式。

式(4-58)等号右边第三项 m_{z0wl} 为单独外露翼零升力矩系数,它是由机翼的弯扭而产生的,对于对称翼型的机翼,$m_{z0wl}=0$。

式(4-58)等号右边第四项是身对翼的干扰升力对俯仰力矩的贡献。$\bar{x}_{Pyi(sh)}$ 是身对翼干扰升力作用点的无量纲值,其计算方法在下边详述;$K_{yi(sh)}$,$k_{yi(sh)}$ 分别为“$\alpha\alpha$”“$\varphi0$”情况下的干扰因子,计算方法详见第 4.2 节。

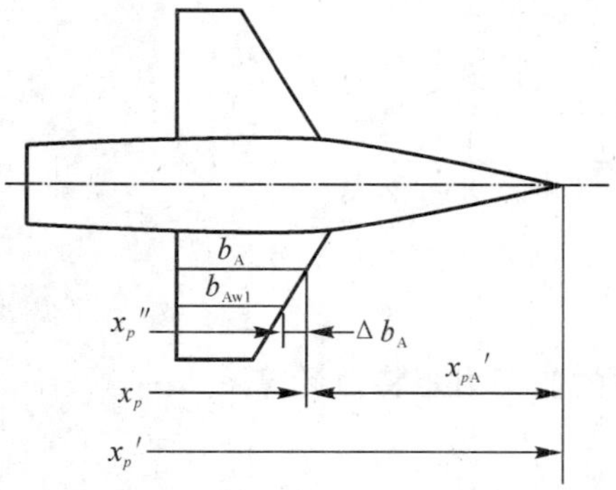

图 4-28　从机身计量的参数与 b_A 前缘和 b_{Awl} 前缘计量的参数之间关系

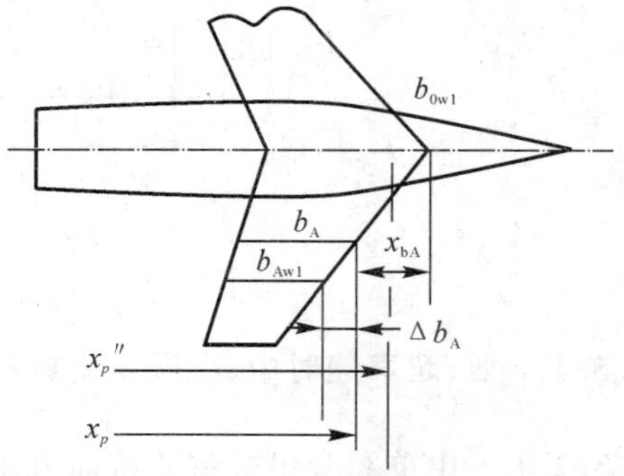

图 4-29　根弦前缘、b_A 前缘、b_{Awl} 前缘三者之间的转换关系用图

式(4-58)等号右边第五项是翼对身干扰升力对俯仰力矩的贡献;$\bar{x}_{Psh(yi)}$ 为该干扰升力作用位置的无量纲值,计算方法后边详述;$K_{sh(yi)}$,$k_{sh(yi)}$ 分别为“$\alpha\alpha$”“$\varphi0$”情况下的干扰因子,计算方法详见第 4.2 节。

式(4－58)等号右边第六项为机翼涡系洗流对机身影响产生的力矩，其计算以后详细介绍。

在介绍 $\bar{x}_{Pyi(sh)}$ 和 $\bar{x}_{Psh(yi)}$ 及 $m_{zsh(v)}$ 的计算方法之前，先写出 $\bar{x}''_{Fwl}$ 转算到 $\bar{x}_{Fwl}$ 的公式：

$$\bar{x}_{Fwl}=\frac{1}{b_A}(\bar{x}''_{Fwl}b_{Awl}+\Delta b_A) \tag{4-59}$$

其中

$$\Delta b_A=\left(\frac{D}{2}+\frac{l-D}{6}\frac{\eta_{wl}+2}{\eta_{wl}+1}-\frac{l}{6}\frac{\eta+2}{\eta+1}\right)\tan\chi_0 \tag{4-60}$$

式中，η，η_{wl} 分别为毛机翼和外露翼根梢比；χ_0 为机翼前缘后掠角；Δb_A 为毛机翼与外露翼的两个平均气动弦前缘间距离(见图 4－29)。

1. 身对翼干扰升力的压力中心 $\bar{x}_{Pyi(sh)}$

亚声速时

$$\bar{x}_{Pyi(sh)}=\bar{x}_{Fwl}-\frac{f_1}{b_A}\tan\chi_{1/4} \tag{4-61}$$

超声速时

$$\bar{x}_{Pyi(sh)}=\bar{x}_{Fwl}-\frac{f_1}{b_A}\tan\chi_{1/2} \tag{4-62}$$

以上二式中，$\bar{x}_{Fwl}$ 是单独外露翼焦点，注意需经过式(4－59)的转换；f_1 为 $\frac{D}{l}$(径展比)的函数，由图 4－30 查取。该图为细长体理论结果，图中 l_{wl} 为外露翼展长。

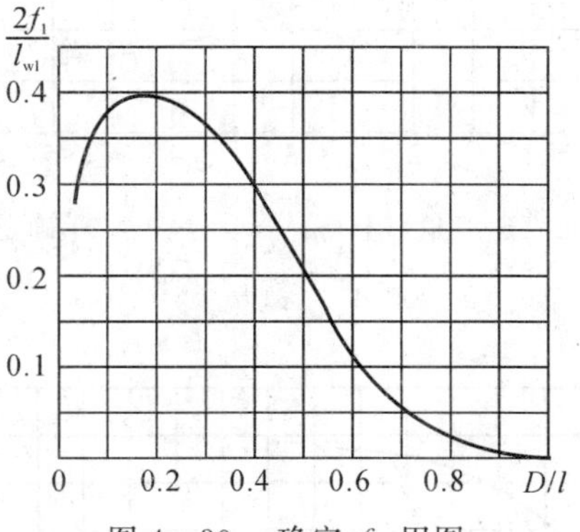

图 4－30　确定 f_1 用图

由以上二式可见，身对翼的干扰升力将导致外露翼焦点的前移，也即 $\bar{x}_{Fyi(sh)}$ 位置比 $\bar{x}_{Fwl}$ 靠前。机翼后掠角越大则越靠前，当后掠角 $\chi_{1/2}=0$ 或 $\chi_{1/4}=0$ 时，这一干扰升力作用点的轴向位置 $\bar{x}_{Pyi(sh)}$ 与单独外露翼焦点重合。

2. 翼对身干扰升力作用点 $\bar{x}_{Psh(yi)}$

$$\bar{x}_{Psh(yi)}=\frac{x_{Psh(yi)}}{b_A}$$

$x_{Psh(yi)}$ 的计算情况分别介绍如下：

(1) 后缘不后掠(或前掠)的机翼。

1) 亚声速时的计算。可由图 4-31 和 4-32 查出 $x'''_{Psh(yi)}$，它是从外露翼根弦计量的干扰升力 $\Delta Y_{sh(yi)}$ 的作用点。将图中查的 $x'''_{Psh(yi)}$ 作如下坐标原点的转换 A 而得到 $\bar{x}_{Psh(yi)}$（见图 4-29）。

$$\bar{x}_{Psh(yi)} = \left(\frac{x'''_{Psh(yi)}}{b_{0wl}}\right)\frac{b_{0wl}}{b_A} - \frac{x_{bAwl}}{b_A} + \frac{\Delta b_A}{b_A} \tag{4-63}$$

$$x_{bAwl} = \frac{l-D}{b}\frac{\eta_{wl}+2}{\eta_{wl}+1}\tan\chi_0 \tag{4-64}$$

式中，b_{0wl} 为外露翼根弦长；b_A 是毛翼平均气动弦长；x_{bAwl} 是外露翼平均气动弦前缘至机头距离。图 4-31 给出的图线是对根梢比 $\eta_{wl}\to\infty$，且后缘后掠角 $\chi_1=0$ 的机翼而言的，图 4-32 是对矩形翼 $\eta_{wl}=1$ 而言的。图 4-32 在 $\beta\lambda_{wl}>4$ 时是线化理论结果，$\beta\lambda_{wl}<4$ 是细长体理论结果，两者相接处用虚线连接。图 4-31 在 $\beta\lambda_{wl}<4$ 且 $\frac{D}{l}=0$ 时为细长体理论结果，此时的 $x'''_{Psh(yi)}$ 等于作用在单独翼根弦上的压力中心。对于 $\beta\lambda_{wl}>4$，$\frac{D}{l}\neq 0$ 的曲线采用线化理论结果；$\beta\lambda_{wl}=0$，$\frac{D}{l}=0$ 的点是细长体理论值，以该值为基准与线化理论结果内插求得 $\beta\lambda_{wl}<4$ 而 $\frac{D}{l}>0$ 的值，内插值在图上用虚线表示。

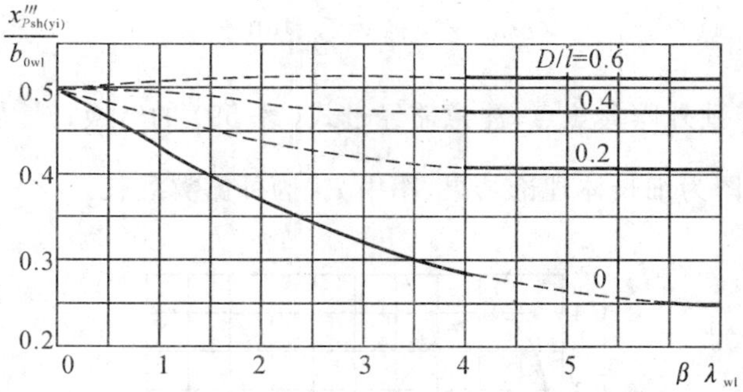

图 4-31　亚声速三角形翼（$\eta_{wl}\to\infty$，$\chi_1=0$）确定 $x'''_{Psh(yi)}$ 用图

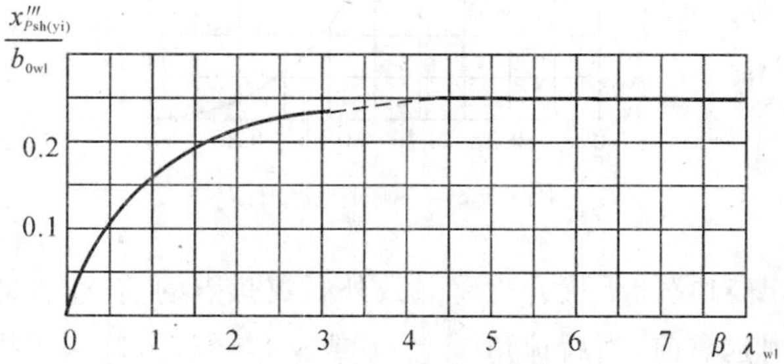

图 4-32　亚声速矩形翼确定 $x'''_{Psh(yi)}$ 用图

2) 超声速时的计算。全后体情况：$L_{wb}>\beta D$，从外露翼根弦量起的 $x'''_{Psh(yi)}$ 可由图 4-33 和图 4-34 查出，经式(4-63) 转换。这里只给出矩形翼、三角形翼的计算用曲线。

无后体情况：$L_{wb}=0$，可由图 4-35 查得 $x'''_{Psh(yi)}$，再经式(4-63) 转换。

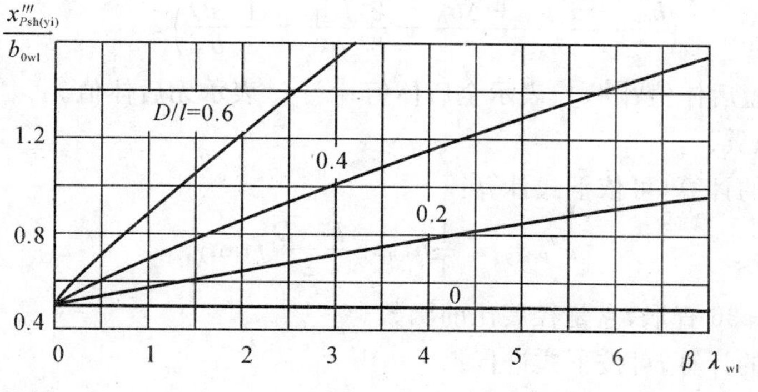

图 4 - 33　超声速，$\eta_{wl}\to\infty$，$\chi_1=0$ 全后体情况确定 $x'''_{Psh(yi)}$ 用图

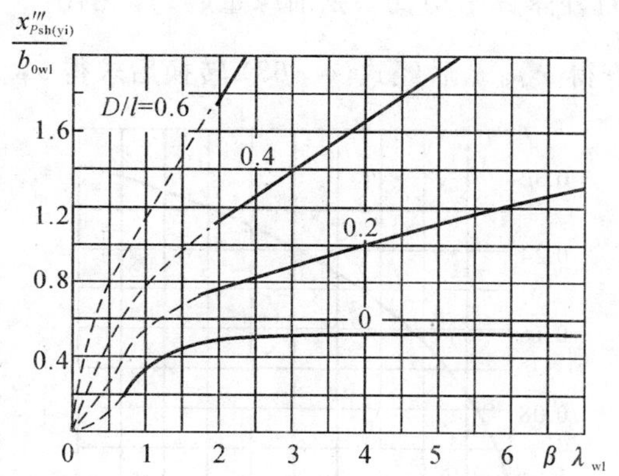

图 4 - 34　超声速，矩形翼($\eta_{wl}=1.0$)，全后体情况确定 $x'''_{Psh(yi)}$ 用图

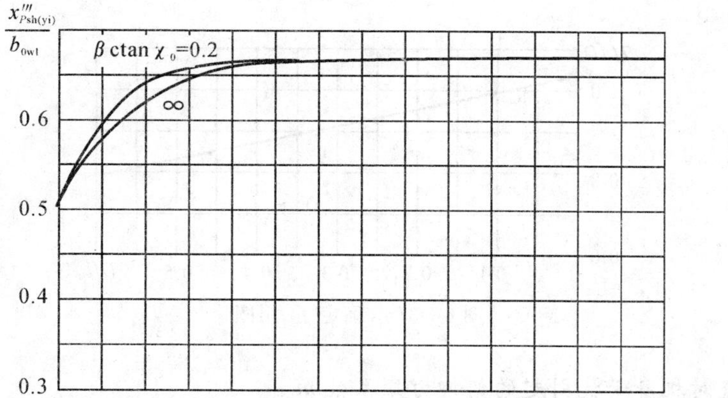

图 4 - 35　超声速，无后体，确定 $x'''_{Psh(yi)}$ 用图(适用于$(1+\xi_{wl})(\beta\lambda_{wl}+\lambda_{wl}\tan\chi_0)>4$))

短后体情况：$0<L_{wb}<\beta D$，先按全后体和无后体两种情况查取 $x'''_{Psh(yi)}$ 并转算成 $x_{Psh(yi)}$，再按下式进行插值，求得短后体下的值。

$$[x'''_{Psh(yi)}]_d=\frac{[K_{sh(yi)}]_q}{[K_{sh(yi)}]_d}[x_{Psh(yi)}]_q-\frac{[K_{sh(yi)}]_q-[K_{sh(yi)}]_w}{[K_{sh(yi)}]_d}\left(1-\frac{L_{wb}}{\beta D}\right)^2$$

$$\left(\frac{b_{0\mathrm{wl}}-x_{b\mathrm{Awl}}+\Delta b_{\mathrm{A}}}{b_{\mathrm{A}}}+\frac{2}{3}\frac{L_{\mathrm{wb}}}{b_{\mathrm{A}}}+\frac{1}{3}\frac{\beta D}{b_{\mathrm{A}}}\right) \tag{4-65}$$

式中，$[\ \ ]_{\mathrm{d}}$ 表示短后体值；$[\ \ ]_{\mathrm{q}}$ 表示全后体值；$[\ \ ]_{\mathrm{w}}$ 表示无后体值。

(2) 后缘后掠翼。

1) 亚声速时的计算，可依下式计算：

$$x'''_{P\mathrm{sh(yi)}}=\frac{1}{4}b_{0\mathrm{wl}}+\frac{l-D}{2}f\tan\chi_{1/4} \tag{4-66}$$

式中，f 可由图 4-36 查取，它是径展比的函数。

2) 超声速时的计算，可按下式进行：

$$x'''_{P\mathrm{sh(yi)}}=b_{0\mathrm{wl}}(\bar{x}''_{F\mathrm{wl}}+0.02\lambda_{\mathrm{wl}}\tan\chi_{1/2})+f_2\sqrt{Ma_{\infty}^2-1} \tag{4-67}$$

式中，$\bar{x}''_{F\mathrm{wl}}$ 是外露翼焦点，自外露翼平均气动弦前缘量起；f_2 由图 4-37 查取，它是 $\frac{D}{l}$ 的函数。无论亚声速还是超声速，查得 $x'''_{P\mathrm{sh(yi)}}$ 后经式(4-63) 转换后求得 $\bar{x}_{P\mathrm{sh(yi)}}$。

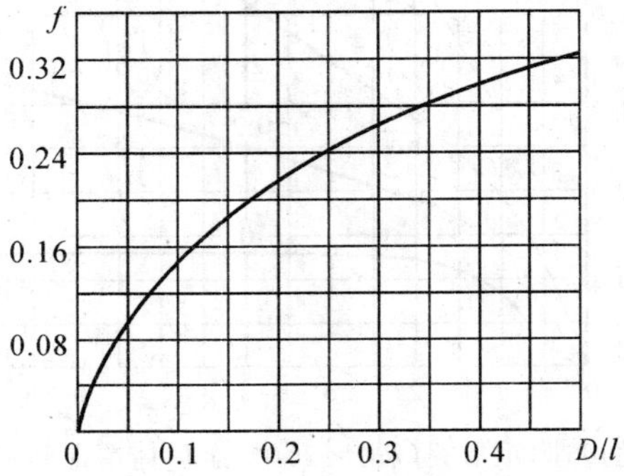

图 4-36　确定 f 用图

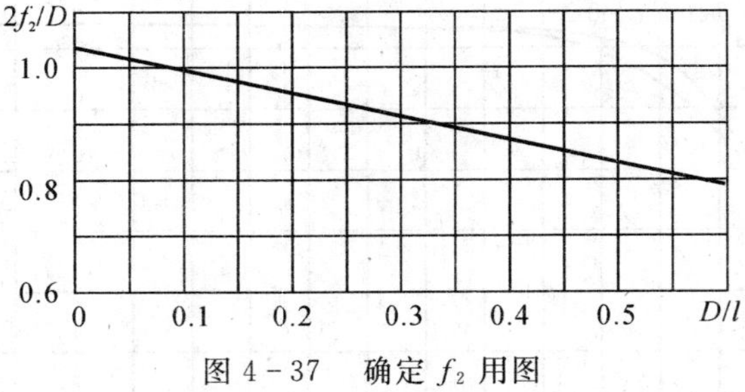

图 4-37　确定 f_2 用图

3. 机翼洗流对机身干扰引起的俯仰力矩系数 $m_{z\mathrm{sh(v)}}$

(1) 亚声速情况。机翼洗流对机身的干扰俯仰力矩以及对焦点的移动量可按下列两式计算：

$$m_{z\mathrm{sh(v)}}=-(C_y)_{\mathrm{yi\text{-}sh}}\Delta\bar{x}_{F\mathrm{sh(v)}} \tag{4-68}$$

$$\Delta\bar{x}_{F\mathrm{sh(v)}}=\left[\Delta\bar{x}_{F\varepsilon(\mathrm{v})}\frac{lb_{\mathrm{A}}}{\beta D^2}\right]\frac{\beta D^2}{lb_{\mathrm{A}}} \tag{4-69}$$

式中，$\beta=\sqrt{1-Ma_{\infty}^2}$；$(C_y)_{\mathrm{yi\text{-}sh}}$ 是小迎角下翼身组合体的升力系数；$\Delta\bar{x}_{F\varepsilon(\mathrm{v})}$ 是机翼洗流对机身干扰引起的焦点移动量的无量纲值（以 b_{A} 为参考长度）。$\left[\Delta\bar{x}_{F\varepsilon(\mathrm{v})}\frac{lb_{\mathrm{A}}}{\beta D^2}\right]$ 值可直接由图

4－38(a) 和图 4－38(b) 查得，图中 λ,ξ 分别为毛机翼展弦比和梢根比。

这里只给出了椭圆旋成体头部和抛物线旋成体头部的机身在 $\dfrac{\tan\chi_{1/4}}{\beta}=1.0$ 的时候计算用的曲线。其他头部形状，视其属尖头还是钝头两种头部处理。对于 $\dfrac{\tan\chi_{1/4}}{\beta}>1.5$，可认为 $\Delta\bar{x}_{F\mathrm{sh(v)}}=0$，不计该项干扰。

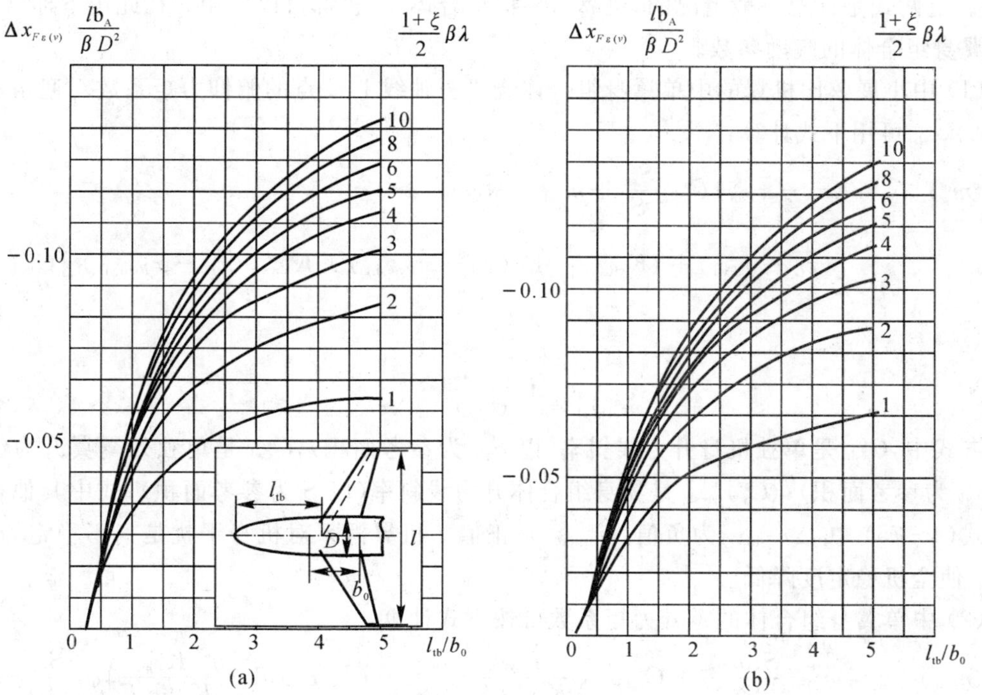

图 4－38　机翼涡系对不同形状机身的干扰引起的焦点移动量($\dfrac{1}{\beta}\tan\chi_{1/4}=1.0$)

(a) 椭圆形旋成体头部；(b) 抛物线旋成体头部

(2) 超声速情况。超声速时机翼洗流对机身干扰引起的附加力矩系数和焦点的移动量可用下列经验公式计算：

$$m_{z\mathrm{sh(v)}}=\frac{0.1(l-D)}{b_{\mathrm{A}}\eta_{\mathrm{wl}}}\beta K_{\mathrm{sh(yi)}}\ (C_y)_{\mathrm{yi\text{-}sh}} \tag{4-70}$$

$$\Delta\bar{x}_{F\mathrm{sh(v)}}=-\frac{m_{z\mathrm{sh(v)}}}{(C_y)_{\mathrm{yi\text{-}sh}}} \tag{4-71}$$

以上二式中，$K_{\mathrm{sh(yi)}}$ 为翼对身干扰因子，η_{wl} 为外露翼根梢比。

由式(4－68) 至式(4－71) 和图 4－38(a) 及图 4－38(b) 可知，机翼涡系洗流对机身干扰产生的是一抬头力矩，它使焦点前移。这一干扰的力矩方向与第 4.1 节讨论的机翼涡系对机身干扰现象的分析是一致的，这一干扰量随机翼后掠角加大而减小。对于小展弦比大后掠角机翼来说可以忽略这一干扰力矩，但对中等展弦比小后掠角机翼来说不应忽略它。

4.3.2.2　中单翼身组合体 $(m_z^{\alpha})_{\mathrm{yi\text{-}sh}}$，$(m_{z0})_{\mathrm{yi\text{-}sh}}$ 和 $(\bar{x}_F)_{\mathrm{yi\text{-}sh}}$

飞行器在设计过程中常常用 m_z^{α}，m_{z0} 和 $\bar{x}_F$ 三个气动参数来表示俯仰力矩特性，m_z^{α} 是俯仰力矩系数对迎角的导数，m_{z0} 是零升俯仰力矩系数，$\bar{x}_F$ 是焦点（它是由迎角产生的升力的作用点）。三者之间的关系为

$$m_z = m_{z0} + C_y(\bar{x}_G - \bar{x}_F) = m_{z0} + m_z^\alpha \alpha \tag{4-72}$$

$$\frac{\partial m_z}{\partial C_y} = \bar{x}_G - \bar{x}_F \tag{4-73}$$

以上式中所写的力矩是对机身轴线上 G 点的力矩，$\bar{x}_G$，$\bar{x}_F$ 是自毛机翼 b_A 前缘点计量，参考长度为 b_A。上两式是针对一般情况的，机翼、机身、组合体、全机都可以使用。在此用下标"yi - sh"表示翼身组合体的气动参数。

（1）中小展弦比机翼的中单翼身组合体绕机身轴线上 G 点的俯仰力矩系数对迎角 α 的导数 $(m_z^\alpha)_{\text{yi-sh}}$ 可用下式计算：

$$(m_z^\alpha)_{\text{yi-sh}} = (\bar{x}_G - \bar{x}_{P\text{sh}}) C_{y\text{sh}}^\alpha \frac{S_{\text{sh}}}{S} + m_{z\text{sh(v)}}^\alpha + \left[(\bar{x}_G - \bar{x}_{F\text{wl}}) + (K_{\text{yi(sh)}} - 1)(\bar{x}_G - \bar{x}_{P\text{yi(sh)}}) + K_{\text{sh(yi)}}(\bar{x}_G - \bar{x}_{P\text{sh(yi)}})\right] C_{y\text{wl}}^\alpha \frac{S_{\text{wl}}}{S} \tag{4-74}$$

式中

$$m_{z\text{sh(v)}}^\alpha = -(C_y^\alpha)_{\text{yi-sh}} \Delta\bar{x}_{F\text{sh(v)}} \tag{4-75}$$

以上二式中，$C_{y\text{sh}}^\alpha$ 是单独机身升力线斜率（以 S_{sh} 为参考面积）；$C_{y\text{wl}}^\alpha$ 是单独外露翼升力线斜率（以 S_{wl} 为参考面积）；$(C_y^\alpha)_{\text{yi-sh}}$ 是翼身组合体升力线斜率（以 S 为参考面积）；式中其他符号同前。式（4-75）中，$\Delta\bar{x}_{F\text{sh(v)}}$ 为负值，$m_{z\text{sh(v)}}^\alpha$ 是正值。机翼涡系对机身干扰是一不稳定力矩，即 $m_{z\text{sh(v)}}^\alpha$ 使全机稳定度降低。

（2）中单翼身组合体的零升力矩系数可按下式计算：

$$(m_{z0})_{\text{yi-sh}} = m_{z0\text{wl}} \frac{S_{\text{wl}} b_{\text{Awl}}}{S b_A} + C_{y\text{sh}}^\alpha \bar{x}_{p\text{sh}} \frac{K_{\varphi 0}}{K_{\alpha\alpha} + E} \varphi_e \frac{S_{\text{sh}}}{S} - C_{y\text{wl}}^\alpha \bar{x}_{F\text{wl}} \left(1 - \frac{K_{\varphi 0}}{K_{\alpha\alpha} + E}\right) \varphi_e \frac{S_{\text{wl}}}{S} - C_{y\text{wl}}^\alpha \bar{x}_{P\text{yi(sh)}} \left[(k_{\text{yi(sh)}} - 1) - \frac{K_{\varphi 0}}{K_{\alpha\alpha} + E}(K_{\text{yi(sh)}} - 1)\right] \varphi_e \frac{S_{\text{wl}}}{S} - C_{y\text{wl}}^\alpha \bar{x}_{P\text{sh(yi)}} \left[k_{\text{sh(yi)}} - \frac{K_{\varphi 0}}{K_{\alpha\alpha} + E} K_{\text{sh(yi)}}\right] \varphi_e \frac{S_{\text{wl}}}{S} \tag{4-76}$$

式中

$$\varphi_e = \varphi - \alpha_0 \tag{4-77}$$

$$E = \frac{C_{y\text{sh}}^\alpha}{C_{y\text{wl}}^\alpha} \frac{S_{\text{sh}}}{S_{\text{wl}}} \tag{4-78}$$

$$\bar{x}_{F\text{wl}} = \frac{1}{b_A}(\bar{x}''_{F\text{wl}} b_{\text{Awl}} + \Delta b_A) \tag{4-79}$$

$$\bar{x}_{P\text{sh}} = \frac{1}{b_A}(x'_{P\text{sh}} - x'_{bA}) \tag{4-80}$$

式（4-76）～式（4-80）中各项参数含义如下：

$m_{z0\text{wl}}$——外露翼零升力矩系数，以 $S_{\text{wl}} b_{\text{Awl}}$ 为参考量；

$\bar{x}_{P\text{sh}}$——单独机身压力中心，自 b_A 前缘计量，以 b_A 为参考长度；

$x'_{P\text{sh}}$——单独机身压力中心，自机身头部顶点计量；

x'_{bA}——b_A 的前缘至机头距离；

$\bar{x}_{Fwl}$—— 单独外露翼焦点，以 b_A 为参考长度，自 b_A 前缘计量；
$\bar{x}''_{Fwl}$—— 单独外露翼焦点，以 b_{Awl} 为参考长度，自 b_{Awl} 前缘计量；
C^{α}_{ysh}—— 单独机身升力线斜率，以 S_{sh} 为参考面积；
C^{α}_{ywl}—— 单独机身升力线斜率，以 S_{wl} 为参考面积；
其他符号同前。

中单翼身组合体的焦点位置 $(\bar{x}_F)_{yi-sh}$ 可用下式计算：

$$(\bar{x}_F)_{yi-sh} = \bar{x}_{Fwl} + \frac{E}{E+K_{\alpha\alpha}}(\bar{x}_{Psh} - \bar{x}_{Fwl}) + \frac{1}{E+K_{\alpha\alpha}}[K_{sh(yi)}\bar{x}_{Psh(yi)} - \bar{x}_{Fwl}] + (K_{yi(sh)} - 1)(\bar{x}_{Pyi(sh)} - \bar{x}_{Fwl}) + \Delta\bar{x}_{Fsh(v)} \tag{4-81}$$

式中所有符号同前。上式中，等号右端第一项是单独外露翼的焦点，其后二至五项可分别视为机身升力对焦点移动量的贡献，翼对身干扰升力对焦点移动量的贡献，身对翼干扰升力对焦点移动量的贡献，翼涡涡系对机身干扰引起的升力对焦点移动量的贡献。第四项、第五项都是使焦点前移的干扰量，这在前面已经讨论过了。第二项显然也是一使焦点前移的干扰量，因机身头部升力是主要的，$\bar{x}_{Psh}$ 总是比 $\bar{x}_{Fwl}$ 靠前。第三项是翼对身的干扰升力，通常亚声速时它使焦点前移，超声速时由于机翼压力场沿马赫线传递而使焦点后移，特别是全后体情况。

4.4　翼身组合体的阻力特性

翼身组合体的阻力系数是零升阻力系数 $(C_{x0})_{yi-sh}$ 和升致阻力系数 $(C_{xi})_{yi-sh}$ 之和，即

$$(C_x)_{yi-sh} = (C_{x0})_{yi-sh} + (C_{xi})_{yi-sh} \tag{4-82}$$

式中，阻力系数的参考面积取毛机翼面积 S。

4.4.1　大展弦比翼身组合体亚声速阻力特性

1. 零升阻力系数 $(C_{x0})_{yi-sh}$ 的计算

亚声速大展弦比翼身组合体零升阻力系数可按下式计算：

$$(C_{x0})_{yi-sh} = C_{x0wl}\frac{S_{wl}}{S} + C_{x0sh}\frac{S_{sh}}{S} + C_{xdb}\frac{S_{db}}{S} + \Delta C_{x0} \tag{4-83}$$

式中，C_{x0wl} 是外露翼零升阻力系数，以 S_{wl} 为参考面积，其计算可参考第 2 章内容；C_{x0sh} 是单独机身零升阻力系数，其中不包括底部阻力系数，以 S_{sh} 为参考面积，计算方法见第 3 章内容；C_{xdb} 是组合体底部阻力系数，以机身底部面积 S_{db} 为参考面积，计算方法见第 3 章，用机身底部阻力系数代替；ΔC_{x0} 是组合体部件之间的零升阻力增量，下边给出翼身干扰阻力系数增量 ΔC_{x0} 计算公式.

$$\Delta C_{x0} = (1-k_2)C_{x0sh}\frac{S_{sh}}{S} \tag{4-84}$$

式中，k_2 为干扰系数，由图 4-39 确定，图中 Re_{sh} 为以机身长度为参考量的雷诺数。

2. 升致阻力系数 $(C_{xi})_{yi-sh}$ 计算

翼身组合体的升致阻力系数可依下式计算：

$$(C_{xi})_{yi-sh} = C_{ximyi} + C_{xish}\frac{S_{sh}}{S} \tag{4-85}$$

式中，C_{ximyi} 为毛机翼诱导阻力系数，计算方法见第 2 章；C_{xish} 是单独机身诱导阻力系数，以 S_{sh}

为参考面积,计算方法见第 3 章。

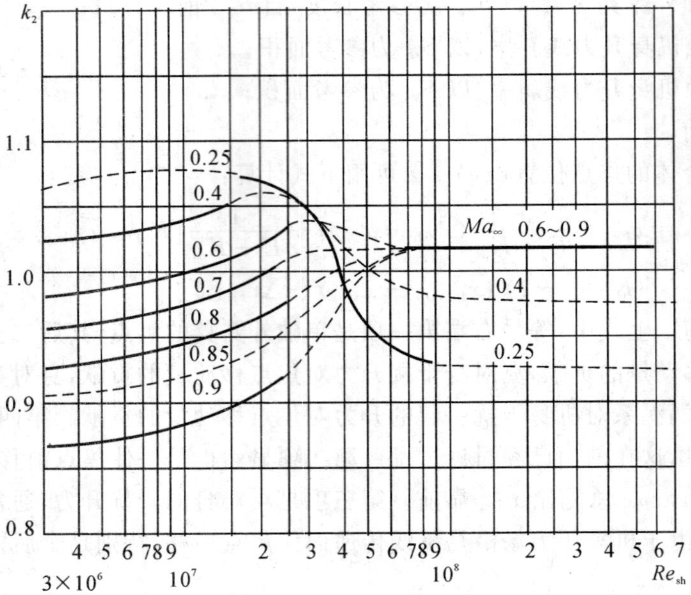

图 4-39　确定 k_2 用图

4.4.2　中小展弦比翼身组合体亚、超声速阻力特性计算

1. 零升阻力系数 $(C_{x0})_{yi\text{-}sh}$ 计算

翼身组合体的零升阻力系数可按下式计算:

$$(C_{x0})_{yi\text{-}sh} = k_1 C_{x0wl}\frac{S_{wl}}{S} + k_2 C_{x0sh}\frac{S_{sh}}{S} + C_{x0db}\frac{S_{db}}{S} \tag{4-86}$$

式中,C_{x0wl},C_{x0sh} 分别为外露翼和单独机身的零升阻力系数;其参考面积分别为 S_{wl},S_{sh};k_1 和 k_2 是考虑翼身各部件间的相互干扰引入的系数,其值依下述情况选取。

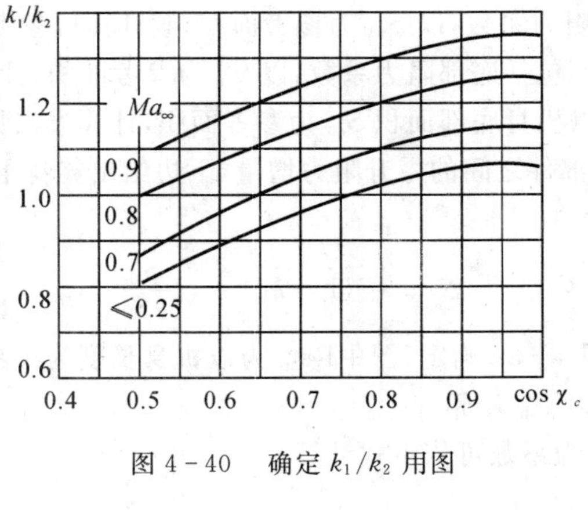

图 4-40　确定 k_1/k_2 用图

(1) 亚声速。从图 4-39 和图 4-40 选用 k_1,k_2 值,图中 χ_c 为最大厚度线后掠角。

(2) 超声速。此时式(4－86)中 $k_1 = k_2 = 1.05$。

2. 升致阻力系数 $(C_{xi})_{yi\text{-}sh}$ 计算

翼身组合体的升致阻力系数可按下式计算：

$$(C_{xi})_{yi\text{-}sh} = C_{xish}\frac{S_{sh}}{S} + C_{xiyi(sh)}\frac{S_{wl}}{S} + C_{xish(yi)}\frac{S_{wl}}{S} \tag{4-87}$$

式中，C_{xish} 为单独机身升致阻力系数，以 S_{sh} 为参考面积；$C_{xiyi(sh)}$ 为有机身干扰下的外露翼升致阻力系数，以 S_{wl} 为参考面积；$C_{xish(yi)}$ 是由于机翼对机身的干扰产生的升力引起的升致阻力系数，以 S_{wl} 为参考面积。

(1) C_{xish}，$C_{xish(yi)}$ 可按以下各式计算：

$$C_{xish} = C_{ysh}\tan\alpha \tag{4-88}$$

$$C_{xish(yi)} = \Delta C_{ysh(yi)}\tan\alpha \tag{4-89}$$

式中，C_{ysh} 是单独机身升力系数，以 S_{sh} 为参考面积；$\Delta C_{ysh(yi)}$ 是机翼对机身的干扰升力系数，以外露翼面积 S_{wl} 为参考面积。

(2) $C_{xiyi(sh)}$ 须区别亚、超声速分别计算。

亚声速时，$C_{xiyi(sh)}$ 可依下式计算：

$$C_{xiyi(sh)} = C_{yyi(sh)}\tan(\alpha+\varphi) - \left[C_{ywl}\tan(\alpha+\varphi) - \frac{1+\delta}{\pi\lambda_{wl}}C_{ywl}^2\right]\frac{C_{yyi(sh)}^2}{C_{ywl}^2} \tag{4-90}$$

式中，$C_{yyi(sh)}$ 是在迎角为 $\alpha+\varphi$ 下有机身影响时的外露翼升力系数，参考面积为 S_{wl}；C_{ywl} 是在 $\alpha+\varphi$ 下的单独外露翼升力系数，参考面积为 S_{wl}；$1+\delta$ 为外露翼的升致阻力修正因子。

超声速时，$C_{xiyi(sh)}$ 可依下式计算：

$$C_{xiyi(sh)} = C_{yyi(sh)}\tan(\alpha+\varphi) - C_{xT} \tag{4-91}$$

其中

$$C_{xT} = \xi\left(\frac{C_{xT}}{C_y^2}\right)\left[C_{yyi(sh)}\right]^2 \tag{4-91a}$$

式中，ξ 为前缘吸力修正系数，由图 2－81 查取；$\frac{C_{xT}}{C_y^2}$ 在亚声速前缘时可由图 2－80 查得，超声速前缘时 $\frac{C_{xT}}{C_y^2}=0$。图 2－80 是对三角形翼而言的，其他机翼可近似使用。

4.4.3 跨声速翼身组合体面积律

飞行器在跨声速飞行时，阻力剧烈增加，这就使之需要花费较大的动力，如何减小跨声速时的阻力是个很重要的问题。机翼、机身组合在一起必然发生相互干扰，在跨声速情况下，机翼和机身要产生激波和膨胀波，这些波相互干扰。如果机翼机身组合得当，就能使波系强度削弱而使阻力小些；反之，则阻力会加大。

通过大量实验发现，在跨声速条件下组合体的波阻主要取决于迎风面积的分布情况。组合体的细长体理论指出：细长翼身组合体的零升波阻与具有相同横截面面积分布的细长旋成体的零升波阻是一样的，此细长旋成体称为组合体的当量旋成体。这就是跨声速面积律的大意。图 4－41 给出三个模型的零升波阻系数随马赫数变化的曲线。马赫数在跨声速范围内变化，实线是细长旋成体的结果，其阻力最小。虚线是翼身组合体的结果，点画线是组合体的当量旋成体的结果。曲线表明：组合体与其当量旋成体的零升波阻是较为一致的。这启发人们形成一个思想,如果把翼身交接处的机身做成蜂腰形,使组合体迎风面积与一较为流线化的旋成体截面积分布相同,那么组合体的阻力就会下降。这一设想已由实验证实,如图 4-42 所示。由图可见,有蜂腰的组合体比未经蜂腰修形的组合体的零升波阻要小得多。这就是跨声速飞行的飞机做成蜂腰形的原因。不过需要指出的是,做成蜂腰形的飞机,对跨声速飞行是有利的,但对亚声速和超声速飞行反而不利。

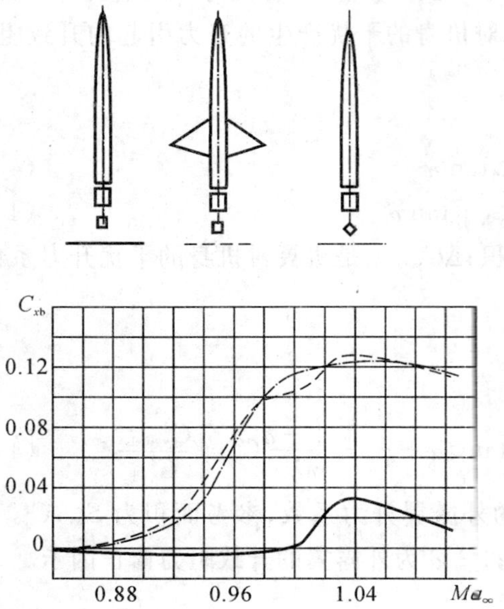

图 4-41　组合体和当量旋成体的零升波阻

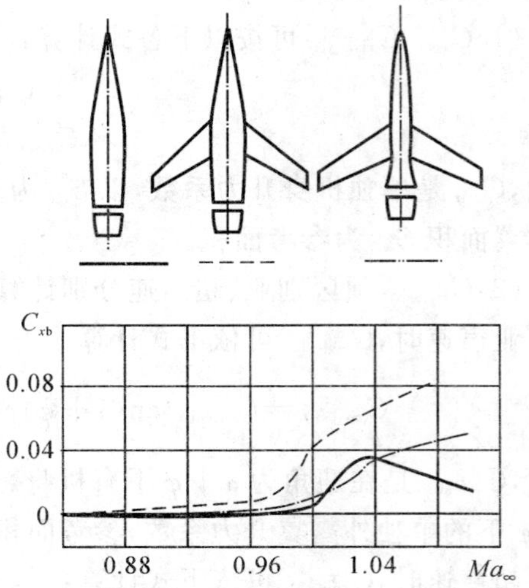

图 4-42　三种模型的零升波阻比较

4.5　算　　例

翼身组合体如图 4-43 所示,其机身外形与图 3-37 相同,机翼处于中单翼安装情况,无安装角,已知几何参数见表 4-1。计算翼身组合体的升力特性和力矩特性。

计算条件为 $Ma_\infty=0.3, 0.8, 0.94, 1.10, 1.40, 1.60$,迎角 $\alpha=5°$。

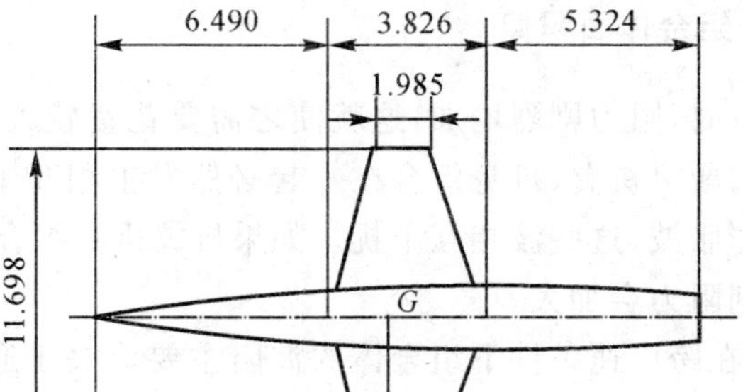

图 4-43　组合体尺寸图(单位:m)

表 4-1　翼身组合体几何参数

毛机翼面积 S/m^2	42.75	$\frac{S_{wl}}{S}$	0.811
外露翼面积 S_{wl}/m^2	34.65	$\frac{S_{sh}}{S}$	0.185
机身最大截面积 S_{sh}/m^2	7.92	$\frac{D}{l}$	0.128
毛机翼平均气动弦 b_A/m	3.908	λ_{wl}	2.95
外露翼平均气动弦 b_{Awl}/m	3.63	η	2.682
毛翼根弦 b_0/m	5.324	η_{wl}	2.45
外露翼根弦 b_{0wl}/m	4.870	$\tan\chi_0$	0.346
x'_{bA}/m	7.348	$\tan\chi_{1/4}$	0.203 8
x_{bA}/m	0.858	$\tan\chi_{1/2}$	0.060 8
重心位置 $\bar{x}'_G$（自机头起）	2.037	$\bar{x}'_{bA}$	1.880
重心位置 $\bar{x}_G$（自 b_A 前缘）	0.157	$\bar{x}_{bA}$	0.220
外露翼展长 l_{wl}/m	10.11		

1. 升力计算

依据$\frac{D}{l}=0.128>0.1$，不能用毛机翼升力代替翼身组合体升力，粗略估算采用细长体理论计算干扰因子。

$$K_{\alpha\alpha}=\left(1+\frac{D}{l}\right)^2=(1+0.128)^2=1.27$$

由式(4-36)并注意到 $\varphi_e=0, K_{sh(yi)}+K_{yi(sh)}=K_{\alpha\alpha}, C^{\alpha}_{ywl}$ 及 C_y 在第 2,3 章已有结果。

$$(C_y)_{yi\text{-}sh}=C_{ysh}\frac{S_{sh}}{S}+K_{\alpha\alpha}C^{\alpha}_{ywl}\alpha\frac{S_{wl}}{S}=0.185C_{ysh}+5.15C^{\alpha}_{ywl} \quad \text{(a)}$$

$(C_y)_{yi\text{-}sh}$ 的计算结果见表 4-2。

表 4-2　$(C_y)_{yi\text{-}sh}$ 的计算结果

序号	项目 \ Ma_∞	0.30	0.80	0.94	1.10	1.40	1.60
(1)	$C_{ysh\,(\alpha=5^\circ)}$	0.153	—	—	—	—	—
(2)	$C_{ysh}S_{sh}/S$	0.028	—	—	—	—	—
(3)	C^{α}_{ywl}	0.058	0.068	0.077	0.071	0.055	0.052
(4)	$K_{\alpha\alpha}C^{\alpha}_{ywl}\alpha S_{wl}/S$	0.299	0.360	0.397	0.366	0.283	0.268
(5)	$(C_y)_{yi\text{-}sh}$	0.327	0.378	0.425	0.394	0.311	0.296

2. 力矩特性计算

翼身组合体$(m_z^{\alpha})_{yi-sh}$可依式(4-74)，其中C_{ysh}^{α}，$\bar{x}_{Psh}$在第3章中已有了计算结果，但注意需将那里计算结果经参考长度及坐标原点的转换。式(4-74)中C_{ywl}^{α}，$\bar{x}_{Fwl}$(即表2-10和表2-12中给出)在第2.10节中已有计算结果，式中需要计算的是$K_{yi(sh)}$，$K_{sh(yi)}$，$\bar{x}_{Pyi(sh)}$，$\bar{x}_{Psh(yi)}$和$m_{zsh(v)}^{\alpha}$，为了坐标原点的转换和参考长度的转换还需计算Δb_A和$\bar{x}_{Fwl}$。

$$\Delta b_A = \left(\frac{D}{2} + \frac{l_{wl}}{6}\frac{\eta_{wl}+2}{\eta_{wl}+1} - \frac{l}{6}\frac{\eta+2}{\eta+1}\right)\tan\chi_0 = 0.169$$

依式(4-59)，有

$$\bar{x}_{Fwl} = \frac{1}{b_A}(\bar{x}''_{Fwl} b_{Awl} + \Delta b_A) = 0.929\bar{x}''_{Fwl} + 0.043 \tag{b}$$

由图4-11得$K_{yi(sh)} = 1.1$，$K_{sh(yi)} = 0.17$。由图4-32查得$f_1 = 0.39 \times \frac{l_{wl}}{2} = 1.97$。

$Ma_\infty < 1$时，有

$$\bar{x}_{Pyi(sh)} = \bar{x}_{Fwl} - \frac{f_1}{b_A}\tan\chi_{1/4} = \bar{x}_{Fwl} - 0.103 \tag{c}$$

$Ma_\infty > 1$时，有

$$\bar{x}_{Pyi(sh)} = \bar{x}_{Fwl} - \frac{f_1}{b_A}\tan\chi_{1/2} = \bar{x}_{Fwl} - 0.031 \tag{d}$$

由式(4-63)和(4-64)有

$$\bar{x}_{psh(yi)} = \left(\frac{x'''_{Psh(yi)}}{b_{0wl}}\right)\frac{b_{0wl}}{b_A} - \frac{l_{wl}}{6b_A}\frac{\eta_{wl}+2}{\eta_{wl}+1}\tan\chi_0 + \frac{\Delta b_A}{b_A} = \left(\frac{x'''_{Psh(yi)}}{b_{0wl}}\right)1.246 - 0.149 \tag{e}$$

根据$Ma_\infty = 1.6$计算$\beta D = \sqrt{1.6^2 - 1}(0.794 \times 2) = 1.87 > L_{wb}$，属于全后体情况，式(e)中的括号项可查图4-34(当$Ma_\infty > 1$)和图4-32(当$Ma_\infty < 1$)得到。

式(4-74)中还有一项$m_{zsh(v)}^{\alpha}$需计算，但本教材提供的计算曲线不够用，这里不再作示范计算了。忽略$m_{zsh(v)}^{\alpha}$的$(m_z^{\alpha})_{yi-sh}$计算结果见表4-3。

表4-3　$(m_z^{\alpha})_{yi-sh}$的计算结果

序号	项目	来源 \ Ma_∞	0.30	0.80	0.94	1.10	1.40	1.80
(1)	β	$\sqrt{\lvert 1-Ma_\infty^2 \rvert}$	0.954	0.60	0.34	0.458	0.978	1.249
(2)	$\beta\lambda_{wl}$	2.95×(1)	2.814	1.77	1.003	1.351	2.885	1.886
(3)	$\bar{x}''_{Fwl}$		0.24	0.23	0.205	0.41	0.46	0.47
(4)	$\bar{x}_{Fwl}$	式(b)	0.266	0.257	0.233	0.424	0.470	0.480
(5)	$\bar{x}_{Pyi(sh)}$	式(c) 式(d)	0.163	0.154	0.130	0.393	0.439	0.449
(6)	$\frac{x'''_{Psh(yi)}}{b_{0wl}}$	$Ma_\infty<1$， 图4-31 $Ma_\infty>1$， 图4-33	0.23	0.20	0.155	0.50	0.70	0.75

续 表

序号	项目	来源 \ Ma_∞	0.30	0.80	0.94	1.10	1.40	1.80
(7)	$\bar{x}_{P\mathrm{sh(yi)}}$	式(e)	0.138	0.100	0.044	0.474	0.723	0.786
(8)	$\bar{x}_{P\mathrm{sh}}$	第 3.5 节换以 b_A 为参考长度，b_A 前缘为原点	−0.483					
(9)	$\bar{x}_G-\bar{x}_{P\mathrm{sh}}$	0.157−(8)	0.64					
(10)	$(\bar{x}_G-\bar{x}_{P\mathrm{sh}})C_{y\mathrm{sh}}^{\alpha}\dfrac{S_{\mathrm{sh}}}{S}$	0.0056×(9)	0.003 6					
(11)	$\bar{x}_G-\bar{x}_{F\mathrm{wl}}$	0.157−(4)	−0.109	−0.100	−0.076	−0.267	0.313	−0.323
(12)	$(K_{\mathrm{yi(sh)}}-1)(\bar{x}_G-\bar{x}_{P\mathrm{yi(sh)}})$	0.1(0.157−(5))	−0.000 6	0.000 3	−0.002 7	−0.023 6	−0.028 2	−0.029 2
(13)	$\bar{x}_G-\bar{x}_{P\mathrm{sh(yi)}}$	0.157−(7)	0.019	0.057	0.113	−0.317	−0.566	−0.629
(14)	$K_{\mathrm{sh(yi)}}(\bar{x}_G-\bar{x}_{P\mathrm{sh(yi)}})$	0.17×(13)	0.003	0.010	0.019	−0.054	−0.096	−0.107
(15)	(11)+(12)+(14)		−0.107	−0.090	−0.054	−0.354	−0.437	−0.459
(16)	$C_{y\mathrm{wl}}^{\alpha}\dfrac{S_{\mathrm{wl}}}{S}$	0.811 乘表 4-2 中的(3)	0.047	0.055	0.062	0.058	0.045	0.042
(17)	(15)×(16)		−0.005 0	−0.004 9	−0.003 3	−0.020	−0.019 7	−0.019 3
(18)	$(m_z^{\alpha})_{\mathrm{yi\text{-}sh}}$	(10)+(17)	−0.001 4	−0.001 3	0.000 3	−0.016 9	−0.016 1	−0.015 7

第 5 章　飞行器的气动特性分析

5.1　翼身组合体对尾翼的干扰

5.1.1　尾翼区的阻滞与下洗

正常式飞行器的尾翼位于机翼后方，尾翼的前一部分与机身固定，称为安定面；后一部分可绕某一轴相对机身转动，称为舵面，如图 5-1 所示。在纵向对称平面内的尾翼称为垂直尾翼（简称垂尾），垂尾上的舵面称为方向舵；在 Ox_tz_t 平面内的尾翼称为水平尾翼（简称平尾），平尾上的舵面称为升降舵。

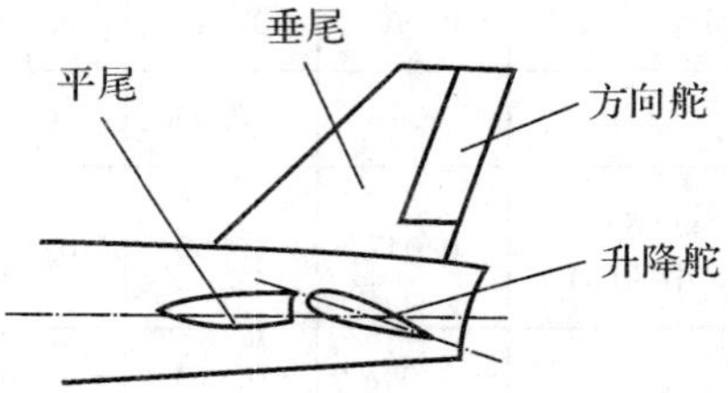

图 5-1　尾翼展示图

当舵面不偏转时，尾翼作为一个整体，其气动力特性与机翼完全相同，但由于它处在翼身组合体的后方，受到组合体涡系和附面层的影响。前者将改变尾翼处的来流方向，而后者则使尾翼处的来流速度变小。因此，尾翼区的来流状况与机翼处的流动情况不同（见图 5-2），使气流改变方向的现象称为下洗，下洗速度 v_y 以沿负 y 方向规定为正。尾翼区来流速度矢量 $\boldsymbol{v}_{wy}$ 与前方来流速度 $\boldsymbol{v}_\infty$ 之间的夹角 ε 称为下洗角。使尾翼处速度变小的现象称为阻滞，在尾翼区，各点的气流阻滞情况是不同的。为了研究方便，引进尾翼区气流平均阻滞系数 k_q 的概念：

$$k_q = \frac{q_{wy}}{q_\infty} = 1 - \frac{\Delta q}{q_\infty} \tag{5-1}$$

式中，$\Delta q = q_\infty - q_{wy}$，$q_{wy}$ 是尾翼区的平均动压，q_∞ 为远前方的来流动压。

鸭式飞行器的舵面位于机翼的前方，称之为前翼。这时，机翼（相对舵面而言，它是后翼）处的流场也要受到前翼段的干扰，因此，也要研究鸭式飞行器的前翼对机翼的下洗和阻滞的问题。

在亚声速时，具有迎角的机翼可以用一个涡面来代替，机翼上的升力与翼面上的附着涡强度有关。由于涡在理想流体中不会中止，因此，在三维翼的后面必然拖出尾涡。实验观察表明，机翼后缘拖出的尾涡开始是一个涡面，在离开后缘一定距离后便卷成两个集中的大旋涡，如图 5-3 所示。尾翼位于涡面区域或集中涡区域，其所受的影响也就不同了。

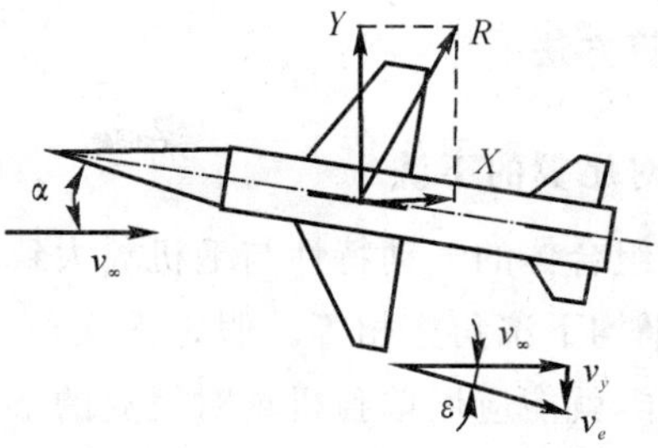

图 5-2　由气流下洗和阻滞引起的速度变化

在超声速情况下，机翼仍然可用涡系来代替，但由于超声速流的特点，涡的影响范围仅能及于后马赫锥内部。图 5-4 是为定性说明问题而给出的一种简化的平面示意图。在区域 A 内，下洗速度为零；区域 B 内，仅受一侧涡的影响；在区域 C 内，同时受到两侧涡的影响；在区域 D 内，气流产生上洗。

由此可见，尾翼与机翼相对位置的不同，下洗情况有很大的区别，工程上就采用不同的计算方法处理。

对于尾翼与机翼靠得很近的正常式布局情况 $\left(\dfrac{\Delta x}{b_{0\mathrm{wl}}}\right) < 1.5$，由于机翼、尾翼间存在"近距耦合"效应，目前尚无有效的公式进行工程计算，只能用数值方法或靠实验来解决。对于前、后翼之间的距离 $\left(\dfrac{\Delta x}{b_{0\mathrm{wl}}}\right) > 1.5$ 的正常式布局和鸭式布局的飞行器而言，通常用两种方法处理：一是针对涡面尚未卷成集中涡的情况，适用于大展弦比机翼正常式布局的飞行器；二是针对涡面已完全卷成两条集中大旋涡的情况，此法对鸭式布局的飞行器特别适用。

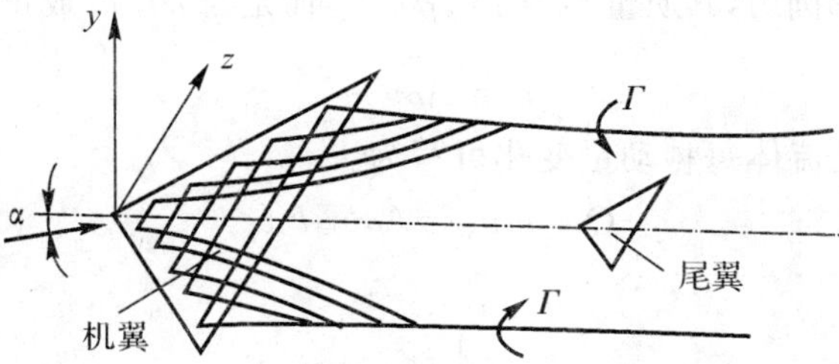

图 5-3　由机翼拖出的尾涡示意图

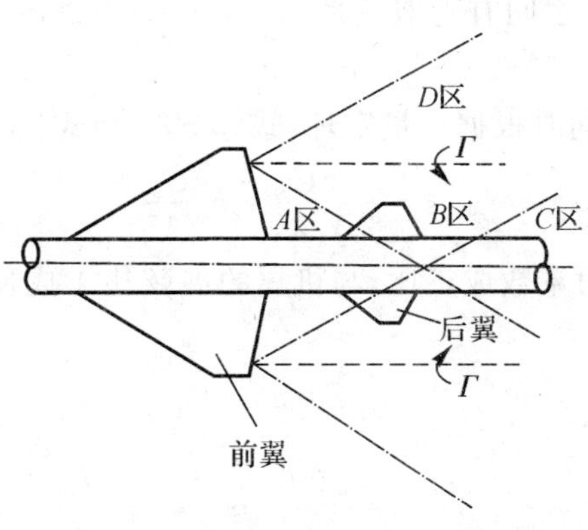

图 5-4　超声速流中后翼段的不同下洗区域

5.1.2 尾翼区下洗的计算方法

5.1.2.1 大展弦比机翼对尾翼的下洗

具有大展弦比机翼的翼身组合体的气动特性与毛机翼大致相当。若毛机翼的升力与组合体的升力相同，则尾翼区内的平均下洗角亦相等。假定涡面位于机翼平均气动弦后缘引出的平行于气流方向的平面内，这样，就能应用单独机翼对尾翼的下洗公式来计算翼身组合体的下洗了。显然，这一方法一般来说只适用于平置机翼和尾翼的情况。对“十-十”型布局的导弹来说，此法同样适用；对“X-X”型布局的导弹，也可近似地采用此法处理。

1. 单独机翼后面气流的下洗

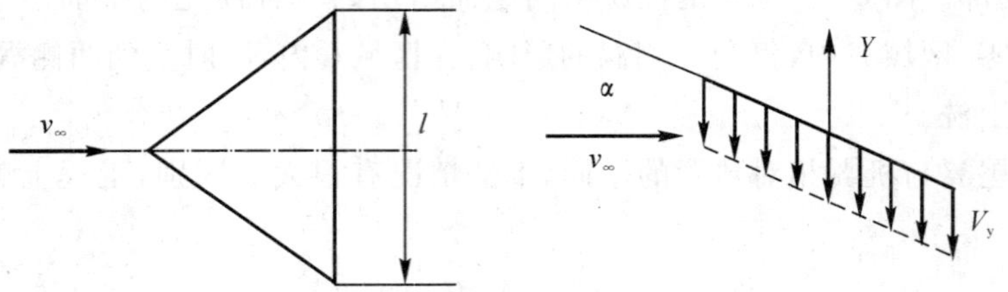

图 5-5　三角机翼升力与下洗产生示意图

图 5-5 所示为一单独三角形翼的情况。在机翼产生升力的同时，气流将受到向下排斥的反作用力，由动量定理可知，每秒向下排斥的空气动量正好等于翼面上的升力。假定被排斥的空气限于以展长 l 为直径的圆内，则每秒被排斥的空气质量为 $m=\frac{\pi}{4}\rho v_\infty l^2$。当然，受排斥的气体不仅限于以 l 为直径的圆内，其质量不等于$\frac{\pi}{4}\rho v_\infty l^2$，而是与 $\rho v_\infty l^2$ 成正比的某个值，可以写成

$$m=A\rho v_\infty l^2 \tag{5-2}$$

式中，A 为一系数。于是流体每秒动量变化可写为

$$Q=mv_y=A\rho v_\infty l^2 v_y \tag{5-3}$$

而翼面上的升力为

$$Y=\frac{1}{2}C_y\rho v_\infty^2 S \tag{5-4}$$

气流下洗速度 v_y 与下洗角 ε 之间有近似关系

$$v_y=v_\infty\varepsilon \tag{5-5}$$

把式(5-5)代入式(5-3)，同时根据动量定理，式(5-3)与式(5-4)应相等，最后得到

$$\varepsilon=\frac{1}{2A}\frac{C_y}{\lambda}=k_\varepsilon\frac{C_y}{\lambda} \tag{5-6}$$

由此可见，下洗角与升力系数成正比，与机翼的展弦比 λ 成反比。当迎角不大时，下洗角与迎角 α 亦成线性关系，即

$$\varepsilon=\varepsilon^\alpha\alpha \tag{5-7}$$

式中

$$\varepsilon^\alpha=k_\varepsilon\frac{C_y^\alpha}{\lambda} \tag{5-8}$$

在亚声速范围内，根据经验，系数 k_ε 可近似取成 36.7。在超声速范围内，k_ε 还与飞行

Ma_∞ 数和前后、翼之间的相对距离有关。这是因为在超声速飞行时，下洗影响区域仅限于马赫锥之内的缘故。由图 5-6 可知：

(1) 同一 Ma_∞ 数下，气流的下洗随前、后翼之间的距离增加而增加(在较近的范围内)。显然，图 5-6 中 x_2 处所受的下洗比 x_1 处要大。

(2) 在同一点处，一般情况下气流的下洗随 Ma_∞ 数的增加而减小。

根据超声速前缘三角形翼的升力系数表达式(2-161)，式(5-8) 就变成

$$\varepsilon^\alpha = \frac{0.069 k_\varepsilon}{\lambda \sqrt{Ma_\infty^2 - 1}} \tag{5-9}$$

如上所述，k_ε 的大小还与前、后翼之间的相对距离有关。设前翼平均气动弦后缘到后翼平均气动弦前缘之间的距离为 Δx，前缘根弦长为 b_0(见图 5-7)。最后把式(5-9) 写成函数形式

$$\varepsilon^\alpha = f\left(\frac{\Delta x}{b_0}, \lambda \sqrt{Ma_\infty^2 - 1}\right) \tag{5-10}$$

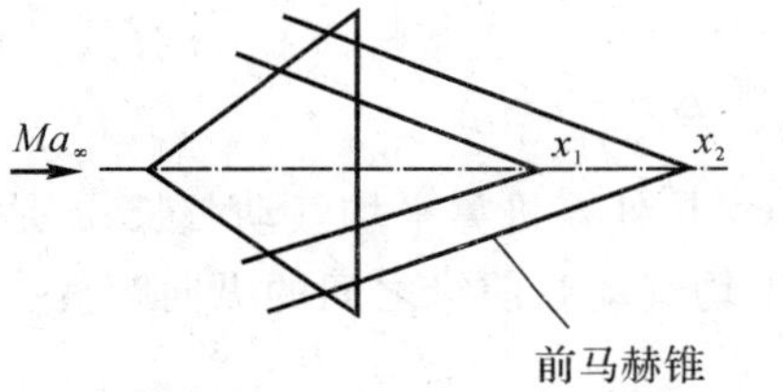

图 5-6　超声速流中机翼之后不同位置所受下洗影响范围示意图

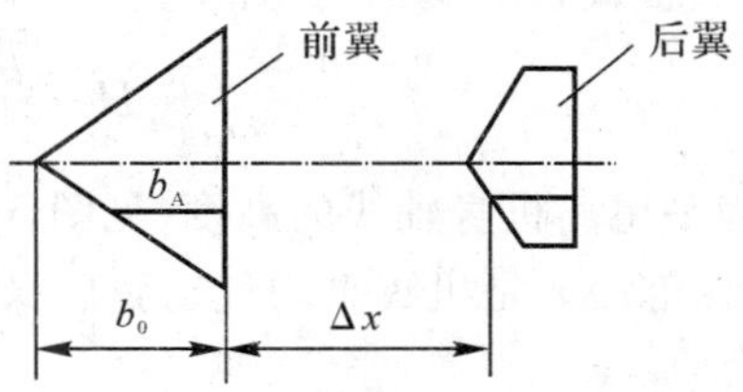

图 5-7　前、后翼之间的纵向距离

其曲线如图 5-8 所示。

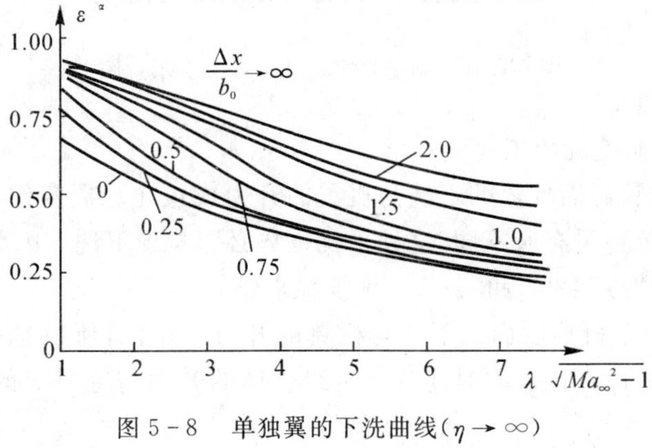

图 5-8　单独翼的下洗曲线($\eta \to \infty$)

对于根稍比 η 不是 ∞ 的梯形翼，也有类似的几套曲线可供查找。所有这些曲线，都假定尾翼是处在机翼尾涡面内得到的。如果尾翼远离涡面，处在涡面的上方或下方，气流的下洗大致按线性规律减小。

$$\varepsilon^\alpha_{h \neq 0} = \varepsilon^\alpha_{h=0} - B_\varepsilon \frac{|h|}{b_0} \tag{5-11}$$

下洗高度因子 B_ε 是参数 η 和 $\lambda \sqrt{Ma_\infty^2 - 1}$ 的函数，可由图 5-9 中查到。

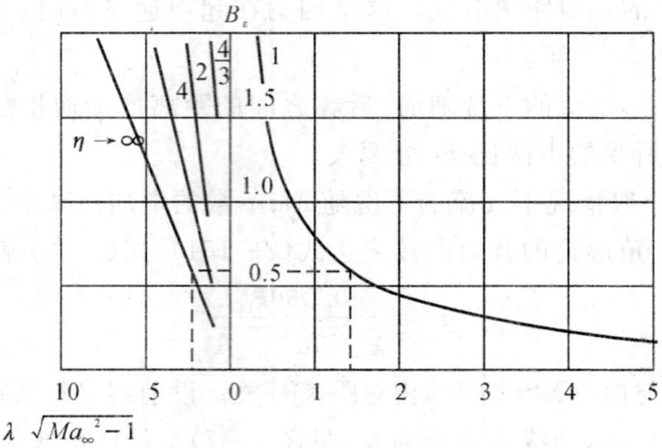

图 5-9　单独机翼下洗高度因子

尾翼翼面离机翼涡面的距离可按下式计算：

$$h = H + \frac{b_{\mathrm{Awl}}}{2}\,\frac{\varphi}{57.3} - \Delta x\,\frac{\alpha}{57.3} \tag{5-12}$$

式中，H 为平尾离机身轴线的高度(见图 5-10)；b_{Awl} 是外露机翼平均气动弦长；φ 是机翼相对机身的安装角；Δx 是机翼平均气动弦后缘至平尾平均气动弦前缘之间的纵向距离。

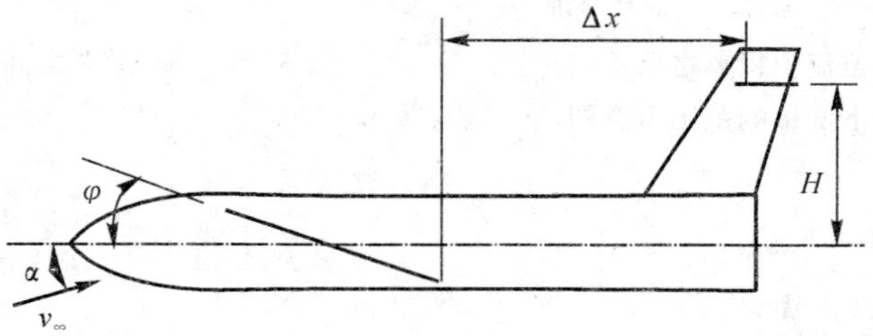

图 5-10　确定平尾位置(H,Δx)示意图

2. 翼身组合体后面气流的下洗

前面已经指出，机翼后面气流的下洗与机翼的升力成正比。翼身组合体的升力由于相互之间存在着干扰而与单独翼有所不同，这种干扰也势必影响到下洗。因此，同第 4 章处理方法一样，可把组合体分为“$\alpha\alpha$”“$\varphi 0$”和“$\alpha\varphi$”三种情况来研究。

(1)“$\alpha\alpha$”情况。由于机翼后面的下洗与机翼的升力成正比，所以也就认为翼身组合体的下洗也与组合体的升力成正比。同时还认为若组合体的升力与毛机翼的升力相同，则它们的下洗量也一样。即有

$$\frac{\varepsilon_{\mathrm{yi\text{-}sh}}}{Y_{\mathrm{yi\text{-}sh}}} = \frac{\varepsilon_{\mathrm{myi}}}{Y_{\mathrm{myi}}} \tag{5-13}$$

式中，$\varepsilon_{\mathrm{myi}}$ 和 Y_{myi} 分别表示毛机翼的下洗角和升力。由此得到

$$\varepsilon_{\mathrm{yi\text{-}sh}} = K_{\alpha\alpha}\,\frac{S_{\mathrm{wl}}}{S_{\mathrm{myi}}}\,\frac{C_{\mathrm{ywl}}^{\alpha}}{C_{\mathrm{ymyi}}^{\alpha}}\,\varepsilon_{\mathrm{myi}} \tag{5-14}$$

及

$$\varepsilon_{\mathrm{yi\text{-}sh}}^{\alpha} = K_{\alpha\alpha}\,\frac{S_{\mathrm{wl}}}{S_{\mathrm{myi}}}\,\frac{C_{\mathrm{ywl}}^{\alpha}}{C_{\mathrm{ymyi}}^{\alpha}}\,\varepsilon_{\mathrm{myi}}^{\alpha} \tag{5-15}$$

式中，$C_{\mathrm{ywl}}^{\alpha}$ 是外露翼的升力系数斜率；$C_{\mathrm{ymyi}}^{\alpha}$ 是毛机翼的升力系数斜率。把式(5-11)代入式

(5-15)，得

$$\varepsilon^{\alpha}_{\text{yi-sh}} = K_{\alpha\alpha}\frac{S_{\text{wl}}}{S_{\text{myi}}}\frac{C^{\alpha}_{\text{ywl}}}{C^{\alpha}_{\text{ymyi}}}\left(\varepsilon^{\alpha}_{h=0} - B_{\varepsilon}\frac{|h|}{b_0}\right) \tag{5-16}$$

(2)“$\varphi 0$”情况。在这种情况下，由于机身的存在，机翼上的附着涡被机身切断，在机身旁形成两个向后拖出的“边缘涡”，其旋转方向与翼端拖出的自由涡相反，如图5-11所示。因此，机身旁的“边缘涡”与“翼端涡”引起的诱导速度在机身范围内($|z| < R$)是彼此相消的。为了简化问题分析，假定在机身区域内没有下洗，只考虑 $R \leqslant (z) \leqslant \frac{l}{2}$ 区域中的下洗，因为在该区域内，“边缘涡”和“翼端涡”引起的下洗是彼此相加的。

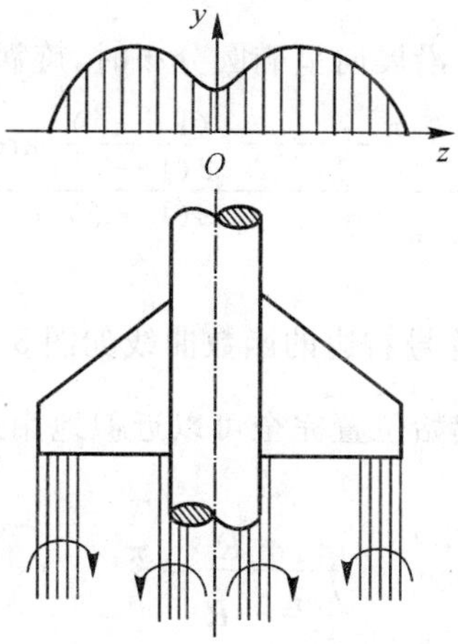

图 5-11　在“$\varphi 0$”情况下升力沿展向分布特性及自由涡的旋转方向

由于气流的下洗与机翼的升力成正比，与机翼的展长成反比，所以在“$\varphi 0$”情况下有如下近似关系：

$$\frac{\varepsilon_{\text{yi-sh}}(l-2R)}{Y_{\text{yi-sh}}} = \frac{\varepsilon_{\text{myi}}l}{Y_{\text{myi}}} \tag{5-17}$$

因此

$$\left.\begin{aligned} &\varepsilon_{\text{yi-sh}} = K_{\varphi 0}\frac{(SC^{\alpha}_{y})_{\text{wl}}}{(SC^{\alpha}_{y})_{\text{myi}}}\frac{\varepsilon_{\text{myi}}}{1-\frac{2R}{l}} \qquad R \leqslant |z| \leqslant \frac{l}{2} \\ &\varepsilon_{\text{yi-sh}} = 0 \qquad\qquad |z| < R \end{aligned}\right\} \tag{5-18}$$

或写成

$$\left.\begin{aligned} &\varepsilon^{\varphi}_{\text{yi-sh}} = K_{\varphi 0}\frac{(SC^{\alpha}_{y})_{\text{wl}}}{(SC^{\alpha}_{y})_{\text{myi}}}\frac{\varepsilon^{\varphi}_{\text{myi}}}{1-\frac{2R}{l}} \qquad R \leqslant |z| \leqslant \frac{l}{2} \\ &\varepsilon^{\varphi}_{\text{yi-sh}} = 0 \qquad\qquad |z| < R \end{aligned}\right\} \tag{5-19}$$

(3)“$\alpha\varphi$”情况。当飞行器的迎角与机翼的安装角均不大时，可以应用线性叠加的原理，即

$$\varepsilon_{\text{yi-sh}} = \varepsilon_0 + \varepsilon^{\alpha}_{\text{yi-sh}}\alpha + \varepsilon^{\varphi}_{\text{yi-sh}}\varphi \tag{5-20}$$

式中，ε_0 为 α 和 φ 均为零时的下洗，这是机翼翼型弯度引起的下洗，当机翼为对称翼型时，$\varepsilon_0 = 0$，$\varepsilon^{\alpha}_{\text{yi-sh}}$ 按式(5-15)计算，$\varepsilon^{\varphi}_{\text{yi-sh}}$ 按式(5-19)计算。

这里需要再次指出的是：气流下洗的真实情况是沿翼展方向变化的，这里讨论的 $\varepsilon^{\alpha}_{\text{yi-sh}}$，$\varepsilon^{\varphi}_{\text{yi-sh}}$ 是气流的平均下洗，适用于后缘不后掠或后掠角小于 15° 的平置尾翼。

5.1.2.2 细长翼身组合体对尾翼的下洗

对具有细长翼身组合体,特别是“鸭式”气动布局的飞行器,前、后缘之间的相对距离较大,这时前翼身组合段拖出的自由涡已完全卷成了两条集中的大旋涡,飞行器的后缘(对正常式而言是尾翼,对鸭式而言是机翼)完全处在集中涡的影响之下,因此采用旋涡对翼面的“干扰因子”法计算下洗更为贴切。

当前翼段拖出的尾涡系完全卷成集中涡后,其展向距离 $2z_v$ 略小于毛机翼的展长 l,机身的影响可以用一对镜像涡来代替,就利用这两对集中涡来计算后翼区的下洗。旋涡对翼面的影响取决于旋涡与翼面之间的相对位置和旋涡的强度。

1. 旋涡的侧向位置 z_v

根据细长体理论,当机翼环量沿展向呈椭圆分布时,旋涡起始展向位置 z_v 可按下式求得:

$$\frac{z_v - R}{\frac{l_{myi}}{2} - R} = \frac{\frac{\pi}{4} - \frac{\pi}{4}\tau^2 - \tau + \frac{(1+\tau^2)^2}{2(1-\tau^2)}\arcsin\left(\frac{1-\tau^2}{1+\tau^2}\right)}{2(1-\tau)} \tag{5-21}$$

式中,$\tau = \frac{2R}{l_{myi}} = \frac{D}{l_{myi}}$。式(5-21)等号右边的函数曲线如图5-12所示。实验表明,当机翼的环量沿展向非椭圆分布时,旋涡的起始位置完全可以近似地用式(5-21)来计算或用图5-12来确定,甚至可以用直线

$$\frac{z_v - R}{\frac{l_{myi}}{2} - R} = \frac{\pi}{4} \tag{5-22}$$

来近似代替。

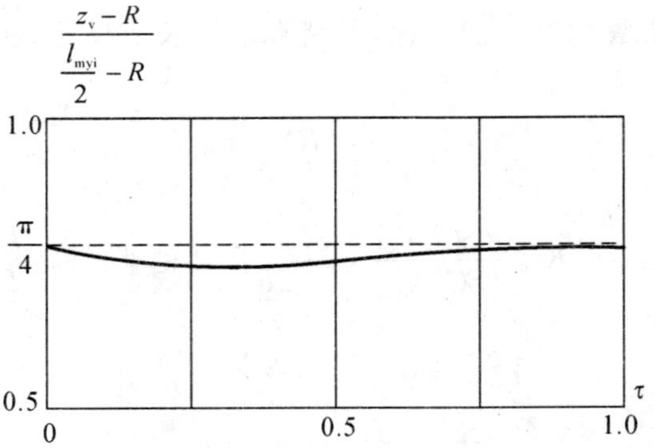

图5-12 旋涡侧向位置的细长体理论值

在 τ 值确定后,式(5-21)等号的右边是一常数,令它为 k,则旋涡的展向坐标

$$z_v = k\left(\frac{l_{myi}}{2} - R\right) + R \tag{5-23}$$

2. 旋涡的高度 y_v

假定旋涡从机翼后缘沿自由流方向向后拖出,则在尾翼处旋涡的高度(由尾翼的压力中心沿飞行器纵轴的垂直方向度量,向上为正)为

$$y_v = -x_h \sin\varphi + [(x_{b0})_{pw} - (x_{b0})_{yi} + (x_P)_{pw} - (b_0)_{yi}]\sin\alpha \tag{5-24}$$

式中，m_{z0} 是外露翼根弦长；x_h 为从机翼转轴至后缘的距离；δ 是从飞行器头部顶点到外露翼根弦前缘的距离；$(x_P)_{pw}$ 为平尾根弦前缘到平尾压力中心的距离。各参数间的关系如图 5-13 所示。

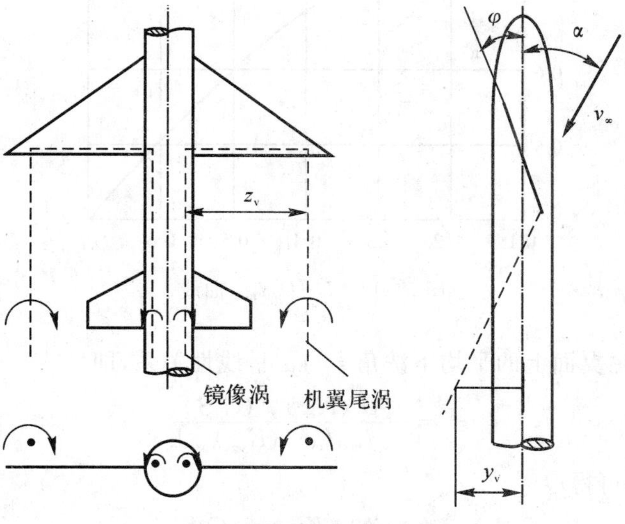

图 5-13　机翼尾涡和尾翼的相对位置

3. 翼身组合段对尾翼的干扰

旋涡对后翼的影响取决于旋涡相对后翼的位置和旋涡本身的强度。在旋涡相对后翼的位置确定之后，后翼面上的下洗速度分布与旋涡环量成正比，故后翼面的平均下洗角

$$\varepsilon = -K\Gamma \tag{5-25}$$

式中取负号是因为下洗角以向下偏转为正（与迎角的规定相反）。根据细长体和线涡理论，系数 K 与干扰因子 i 有如下关系：

$$K = \frac{8i}{v_\infty l_{wy}\left(1-\dfrac{R^2}{z_v^2}\right)\left[K_{wy(sh)}+K_{sh(wy)}\right]} \tag{5-26}$$

式(5-25)中的旋涡环量 Γ 与翼身组合段的升力成正比，在“$\alpha\alpha$”情况下，有

$$(\Gamma)_{\alpha\alpha} = \frac{v_\infty K_{\alpha\alpha} C_{yyi}^{\alpha}\alpha S_{wl}}{4z_v} \tag{5-27}$$

在“$\varphi 0$”情况下，有

$$(\Gamma)_{\varphi 0} = \frac{v_\infty K_{\varphi 0} k_f C_{yyi}^{\alpha}\varphi S_{wl}}{4z_v} \tag{5-28}$$

把式(5-26)和式(5-27)代入式(5-25)，便得到翼身组合段在“$\alpha\alpha$”情况下对尾翼面的平均下洗角

$$(\varepsilon)_{\alpha\alpha} = -\frac{4i\ (K_{\alpha\alpha})_{yi} C_{yyi}^{\alpha}\alpha S_{wl}}{l_{myi} l_{mwy}\ (K_{\alpha\alpha})_{wy}\bar{L}} \tag{5-29}$$

式中，l_{myi}，l_{mwy} 分别表示毛机翼和毛尾翼的展长；$\bar{L}$ 为机翼自由涡的相对起始展向位置与镜像涡相对展向位置之差，即

$$\bar{L} = \left[\frac{2z_v}{l_{myi}} - \frac{(D/l_{myi})^2}{2z_v/l_{myi}}\right] \tag{5-30}$$

$\overline{L}$与D/l_{myi}之间的关系如图 5-14 所示。

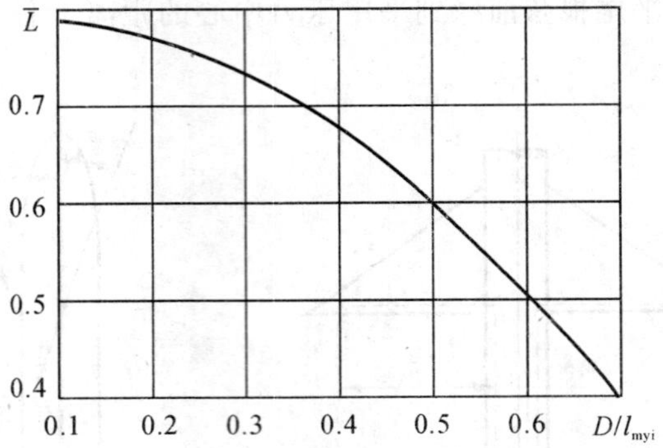

图 5-14　$\overline{L}-D/l_{\mathrm{myi}}$ 曲线

当迎角不大时,尾翼面上的平均下洗角 ε 与 α 呈线性关系,即

$$\varepsilon^{\alpha}=-\frac{4i\,(K_{\alpha\alpha})_{\mathrm{yi}}\,(C_y^{\alpha}S)_{\mathrm{wl}}}{l_{\mathrm{myi}}l_{\mathrm{mwy}}\,(K_{\alpha\alpha})_{\mathrm{wy}}\overline{L}} \tag{5-31}$$

在"$\varphi 0$"情况下,同样可得

$$\varepsilon^{\varphi}=-\frac{4ik_f\,(K_{\varphi 0})_{\mathrm{yi}}\,(C_y^{\alpha}S)_{\mathrm{wl}}}{l_{\mathrm{myi}}l_{\mathrm{mwy}}\,(K_{\alpha\alpha})_{\mathrm{wy}}\overline{L}} \tag{5-32}$$

当飞行器有迎角 α,机翼相对机身有一安装角(或偏转角)φ 时,尾翼处的平均下洗角为

$$\varepsilon=\varepsilon_0+\varepsilon^{\alpha}\alpha+\varepsilon^{\varphi}\varphi \tag{5-33}$$

式中,ε^{α},ε^{φ} 分别由式(5-31)和式(5-32)确定;ε_0 是飞行迎角 $\alpha=0$、机翼亦无安装角($\varphi=0$)时的下洗角。当机翼的弯度不大时,ε_0 很小,可以忽略不计。

下面介绍干扰因子 i 的求法。因为干扰因子 i 取决于涡与尾翼的相对位置,所以在获得了旋涡起始位置后还须计算涡的路径。旋涡路径主要与迎角 α 和前、后翼之间的相对距离有关,取一个综合参数

$$\tau=\alpha\,\frac{2\Delta x}{l_{\mathrm{myi}}}\qquad(^{\circ}) \tag{5-34}$$

式中,Δx 的含义同本节第二部分一样(见图5-7)。此外,前翼的上反角 ψ_0、机翼的直径与前翼展长之比 D/l_{myi} 也会影响旋涡的位置,所以

$$\left.\begin{aligned}\frac{2z_0}{l_{\mathrm{myi}}}&=f_1(\tau,D/l_{\mathrm{myi}},\psi_0)\\ \frac{2y_0}{l_{\mathrm{myi}}}&=f_2(\tau,D/l_{\mathrm{myi}},\psi_0)\end{aligned}\right\} \tag{5-35}$$

机翼的上反角通常有两种:当机翼呈十字型布局时,$\psi_0=0^{\circ}$;当翼面呈 X 型布局时,$\psi_0=45^{\circ}$。当飞机的机翼无上反角或下反角时,亦有 $\psi_0=0^{\circ}$。本书只介绍 $\psi_0=0^{\circ}$ 和 45° 两种曲线,前者适用于十字型和"—"字型布局,后者适用于 X 型情况。图 5-15 所示为 $\psi_0=0^{\circ}$ 的旋涡路径,图 5-16 则为 $\psi_0=45^{\circ}$ 时的旋涡路径。旋涡路径知道后,就可以算出旋涡相对尾翼的距离,因此就可以查到干扰因子 i。

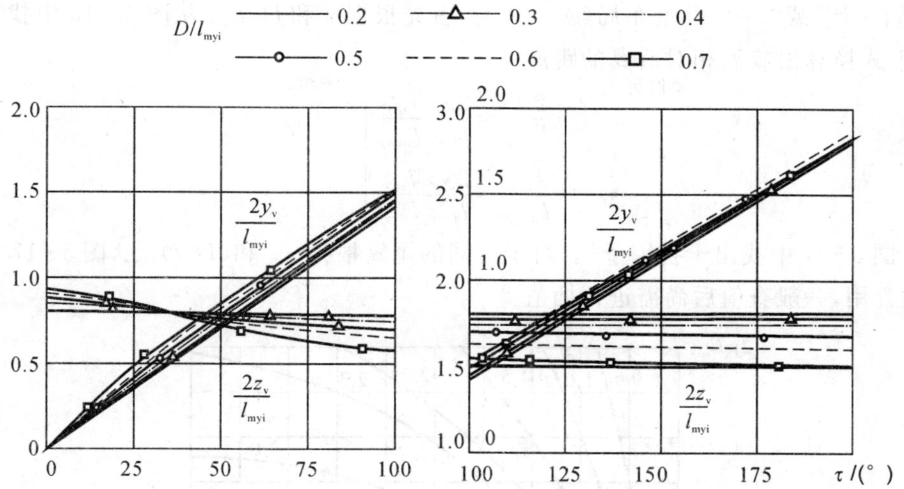

图 5-15　旋涡路径($\psi_0 = 0°, \tau = \dfrac{\alpha \Delta x}{l_{myi}/2}$)

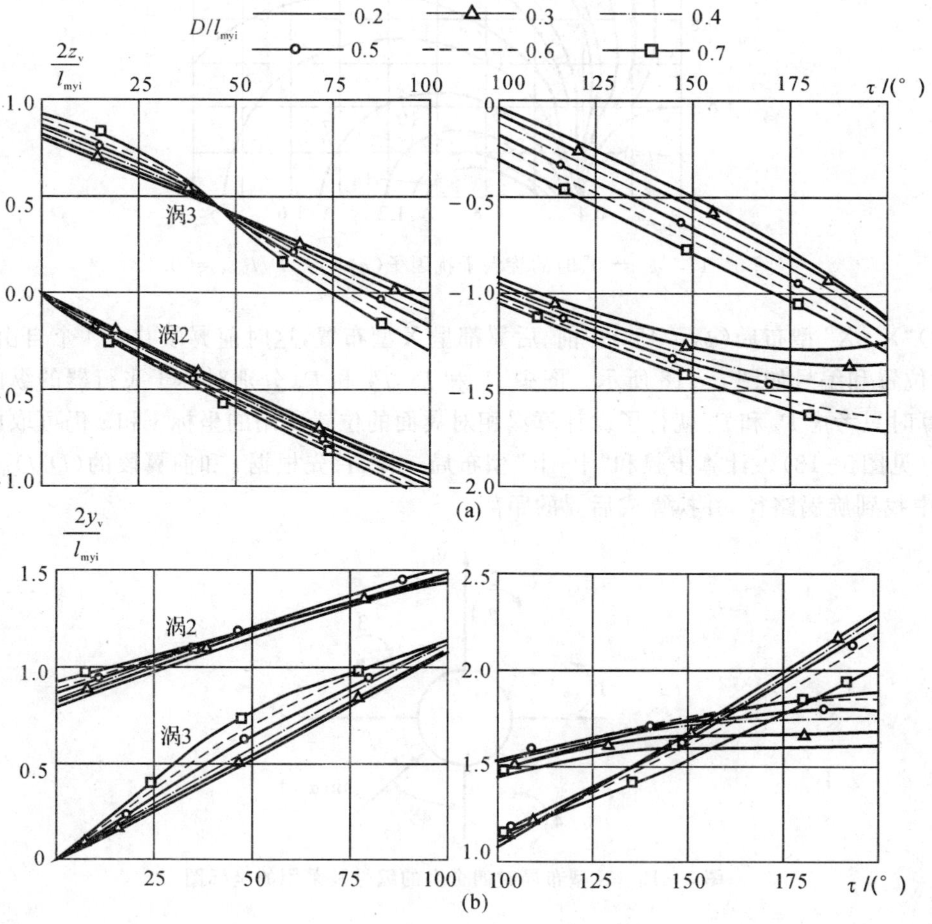

图 5-16　$\psi_0 = 45°, \tau = \dfrac{\alpha \Delta x}{l_{myi}/2}$ 旋涡路径

(a) $\dfrac{2z_v}{l_{myi}}$；(b) $\dfrac{2y_v}{l_{myi}}$

(1)“十-十”或“一-一”型布局($\psi_0=0°$)。首先根据 τ 和 D/l_{myi} 从图 5-15 中找出旋涡路径,并按下式换算出旋涡相对后翼的距离:

$$\left.\begin{aligned}\frac{2z_v}{l_{mwy}}&=\frac{2z_v}{l_{myi}}\frac{l_{myi}}{l_{mwy}}\\ \frac{2y_v}{l_{mwy}}&=\frac{2y_v}{l_{myi}}\frac{l_{myi}}{l_{mwy}}\end{aligned}\right\} \tag{5-36}$$

由此再从图 5-17 中找出干扰因子 i。对于不同的尾翼根稍 η_{wy} 和 $(D/l)_{mwy}$,图 5-17 有若干套曲线可供查用,一般查值后尚需进行插值。

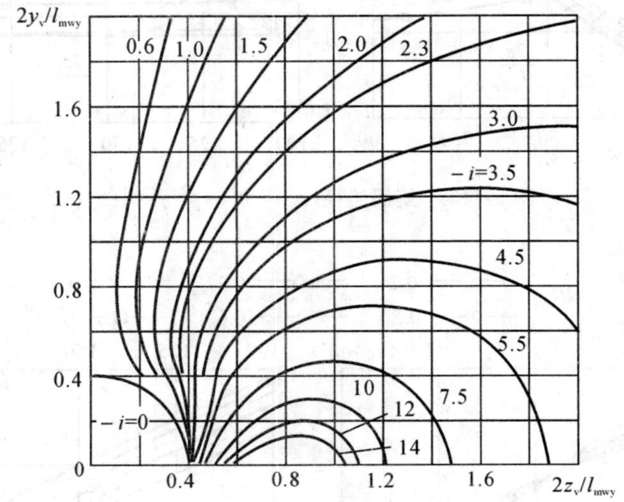

图 5-17 $\psi_0=0°$ 时的旋涡干扰因子($\eta\to\infty, D/l_{mwy}=0.4$)

(2)“X-X”型布局($\psi_0=45°$)。前、后翼都呈 X 型布置,这时前翼段共有 4 个自由涡拖出,其相对位置和编号如图 5-18 所示。图中 Γ_1 和 Γ_2,Γ_3 和 Γ_4 分别对称于飞行器的纵向对称平面,计算时只考虑 Γ_2 和 Γ_3 就行了。计算涡相对翼面的位置所用的坐标 y 和 z 仍可取成与翼面相重合(见图5-18)。计算步骤和“十-十”型布局一样,首先根据 τ 和前翼段的 $(D/l)_{myi}$ 值由图 5-16 中找到旋涡路径,并换算成后翼的距离。

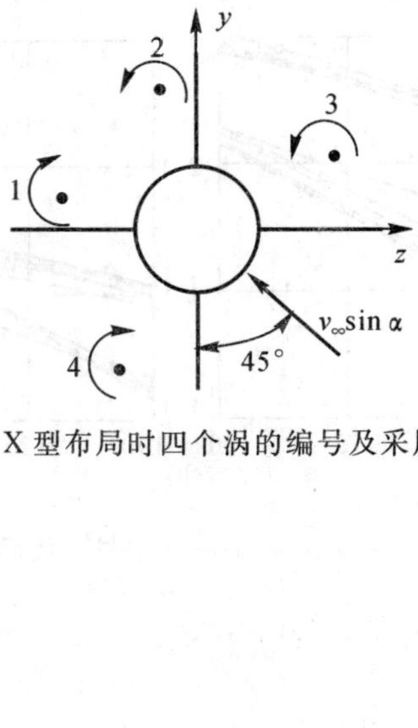

图 5-18 X 型布局时四个涡的编号及采用的坐标图

$$\left.\begin{aligned}\frac{2z_{v2}}{l_{mwy}}&=\frac{2z_{v2}}{l_{myi}}\frac{l_{myi}}{l_{mwy}}\\\frac{2y_{v2}}{l_{mwy}}&=\frac{2y_{v2}}{l_{myi}}\frac{l_{myi}}{l_{mwy}}\\\frac{2z_{v3}}{l_{mwy}}&=\frac{2z_{v3}}{l_{myi}}\frac{l_{myi}}{l_{mwy}}\\\frac{2y_{v3}}{l_{mwy}}&=\frac{2y_{v3}}{l_{myi}}\frac{l_{myi}}{l_{mwy}}\end{aligned}\right\}\tag{5-37}$$

由此再从图 5-17 中查到干扰因子 i_2 和 i_3。对尾翼的参数 η_{wy} 和 $(D/l)_{mwy}$，同样进行插值运算。在求 i_3 时，若 $z_{v3}>|y_{v3}|$，则将绝对值大者视作 $2y_{v3}/l_{mwy}$，小者视为 $2z_{v3}/l_{mwy}$ 进行查图。最后总的干扰因子为

$$i=i_2+i_3\tag{5-38}$$

(3)“十-X”型布局。前翼呈十字型配置而后翼呈 X 型布置。在有迎角 α 的情况下，前翼段只有一对涡存在。根据 τ 和 $(D/l)_{myi}$，可由图 5-15 找出旋涡位置 $2z_v/l_{myi}$，$2y_v/l_{myi}$，并换算出旋涡相对后翼的距离。

$$\left.\begin{aligned}\frac{2z_v}{l_{mwy}}&=\frac{\sqrt{2}}{2}\left(\frac{2z_v}{l_{myi}}-\frac{2y_v}{l_{myi}}\right)\frac{l_{myi}}{l_{mwy}}\\\frac{2y_v}{l_{mwy}}&=\frac{\sqrt{2}}{2}\left(\frac{2z_v}{l_{myi}}+\frac{2y_v}{l_{myi}}\right)\frac{l_{myi}}{l_{mwy}}\end{aligned}\right\}\tag{5-39}$$

再从图 5-19 中查得干扰因子 i_1，最后总的干扰因子为

$$i=\sqrt{2}\,i_1\tag{5-40}$$

(4)“X-十”型布置。由于前翼是 X 型布置的，两对翼共产生 4 个旋涡，其相对位置、编号与“X-X”型布置时一样，但涡相对后翼的位置及换算方法有所不同。由 τ 和 $(D/l)_{myi}$ 自图 5-16 中找出 $\frac{2z_{v2}}{l_{myi}}$，$\frac{2y_{v2}}{l_{myi}}$，$\frac{2z_{v3}}{l_{myi}}$ 和 $\frac{2y_{v3}}{l_{myi}}$ 后按下列式子换算成相对后翼的距离：

$$\left.\begin{aligned}\frac{2z_{v2}}{l_{mwy}}&=\frac{\sqrt{2}}{2}\left(\frac{2z_{v2}}{l_{myi}}+\frac{2y_{v2}}{l_{myi}}\right)\frac{l_{myi}}{l_{mwy}}\\\frac{2y_{v2}}{l_{mwy}}&=\frac{\sqrt{2}}{2}\left(\frac{2y_{v2}}{l_{myi}}-\frac{2z_{v2}}{l_{myi}}\right)\frac{l_{myi}}{l_{mwy}}\\\frac{2z_{v3}}{l_{mwy}}&=\frac{\sqrt{2}}{2}\left(\frac{2z_{v3}}{l_{myi}}+\frac{2y_{v3}}{l_{myi}}\right)\frac{l_{myi}}{l_{mwy}}\\\frac{2y_{v3}}{l_{mwy}}&=\frac{\sqrt{2}}{2}\left(\frac{2y_{v3}}{l_{myi}}-\frac{2z_{v3}}{l_{myi}}\right)\frac{l_{myi}}{l_{mwy}}\end{aligned}\right\}\tag{5-41}$$

再由 $\frac{2z_{v2}}{l_{mwy}}$，$\left|\frac{2y_{v2}}{l_{mwy}}\right|$ 和 $\frac{2z_{v3}}{l_{mwy}}$，$\left|\frac{2y_{v3}}{l_{mwy}}\right|$ 自图 5-17 中查找 i_2 和 i_3，最后按下式计算干扰因子：

$$i=\frac{\sqrt{2}}{2}(i_2+i_3)\tag{5-42}$$

如果前翼面积很小，当 $\frac{S_{wl}}{S_{my}}<0.05$，不必进行上述烦杂的计算，可近似地取

$$\varepsilon^{\alpha}_{yi\cdot sh}=-\frac{C^{\alpha}_{yyi\cdot sh}}{C^{\alpha}_{ywy\cdot sh}}\tag{5-43}$$

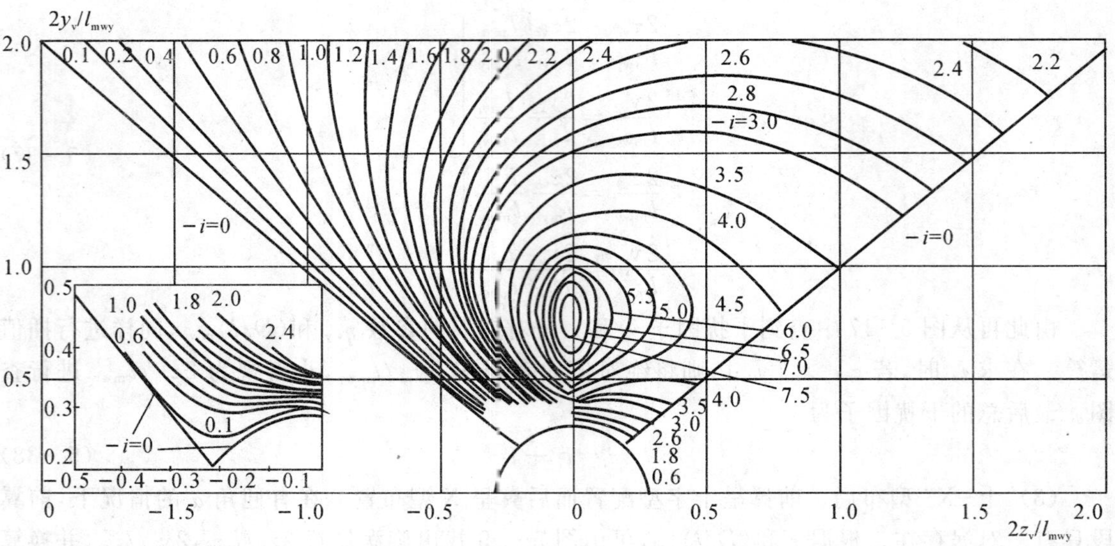

图 5-19　$\psi_0 = 45°$ 时的旋涡干扰因子（$\eta \to \infty, D/l_{mwy} = 0.3$）

5.1.2.3　用实验来确定尾翼的下洗

利用干扰因子法的优点是不用计算下洗流场，翼身组合体的影响已考虑在干扰因子在内了，且已有成套的曲线可供查阅，对超声速、亚声速均适用。但此法只适用于机翼不后掠的情况，且计算结果尚有偏大的缺点。下洗计算值所以偏大是由于方法本身并没有考虑如图 5-6 所示的 Ma_∞ 数的效应，同时气体本身是有黏性的，旋涡的强度实际上随距离的加大必然有所减弱。这些因素理论上一时还无法解决。因此，如果条件允许，组合体翼身组合段对尾翼的下洗最好用实验的方法来确定。

通常用的实验方法是把同样大小的无尾式模型和不同安装角的有尾翼的模型分别在风洞内做实验，测量它们在某一 Ma_∞ 数下绕 OZ 轴的俯仰力矩系数 m_z 与迎角 α 的关系，把吹风结果整理成如图 5-20 所示的图形。图中无尾翼模型的 $m_z(\alpha)$ 曲线与不同尾翼安装角 δ 的有尾翼模型的 $m_z(\alpha)$ 曲线相交于 0，1，2，3，… 各点，其中每一交点对应这一组 α，δ，在这些交点上，无尾翼模型与有尾翼模型的俯仰力矩相等。因此，在这些交点处，尾翼上的升力应等于零，即尾翼对重心不产生气动力矩，因而有

$$C_{ywy} = C_{ywy}^{\alpha}(\alpha + \delta - \varepsilon_*) = 0 \tag{5-44}$$

所以

$$\varepsilon_* = \alpha + \delta \tag{5-45}$$

这样，按式(5-45)可以做出该 Ma_∞ 数下的 $\varepsilon_* = f(\alpha)$ 曲线。在不同的 Ma_∞ 数下做实验，可以得到不同的下洗角与迎角的关系曲线。根据这些曲线，可以得到该飞行器在给定 Ma_∞ 数和迎角 α 下的尾翼段气流平均下洗角 $\varepsilon_* = f(Ma, \alpha)$。

5.1.3　尾翼区速度阻滞的计算方法

前已述及，由于气流的黏性，尾翼段气流的速度将受到阻滞，但尾翼区内各点的阻滞量是不同的。为了方便起见，引入尾翼区气流平均阻滞系数这一概念，即有式(5-1)

$$k_q = \frac{q_{wy}}{q_\infty} = 1 - \frac{\Delta q}{q_\infty}$$

式中，q_{wy}，q_∞ 分别表示尾翼区气流的平均动压和未扰动气流的动压。

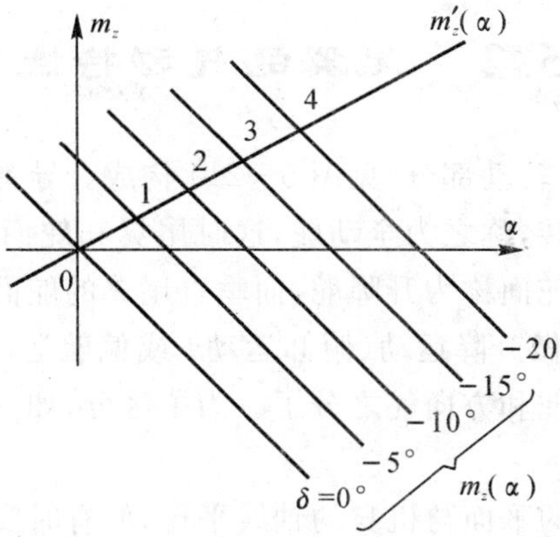

图 5-20　用实验方法确定下洗角 ε_*

如果认为尾翼附近气流的密度 ρ_{wy} 与未扰动气流密度 ρ_∞ 差别很小，则阻滞系数也可表示成

$$k_q = \left(\frac{v_{wy}}{v_\infty}\right)^2 \tag{5-46}$$

因而尾翼区的平均速度

$$v_{wy} = v_\infty \sqrt{k_q} \tag{5-47}$$

相应地有马赫数

$$Ma_{wy} = Ma_\infty \sqrt{k_q} \tag{5-48}$$

从式(5-1)可见，为了确定 k_q 值，必须首先确定尾翼区内的动压损失$\frac{\Delta q}{q_\infty}$。这一损失主要是由机翼的零升阻力引起的，因而，理论计算尾流中的动压损失还存在有一定困难，一般都是通过一系列实验数据整理出经验公式。在尾流中心线处动压损失最大，其经验公式为

$$\frac{\Delta q}{q_\infty} = 2.42\sqrt{C_{x\mathrm{xi}}} \Big/ \left(\frac{x}{b_A} + 0.3\right) \tag{5-49}$$

式中，$C_{x\mathrm{xi}}$ 为机翼的型阻系数；x 为机翼根弦后缘到尾翼平均气动弦 1/4 弦点的 x 向距离。在可压流中，k_q 可以表示为

$$k_q = \left(1 - \frac{\Delta q}{q_\infty}\right)\left[1 \Big/ \left(1 + \frac{k-1}{2} Ma_\infty^2 \frac{\Delta q}{q_\infty}\right)\right] \tag{5-50}$$

在初步估算时，也可采用表 5-1 所列参考数据。

表 5-1　尾翼区气流阻滞系数的参考值

飞行器形式	尾翼平面相对机翼平面位置	k_q
正常式	a. 尾翼平面处于机翼平面之内，即“—-—”“十-十”或“X-X”型布局	0.85
	b. 尾翼平面与机翼平面呈 45° 角交叉，即“十-X”或“X-十”型布局	0.90
	c. 尾翼平面与机翼平面平行，其距离超过机身半径时	1.0
鸭式		1.0

5.2 尾翼的气动特性

尾翼通常由固定部分和可转动部分(见图 5-21) 构成。导弹上应用最广的尾翼是没有固定部分的,即整个尾翼都能旋转,称之为全动舵,这时尾翼和舵面是一样的。当尾翼和舵面呈十字型布局时,把水平尾翼的舵面称为升降舵,而垂直尾翼的舵面称为方向舵。但若尾翼和舵面呈 X 型布局时,飞行器不论做升降运动(俯仰运动) 或偏航运动,都需要两对舵面同时协调偏转才行,所以也就没有升降舵和方向舵之分了。为了区分,如图 5-22 所示,将其分为 Ⅰ,Ⅲ 舵与 Ⅱ,Ⅳ 舵。

在大多数情况下,安定面的平面与机身的轴线平行,但有时安定面的平面与机身轴线成某一角度 φ,此角称为安装角。当舵的平面与安定面一致时,这一位置就称为舵的中立位置。舵偏离中心位置的角度用 δ 来表示,称为舵面偏转角。根据所采用的符号规则,如果安定面或舵面的后缘向下偏转,则此时的水平尾翼的 φ 及 δ 为正值(见图 5-21),反之为负。

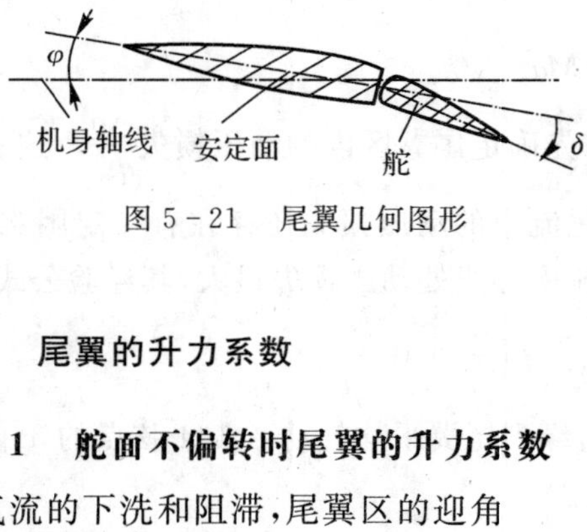

图 5-21　尾翼几何图形

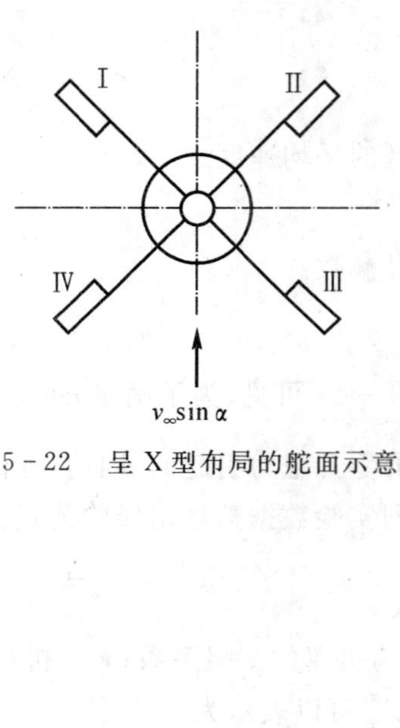

图 5-22　呈 X 型布局的舵面示意图

5.2.1 尾翼的升力系数

5.2.1.1 舵面不偏转时尾翼的升力系数

由于气流的下洗和阻滞,尾翼区的迎角

$$\alpha_{wy} = \alpha - \varepsilon^{\alpha}_{yi\text{-}sh}\alpha = (1 - \varepsilon^{\alpha}_{yi\text{-}sh})\alpha \tag{5-51}$$

尾翼区的动压和马赫数分别为

$$q_{wy} = q_{\infty} k_q$$

$$Ma_{wy} = Ma_{\infty}\sqrt{k_q}$$

由尾翼组合段的升力表达式

$$Y_{wy\cdot sh} = C'_{ywy\cdot sh} q_{wy} S_{wy} = C_{ywy\cdot sh} q_{\infty} S_{sh}$$

可推导得到尾翼组合段的升力系数

$$C_{ywy\cdot sh} = C^{\alpha}_{ywy}[(K_{\alpha\alpha})_{wy}(1 - \varepsilon^{\alpha}_{yi\text{-}sh})\alpha + (K_{\varphi 0})_{wy}\varphi]k_q \frac{S_{wy}}{S_{sh}} \tag{5-52}$$

式中,C^{α}_{ywy} 是单独尾翼的升力线斜率,但计算 C^{α}_{ywy} 时所用的马赫数必须考虑阻滞的影响(即用 $Ma_{wy} = \sqrt{k_q}Ma_{\infty}$)。此外,还需注意干扰系数$(K_{\alpha\alpha})_{wy}$ 与$(K_{\alpha\alpha})_{yi}$ 的差别,因尾翼后部的机体一

般较短，故要考虑短后体的情况。

在鸭式飞行器上，舵面在机翼之前，水平前翼的升力计算不存在阻滞和下洗问题。但若前翼位于机身头时这一部分产生的升力，已考虑在前翼翼身组合段的升力之中，因此，原先头部的升力要相应降低，其减少量与翼面所占头部长度的比例有关。近似计及这一影响，可用式

$$\Delta C_y = -0.035\zeta\alpha \tag{5-53}$$

计算，式中系数的定义如图 5-23 所示。

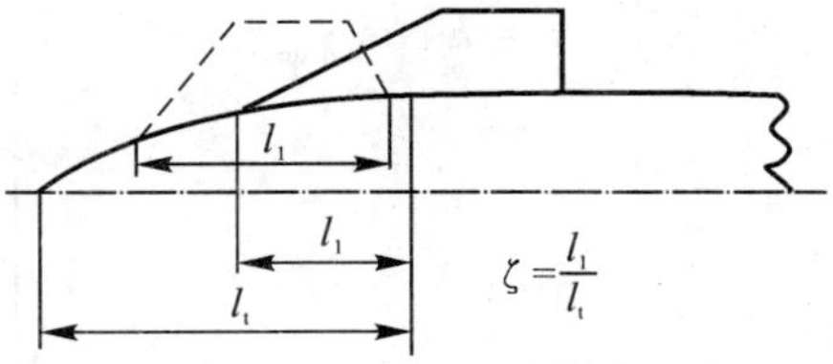

图 5-23　系数 ζ 的定义

考虑上述修正后，鸭式飞行器前翼段的升力系数的计算公式为

$$C_{yqy\cdot sh} = C_{yqy}^{\alpha}\left[(K_{\alpha\alpha})_{qy}\alpha + (K_{\varphi 0})_{qy}\varphi\right] - \Delta C_y \tag{5-54}$$

5.2.1.2　舵面偏转时尾翼的升力系数

在前面介绍的尾翼升力系数的计算公式中，假定舵面处于中立位置。现在来研究更一般的情况，即此时舵相对于安定面偏转了一个 δ 角。尾翼相对机身有一安装角 φ 时引起的升力系数

$$(C_{ywy})_{\varphi} = C_{ywy}^{\varphi}\varphi \tag{5-55}$$

当舵面相对安定面有一偏转角 δ 时，尾翼上也会产生升力

$$(C_{ywy})_{\delta} = C_{ywy}^{\delta}\delta \tag{5-56}$$

在式(5-55)与式(5-56)中，参考面积是一样的，都以整个尾翼(外露翼)的面积为参考面积。

由舵面偏转 δ 角引起的升力与舵面不偏而使整个尾翼有一个安装角 δ 所引起的升力之比称为舵面的相对效率。用 n 表示舵面的相对效率，则

$$n = \frac{C_{ywy}^{\delta}\delta}{C_{ywy}^{\varphi}\delta} = \frac{C_{ywy}^{\delta}}{C_{ywy}^{\varphi}} \tag{5-57}$$

由舵的相对效率的定义可知，舵偏转 δ 角就相当于整个尾翼有一个安装角 $\varphi = n\delta$。因此，为得到计及舵偏转时尾翼的升力系数，只需在式(5-52)、式(5-54)中用 $\varphi + n\delta$ 来代替 φ 就行了，即正常式

$$C_{ywy\cdot sh} = C_{ywy}^{\alpha}\left[(K_{\alpha\alpha})_{wy}(1-\varepsilon_{yi\text{-}sh}^{\alpha})\alpha + (K_{\varphi 0})_{wy}(\varphi + n\delta)\right]k_q\frac{S_{wy}}{S} \tag{5-58}$$

鸭式

$$C_{yqy\cdot sh} = C_{yqy}^{\alpha}\left[(K_{\alpha\alpha})_{qy}\alpha + (K_{\varphi 0})_{qy}(\varphi + n\delta)\right] - \Delta C_y \tag{5-59}$$

对于不同形式的舵面，n 的数值不同，除此之外，它还受到飞行马赫数等因素的影响。下面分别讨论飞行器中常用的几种舵面的相对效率 n 的计算方法及影响它的一些因素。

1. 全动舵(旋转尾翼、旋转弹翼)

为了保证在大的 Ma 数范围内飞行器有较好的操纵性，常采用全动舵面，这种舵面相对效率最高。大多数导弹都采用此种舵面(见图 5-24)。舵的旋转轴常与机身轴线垂直，在这种情

况下，舵面的偏转基本上与尾翼的安装角一样，差别只在于舵偏转后翼面与机身之间存在着间隙。因此，全动舵的相对效率就是缝隙系数，即

$$n=k_f \tag{5-60}$$

如果舵面的旋转轴不与机身轴线垂直，而存在一个后掠角 χ_{du}，如图 5-25 所示。这时舵的偏转角 δ 是在垂直于旋转轴的平面内度量的，而舵面上的升力与来流方向的迎角有关，再考虑到舵面偏转后的间隙效应，舵的相对效率为

$$n=k_f\cos\chi_{du} \tag{5-61}$$

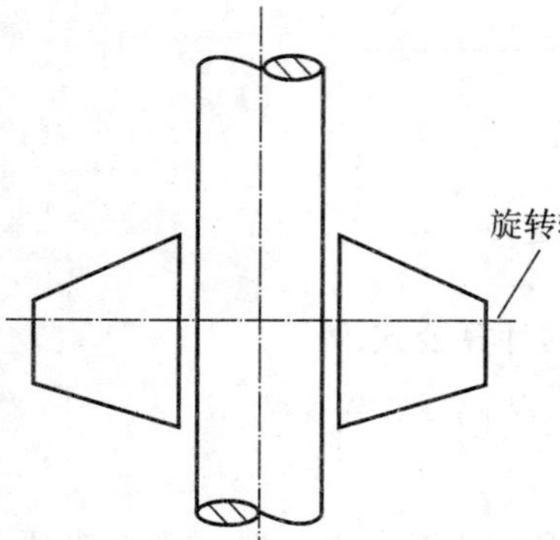

图 5-24　转轴垂直机身纵对称面的全动舵

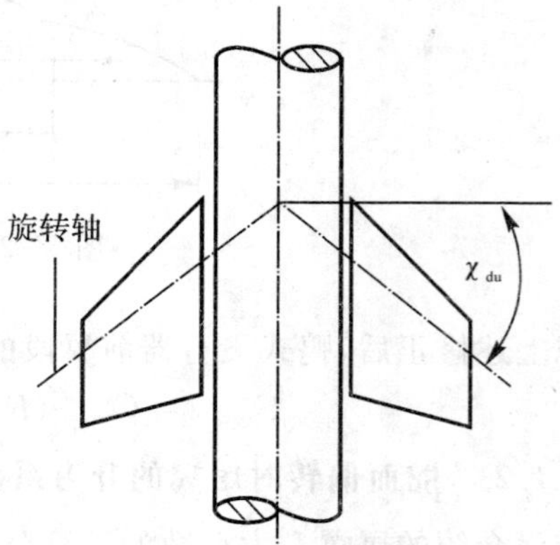

图 5-25　旋转轴具有后掠角的全动舵

2. 翼端舵

翼端舵的情况如图5-26所示。当舵面上压力分布改变时，固定面上的压力分布亦受到影响，因此舵面相对效率并不等于舵面的面积与整个尾翼的面积之比。然而，舵面的相对效率与舵面展长及尾翼（外露部分）展长之比有关，还与尾翼的根稍比有关。由于这种舵面离机身较远，所以机身的影响可以忽略，翼端舵的相对效率可由下式确定：

$$n=\bar{n}_1 k_f\cos\chi_{du} \tag{5-62}$$

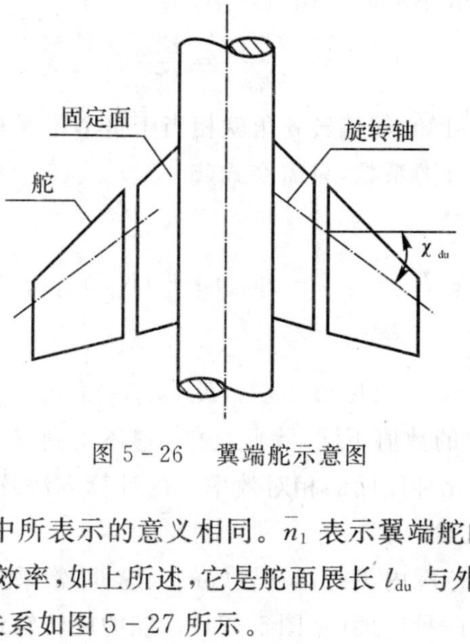

图 5-26　翼端舵示意图

式中，$k_f\cos\chi_{du}$ 与式(5-61) 中所表示的意义相同。$\bar{n}_1$ 表示翼端舵的旋转轴与机身轴呈垂直且不计及缝隙影响所得的舵面效率，如上所述，它是舵面展长 l_{du} 与外露翼展长之比的函数，同时又是尾翼根梢比的函数，其关系如图 5-27 所示。

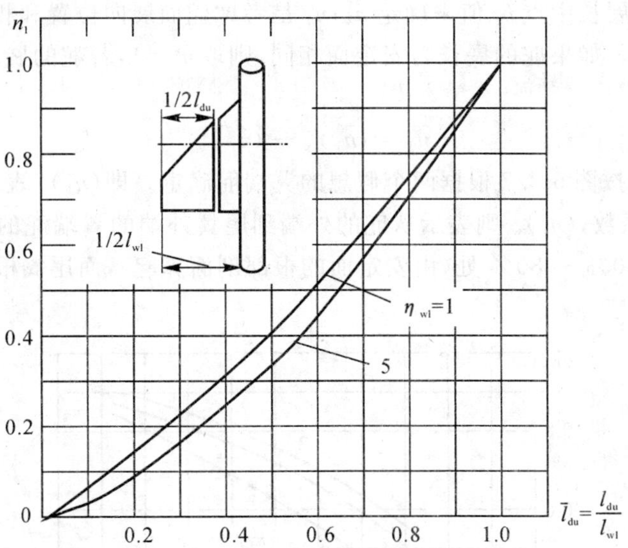

图 5-27　求表征翼端舵相对效率的系数曲线图

3. 位于安定面后的舵

在亚声速的飞行器上，常常将舵面安置在舵面之后（见图 5-28）。这种形式的舵面的相对效率 n 随飞行 Ma 数的变化很大。在亚声速飞行时，舵面的偏转不仅在舵本身引起升力，更主要的是对前面安定面上的压力分布有很大的影响。因此，即使舵面的相对翼弦很小，其效率却很高，这是亚声速飞行器上广泛采用此类舵面的主要原因。在超声速飞行时，舵面偏转引起的扰动不会传到安定面上，因此安定面上的压力分布不受舵面偏转的影响，故相对效率大为降低，这也说明了超声速飞行器上常采用全动舵的原因。

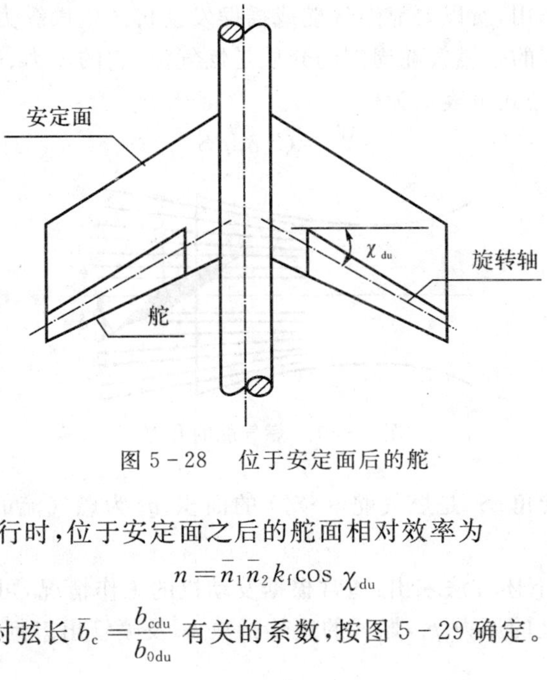

图 5-28　位于安定面后的舵

飞行器在亚声速飞行时，位于安定面之后的舵面相对效率为

$$n=\bar{n}_1\bar{n}_2k_f\cos\chi_{du} \tag{5-63}$$

式中，$\bar{n}_2$ 是与舵面的相对弦长 $\bar{b}_c=\frac{b_{cdu}}{b_{0du}}$ 有关的系数，按图 5-29 确定。如果相对弦长沿展向有

变化，可以根据舵面展长中点 b_c 值来确定 $\bar{n}_2$；$\bar{n}_1$ 是考虑舵面展向位置和相对展长的修正系数，仍用图5-27来确定。如果舵的展长与安定面相同，则取 $\bar{n}_1=1$，若舵的展长仅占安定面展长的一部分，则

$$\bar{n}_1=(\bar{n}_1)_n-(\bar{n}_1)_w \tag{5-64}$$

其中，$(\bar{n}_1)_n$ 和 $(\bar{n}_1)_w$ 按图5-27根据两个假想的翼端舵确定。即 $(\bar{n}_1)_n$ 表示从舵的内端直到尾翼外端的翼端舵的系数，$(\bar{n}_1)_w$ 则表示从舵的外端到尾翼外端的翼端舵的系数。例如，如果舵位于安定面展长的 30% ～ 80% 处（由安定面的根部剖面算起），而尾翼根稍比 $\eta_{wl}=5$，则 $\bar{n}_1=0.58-0.1=0.48$。

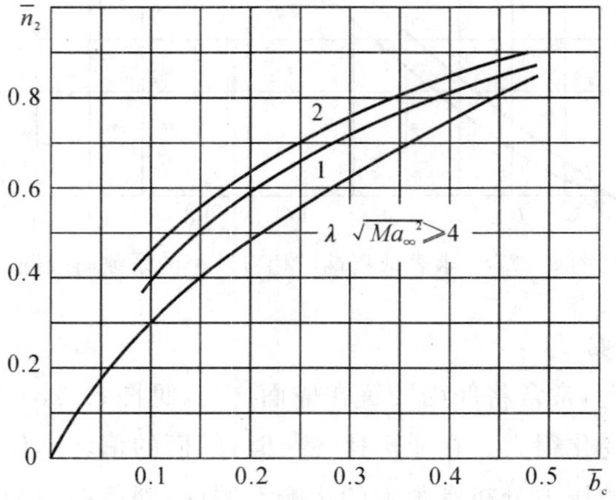

图 5-29　位于安定面之后的舵的相对效率系数 $\bar{n}_2$ 曲线

4. 燃气舵的升力

燃气舵（见图5-30）一般用于弹道式导弹上，因为这类导弹绝大部分时间在大气层外飞行，这时空气舵就不起作用，所以要靠燃气舵或摇摆发动机产生操纵力矩。燃气舵与空气舵的作用原理是一样的，不同的是燃气舵周围的介质是燃气流，它的压力、密度、速度等与外界的空气不同。燃气舵的升力公式可表示为

$$Y_r=C_{yr}^{\delta}\delta_r q_r S_r \tag{5-65}$$

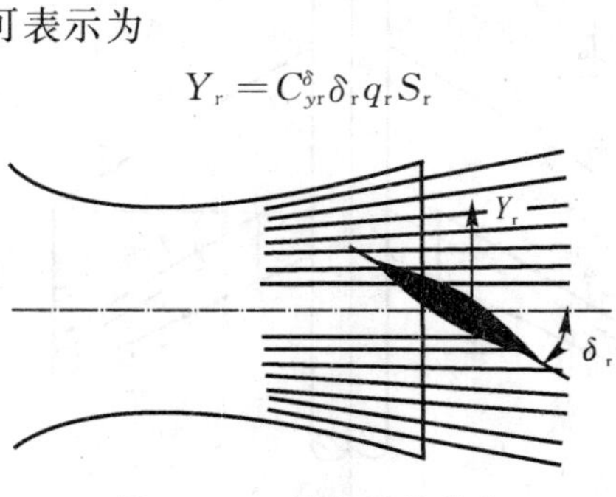

图 5-30　燃气舵的升力

式中，δ_r 是燃气舵的偏转角；S_r 是燃气舵（一对）的面积；q_r 为燃气流的动压，由燃气流的密度和速度决定。

燃气流的参数可用下述方法求出：通常根据发动机的工作情况，可知燃气的秒流量 G_r，喷流速度 ω_r，尾喷管出口处的压力 p_r，燃气的绝热指数 k_r 及喷管出口剖面的面积 S_r。这样燃气流的密度为

$$\rho_r = \frac{G_r}{\omega_r S_r} \tag{5-66}$$

燃气流的马赫数

$$Ma_r = \frac{\omega_r}{k_r \dfrac{p_r}{\rho_r}} \tag{5-67}$$

由于火箭发动机燃气流速度一般很大(通常有 $Ma_r > 2.5$)，因此舵的平面形状对升力系数几乎无影响(由于舵面的三维区很小)，C_{yr}^{δ} 值可按下式计算：

$$C_{yr}^{\delta} = \frac{0.7 \times 4}{57.3\sqrt{Ma_r^2 - 1}} \tag{5-68}$$

式中系数 0.7 用来考虑舵面的相对厚度及有限翼展的影响，同时还考虑到舵面的一部分面积处在燃气流与喷管壁面的附面层内，这里的喷流速度较低。

5.2.2　尾翼的阻力系数

1. 正常式飞行器尾翼的阻力系数

尾翼的零升阻力与机翼的零升阻力的计算方法完全相同。需要注意的是，尾翼处的马赫数应取 $Ma_{wy} = Ma_{\infty}\sqrt{k_q}$。

尾翼的诱导阻力与尾翼的迎角有关，对正常式飞行器而言，当迎角 α 大于零时，飞行器为了保持纵向平衡，尾翼必须向上偏转一 δ 角，即 $\delta < 0$，此时尾翼区的有效迎角为 $\alpha - \delta - \varepsilon$。实际上，尾翼区的有效迎角是很小，近似有 $\alpha - \delta - \varepsilon = 0$。因此，在大多数情况下，正常式飞行器尾翼的诱导阻力是可以忽略不计的。

2. 鸭式飞行器舵面的阻力系数

对于鸭式飞行器来说，由于舵面处在机翼前方，通常称为前翼或鸭翼。这时零升阻力的计算就与一般机翼完全相同，但由于飞行器处在纵向平衡时前翼面的实际迎角为 $\alpha + \delta$，所以前翼的诱导阻力占总阻力中相当大一部分。假设前翼装在机身的圆柱部分，舵面的旋转轴与机身纵向垂直。如果机身的迎角为 α，而水平前翼的偏转角为 δ，则前翼组合段的升力为

$$Y_{qy\cdot sh} = Y_{qy(sh)} + Y_{sh(qy)} \tag{5-69}$$

相应的有诱导阻力

$$X_{iqy\cdot sh} = Y_{qy(sh)}\frac{\alpha+\delta}{57.3} + Y_{sh(qy)}\frac{\alpha}{57.3} - X_{Tqy} \tag{5-70}$$

式中，$Y_{qy(sh)}$ 是作用在前翼上的升力，它包括单独前翼的升力和由机身的影响而在前翼上引起的附加升力之和；$Y_{sh(qy)}$ 是前翼对机身的诱导升力；X_{Tqy} 是亚声速前缘时前翼面的前缘吸力(此力很小，为简便起见，可以忽略)。应用下面表达式：

$$\left.\begin{aligned} Y_{qy(sh)} &= [K_{qy(sh)}\alpha + k_{qy(sh)}k_f\delta]C_{yqy}^{\alpha}q_{\infty}S_{qy} \\ Y_{sh(qy)} &= [K_{sh(qy)}\alpha + k_{sh(qy)}k_f\delta]C_{yqy}^{\alpha}q_{\infty}S_{qy} \end{aligned}\right\} \tag{5-71}$$

代入式(5-70)中，并取 $k_{qy(sh)} \approx 1, k_f \approx 1, K_{qy(sh)} \approx K_{\varphi 0} = [k_{qy(sh)} + k_{sh(qy)}]$，可以得到水平前翼组合段的诱导阻力系数

$$C_{xiqy\cdot sh} = \frac{C_{yqy}^{\alpha}}{57.3}\left[(K_{\alpha\alpha})_{qy} + 2(K_{\varphi 0})_{qy}\frac{\delta}{\alpha} + \left(\frac{\delta}{\alpha}\right)^2\right]\alpha^2 \tag{5-72}$$

式中，$\frac{\delta}{\alpha}$ 应按飞行器的平衡关系式来求，对鸭式飞行器初步估算可以取统计平均值$\frac{\delta}{\alpha}\approx 1.4$。

舵面呈 X 型配置时，则在 C_{yqy}^{α} 之前乘一系数 K_{ψ}，在 δ 处除以 $\cos\psi$，即有

$$C_{xiqy\cdot sh}=\frac{K_{\psi}C_{yqy}^{\alpha}}{57.3}\left[(K_{\alpha\alpha})_{qy}+2(K_{\varphi 0})_{qy}\frac{\delta}{\alpha\cos\psi}+\left(\frac{\delta}{\alpha\cos\psi}\right)^{2}\right]\alpha^{2} \tag{5-73}$$

3. 燃气舵的阻力系数

发动机的燃气舵通常装在喷口内壁，当燃气舵偏角 δ 等于零时，舵面的阻力已在发动机推力中扣除了，所以燃气舵的零升阻力就不必计算。燃气舵的诱导阻力为

$$X_{ir}=Y_{r}\tan\delta_{r} \tag{5-74}$$

5.3 飞行器的升力与阻力特性

5.3.1 整个飞行器的升力系数

飞机和飞航式导弹的外形常呈面对称型，攻击活动目标的导弹，由于需要全方位具有较高的机动性，常采用轴对称气动外形。轴对称导弹的机翼和尾翼常呈十字形或 X 形布置。根据机翼和尾翼的相对位置，有下列四种配置方案：①“十-十”方案；②“十-X”方案；③“X-十”方案；④“X-X”方案。

这里第一个符号指的是前翼面，第二个符号则是指后翼面。下面分别讨论各种外形飞行器(以导弹为例)在不同配置方案下升力系数的计算公式。

1. 正常式

通常，正常式导弹的机翼无安装角($\varphi=0$)，舵面为全动尾翼。整个导弹的升力可写成翼身组合体的升力与尾翼－弹身组合段的升力之和，即

$$Y=Y_{yi\text{-}sh}+Y_{wy\cdot sh} \tag{5-75}$$

用系数表示，则有

$$C_{y}=C_{yyi\text{-}sh}+C_{ywy\cdot sh}k_{q}\frac{S_{wy}}{S} \tag{5-76}$$

当飞行器有燃气舵时，式(5-76)中还需加上燃气舵的升力。在一般情况下，飞行器同时存在有迎角 α 和舵偏角 δ。当 α，δ 不大时，略去体涡对弹翼及翼涡对弹身洗流的干扰影响，这样，升力系数与 α，δ 呈线性关系，即

$$C_{y}=C_{y}^{\alpha}(\alpha-\alpha_{0})+C_{y}^{\delta}\delta \tag{5-77}$$

式中，α_0 是全机的零升迎角。对于不同布局的飞行器，升力系数如下：

$$C_{y++}^{\alpha}=[K_{\alpha\alpha}]_{yi}C_{yyi}^{\alpha}\frac{S_{wl}}{S}+C_{ysh}^{\alpha}\frac{S_{sh}}{S}+C_{ywy}^{\alpha}[K_{\alpha\alpha}]_{wy}(1-\varepsilon_{++}^{\alpha})k_{q}\frac{S_{wy}}{S} \tag{5-78}$$

$$C_{y+X}^{\alpha}=[K_{\alpha\alpha}]_{yi}C_{yyi}^{\alpha}\frac{S_{wl}}{S}+C_{ysh}^{\alpha}\frac{S_{sh}}{S}+C_{ywy}^{\alpha}[K_{\alpha\alpha}]_{wy}(1-\varepsilon_{+X}^{\alpha})K_{\psi}k_{q}\frac{S_{wy}}{S} \tag{5-79}$$

$$C_{yX+}^{\alpha}=[K_{\alpha\alpha}]_{yi}K_{\psi}C_{yyi}^{\alpha}\frac{S_{wl}}{S}+C_{ysh}^{\alpha}\frac{S_{sh}}{S}+C_{ywy}^{\alpha}[K_{\alpha\alpha}]_{wy}(1-\varepsilon_{X+}^{\alpha})k_{q}\frac{S_{wy}}{S} \tag{5-80}$$

$$C_{yXX}^{\alpha}=[K_{\alpha\alpha}]_{yi}K_{\psi}C_{yyi}^{\alpha}\frac{S_{wl}}{S}+C_{ysh}^{\alpha}\frac{S_{sh}}{S}+C_{ywy}^{\alpha}[K_{\alpha\alpha}]_{wy}(1-\varepsilon_{XX}^{\alpha})K_{\psi}k_{q}\frac{S_{wy}}{S} \tag{5-81}$$

以及
$$C_{y++}^{\delta}=C_{ywy}^{\alpha}\left[K_{\varphi 0}\right]_{wy}\cdot n\cdot k_{q}\cdot\frac{S_{wy}}{S}\tag{5-82}$$

$$C_{y+X}^{\delta}=C_{ywy}^{\alpha}\left[K_{\varphi 0}\right]_{wy}\cdot n\cdot\frac{K_{\psi}}{\cos\psi}\cdot k_{q}\cdot\frac{S_{wy}}{S}\tag{5-83}$$

$$C_{yX+}^{\delta}=C_{y++}^{\delta},\quad C_{yXX}^{\delta}=C_{y+X}^{\delta}$$

2. 鸭式

通常，鸭式飞行器主翼的安装角也为零，舵面在前，它对后面的主翼将产生下洗。当迎角 α 与舵偏角 δ 不大时，鸭式飞行器和正常式飞行器一样，其升力系数仍为

$$C_{y}=C_{y}^{\alpha}(\alpha-\alpha_{0})+C_{y}^{\delta}\delta$$

但式中的 C_{y}^{α}，C_{y}^{δ} 却不同，分布如下：

$$C_{y++}^{\alpha}=C_{yqy}^{\alpha}\left[K_{\alpha\alpha}\right]_{qy}\frac{S_{qy}}{S}+(C_{ysh}^{\alpha}-\Delta C_{y}^{\alpha})\frac{S_{sh}}{S}+C_{yyi}^{\alpha}\left[K_{\alpha\alpha}\right]_{yi}(1-\varepsilon_{++}^{\alpha})\frac{S_{wl}}{S}\tag{5-84}$$

$$C_{y+X}^{\alpha}=C_{yqy}^{\alpha}\left[K_{\alpha\alpha}\right]_{qy}\frac{S_{qy}}{S}+(C_{ysh}^{\alpha}-\Delta C_{y}^{\alpha})\frac{S_{sh}}{S}+C_{yyi}^{\alpha}\left[K_{\alpha\alpha}\right]_{yi}K_{\psi}(1-\varepsilon_{+X}^{\alpha})\frac{S_{wl}}{S}\tag{5-85}$$

$$C_{yX+}^{\alpha}=C_{yqy}^{\alpha}\left[K_{\alpha\alpha}\right]_{qy}K_{\psi}\frac{S_{qy}}{S}+(C_{ysh}^{\alpha}-\Delta C_{y}^{\alpha})\frac{S_{sh}}{S}+C_{yyi}^{\alpha}\left[K_{\alpha\alpha}\right]_{yi}(1-\varepsilon_{X+}^{\alpha})\frac{S_{wl}}{S}\tag{5-86}$$

$$C_{yXX}^{\alpha}=C_{yqy}^{\alpha}\left[K_{\alpha\alpha}\right]_{qy}K_{\psi}\frac{S_{qy}}{S}+(C_{ysh}^{\alpha}-\Delta C_{y}^{\alpha})\frac{S_{sh}}{S}+C_{yyi}^{\alpha}\left[K_{\alpha\alpha}\right]_{yi}K_{\psi}(1-\varepsilon_{XX}^{\alpha})\frac{S_{wl}}{S}\tag{5-87}$$

其中，$\Delta C_{y}^{\alpha}=0.035\zeta$。

$$C_{y++}^{\delta}=C_{yqy}^{\alpha}\left[K_{\varphi 0}\right]_{qy}\cdot n\cdot\frac{S_{qy}}{S}-C_{yyi}^{\alpha}\left[K_{\alpha\alpha}\right]_{yi}\cdot\varepsilon_{++}^{\varphi}\cdot\frac{S_{wl}}{S}\tag{5-88}$$

$$C_{y+X}^{\delta}=C_{yqy}^{\alpha}\left[K_{\varphi 0}\right]_{qy}\cdot n\cdot\frac{S_{qy}}{S}-C_{yyi}^{\alpha}\left[K_{\alpha\alpha}\right]_{yi}K_{\psi}\cdot\varepsilon_{+X}^{\varphi}\cdot\frac{S_{wl}}{S}\tag{5-89}$$

$$C_{yX+}^{\delta}=C_{yqy}^{\alpha}\left[K_{\varphi 0}\right]_{qy}\frac{K_{\psi}}{\cos\psi}\cdot n\cdot\frac{S_{qy}}{S}-C_{yyi}^{\alpha}\left[K_{\alpha\alpha}\right]_{yi}\cdot\varepsilon_{X+}^{\varphi}\cdot\frac{S_{wl}}{S}\tag{5-90}$$

$$C_{yXX}^{\delta}=C_{yqy}^{\alpha}\left[K_{\varphi 0}\right]_{qy}\frac{K_{\psi}}{\cos\psi}\cdot n\cdot\frac{S_{qy}}{S}-C_{yyi}^{\alpha}\left[K_{\alpha\alpha}\right]_{yi}K_{\psi}\cdot\varepsilon_{XX}^{\varphi}\cdot\frac{S_{wl}}{S}\tag{5-91}$$

3. 旋转弹翼式

此类飞行器的尾翼固定不动，通常无安装角，主翼在前，可以旋转。当 α 和 δ 不大时，升力系数与 α，δ 亦呈线性关系，$C_{y}=C_{y}^{\alpha}(\alpha-\alpha_{0})+C_{y}^{\delta}\delta$。其中 C_{y++}^{α}，C_{y+X}^{α}，C_{yX+}^{α} 与 C_{yXX}^{α} 的表达式同正常式的相应表达式完全相同，而 C_{y}^{δ} 的表达式为

$$C_{y++}^{\delta}=C_{yyi}^{\alpha}\left[K_{\varphi 0}\right]_{yi}\cdot n\cdot\frac{S_{wl}}{S}-C_{ywy}^{\alpha}\left[K_{\alpha\alpha}\right]_{wy}k_{q}\cdot\varepsilon_{++}^{\varphi}\cdot\frac{S_{wy}}{S}\tag{5-92}$$

$$C_{y+X}^{\delta}=C_{yyi}^{\alpha}\left[K_{\varphi 0}\right]_{yi}\cdot n\cdot\frac{S_{wl}}{S}-C_{ywy}^{\alpha}\left[K_{\alpha\alpha}\right]_{wy}K_{\psi}k_{q}\cdot\varepsilon_{+X}^{\varphi}\cdot\frac{S_{wy}}{S}\tag{5-93}$$

$$C_{yX+}^{\delta}=C_{yyi}^{\alpha}\left[K_{\varphi 0}\right]_{yi}\frac{K_{\psi}}{\cos\psi}\cdot n\cdot\frac{S_{wl}}{S}-C_{ywy}^{\alpha}\left[K_{\alpha\alpha}\right]_{wy}k_{q}\cdot\varepsilon_{X+}^{\varphi}\cdot\frac{S_{wy}}{S}\tag{5-94}$$

$$C_{yXX}^{\delta}=C_{yyi}^{\alpha}\left[K_{\varphi 0}\right]_{yi}\frac{K_{\psi}}{\cos\psi}\cdot n\cdot\frac{S_{wl}}{S}-C_{ywy}^{\alpha}\left[K_{\alpha\alpha}\right]_{wy}K_{\psi}k_{q}\cdot\varepsilon_{XX}^{\varphi}\cdot\frac{S_{wy}}{S}\tag{5-95}$$

4. 无尾式

此类飞行器的翼面一般无安装角，舵面紧靠在翼面之后，与翼面组成一个整体。无尾式的压力中心（焦点）位于飞行器较后位置，为了提高这类飞行器的机动性能，有时在机身前部装

上小翼，称为反安定面。当有反安定面存在时，C_y^α 的计算公式与鸭式飞行器完全相同，但 C_y^δ 的表达式不同，它们是

$$C_{y++}^{\delta}=C_{yyi}^{\alpha}\left[K_{\varphi0}\right]_{yi}\cdot n\cdot\frac{S_{wl}}{S} \tag{5-96}$$

$$C_{y+X}^{\delta}=C_{yyi}^{\alpha}\left[K_{\varphi0}\right]_{yi}\frac{K_{\psi}}{\cos\psi}\cdot n\cdot\frac{S_{wl}}{S} \tag{5-97}$$

$$C_{yX+}^{\delta}=C_{y++}^{\delta},\quad C_{yXX}^{\delta}=C_{y+X}^{\delta}$$

最后，整个飞行器的升力系数仍可表示为

$$C_y=C_y^{\alpha}(\alpha-\alpha_0)+C_y^{\delta}\delta$$

5. 弹道式导弹

作用在运载火箭或弹道式导弹上的升力，通常由弹身、尾翼(包括空气舵在内)和燃气舵产生，即

$$C_y=C_y^{\alpha}\alpha+C_y^{\delta}\delta+\frac{Y_r^{\delta_r}}{q_\infty S}\delta_r \tag{5-98}$$

5.3.2 整个飞行器的阻力系数

整个飞行器的阻力由零升阻力和诱导阻力(升致阻力)组成，即

$$C_x=C_{x0}+C_{xi} \tag{5-99}$$

飞行器的零升阻力包括翼身组合体的零升阻力、水平尾翼和垂直尾翼的零升阻力。考虑到弹翼、尾翼和弹身之间的相互干扰以及由凸起物、缝隙等引起的附加阻力，再乘上一个系数 k'，即

$$C_{x0}=k'\left(C_{x0yi\text{-}sh}+C_{x0pw}k_{qpw}\frac{S_{pw}}{S}+C_{x0cw}k_{qcw}\frac{S_{cw}}{S}\right) \tag{5-100}$$

式中，C_{x0pw}，C_{x0cw} 分别表示平尾和垂尾的零阻系数；k_{qpw}，k_{qcw} 则为平尾和垂尾处的速度阻滞系数。系数 k' 根据不同的飞行器将有较大的差别，在估算中，为了安全可取 1.1。

诱导阻力系数与飞行器的升力有关，而升力取决于飞行器的迎角 α 及舵面偏转角 δ。在平衡飞行状态下，α 与 δ 满足平衡关系，此时，诱导阻力系数仅是 α(或 δ) 的函数。现将各种形式飞行器的诱导阻力系数求法分述如下。

1. 正常式

如前所述，正常式飞行器水平尾翼的有效迎角在平衡状态飞行时是很小的，所以尾翼的诱导阻力可以不计，故整个飞行器的诱导阻力系数可取

$$C_{xi}=(C_{xi})_{yi\text{-}sh} \tag{5-101}$$

$(C_{xi})_{yi\text{-}sh}$ 的计算可按第 4 章中公式进行。

2. 鸭式

鸭式飞行器的诱导阻力系数包括三部分：

$$C_{xi}=(C_{xi})_{qy\cdot sh}\frac{S_{qy}}{S}+(C_{xi})_{sh}\frac{S_{sh}}{S}+(C_{xi})_{yi\cdot sh}\frac{S_{wl}}{S} \tag{5-102}$$

其中，$(C_{xi})_{sh}$ 为弹身的诱导阻力，可根据第 3 章公式计算。前翼段的诱导阻力系数 $(C_{xi})_{qy\cdot sh}$ 可按式(5-72)或式(5-73)计算。后翼段的诱导阻力系数，原则上可用第 4.4 节所提供的方法计算，但考虑到前翼段下洗的影响，后翼段迎角用 $\alpha\left(1-\varepsilon^{\alpha}-\varepsilon^{\delta}\dfrac{\delta}{\alpha}\right)$ 来代替飞行器的迎角 α，并采

用组合段升力线斜率来代替单独翼的升力线斜率。这样便得到

$$(C_{xi})_{yi\cdot sh}=\left\{C_{yyi}^{\alpha}\left[K_{\alpha\alpha}\right]_{yi}\left(1-\varepsilon^{\alpha}-\varepsilon^{\delta}\frac{\delta}{\alpha}\right)\frac{1}{57.3}-\xi\left(\frac{C_{xT}}{C_y^2}\right)\left[C_{yyi}^{\alpha}K_{yi(sh)}\left(1-\varepsilon^{\alpha}-\varepsilon^{\delta}\frac{\delta}{\alpha}\right)\right]^2\right\}\alpha^2\frac{S_{wl}}{S} \quad (5-103)$$

式中，ε^{α}，ε^{δ} 分别表示后翼区域内的平均下洗角对迎角 α 和舵偏角 δ 的导数，其计算方法可用第 5.1 节所提供的公式进行。比值 $\frac{\delta}{\alpha}$ 应按飞行器的平衡关系式来确定，作为初步估算，可取 $\frac{\delta}{\alpha}\approx 1.4$。如果后翼面呈 X 型布置，则

$$(C_{xi})_{Xyi\cdot sh}=\left\{K_{\psi}C_{yyi}^{\alpha}\left[K_{\alpha\alpha}\right]_{yi}\left(1-\varepsilon^{\alpha}-\varepsilon^{\delta}\frac{\delta}{\alpha}\frac{1}{\cos\psi}\right)\frac{1}{57.3}-\xi\left(\frac{C_{xT}}{C_y^2}\right)\left[C_{yyi}^{\alpha}K_{yi(sh)}\left(1-\varepsilon^{\alpha}-\varepsilon^{\delta}\frac{\delta}{\alpha}\frac{1}{\cos\psi}\right)\right]^2\right\}\alpha^2\frac{S_{wl}}{S} \quad (5-104)$$

3. *旋转弹翼式*

这种布局形式的飞行器，尾翼（安定面）的诱导阻力通常不大（因尾翼处的有效迎角不大）。和正常式的情况类似，有

$$C_{xi}=(C_{xi})_{yi\text{-}sh} \quad (5-105)$$

旋转弹翼式飞行器组合体的诱导阻力为

$$(C_{xi})_{yi\text{-}sh}=(C_{xi})_{sh}\frac{S_{sh}}{S}+C_{y\,yi}^{\alpha}\left[D_1+D_2\left(\frac{\delta}{\alpha}\right)+D_3\left(\frac{\delta}{\alpha}\right)^2\right]\frac{\alpha^2}{57.3}\frac{S_{wl}}{S} \quad (5-106)$$

式中

$$\left.\begin{aligned}
D_1&=(K_{\alpha\alpha})_{yi}-57.3\xi\left(\frac{C_{xT}}{C_y^2}\right)(K_{yi(sh)})^2C_{yyi}^{\alpha}\\
D_2&=K_{yi(sh)}+(K_{\varphi0})_{yi}k_f-2\times57.3\xi\left(\frac{C_{xT}}{C_y^2}\right)K_{yi(sh)}k_{yi(sh)}k_fC_{yyi}^{\alpha}\\
D_3&=k_{yi(sh)}k_f\left[1-57.3\xi\left(\frac{C_{xT}}{C_y^2}\right)k_{yi(sh)}k_fC_{yyi}^{\alpha}\right]
\end{aligned}\right\} \quad (5-107)$$

作为估算，此类飞行器的比值 $\frac{\delta}{\alpha}$ 可取 5～6。如果机翼是 X 型布置，那么只要将式(5-106) 和式(5-107) 中的 C_{yyi}^{α} 用 $K_{\psi}C_{yyi}^{\alpha}$ 来代替，δ 用 $\frac{\delta}{\cos\varphi}$ 来代替即可。

4. *无尾式*

当弹身前部装有反安定面时，诱导阻力可表示为

$$C_{xi}=(C_{xi})_{sh}\frac{S_{sh}}{S}+(C_{xi})_{yi\cdot sh}\frac{S_{sh}}{S}+(C_{xi})_{fa}\frac{S_{fa}}{S}+(\Delta C_{xi})_{du}\frac{S_{du}}{S} \quad (5-108)$$

式中，$(C_{xi})_{sh}$ 可按第 3 章公式计算；$(C_{xi})_{yi\cdot sh}$ 为翼面在 $\delta=0$ 时的诱导阻力系数，可按式

$$(C_{xi})_{yi\cdot sh}=\left\{C_{yyi}^{\alpha}\left[K_{\alpha\alpha}\right]_{yi}(1-\varepsilon^{\alpha})\frac{1}{57.3}-\xi\left(\frac{C_{xT}}{C_y^2}\right)\left[C_{y\,yi}^{\alpha}K_{yi(sh)}(1-\varepsilon^{\alpha})\right]^2\right\}\alpha^2\frac{S_{wl}}{S} \quad (5-109)$$

进行计算；式中 $(C_{xi})_{fa}$ 为反安定面的诱导阻力系数，其计算方法与鸭式飞行器前翼面相同，但由于反安定面不偏转，故取 $\delta=0$，即

$$(C_{xi})_{fa}=(C_y^{\alpha}K_{\alpha\alpha})_{fa}\frac{\alpha^2}{57.3} \tag{5-110}$$

$(\Delta C_{xi})_{du}$ 为舵面偏转而引起的诱导阻力系数的增量，当舵面偏转一个 δ 角时，则舵产生的诱导阻力

$$(\Delta C_{xi})_{du}=\frac{\alpha^2}{57.3}C_{ydu}^{\alpha}k_q\left\{\left[(K_{\varphi0})_{du}+\frac{C_{yyi}^{\alpha}K_{yi(sh)}}{k_qC_{ydu}^{\alpha}}(1-\varepsilon^{\alpha})\right]\frac{\delta}{\alpha}+\left(\frac{\delta}{\alpha}\right)^2\right\} \tag{5-111}$$

在近似估算时，比值$\dfrac{\delta}{\alpha}$可取统计平均值-2.5。

5.3.3 飞行器的极曲线

对不同的来流马赫数 Ma_{∞} 和飞行高度 H 可以计算不同 α 下整个飞行器的升力系数 C_y 和阻力系数 C_x，就能得到 C_y 和 C_x 的关系曲线，即所谓“极曲线”。其形状如图 5-31 所示。有了极曲线，就可以知道在不同飞行高度和速度时最有利的迎角 α_{yl}，在此状态下飞行，飞行器的升阻比 $K=C_y/C_x$ 最大。由图 5-31 可知，$K_{\max}$ 表示由原点做极曲线切线的斜率(图示 φ 角的正切)，切点处 α 的值，即为对应飞行状态下的有利迎角 α_{yl}。

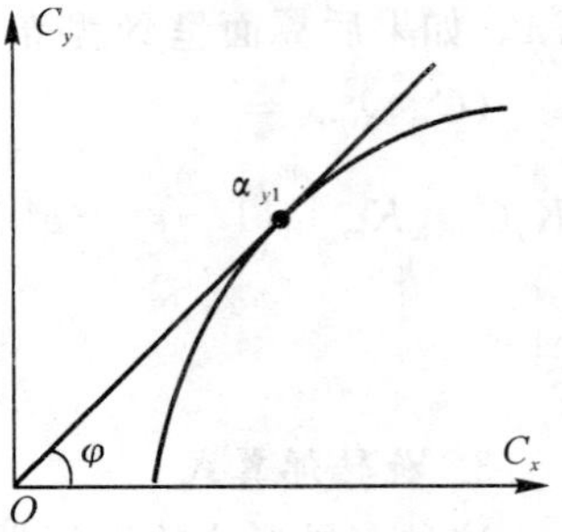

图 5-31 极曲线

5.4 飞行器的俯仰力矩特性

在讨论作用在飞行器上的力矩时，采用与飞行器固连的机体坐标系(见图 1-12)。作用在飞行器上的气动力、推力对重心的力矩向量 **M** 沿弹体坐标轴的三个分量 M_{xt}，M_{yt}，M_{zt} 分别称为飞行器的滚转力矩(也称倾斜力矩)、航向力矩和俯仰力矩。前两项(M_{xt}，M_{yt})统称为横侧力矩，后一项(M_{zt})就是飞行器的纵向俯仰力矩。

5.4.1 飞行器俯仰力矩系数的一般表达式

俯仰力矩系数可表示为

$$m_{zt}=\frac{M_{zt}}{q_{\infty}Sl} \tag{5-112}$$

式中，$q_{\infty}=\dfrac{1}{2}\rho_{\infty}v_{\infty}^2$；$S$ 为参考面积，飞机上常采用毛机翼的面积，而计算导弹的气动力系数时，常采用弹身最大横截面面积 S_{sh} 作为参考量；l 为飞行器的特征长度，飞机上常用毛机翼的平均气动弦长 b_A，但在导弹上都采用弹身的总长 L_{sh} 作为参考长度。

俯仰力矩 M_{zt} 与很多因素有关，它一般可表示为

$$M_{zt}=M_{zt0}+M_{zt}^{\alpha}\alpha+M_{zt}^{\delta}\delta+M_{zt}^{\omega_{zt}}\omega_{zt}+M_{zt}^{\dot{\alpha}}+M_{zt}^{\dot{\delta}} \tag{5-113}$$

其中，M_{zt0} 是由于气动型式不对称或发动机安装不对称引起的俯仰力矩，而 M_{zt}^{α}，M_{zt}^{δ}，$M_{zt}^{\omega_{zt}}$，$M_{zt}^{\dot{\alpha}}$，$M_{zt}^{\dot{\delta}}$ 是俯仰力矩 M_{zt} 对相应的参数 α，δ，ω_{zt}，$\dot{\alpha}$ 和 $\dot{\delta}$ 的偏导数。式(5-113)是在这些参数的值都很小时，M_{zt} 按线性关系写出的。

无量纲气动力系数 m_{zt} 当然只能是无量纲参数的函数，而 ω_{zt}，$\dot{\alpha}$，$\dot{\delta}$ 都是以 1/秒为其量纲

的，那么应引入无量纲角速度 $\bar{\omega}_{zt}=\dfrac{\omega_{zt}l}{v_\infty}$ 及无量纲导数 $\bar{\dot{\alpha}}=\dfrac{\dot{\alpha}l}{v_\infty}$，$\bar{\dot{\delta}}=\dfrac{\dot{\delta}l}{v_\infty}$ 来代替它们。这样就可以写出纵向力矩系数的一般表示式为

$$m_{zt}=m_{zt0}+m_{zt}^{\alpha}\alpha+m_{zt}^{\delta}\delta+m_{zt}^{\bar{\omega}_{zt}}\bar{\omega}_{zt}+m_{zt}^{\bar{\dot{\alpha}}}\bar{\dot{\alpha}}+m_{zt}^{\bar{\dot{\delta}}}\bar{\dot{\delta}} \tag{5-114}$$

习惯上，把力矩系数 m_{zt} 对迎角 α 和舵偏角 δ 的导数 m_{zt}^{α} 和 m_{zt}^{δ} 称为力矩系数的静导数；而将 m_{zt} 对 $\bar{\omega}_{zt}$，$\bar{\dot{\alpha}}$，$\bar{\dot{\delta}}$ 的导数 $m_{zt}^{\bar{\omega}_{zt}}$，$m_{zt}^{\bar{\dot{\alpha}}}$，$m_{zt}^{\bar{\dot{\delta}}}$ 称为力矩系数的动导数。为了方便起见，在本节先讨论当 $\omega_{zt}=\dot{\alpha}=\dot{\delta}=0$ 时的定常情况下的俯仰力矩。为了书写简单，在今后的讨论中，将把脚注“t”略去，同时也把偏导数 $m_{zt}^{\bar{\omega}_{zt}}$，$m_{zt}^{\bar{\dot{\alpha}}}$，$m_{zt}^{\bar{\dot{\delta}}}$ 中的“—”略去。

5.4.2　飞行器定常飞行的俯仰力矩

5.4.2.1　发动机推力和燃气舵引起的俯仰力矩

如果飞行器的作用线不通过飞行器的重心，则可由此产生相对于 O_{Zt} 轴的俯仰力矩，令推力为 P，而 h_P 为推力相对重心的偏心率(见图 5-32)，则推力力矩为

$$M_{zP}=-Ph_P \tag{5-115}$$

取推力线经过重心之上时 h_P 为正。当发动机作操纵机构用时，推力偏心率的总值由下式决定：

$$h_P=y_P+(x_T-x_G)\tan\delta_P \tag{5-116}$$

式中，x_T 是由飞行器顶点到发动机旋转轴的距离；x_G 是由飞行器的顶点到重心的距离；δ_P 为发动机的偏转角，符号规定与相应的空气舵规则一样；y_P 是发动机无偏转角($\delta_P=0$)时推力的偏心率。所以

$$m_{zP}=-\frac{M_{zP}}{q_\infty Sl}=-\frac{Py_P}{q_\infty Sl}-\frac{P(x_T-x_G)\tan\delta_P}{q_\infty Sl} \tag{5-117}$$

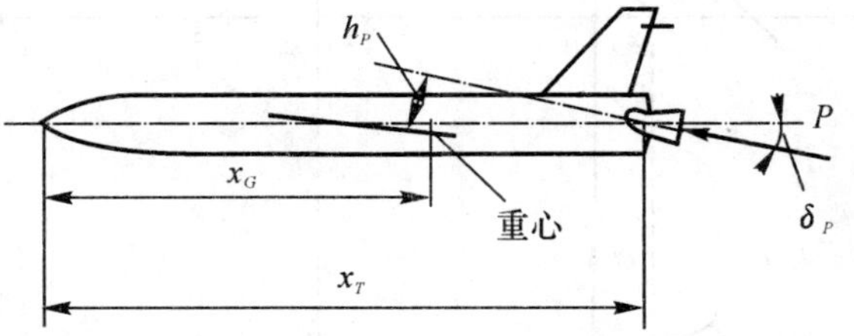

图 5-32　推力不通过飞行器重心时引起的俯仰力矩

当发动机的喷口处装有燃气舵时，燃气舵对飞行器重心的俯仰力矩可表示为

$$M_{zr}=C_y^{\delta_r}\delta_r q_r S(x_G-x_r) \tag{5-118}$$

式中，x_r 表示燃气舵面积中心相对机身端点的距离；q_r 是燃气流的动压；升力系数斜率 $C_y^{\delta_r}$ 的计算方法见 5.2 节有关内容。

5.4.2.2　气动力引起的俯仰力矩

在求飞行器的气动力矩时，常略去阻力 X 对重心的力矩，因为阻力的作用线非常接近飞行器的重心。此外，法向力 Y_t 与升力 Y 也十分接近，所以只要求得飞行器各部分的升力和相应的作用点后，就可计算整个飞行器的俯仰力矩了。

在第 4 章中，已详细介绍了翼身组合体的俯仰力矩及相应的力矩系数 $(m_z)_{yi-sh}$ 的计算方

法。对整个飞行器而言,还应考虑尾翼段产生的俯仰力矩,即

$$m_z=(m_z)_{yi\text{-}sh}+(m_z)_{wy\cdot sh}=(m_z)_{sh}+(m_z)_{yi\cdot sh}\frac{S_{wl}b_{Awl}}{Sl}+(m_z)_{wy\cdot sh}\frac{(Sb_A)_{wy}}{Sl} \quad (5-119)$$

尾翼段力矩系数的求法与翼身组合段相同,但需考虑尾翼区气流的下洗和阻滞效应。由于尾翼处在机身的后部,在短后体情况下,尾翼洗流对机身的影响可以不计。如果尾翼与机身并非呈中单翼布置,则要用尾翼平面内机身宽度 D' 来代替机身在该区域内的最大宽度 D,此外还应考虑尾翼阻力引起的附加力矩。水平尾翼高度超过机身直径时,平尾区的阻滞可以不计,平尾与机身之间的干扰也可忽略。

飞行器作定常飞行时,其俯仰力矩系数可以表示为

$$m_z=m_{z0}+m_z^\alpha\alpha+m_z^\delta\delta \quad (5-120a)$$

或

$$m_z=m'_{z0}+m_z^\alpha(\alpha-\alpha_0)+m_z^\delta\delta \quad (5-120b)$$

式中,m_{z0} 表示飞行器的迎角 α 和舵偏角 δ 均为零时的俯仰力矩;m'_{z0} 是飞行器的升力为零时的俯仰力矩,即当飞行器的迎角 $\alpha=\alpha_0$,舵偏角 $\delta=0$ 时的俯仰力矩;$m_z^\alpha\cdot\alpha$ 是由迎角引起的俯仰力矩,又称为静稳定力矩;$m_z^\delta\cdot\delta$ 是由舵偏角引起的俯仰力矩,又称操纵力矩。m'_{z0} 是一个力偶,通常 $m'_{z0}\neq m_{z0}$(见图 5-33),只有当飞行器为气动轴对称时,因有 $\alpha_0=0$,故才会有 $m'_{z0}=m_{z0}$。

下面分别介绍它们的计算方法。

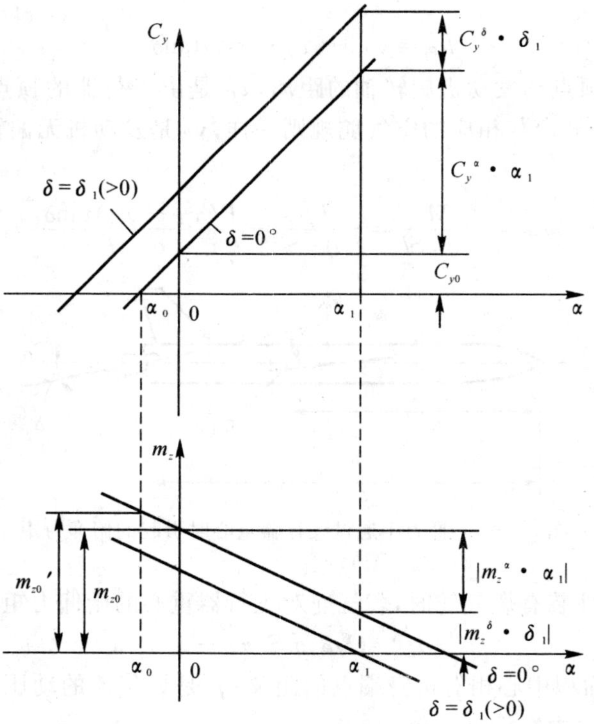

图 5-33　飞行器的升力曲线与力矩曲线示意图

1. $\alpha=\delta=0$ 时的俯仰力矩 m_{z0}

飞行器的 m_{z0} 是由发动机偏转或推力偏心以及气动布局的不对称所引起的力矩系数,即

$$m_{z0}=m_{zp}+m_{z0}^* \quad (5-121)$$

式中 m_{zp} 由式(5－117)确定，而气动不对称引起的力矩系数为

$$m_{z0}^{*}=(m_{z0})_{\text{yi-sh}}+(m_{z0})_{\text{wy}\cdot\text{sh}} \tag{5-122}$$

翼身组合体的气动不对称力矩系数$(m_{z0})_{\text{yi-sh}}$可根据第 4 章中介绍的方法计算，尾翼段的气动不对称气动系数$(m_{z0})_{\text{wy}\cdot\text{sh}}$与尾翼的布局形式有关。

(1) 尾翼成轴对称布局时

$$(m_{z0})_{\text{wy}\cdot\text{sh}}=0$$

(2) 尾翼呈面对称布局时

飞机和飞航式导弹的尾翼常采用面对称布局形式，通常由一对水平尾翼和位于机身上方的一片垂直尾翼组成。

1) 平尾为中单翼。

$$(m_{z0})_{\text{wy}\cdot\text{sh}}=(m_{z0})_{\text{pw}\cdot\text{sh}}+(\Delta m_{z0})_{\text{cw}} \tag{5-123}$$

式中，$(m_{z0})_{\text{pw}\cdot\text{sh}}$是平尾翼型有弯度或机身具有安装角$\varphi_{\text{pw}}$时引起的力矩系数，其计算方法可参考第 4 章相关公式进行，但相应的参数应取平尾数值，同时用$k_q C_{y\text{pw}}^{\alpha}$代替$C_{y\text{wl}}^{\alpha}$。当飞行器平尾无安装角和弯度时，$(m_{z0})_{\text{pw}\cdot\text{sh}}=0$。$(\Delta m_{z0})_{\text{cw}}$为有单片垂尾的阻力引起的附加力矩，可由下式计算：

$$(\Delta m_{z0})_{\text{cw}}=(C_x)_{\text{cw}}(\bar{y}_{\text{cw}}-\bar{y}_G)\frac{S_{\text{cw}}}{S} \tag{5-124}$$

式中，$\bar{y}_{\text{cw}}$表示垂尾面心的无量纲高度；$\bar{y}_G$是飞行器重心的无量纲高度。

2) 平尾处在机身上方。为了避免气流下洗和阻滞的影响，大型飞机的平尾常置于远离机身的上方，这时

$$(m_{z0})_{\text{wy}\cdot\text{sh}}=(m_{z0})_{\text{pw}}+C_y^{\alpha}(\varphi_{\text{pw}}-\alpha_0)(\bar{x}_G-\bar{x}_{P\text{pw}})+(\Delta m_{z0})_{\text{pw}}+(\Delta m_{z0})_{\text{cw}} \tag{5-125}$$

式中，$(\Delta m_{z0})_{\text{pw}}$和$(\Delta m_{z0})_{\text{cw}}$分别代表平尾和垂尾的阻力所引起的附加力矩。平尾引起的附加力矩可用下式计算：

$$(\Delta m_{z0})_{\text{pw}}=\left[C_{x0\text{pw}}+A_{\text{pw}}(C_{y\text{pw}}^{\alpha})^2(\varphi-\alpha_0)^2\right](\bar{y}_{\text{pw}}-\bar{y}_G)\frac{S_{\text{pw}}}{S} \tag{5-126}$$

式中，$\bar{y}_{\text{pw}}$为平尾的无量纲高度。

当垂尾的侧力不大时，其阻力引起的附加力矩仍可用式(5-124)进行计算；若侧力较大，还须计入侧力的效应，即

$$(\Delta m_{z0})_{\text{cw}}=\left[C_{x0\text{cw}}+A_{\text{cw}}C_{z\text{cw}}^2+C_{z\text{cw}}|\beta|\right](\bar{y}_{\text{cw}}-\bar{y}_G)\frac{S_{\text{cw}}}{S} \tag{5-127}$$

方括号中的第一项是垂尾的零升阻力系数；第二项是垂尾的诱导阻力系数；第三项是侧力的贡献，由于垂尾在机身上方，所以它总是一个低头力矩($C_{z\text{cw}}<0$)。

2. 由迎角引起的俯仰力矩

(1) 翼面平置的飞行器。飞机和飞航式导弹的翼面大多是平置的，常有正常式和鸭式两种布局。

1) 正常式。

$$m_z^{\alpha}=m_{z\text{sh}}^{\alpha}+m_{z\text{yi}\cdot\text{sh}}^{\alpha}+m_{z\text{pw}\cdot\text{sh}}^{\alpha} \tag{5-128}$$

式中

$$m_{z\text{sh}}^{\alpha}=C_{y\text{sh}}^{\alpha}(\bar{x}_G-\bar{x}_{P\text{sh}})\frac{S_{\text{sh}}}{S} \tag{5-129}$$

$$m_{z\text{yi}\cdot\text{sh}}^{\alpha}=C_{y\text{yi}\cdot\text{sh}}^{\alpha}\left[\bar{x}_G-(\bar{x}_{P\text{yi}\cdot\text{sh}})_{\alpha\alpha}\right] \tag{5-130}$$

$$m_{z\text{pw}\cdot\text{sh}}^{\alpha}=[K_{\text{pw(sh)}}+K_{\text{sh(pw)}}]C_{y\text{wlpw}}^{\alpha}k_q(1-\varepsilon_{\text{yi-sh}}^{\alpha})\frac{S_{\text{pw}}}{S}[\bar{x}_G-(\bar{x}_{P\text{pw}\cdot\text{sh}})_{\alpha\alpha}] \tag{5-131}$$

在“$\alpha\alpha$”情况下，翼身组合段及平尾身组合段的相对压力中心位置$(\bar{x}_{P\text{yi}\cdot\text{sh}})_{\alpha\alpha}$，$(\bar{x}_{P\text{pw}\cdot\text{sh}})_{\alpha\alpha}$的计算可参阅第4章有关内容。

2）鸭式。

$$\begin{aligned}m_z^{\alpha}=&m_{z\text{sh}}^{\alpha}-0.035\zeta(\bar{x}_G-\bar{x}_{P\text{sh}})\frac{S_{\text{sh}}}{S}+\\&[K_{\text{qy(sh)}}+K_{\text{sh(qy)}}]C_{y\text{wlqy}}^{\alpha}[\bar{x}_G-(\bar{x}_{P\text{qy}\cdot\text{sh}})_{\alpha\alpha}]\frac{S_{\text{wlqy}}}{S}+\\&[K_{\text{yi(sh)}}+K_{\text{sh(yi)}}]C_{y\text{wl}}^{\alpha}(1-\varepsilon_{\text{qy-sh}}^{\alpha})[\bar{x}_G-(\bar{x}_{P\text{yi}\cdot\text{sh}})_{\alpha\alpha}]\frac{S_{\text{wl}}}{S}\end{aligned} \tag{5-132}$$

式中等号右边第二项是考虑到前翼面部分处于机身头部收缩部分，由于机身头部升力的降低而引起一个低头力矩；第三项是前翼身组合段产生的俯仰力矩，第四项是翼身组合段产生的俯仰力矩，因子$(1-\varepsilon_{\text{qy-sh}}^{\alpha})$是考虑前翼身组合体的下洗在机翼上引起的附加负升力所致。负升力的作用点近似看成与“$\alpha\alpha$”情况时翼身组合段的压力中心重合。

(2) 轴对称的飞行器。具有轴对称气动布局的飞行器其翼面通常有十字型和X型两种基本形式，加上前、后翼面的不同配置，共有下面四种情况。

1)“十-十”方案。此种形式的飞行器由于垂直翼面不产生升力，对水平翼面产生的升力也无影响，因而也对飞行器的俯仰力矩无甚影响，所以m_z^{α}的计算方法与平置翼面的飞行器完全相同。

2)“X-X”方案。这种类型的飞行器，其m_z^{α}的计算公式也与平置前后翼配置的飞行器的m_z^{α}计算公式类同，但要注意在相应的公式中，凡翼面的升力系数处须乘上系数K_{ψ}，即

$$(C_{y\text{wl}}^{\alpha})_{\text{X}}=K_{\psi}C_{y\text{wl}}^{\alpha}$$

$$(C_{y\text{wy}}^{\alpha})_{\text{X}}=K_{\psi}C_{y\text{pw}}^{\alpha}$$

特别当$\psi=45°$时，$K_{\psi}=1$。所以有$(C_y^{\alpha})_{\text{X}}=(C_y^{\alpha})_{+}=(C_y^{\alpha})_{-}$，因而$(m_z^{\alpha})_{\text{XX}}=(m_z^{\alpha})_{++}=m_z^{\alpha}$。

3)“十-X”方案。

4)“X-十”方案。

以上两种方案的m_z^{α}计算方法也与平置翼类同，对X型布置翼面，系数C_y^{α}之前须乘上系数K_{ψ}，同时注意它们下洗的求法与“十-十”“X-X”不同。当$\psi=45°$时，有等式$(m_z^{\alpha})_{\text{X+}}=(m_z^{\alpha})_{+\text{X}}$。

(3) 无弹翼飞行器。运载火箭和弹道式导弹通常是无弹翼的，有的甚至连尾翼也没有。此类飞行器的操纵有的靠空气舵或燃气舵，有的靠摇摆发动机。当飞行器存在尾翼时，m_z^{α}可依下列不同情况计算。参考面积和参考长度采用弹身的横截面积和弹身的总长。

1）十字型尾翼。

$$m_z^{\alpha}=C_{y\text{sh}}^{\alpha}\frac{x_G-x_{p\text{sh}}}{l_{\text{sh}}}+[K_{\alpha\alpha}C_y^{\alpha}]_{\text{pw}}k_q\frac{S_{\text{pw}}}{S_{\text{sh}}}\frac{x_G-[(x_p)_{\text{pw}\cdot\text{sh}}]_{\alpha\alpha}}{l_{\text{sh}}} \tag{5-133}$$

2)X型尾翼。m_z^{α}的计算仍用式(5-133)，在C_y^{α}之前须引入系数K_{ψ}。当$\psi=45°$时，$(m_z^{\alpha})_{\text{X}}=(m_z^{\alpha})_{+}$。

3. 由舵偏角引起的俯仰力矩

(1) 舵面平置的飞行器。

1）正常式。

$$m_z^{\delta}=C_{ypw}^{\alpha}nk_q(K_{\varphi 0})_{pw}\frac{S_{pw}}{S}[\bar{x}_G-(\bar{x}_{Ppw\cdot sh})_{\varphi 0}] \tag{5-134}$$

式中，$(\bar{x}_{Ppw\cdot sh})_{\varphi 0}$ 为平尾偏转 φ 角引起的尾翼身组合段升力的无量纲压力中心位置，可由下式计算：

$$(\bar{x}_{Ppw\cdot sh})_{\varphi 0}=\frac{k_{pw(sh)}[\bar{x}_{Ppw(sh)}]_{\varphi 0}+k_{sh(pw)}[\bar{x}_{Psh(pw)}]}{k_{pw(sh)}+k_{sh(pw)}} \tag{5-135}$$

式中

$$[\bar{x}_{Ppw(sh)}]_{\varphi 0}=\frac{(\bar{x}_P)_{wlpw}+[k_{pw(sh)}-1]\left[(\bar{x}_P)_{wlpw}-\dfrac{f_1}{l}\tan\chi_{1/2}\right]}{k_{pw(sh)}} \tag{5-136}$$

平尾偏转在机身上引起的附加升力的作用点位置 $\bar{x}_{Psh(pw)}$ 计算比较烦琐，既要考虑亚声速、超声速的不同情况，又要计及长后体和短后体的区别，具体计算办法参考第 4 章有关内容。

2）鸭式。

$$m_z^{\delta}=(K_{\varphi 0}C_y^{\alpha})_{qy}n\frac{S_{qy}}{S}[\bar{x}_G-(\bar{x}_{Pqy\cdot sh})_{\varphi 0}]-(K_{\alpha\alpha}C_y^{\alpha})_{yi}\varepsilon^{\delta}[\bar{x}_G-(\bar{x}_{Pyi\cdot sh})_{\alpha\alpha}] \tag{5-137}$$

式中，$(\bar{x}_{Pqy\cdot sh})_{\varphi 0}$ 的计算方法与 $(\bar{x}_{Ppw\cdot sh})_{\varphi 0}$ 类同，只须将下标 pw 改成前翼的下标 qy 即可；$(\bar{x}_{Pyi\cdot sh})_{\alpha\alpha}$ 的计算可参阅第 4 章有关内容。

3）无尾式。无尾式的 m_{z0}，m_z^{α} 都与鸭式相同，但 m_z^{δ} 却是不同的。因前翼不偏转，它只作反安定面用，舵位于机翼之后，可看做机翼的一部分，故

$$m_z^{\alpha}=K_{\varphi 0}C_{ywl}^{\alpha}\frac{S_{wl}}{S}n[\bar{x}_G-(\bar{x}_{Pdu\cdot sh})_{\varphi 0}] \tag{5-138}$$

式中，$\bar{x}_{Pdu\cdot sh}=\dfrac{x_{Pdu\cdot sh}}{b_A}$，$x_{Pdu\cdot sh}$ 代表舵面身组合段的压力中心。$x_{Pdu\cdot sh}$ 可近似地按下述办法确定：亚声速时（$Ma_{\infty}<Ma_{lj}$），$x_{Pdu\cdot sh}$ 取在舵面平均气动弦 $(b_A)_{du}$ 的前缘；超声速时，$x_{Pdu\cdot sh}$ 取在舵面平均气动弦 $(b_A)_{du}$ 的中点。

4）旋转弹翼式。旋转弹翼式的 m_{z0} 与 m_z^{α} 均可用正常式飞行器的公式计算，但必须考虑到参考面积和参考长度的区别。一般来说，旋转弹翼式飞行器的参考面积和参考长度采用外露翼的面积和外露翼的平均气动弦长（即 S_{wl} 和 b_{Awl}）。在计算 m_z^{δ} 时，还要考虑到弹翼偏转 δ 对后面平尾下洗的影响。因此，有

$$m_z^{\delta}=K_{\varphi 0}C_{ywlyi}^{\alpha}\frac{x_G-(x_{Pyi\cdot sh})_{\varphi 0}}{b_{Awl}}-(K_{\alpha\alpha}C_y^{\alpha})_{pw}\cdot\varepsilon_{++}^{\alpha}k_q\frac{S_{pw}}{S_{wl}}\cdot\frac{x_G-(x_P)_{pw}}{b_{Awl}} \tag{5-139}$$

（2）有弹翼轴对称飞行器。

1）“十-十”方案，此种情况与平置翼完全相同。

2）“X-X”方案，这种情况的 m_z^{δ} 计算方法推导与平置翼类同，只要在由 δ 引起的升力系数前乘上系数 $\dfrac{K_{\psi}}{\cos\psi}$ 即可。当 $\psi=45°$ 时，有

$$(m_z^{\delta})_{XX}=\sqrt{2}(m_z^{\delta})_{++}=\sqrt{2}m_z^{\delta} \tag{5-140}$$

3）“十-X”方案。

4）“X-十”方案。

这两种方案中要注意作为舵使用的翼面所处的状态。若舵面呈X型布置，m_z^δ 中由舵偏引起的升力系数前须引入系数 $\frac{K_\psi}{\cos\psi}$，否则与平置翼一样。还要注意 ε^δ 求法的不同。

(3) 无弹翼飞行器。

1) 十字型尾翼。

$$(m_z^\delta)_+ = (K_{\varphi0}C_y^\alpha)_{pw} nk_q \frac{S_{pw}}{S_{sh}}(\bar{x}_G - \bar{x}_{Pdu\cdot sh}) \tag{5-141}$$

2)X 型尾翼。当 $\psi = 45°$ 时，有

$$(m_z^\delta)_X = \sqrt{2}\ (m_z^\delta)_+$$

5.4.3 纵向静稳定性

1. 飞行器的纵向静稳定性

上节中已经说明，当 $\omega_z = \dot{\alpha} = \dot{\delta} = 0$ 时，任何气动型式的飞行器的俯仰力矩系数都可以表示为

$$m_z = m_{z0} + m_z^\alpha \alpha + m_z^\delta \delta$$

该式表明：m_z 与 α 和 δ 是呈线性关系的，用图将这种关系表示出来，$m_z = f(\alpha,\delta)$ 是一族互相平行的直线，其中每一条直线相应于 δ 的某一定值(见图 5-34)。

这些直线的斜率即是偏导数 $\frac{\partial m_z}{\partial \alpha} = m_z^\alpha$。$m_{z0}$ 的值是当 $\delta = 0$ 时，直线与纵轴相交交点的高度(见图 5-34)。实验表明，只有在小迎角情况下上述线性关系才成立。在 α 增加到某一数值后，该线性关系将被破坏(见图 5-35)，这一现象可能依飞行器的气动布局不同而开始出现于不同的迎角值(X 型飞行器，这种特性更为明显)。通常当 α 增至 8° ~ 15° 时，图 5-35 所示的非线性现象就会出现。实验表明，随着 $\frac{S_{sh}}{S}$ 的增加，非线性影响增大，另外弹身前段(由弹身头部到弹翼根弦的前缘之间的距离)增加时，非线性程度也将增加。

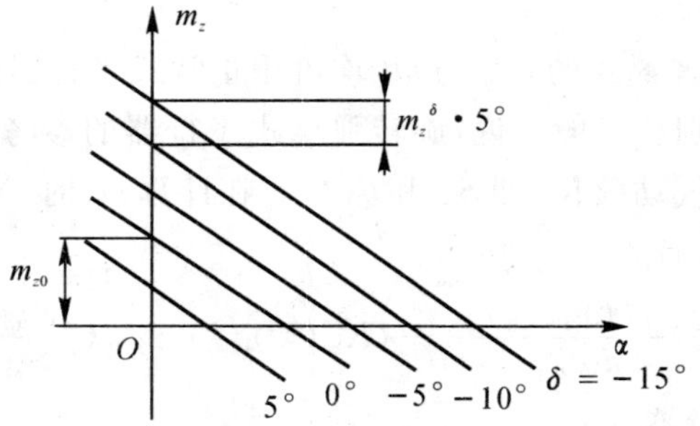

图 5-34　$m_z = f(\alpha,\delta)$ 的线性关系图示

曲线 $m_z = f(\alpha,\delta)$ 的典型形状如图 5-35 所示，图中曲线与 α 轴的交点即静平衡点。显然在 α 轴上的交点处，有 $m_z = 0$，即作用于飞行器上的所有的力，相对重心的力矩的代数和为零，亦即飞行器处于平衡状态。这种俯仰力矩的平衡又称为飞行器的纵向平衡。把上述各平衡点上的 α 和 δ 关系画在 α 和 δ 的坐标平面上，可得如图 5-36 所示的关系线。为了使飞行器在某一迎角下保持纵向平衡，必须使舵面或其他操纵机构偏转一相应的角度，这一角度称为舵的平

衡偏转角，记做 δ_{ph}。相反，为使飞行器在某一舵偏角下保持纵向静平衡所需的迎角称为平衡迎角，记做 α_{ph}。

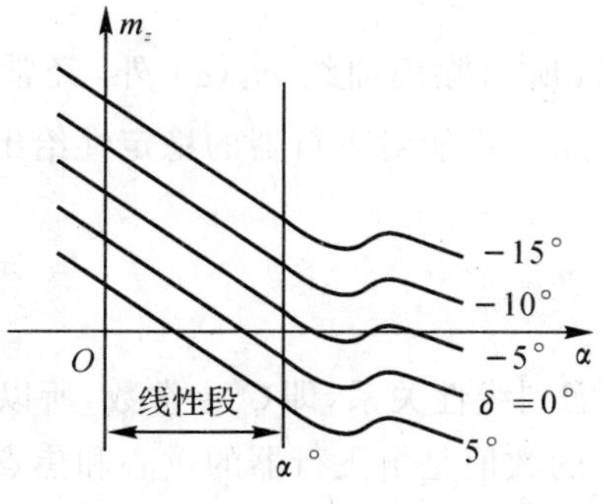

图 5-35　$m_z=f(\alpha,\delta)$ 的非线性关系图示

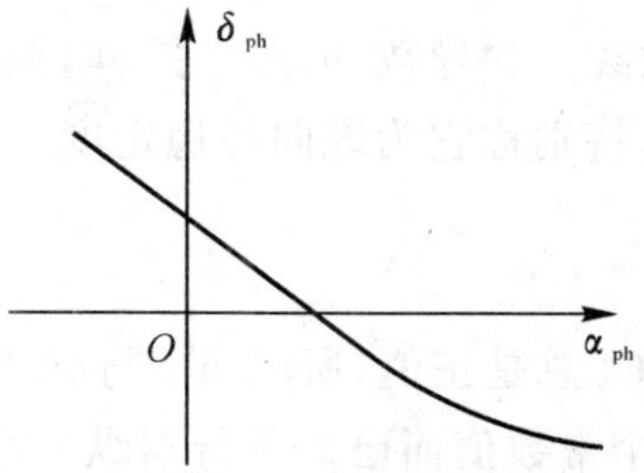

图 5-36　飞行器平衡状态下 $\delta=f(\alpha)$ 曲线

众所周知，平衡有稳定平衡和不稳定平衡之分。在稳定平衡中，飞行器由于某一小扰动的瞬时作用而破坏了平衡，则经过某一过渡过程之后仍能恢复到原来的平衡状态。在不稳定平衡中，即使是很小的扰动作用之后物体就偏离原来的平衡位置，没有恢复到原状的能力。对飞行器来说，判别其纵向稳定性的方法是看导数 m_z^α 的符号：当 $m_z^\alpha|_{\alpha=\alpha_{ph}}<0$ 时，飞行器是纵向静稳定的；当 $m_z^\alpha|_{\alpha=\alpha_{ph}}>0$ 时，飞行器为纵向静不稳定的；若 $m_z^\alpha|_{\alpha=\alpha_{ph}}=0$，则飞行器处在中立稳定状态，这时当 α 稍离开 α_{ph} 时，飞行器不会产生任何气动力矩（见图 5-37）。

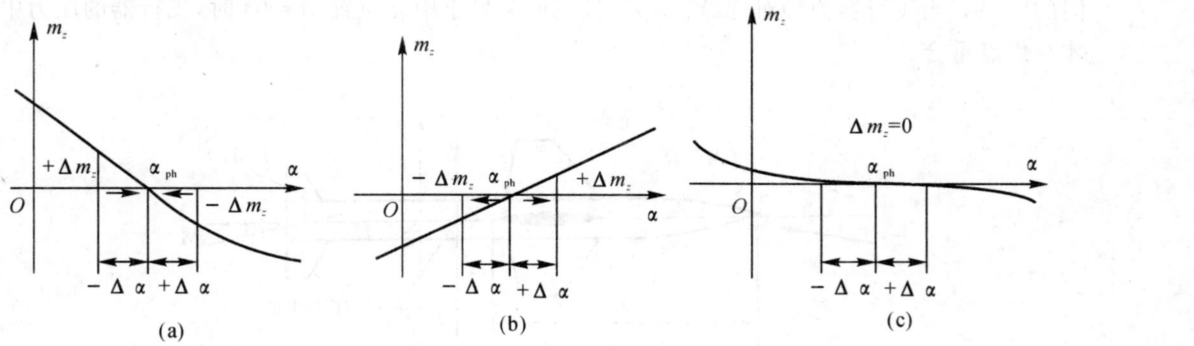

图 5-37　$m_z=f(\alpha)$ 的三种典型情况

(a) 静稳定；(b) 静不稳定；(c) 静中立稳定

如上所述，实际上因 $m_z=f(\alpha,\delta)$ 的非线性关系，当 α 增加时，m_z^α 的数值不再保持为常值，它可能从负值经过零变化成正的。所以，如果考虑到这种非线性，则随 α 的增加飞行器的特性可能会从静稳定的变成中立稳定的，甚至可能变成静不稳定的。这样就给控制系统的设计带来很大的困难，所以在设计控制系统时只考虑 $\alpha<\alpha^*$ 的线性段（见图 5-35）。在线性段内 m_z^α 是常数，即有

$$m^\alpha_{z\,\alpha=\alpha_{ph}}=m_z^\alpha \tag{5-142}$$

所以实际上可以不考虑 α_{ph}，而直接设 $\delta=0°$ 来求 m_z^α。当平衡受破坏时，若由于受某一瞬时干扰而使迎角有了一个正的 $\Delta\alpha$，飞行器会产生一个附加气动力矩 $\Delta M_z=m_z^\alpha\Delta\alpha q_\infty Sl$，若 $m_z^\alpha<0$，则有 $\Delta M_z=m_z^\alpha\Delta\alpha q_\infty Sl<0$，飞行器在这低头力矩 ΔM_z 的作用下使 $\Delta\alpha$ 减小，故称飞行器为静稳定的，这时的力矩 ΔM_z 称为恢复力矩。

反之,若 $m_z^\alpha > 0$,则有 $\Delta M_z = m_z^\alpha \Delta\alpha q_\infty Sl > 0$,飞行器在这抬头力矩作用下使 α 继续增大,即 $\Delta\alpha$ 继续增大,飞行器不能恢复到原来的平衡迎角 α_{ph} 位置,故称此飞行器为静不稳定的,这时的 ΔM_z 就称为翻转力矩。

在大多数情况下,因为 C_y 与 α 亦呈线性关系,所以除用曲线 $m_z(\alpha)$ 外,经常可以作出 $m_z(C_y)$ 曲线。和导数 $m_{z\,\alpha=\alpha_{ph}}^\alpha$ 一样,偏导数 $m_z^{C_y}\big|_{C_y=C_{yph}}$ 也能对飞行器的稳定性给出定性和定量的估计,特别称它为纵向静稳定度。

$$m_z^{C_y} = \frac{\partial m_z}{\partial C_y} = \frac{m_z^\alpha}{C_y^\alpha} \tag{5-143}$$

因为 C_y^α 总是正值,所以 $m_z^{C_y}$ 与 m_z^α 同号;如果考虑到线性关系,即 C_y^α = 常数,所以 $m_z^{C_y}$ 与 m_z^α 就相差一个常数值而已。飞行器纵向静稳定度 $m_z^{C_y}$ 的数值是由飞行器的重心和焦点之间的相对位置来决定的。为此介绍飞行器焦点的意义及求法。

2. 飞行器的焦点

飞行器的升力可以表示为三项之和,即

$$Y = Y_0 + Y^\alpha\alpha + Y^\delta\delta \tag{5-144}$$

其中,第一项是常量,它是由于飞行器对 $x_t O z_t$ 平面的非对称性所引起的;第二项是由迎角 α 引起的,它与 α 成正比;第三项是由舵面偏转角 δ 引起的,它与 δ 成正比。这升力的三个分量各有其作用点,把由迎角 α 引起的那部分升力 $Y^\alpha\alpha$ 的作用点称为飞行器的焦点,飞行器总升力 Y 的作用点称为压力中心,如图 5-38 所示。可见,飞行器的焦点和压力中心在一般情况下是不同的。只有当飞行器为轴对称($Y_0=0$),且舵面又处于中立位置($\delta=0$)时,飞行器的压力中心才与焦点重合。

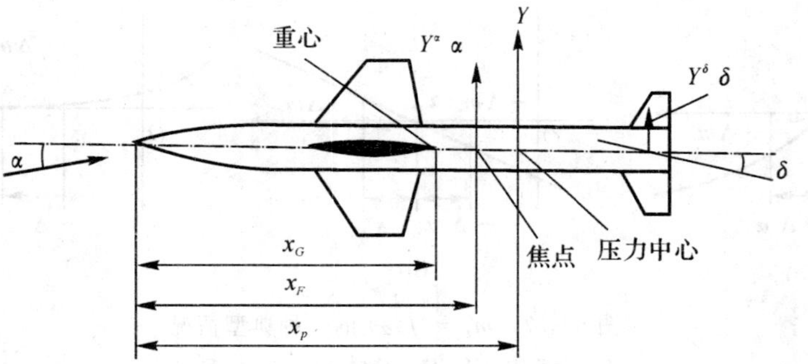

图 5-38 飞行器的重心、焦点和压力中心位置

用 x_F 表示从飞行器顶点至焦点的纵向距离,因为焦点是由迎角引起的升力的作用点,所以可以用以下方法求得:

$$x_F Y^\alpha \alpha = \sum x_{Pi} Y_i^\alpha \alpha \tag{5-145}$$

即

$$x_F = \frac{1}{Y^\alpha}\sum x_{Pi} Y_i^\alpha \tag{5-146}$$

根据式(5-146),可以找出各类飞行器的焦点的计算公式。

(1) 正常式。

$$x_F = \frac{1}{C_y^\alpha}\left\{C_{ysh}^\alpha x_{Psh}\frac{S_{sh}}{S} + C_{ywl}^\alpha \frac{S_{wl}}{S}\left[K_{yi(sh)}x_{Pyi(sh)} + K_{sh(yi)}x_{Psh(yi)}\right]_{\alpha\alpha} + \right.$$

$$C^{\alpha}_{\mathrm{ypw}}k_q(1-\varepsilon^{\alpha}_{\mathrm{yi\text{-}sh}})\frac{S_{\mathrm{pw}}}{S}\left[K_{\mathrm{pw(sh)}}x_{P\mathrm{pw(sh)}}+K_{\mathrm{sh(pw)}}x_{P\mathrm{sh(pw)}}\right]_{\alpha\alpha}\Bigg\}\tag{5-147}$$

(2) 鸭式。

$$x_F=\frac{1}{C^{\alpha}_y}\Bigg\{C^{\alpha}_{\mathrm{ysh}}x_{P\mathrm{sh}}\frac{S_{\mathrm{sh}}}{S}+C^{\alpha}_{\mathrm{yqy}}\frac{S_{\mathrm{qy}}}{S}\left[K_{\mathrm{qy(sh)}}x_{P\mathrm{qy(sh)}}+K_{\mathrm{sh(qy)}}x_{P\mathrm{sh(qy)}}\right]_{\alpha\alpha}-0.035\zeta x_{P\mathrm{qy(sh)}}+$$

$$C^{\alpha}_{\mathrm{ywl}}(1-\varepsilon^{\alpha}_{\mathrm{qy\text{-}sh}})\frac{S_{\mathrm{wl}}}{S}\left[K_{\mathrm{yi(sh)}}x_{P\mathrm{yi(sh)}}+K_{\mathrm{sh(yi)}}x_{P\mathrm{sh(yi)}}\right]_{\alpha\alpha}\Bigg\}\tag{5-148}$$

根据焦点的定义，可以计算由迎角引起的俯仰力矩

$$M_z(\alpha)=Y^{\alpha}\alpha(x_G-x_F)\tag{5-149}$$

根据力矩系数 m^{α}_z 的定义，此力矩又可写成

$$M_z(\alpha)=m^{\alpha}_z\alpha qSb_{\mathrm{A}}\tag{5-150}$$

由式(5-149) 和式(5-150)，可得

$$m^{\alpha}_z=C^{\alpha}_y\frac{x_G-x_F}{b_{\mathrm{A}}}=C^{\alpha}_y(\bar{x}_G-\bar{x}_F)\tag{5-151}$$

由此可知，飞行器纵向静稳定度

$$m^{C_y}_z=\frac{m^{\alpha}_z}{C^{\alpha}_y}=(\bar{x}_G-\bar{x}_F)\tag{5-152}$$

根据式(5-152)，可以得出如下重要结论：当飞行器的重心位于焦点之后($\bar{x}_G>\bar{x}_F$)时，则 $m^{C_y}_z>0$(即 $m^{\alpha}_z>0$)，飞行器是纵向静不稳定的；当焦点位于重心之后($\bar{x}_G<\bar{x}_F$)时，则 $m^{C_y}_z<0$(相当于 $m^{\alpha}_z<0$)，飞行器是纵向静稳定的；又当 $x_G=x_F$ 时，$m^{C_y}_z=0$，这时飞行器为中立稳定，同时称与焦点重合的中心位置为中立重心位置。

应用焦点的概念，可以对静稳定度做出明显的几何说明，纵向静稳定度等于重心和焦点之间的无量纲距离。如果飞行器的外形一定，并略去 Ma 数的影响，则焦点的位置是一定的，这时若重心位置 x_G 有变化，$m^{C_y}_z$ 亦有变化。设 x_G 变为 x'_G，则纵向静稳定度 $m^{C_y}_z$ 相应有变化

$$(m^{C_y}_z)'-(m^{C_y}_z)=\bar{x}'_G-\bar{x}_G\tag{5-153}$$

因飞行器的焦点还是 Ma 数的函数，故当 Ma 数改变时，飞行器的焦点也随之改变。在跨声速范围内，这种改变特别明显，这主要是因为从亚声速飞行转到超声速飞行时，翼面的压力中心移动很大的缘故。

在飞行器的设计过程中，可以从两个方面来保证飞行器具有所期望的纵向静稳定度：其一，改变飞行器的内部重量安排，从而调整飞行器的重心位置，由此而改变静稳定度；其二，改变飞行器的气动布局，达到改变飞行器焦点位置的目的，例如将机翼前后移动，改变尾翼的位置和面积等。

例如，当机翼有微量移动($\Delta x=x'_A-x_A$)时，飞行器重心的变化可以忽略(因为翼面的重量占整个飞行器重量的比例不大，而且翼面移动的距离又很小)，焦点的移动距离可以用下式计算：

$$x'_F-x_F=\frac{C^{\alpha}_{\mathrm{yyi\cdot sh}}}{C^{\alpha}_y}(x'_A-x_A)\tag{5-154}$$

可以根据静稳定度的要求，计算出客观上对 $m^{C_y}_z$ 的要求和实际上飞行器所具有的 $m^{C_y}_z$ 之间的差额 $\Delta m^{C_y}_z$，从而推算出翼面位置需要的改变量。

5.4.4　纵向阻尼力矩

现在来研究飞行速度为 v 并以角速度 ω_z 绕 Oz_t 轴旋转的飞行器(见图 5-39)所受的附加俯仰力矩。

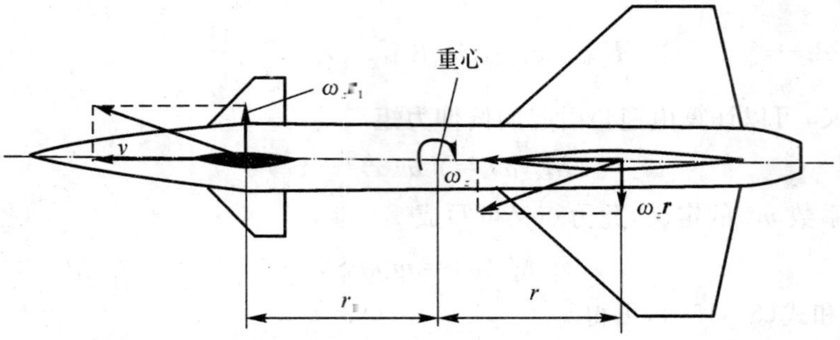

图 5-39　飞行器绕 Oz_t 轴转动时不同点上速度方向的变化

当飞行器旋转时,表面上每一点都获得一附加速度。其方向垂直于连接重心至该点的向径 r,其值等于 $\omega_z r$。因此,飞行器表面各点的局部迎角和单纯前进运动时不同,这种迎角的改变将产生附加空气动力,可以把它归纳为作用于重心的合力 $\Delta R(\omega_z)$ 和力矩 $\Delta M_z(\omega_z)$。但因 $\Delta R(\omega_z)$ 值很小,计算时通常将它略去。绕通过重心横轴 Oz_t 的力矩 $\Delta M_z(\omega_z)$,由于它对飞行器的动力学性能有显著的影响,应当加以详细的讨论。显然,由于飞行器绕 Oz_t 旋转角速度 ω_z 所引起的力矩,总是阻止飞行器旋转的,所以,称该力矩为俯仰阻尼力矩或纵向阻尼力矩。

实验表明,阻尼力矩的值与角速度 ω_z 成正比,可以写为

$$\Delta M_z(\omega_z) = M_z^{\omega_z} \cdot \omega_z \tag{5-155}$$

用无量纲力矩系数 m_z 和无量纲角速度 $\bar{\omega}_z = \dfrac{\omega_z b_A}{v_\infty}$ 表示 $M_z^{\omega_z}$,因为 $M_z(\omega_z) = m_z q_\infty S b_A$,所以有

$$M_z^{\omega_z} = m_z^{\bar{\omega}_z} q_\infty S \frac{b_A^2}{v_\infty} = m_z^{\bar{\omega}_z} \frac{1}{2}\rho_\infty v_\infty S b_A^2 \tag{5-156}$$

式中采用符号

$$m_z^{\bar{\omega}_z} = \frac{\partial m_z}{\partial \bar{\omega}_z} \tag{5-157}$$

力矩系数对飞行器无量纲旋转角速度的偏导数,通常称为旋转导数,是动导数的一种,前文已讨论过的力矩导数 m_z^α 和 m_z^δ 就称为飞行器的静导数。由于阻尼力矩与角速度的符号相反,因而导数 $m_z^{\bar{\omega}_z}$ 为负,它主要取决于飞行器的几何参数、重心位置及飞行 Ma 数。

1. 单独机翼的阻尼力矩

在计算机翼阻尼力矩时,采用"弯曲假设"的理论。其实质如下:机翼绕通过重心的轴 Oz_t 旋转(见图 5-40),在坐标为 x 的翼面上任何一点将产生附加迎角,其值近似表示为

$$\Delta\alpha = -57.3\frac{\omega_z}{v_\infty}(x_G - x) \tag{5-158}$$

在研究旋转翼面的特性时,前进运动加上旋转运动的结果是飞行器的迎面气流流线产生弯曲,如图 5-41 所示。并不去研究翼面在弯曲气流中(见图 5-41(a))的运动情况,而研究在平直气流中,气流流过有一当量弯曲(见图 5-41(b))翼面的各种情况。采用弯曲假设后,就

能用有限翼展翼面的线性理论来计算俯仰阻尼力矩。

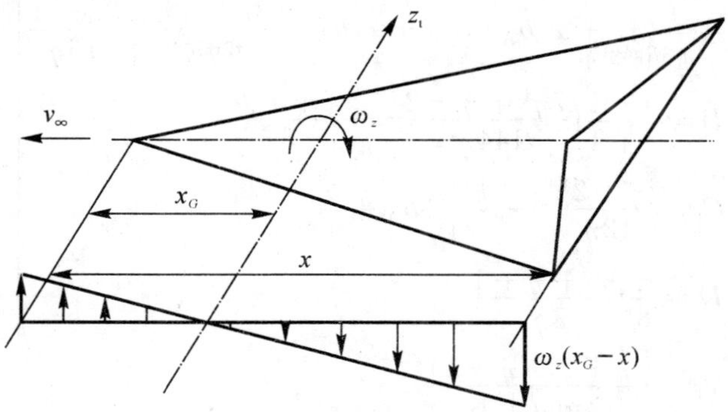

图 5-40　由于机翼旋转引起的附加速度分布图

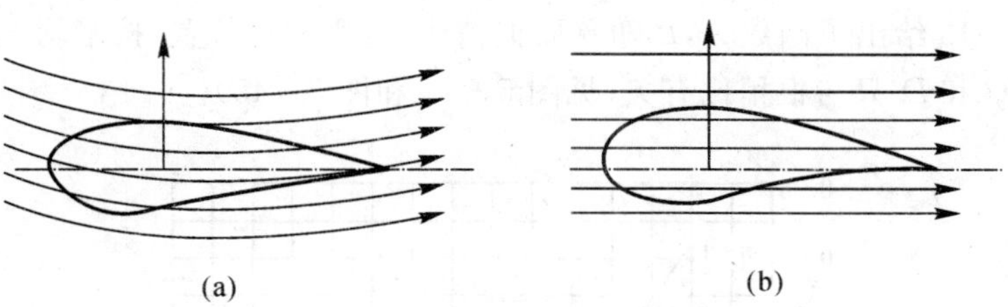

图 5-41　机翼“弯度假设”

下面来求表示弯曲翼面翼型的中弧线方程式。因曲线上任一点的导数$\dfrac{\mathrm{d}y}{\mathrm{d}x}$等于该点切线的倾斜角的正切，故

$$\frac{\mathrm{d}y}{\mathrm{d}x}=\frac{\Delta\alpha}{57.3}=-\frac{\omega_z}{v_\infty}(x_G-x) \tag{5-159}$$

取 $x=x_G$ 时，$y=0$ 为边界条件，对式(5-159) 积分可得

$$y=\frac{1}{2}\frac{\omega_z}{v_\infty}(x_G-x)^2 \tag{5-160}$$

由方程式(5-160) 可以看出，弯曲翼面的中线是抛物线的弧段，该抛物线的顶点位于 $x=x_G$ 的一点上。在亚声速($Ma_\infty<Ma_{\text{lj}}$) 飞行时，给出矩形有限翼展机翼纵向阻尼力矩系数的导数结果如下：

$$m_{z\bar{y}\text{i}}^{\bar{\omega}_z}=-\frac{C_{y\text{yi}}^{\alpha}}{4}(1-2\bar{x}_G)^2-\frac{2\pi-C_{y\text{yi}}^{\alpha}}{16} \tag{5-161}$$

式中，C_y^α 按弧度计算，若 C_y^α 的单位是 1/(°) 时，C_y^α 之前须乘以 57.3 倍，$\bar{x}_G=\dfrac{x_G}{b_\text{A}}$。这里 x_G 是由重心至机翼前缘的距离。当翼面为非矩形时，$m_{z\bar{y}\text{i}}^{\bar{\omega}_z}$ 的计算方法仍可用式(5-161) 进行，但此时 $\bar{x}_G=\dfrac{x_G}{b_\text{A}}$，$\bar{x}_G$ 是由重心至翼面平均气动弦长前缘的距离。

同样在 $Ma_\infty<Ma_{\text{lj}}$ 时，根据弯曲假设就可得到后掠翼面纵向阻尼力矩系数导数的近似表达式

$$m_{z\bar{y}\text{i}}^{\bar{\omega}_z}=-C_{y\text{yi}}^{\alpha}(A+B\lambda\tan\chi_{1/4}+C\lambda^2\tan^2\chi_{1/4})-D \tag{5-162}$$

式中

$$\left.\begin{aligned}
&A=(x_0+\bar{x}_G b_A)\left(x_0+\bar{x}_G b_A-\frac{3\eta+1}{4\eta}\right)+\frac{2\eta+1}{16\eta}\\
&B=\frac{\eta-1}{\eta+1}\left(\frac{7\eta^2+\eta-2}{144\eta^2}-\frac{x_0+\bar{x}_G b_A}{6}\right)\\
&C=\left(\frac{\eta+2}{12\eta}\right)^2-\frac{\eta+2}{24\eta}b_A+\frac{b_A^2}{12}\\
&D=\frac{\pi}{8}\,\frac{\eta^2+\eta+1}{3\eta^2}\\
&x_0=\frac{(\eta+2)(\eta-1)}{12\eta(\eta+1)}\\
&b_A=\frac{2}{3}\,\frac{\eta^2+\eta+1}{\eta(\eta+1)}
\end{aligned}\right\}\tag{5-163}$$

图 5-42 和图 5-43 给出了函数 A,B 随翼面根稍比、重心相对位置(按平均气动弦长表示)改变的关系,函数 C 和 D 只与根稍比有关(见图 5-44 和图 5-45)。

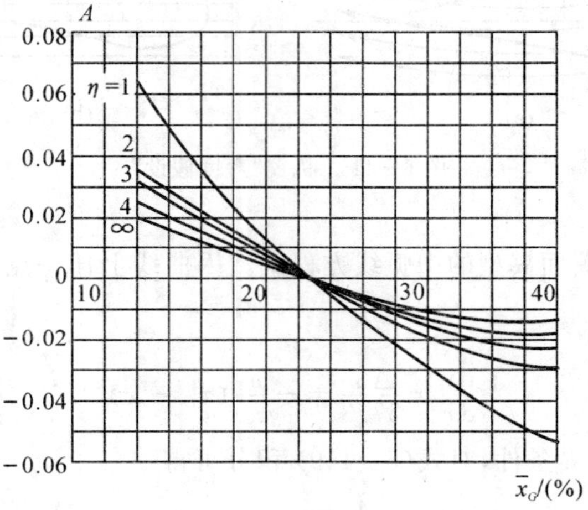

图 5-42　计算后掠形机翼阻尼作用的函数 A 图

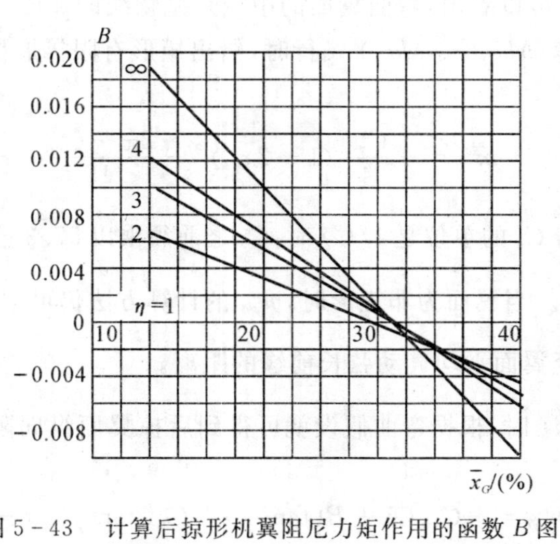

图 5-43　计算后掠形机翼阻尼力矩作用的函数 B 图

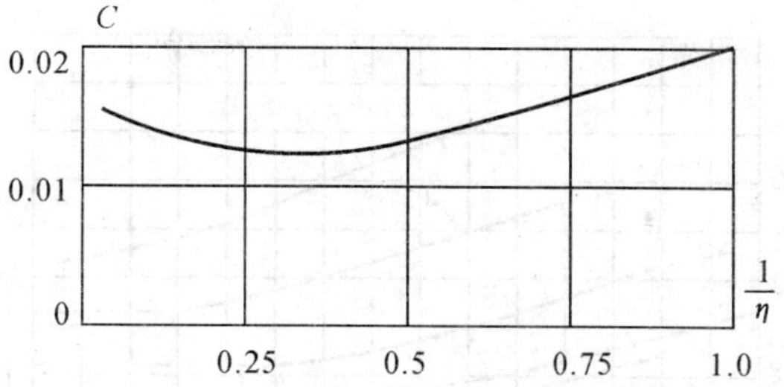

图 5 - 44　计算后掠形机翼阻尼力矩作用的函数 C 图

当翼面的后掠角 $\chi_{1/4}=0$、根稍比 $\eta=1$ 时，式(5 - 162) 就变成计算矩形平面机翼的式(5 - 161) 了。由式(5 - 162) 可以看出：①$(C_y^\alpha)_{yi}$ 增加时，$|(m_z^{\omega_z})_{yi}|$ 增加；② 后掠角 χ 增加时，$|(m_z^{\omega_z})_{yi}|$ 增加；③ 展弦比 λ 增加时，$|(m_z^{\omega_z})_{yi}|$ 增加；同样，当 Ma_∞ 数增加时，由于 $(C_y^\alpha)_{yi}$ 增加，故 $|(m_z^{\omega_z})_{yi}|$ 亦增加。

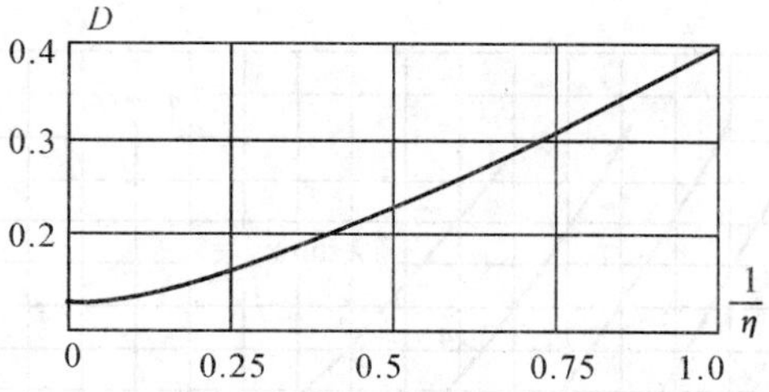

图 5 - 45　计算后掠形机翼阻尼力矩作用的函数 D 图

当 $Ma_\infty>1$ 时，$(m_z^{\omega_z})_{yi}m_z^{\omega_z}$ 和 $(C_y^\alpha)_{yi}$ 之比可按下式计算：

$$\left(\frac{m_z^{\omega_z}}{C_y^\alpha}\right)_{yi}=\left(\frac{m_z^{\omega_z}}{C_y^\alpha}\right)'_{yi}-B_1\left(\frac{1}{2}-\bar{x}_G\right)-57.3\left(\frac{1}{2}-\bar{x}_G\right)^2 \tag{5-164}$$

式中，$\left(\frac{m_z^{\omega_z}}{C_y^\alpha}\right)'_{yi}$ 表示当 $\bar{x}_G=\frac{1}{2}$ 时旋转导数与 C_y^α 之比，即表示绕通过平均气动弦中轴的阻尼力矩，它可以根据图 5 - 46 所示的曲线确定；系数 B_1 可以由图 5 - 47 中曲线确定。求出 $\left(\frac{m_z^{\omega_z}}{C_y^\alpha}\right)_{yi}$ 后，就能计算出旋转导数

$$(m_z^{\omega_z})_{yi}=\left(\frac{m_z^{\omega_z}}{C_y^\alpha}\right)_{yi}C_{yyi}^\alpha \tag{5-165}$$

注意：这里 ω_z 的单位取[rad/s]，而迎角单位用(°) 来表示。

图 5 - 46 及图 5 - 47 所示各曲线是针对机翼平面形状为矩形($\eta=1,\chi=0°$) 及三角形翼($\eta\to\infty$) 和任意后掠角的翼面而言的。当计算其他平面的翼面阻尼力矩时，保持 S_{yi}，$\lambda\tan\chi_{1/2}$，b_A 不变，把平面形状变成三角形翼面后就能查相应的图线了。

2. 单独机身的阻尼力矩

机身的升力几乎集中于头部，如果假定由旋转而产生的附加升力作用于头部的压力中心上，则可近似地求出机身的阻尼力矩来，如图 5 - 48 所示。

$$\Delta\alpha=-57.3\frac{\omega_z}{v_\infty}(x_G-x_{Pt}) \tag{5-166}$$

附加升力等于

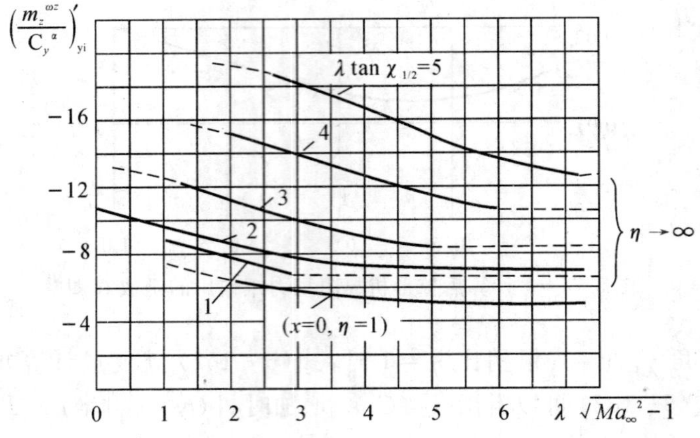

图 5-46 当 $\bar{x}_G=\frac{1}{2}$ 时，确定单独机翼的阻尼力矩导数 $m_z^{\omega_z}$ 用的图线

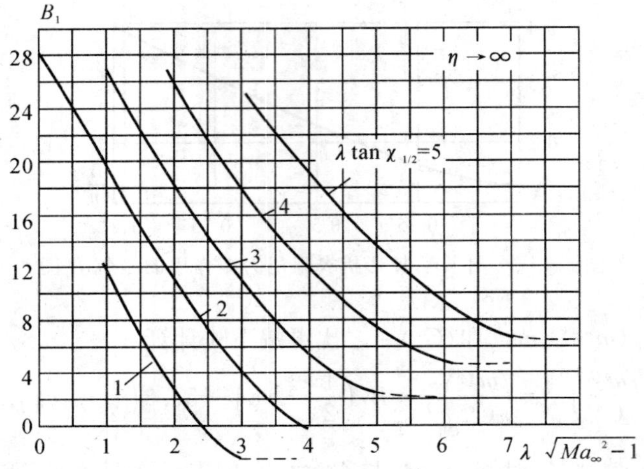

图 5-47 对于有尖翼端的机翼确定系数 B_1 用的图线

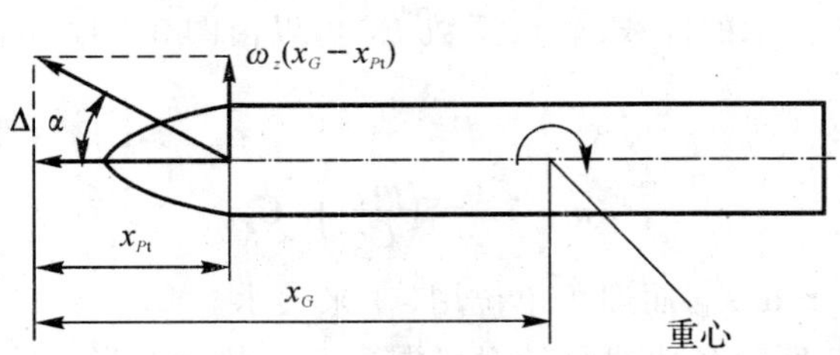

图 5-48 机身旋转时头部的附加迎角

$$\Delta Y=C_{yt}^{\alpha}\Delta\alpha qS_{sh} \tag{5-167}$$

而该力产生的力矩

$$\Delta M_z=\Delta Y(x_G-x_{Pt}) \tag{5-168}$$

加以换算，写成无量纲系数

$$m_{z\,sh}^{\omega_z}=-57.3C_{yt}^{\alpha}\frac{S_{sh}}{S}\left(\frac{x_G-x_{Pt}}{b_A}\right)^2 \tag{5-169}$$

3. 有机身时机翼的阻尼力矩

由前面推导的公式可知，飞行器某一部分的阻尼力矩之值与该部分的升力线斜率成正比，由此可写出近似关系式

$$\frac{M^{\omega_z}_{z\mathrm{yi\cdot sh}}}{M^{\omega_z}_{z\mathrm{wl}}}=\frac{C^{\alpha}_{y\mathrm{yi\cdot sh}}}{C^{\alpha}_{y\mathrm{wl}}}=K_{\alpha\alpha} \tag{5-170}$$

经换算后，可求出

$$m^{\omega_z}_{z\mathrm{yi\cdot sh}}=m^{\omega_z}_{z\mathrm{wl}}K_{\alpha\alpha}\ \frac{S_{\mathrm{wl}}}{S}\left(\frac{b_{\mathrm{Awl}}}{b_{\mathrm{A}}}\right)^2 \tag{5-171}$$

如果翼面呈 X 型分布，则将式(5 - 171) 乘以 K_{ψ}。

4. 尾翼的阻尼力矩

因尾翼相对于飞行器的重心的距离比尾翼弦长大很多，可用近似的办法求出比较满意的结果。近似认为飞行器旋转在尾翼上引起的附加迎角之值相同，即等于尾翼压力中心上的 $\Delta\alpha$ 值(见图 5 - 49)。

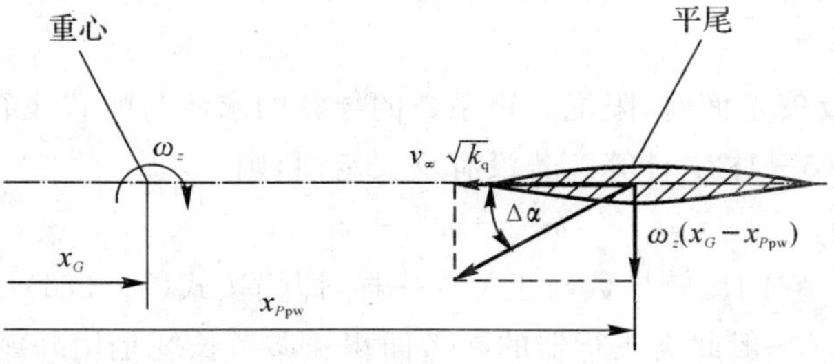

图 5 - 49　飞行器旋转时，平尾的附加迎角

$$\Delta\alpha=-57.3\ \frac{\omega_z}{v_\infty\ \sqrt{k_q}}(x_G-x_{P\mathrm{pw}}) \tag{5-172}$$

由此而引起平尾升力的改变量

$$\Delta Y=[K_{\alpha\alpha}C^{\alpha}_{y}]_{\mathrm{pw}}\Delta\alpha q_\infty k_q S_{\mathrm{pw}} \tag{5-173}$$

相对飞行器重心的力矩等于

$$\Delta M_z=\Delta Y(x_G-x_{P\mathrm{pw}}) \tag{5-174}$$

化成无量纲力矩系数，得

$$m^{\omega_z}_{z\mathrm{pw}}=-57.3\ [K_{\alpha\alpha}C^{\alpha}_{y}]_{\mathrm{pw}}\sqrt{k_q}\ \frac{S_{\mathrm{pw}}}{S}\left(\frac{x_G-x_{P\mathrm{pw}}}{b_{\mathrm{A}}}\right)^2 \tag{5-175}$$

当尾翼呈 X 型布置时，式(5 - 175) 应乘以 K_{ψ}。

5. 整个飞行器的阻尼力矩

以上分析了飞行器各部分的阻尼力矩之后，可以写出飞行器的旋转导数的一般表达式。

(1) 正常式。

$$m^{\omega_z}_{z}=m^{\omega_z}_{z\mathrm{sh}}+m^{\omega_z}_{z\mathrm{yi\cdot sh}}+m^{\omega_z}_{z\mathrm{pw}} \tag{5-176}$$

(2) 鸭式。这种形式中需考虑下洗而引起的附加效应。如前所述，当飞行器绕 Oz_{t} 轴旋转时，舵面的迎角发生改变，其值为

$$\Delta\alpha=-57.3\ \frac{\omega_z}{v_\infty}(x_G-x_{P\mathrm{du}}) \tag{5-177}$$

舵的迎角增量将产生机翼范围内下洗角的增量

$$\Delta\varepsilon = \varepsilon^{\alpha}_{++}\Delta\alpha \tag{5-178}$$

这时机翼的升力也将改变，其改变量为

$$(\Delta Y)_{\varepsilon} = -[K_{\alpha\alpha}C_y^{\alpha}]_{\text{wl}}q_{\infty}S_{\text{wl}}\Delta\varepsilon \tag{5-179}$$

由此引起的附加力矩为

$$(\Delta M_z)_{\varepsilon} = \Delta Y_{\varepsilon}(x_G - x_{P\text{wl}}) \tag{5-180}$$

式(5-180)经变换后得到力矩系数的旋转导数为

$$(\Delta m_z^{\omega_z})_{\varepsilon} = 57.3\,[K_{\alpha\alpha}C_y^{\alpha}]_{\text{wl}}\frac{S_{\text{wl}}}{S}\varepsilon^{\alpha}_{++}\frac{x_G - x_{P\text{du}}}{b_{\text{A}}}\frac{x_G - x_{P\text{yi}}}{b_{\text{A}}} \tag{5-181}$$

当机翼为X型时，式(5-181)中$C^{\alpha}_{y\,\text{wl}}$之前应乘上系数$K_{\psi}$，此外，$\varepsilon^{\alpha}_{++}$应以$\varepsilon^{\alpha}_{+\text{X}}$代替。故鸭式飞行器总的旋转导数为

$$m_z^{\omega_z} = m^{\omega_z}_{z\text{sh}} + m^{\omega_z}_{z\text{du}} + m^{\omega_z}_{z\text{yi}\cdot\text{sh}} + (\Delta m_z^{\omega_z})_{\varepsilon} \tag{5-182}$$

因$(x_G - x_{P\text{du}}) > 0$，$(x_G - x_{P\text{yi}}) < 0$，故$(\Delta m_z^{\omega_z})_{\varepsilon} < 0$。因此，计及下洗影响后，附加阻尼力矩会增大。

(3) 无尾式。有反安定面时，阻尼力矩系数的导数的求法与鸭式飞行器完全相同，即此类飞行器的$m_z^{\omega_z}$仍用式(5-182)计算。若没有反安定面，则

$$m_z^{\omega_z} = m^{\omega_z}_{z\text{sh}} + m^{\omega_z}_{z\text{yi}\cdot\text{sh}} \tag{5-183}$$

(4) 旋转弹翼式。它的旋转导数与正常式一样，即仍按式(5-176)计算，但要注意参考面积和参考长度的差异。一般此类飞行器的参考面积和参考长度是用外露翼的面积S_{wl}和相应的平均气动弦b_{Awl}。

5.4.5 下洗延迟引起的俯仰力矩

在5.4.2小节中，已经介绍定常运动时作用在飞行器的力矩。但是，在一般情况下，飞行器的运动是非定常的。这时飞行器的气动力及力矩都是时间的函数，因此，在非定常运动中，气动力和力矩系数不仅与该时刻的α，δ，ω_z及Ma数的数值有关，而且还与这些参数随时间改变的特性有关。

当迎角α改变时，飞行器的升力也随之产生变化，也就是说环量Γ产生了变化，从而翼面后的下洗也要发生变化。但是影响尾翼下洗的是前一瞬时的环量，因为机翼与尾翼之间有一段距离，所以被机翼扰动的气流需要经过一段时间才到达尾翼处而引起下洗的改变，这种现象叫做气流下洗延迟。因此，在计算某一瞬时的飞行器力矩时，必须考虑因下洗延迟而产生的附加力矩。下面将分别研究因迎角α改变及舵偏角δ的改变而产生的附加俯仰力矩的近似计算方法。

1. $m_z^{\dot\alpha}$的计算方法

$\dot\alpha = \dfrac{\mathrm{d}\alpha}{\mathrm{d}t}$表示迎角随时间的变化率；$m_z^{\dot\alpha} = \dfrac{\partial m_z}{\partial\dot\alpha}$，即力矩系数$m_z$对$\dot\alpha$的导数。以正常式飞行器为例，设飞行器以一速度$v_{\infty}$及随时间而改变的迎角$\alpha(t)$飞行，根据迎角的改变，机翼后边的气流下洗也将改变。气流从机翼流到尾翼处所需的时间Δt为

$$\Delta t = \frac{x_{P\text{pw}} - x_{P\text{yi}}}{v_{\infty}\sqrt{k_q}} \tag{5-184}$$

式中，x_{Ppw} 是由飞行器头部至平尾的压力中心的纵向距离；x_{Pyi} 是飞行器头部至机翼的压力中心的纵向距离。

可以这样认为：在非定常运动中，尾翼区的气流下洗角的计算方法，与定常飞行时完全相同，只是此时的迎角不一样，应采用前一瞬时 t_1 时刻的迎角，显然 $t_1 = t - \Delta t$。在 t_1 时刻的迎角 α_1 与 t 时刻的迎角 α 之差为

$$\Delta\alpha = \alpha_1 - \alpha = -57.3\dot{\alpha}\Delta t = -57.3\dot{\alpha}\frac{x_{ppw} - x_{pyi}}{v_\infty \sqrt{k_q}} \tag{5-185}$$

在 $\Delta\alpha$ 中引入常系数 57.3 是因为与角速度类似的原因，即采用(rad/s)来表示导数 $\dot{\alpha}$，同时又采用(°)作为迎角 α 的单位。由于迎角的改变，在非定常运动中气流下洗角与定常运动中气流下洗角不一样，其改变量为 $\Delta\varepsilon = \varepsilon^{\alpha}_{yi\text{-}sh}\Delta\alpha$。这样，在作改变迎角飞行时，则会产生气流下洗延迟现象，这种气流下洗的延迟将导致尾翼产生附加升力：

$$\Delta Y_{pw} = -[K_{\alpha\alpha}C^{\alpha}_{y}]_{pw}\Delta\varepsilon q_\infty k_q S_{pw} \tag{5-186}$$

由此而产生了附加的俯仰力矩

$$\Delta M_z = \Delta Y_{pw}(x_G - x_{Ppw}) \tag{5-187}$$

用力矩系数形式表示为

$$\Delta m_z = \frac{\Delta M_z}{q_\infty S b_A} = -57.3\,[K_{\alpha\alpha}C^{\alpha}_{y}]_{pw}\varepsilon^{\alpha}_{yi\text{-}sh}\,\bar{\dot{\alpha}}\,\sqrt{k_q}\,\frac{S_{pw}}{S}\,\frac{x_{Ppw} - x_G}{b_A}\,\frac{x_{Ppw} - x_{Pyi}}{b_A} \tag{5-188}$$

公式中采用符号 $\bar{\dot{\alpha}} = \dfrac{\dot{\alpha} b_A}{v_\infty}$，表示无量纲的迎角变化率。取力矩系数对 $\bar{\dot{\alpha}}$ 的导数，得到

$$m_z^{\bar{\dot{\alpha}}} = \frac{\partial m_z}{\partial \bar{\dot{\alpha}}} = -57.3\,[K_{\alpha\alpha}C^{\alpha}_{y}]_{pw}\varepsilon^{\alpha}_{yi\text{-}sh}\sqrt{k_q}\,\frac{S_{pw}}{S}\cdot\frac{x_{Ppw} - x_G}{b_A}\,\frac{x_{Ppw} - x_{Pyi}}{b_A} \tag{5-189}$$

由式(5-189)可见，导数 $m_z^{\bar{\dot{\alpha}}}$ 为负。这就是说，由气流下洗延迟而产生的附加力矩总是阻止迎角的变化的，体现了它的阻尼特性。为了方便，今后将 $m_z^{\bar{\dot{\alpha}}}$ 简写成 $m_z^{\dot{\alpha}}$。

(1) 正常式。对于正常式飞行器来说，机翼的压力中心位置与飞行器重心位置非常靠近，故可近似地取 $x_{Pyi} \approx x_G$，则 $m_z^{\dot{\alpha}}$ 的公式简化为

$$m_z^{\dot{\alpha}} \approx -57.3\,[K_{\alpha\alpha}C^{\alpha}_{y}]_{pw}\varepsilon^{\alpha}_{yi\text{-}sh}\sqrt{k_q}\,\frac{S_{pw}}{S}\left(\frac{x_{Ppw} - x_G}{b_A}\right)^2 \tag{5-190}$$

由于 $m^{\bar{\omega}_z}_{zpw} \approx -57.3\,[K_{\alpha\alpha}C^{\alpha}_{y}]_{pw}\sqrt{k_q}\,\dfrac{S_{pw}}{S}\left(\dfrac{x_{Ppw} - x_G}{b_A}\right)^2$，所以

$$m_z^{\dot{\alpha}} = m^{\bar{\omega}_z}_{zpw}\varepsilon^{\alpha}_{yi\text{-}sh} \tag{5-191}$$

(2) 鸭式。由于气流下洗延迟而引起的附加力矩对于鸭式飞行器同样存在，其 $m_z^{\dot{\alpha}}$ 的表达式取如下形式：

$$m_z^{\dot{\alpha}} = -57.3\,[K_{\alpha\alpha}C^{\alpha}_{y}]_{wl}\varepsilon^{\alpha}\,\frac{x_{Pwl} - x_G}{b_A}\cdot\frac{x_{Pwl} - x_{Pqy}}{b_A} \tag{5-192}$$

(3) 旋转弹翼式。此类飞行器的 $m_z^{\dot{\alpha}}$ 计算公式与正常式类同，但须注意参考面积与参考长度。

(4) 无尾式。若机身前边无反安定面，下洗延迟影响可以不计，即取 $m_z^{\dot{\alpha}} = 0$；若有反安定面，则其计算方法与鸭式飞行器完全一样。

以上诸式虽是由平置翼推导得到的，但对前、后翼面呈"十-十""X-X""十-X"及"X-十"布置的飞行器均能应用，只要注意 ε^{α} 求法的不同和 C^{α}_{y} 之前必须乘上 K_{ψ} 因子。

2. $m_z^{\dot{\delta}}$ 的计算方法

不仅在迎角改变时会产生下洗延迟现象，而且在舵面偏转角变化时，也会产生下洗延迟现象。对于鸭式和旋转弹翼飞行器来讲，由于作为舵用的操纵机构在前，它的偏转所引起的下洗会对后面的翼面产生影响，因此必须考虑 $m_z^{\dot{\delta}}$ 的问题。以鸭式飞行器为例，舵面偏转角 δ 随时间而改变时，则后边机翼范围内的气流下洗也要产生相应的改变，只不过在时间上要延迟 Δt。所以，$m_z^{\dot{\delta}}$ 的实质与 $m_z^{\dot{\alpha}}$ 是一样的，其推导过程与 $m_z^{\dot{\alpha}}$ 完全相同。

(1) 鸭式。

$$m_z^{\dot{\delta}} = -57.3\left[K_{\alpha\alpha} C_y^{\alpha}\right]_{\rm wl} \varepsilon^{\delta} \frac{x_{P\rm wl} - x_G}{b_{\rm A}} \frac{x_{P\rm wl} - x_{P\rm du}}{b_{\rm A}} = m_z^{\dot{\alpha}} \frac{\varepsilon^{\delta}}{\varepsilon^{\alpha}} \tag{5-193}$$

(2) 旋转弹翼式。

$$m_z^{\dot{\delta}} = m_z^{\dot{\alpha}} \frac{\varepsilon_{\rm yi\text{-}sh}^{\delta}}{\varepsilon_{\rm yi\text{-}sh}^{\alpha}} \tag{5-194}$$

式(5-194)中的 $\varepsilon_{\rm yi\text{-}sh}^{\delta}$，$\varepsilon_{\rm yi\text{-}sh}^{\alpha}$ 通常是应用大展弦比机翼的下洗公式计算的，而式(5-193)中的 ε^{δ}，ε^{α} 则要应用干扰因子法求下洗的计算公式，并要注意前、后翼面的配置情况。

$m_z^{\dot{\alpha}}$，$m_z^{\dot{\delta}}$ 在本质上也具有阻止飞行器旋转的特性，但在数量级上要比 $m_z^{\omega_z}$ 小，这三个力矩导数统称为飞行器的"动导数"。综上所述，飞行器非定常运动时的总俯仰力矩为：当参数 α，δ，ω_z 及 Ma_∞ 为瞬时值时根据定常假设求得的力矩，加上与 $\dot{\alpha}$ 及 $\dot{\delta}$ 有关的附加力矩之和。

5.5 算 例

计算模型的几何外形如图 5-50 所示，重心和各部分升力的作用点位置如图 5-51 所示。模型的前翼、机翼、尾翼(舵)均为"X"形布置，即 $\psi_{\rm qy} = \psi_{\rm yi} = \psi_{\rm wy} = 45°$。来流马赫数 $Ma_\infty = 2$。

(1) 计算 $\alpha = 2°$ 时全弹的升力系数。

(2) 求飞行器的 $m_z^{\dot{\alpha}}$，$m_z^{\dot{\delta}}$ 及 $m_z^{\omega_z}$ 值。

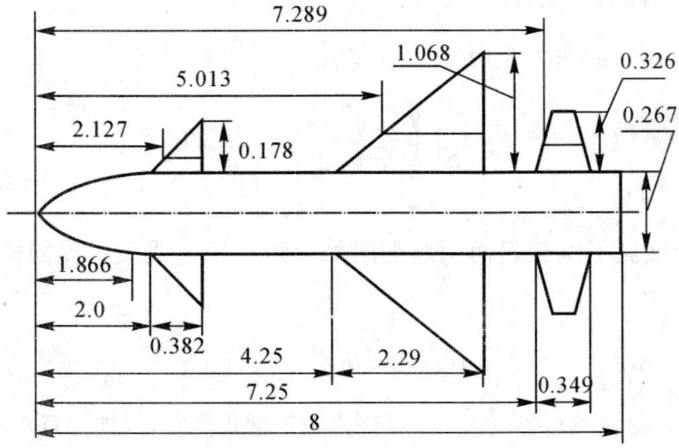

图 5-50 算例外形尺寸 $\psi_{\rm qy} = \psi_{\rm yi} = \psi_{\rm wy} = 45°$ (单位：m)

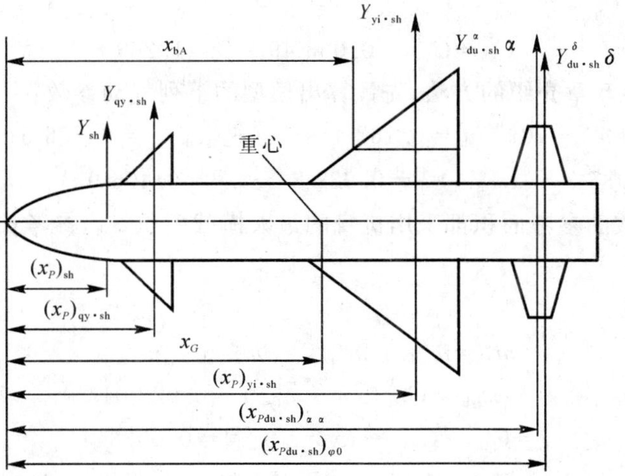

图 5-51　模型重心与各部分升力的作用点位置示意图

(1) 根据第 2～4 章介绍的方法，分别计算出单独机身、单独前翼、单独机翼、单独尾翼(考虑速度阻滞影响)、各翼身组合段的升力线斜率(参考面积用 S_{sh}) 为

$C^{\alpha}_{ysh}=0.052\ 7$　$C^{\alpha}_{ywlqy}=0.035\ 8$　$C^{\alpha}_{ywl}=0.035\ 8$　$C^{\alpha}_{ywlwy}=0.041\ 0$

$C^{\delta}_{ymyi}=0.035\ 8$　$C^{\alpha}_{yqy\cdot sh}=0.027\ 67$　$C^{\alpha}_{yyi\cdot sh}=0.563\ 1$　$C^{\alpha}_{ydu\cdot sh}=0.050\ 2$

1) 机翼对尾翼的下洗计算。采用5.1节中大展弦比机翼对尾翼的下洗计算方法来求。根据毛机翼的参数 $\lambda_{myi}=1.865$，$\lambda_{myi}\sqrt{Ma_{\infty}^{2}-1}=3.230\ 2$ 及 $\dfrac{\Delta x}{b_0}=0.261\ 7$，由图 5-8 查得 $\varepsilon^{\alpha}_{h=0}=0.45$。根据式(5-12)计算出涡面离尾翼的高度 $h=-0.026\ 14$，由图 5-9 查得高度因子 $B_{\varepsilon}=0.9$。根据第 4 章内容，查到翼身组合体的干扰因子 $K_{yi(sh)}=1.17$，$K_{sh(yi)}=0.27$，$K_{\alpha\alpha}=K_{yi(sh)}+K_{sh(yi)}=1.44$。最后，按式(5-16) 计算 $\varepsilon^{\alpha}_{yi\text{-}sh}$。

$$\varepsilon^{\alpha}_{yi\text{-}sh}=K_{\alpha\alpha}\frac{S_{wl}}{S_{myi}}\frac{C^{\alpha}_{ywl}}{C^{\alpha}_{ymyi}}\left(\varepsilon^{\alpha}_{h=0}-B_{\varepsilon}\frac{|h|}{b_0}\right)=0.406\ 9$$

2) 前翼段对机翼段的下洗计算。因为迎角 $\alpha=2^{\circ}$，所以

$$\tau=\alpha\left(\frac{2\Delta x}{l_{mqy}}\right)=11.829$$

由图 5-16(a)，(b) 查得旋涡位置：

$$\frac{2z_2}{l_{mqy}}=-0.154,\quad \frac{2z_3}{l_{mqy}}=0.825,\quad \frac{2y_2}{l_{mqy}}=0.98,\quad \frac{2y_3}{l_{mqy}}=0.17$$

换算成相对机翼的位置：

$$\frac{2z_2}{l_{myi}}=-0.05133,\frac{2z3}{l_{myi}}=0.3266,\frac{2y_2}{l_{myi}}=0.2750,\frac{2y_3}{l_{myi}}=0.05666$$

由图 5-19 查得 $\eta\rightarrow\infty$，$D/l_{myi}=0.2$ 的干扰因子 $i_2=-2.8$，$i_3=-2.1$，所以总干扰因子

$$i=i_2+i_3=-4.9$$

根据 $D/l_{mqy}=0.6$ 由图 5-14 查得 $\bar{L}=0.508$，最后按式(5-29) 计算 $\varepsilon^{\alpha}_{XX}$：

$$\varepsilon^{\alpha}_{XX}=-\frac{4i\ (K_{\alpha\alpha})_{yi}\ (C^{\alpha}_{y}\cdot S)_{wlqy}}{l_{myi}l_{mqy}\ (K_{\alpha\alpha})_{yi}\bar{L}}=-\frac{4iC^{\alpha}_{yqy\cdot sh}S_{sh}}{l_{myi}l_{mqy}\ (K_{\alpha\alpha})_{yi}\bar{L}}=0.068\ 04$$

3) 全弹的升力系数(参考面积 S_{sh})。

$$C_y^\alpha = C_{ysh}^\alpha + C_{yqy\cdot sh}^\alpha + C_{yyi\cdot sh}^\alpha(1-\varepsilon_{\times\times}^\alpha) + C_{ydu\cdot sh}^\alpha(1-\varepsilon_{yi\text{-}sh}^\alpha) = 0.063\ 49$$

$$C_y = C_y^\alpha\alpha = 0.063\ 49\times 2 = 1.269\ 8$$

(2) 应用第 2 ～ 5 章介绍的方法，先计算出模型的下列气动参数：

$C_{ydu\cdot sh}^\delta = 0.047\ 69$　　$(\bar{x}_P)_{sh} = 0.162\ 4$　　$(\bar{x}_{Pqy\cdot sh})_{\alpha\alpha} = 0.296\ 5$　　$(\bar{x}_{Pyi\cdot sh})_{\alpha\alpha} = 0.725\ 4$

$(\bar{x}_{Pdu\cdot sh})_{\alpha\alpha} = 0.935\ 3$　　$(\bar{x}_{Pdu\cdot sh})_{\varphi 0} = 0.939\ 8$　　$\varepsilon_{yi\cdot sh}^\alpha = 0.406\ 9$　　$\varepsilon_{XX}^\alpha = 0.068\ 04$

本算例中各系数的参考面积都采用机身的最大横截面积 S_{sh}，参考长度均采用机身的长度 l_{sh}。

1) m_z^α 的计算。

$$m_z^\alpha = m_{zsh}^\alpha + m_{zqy\cdot sh}^\alpha + m_{zyi\cdot sh}^\alpha + m_{zdu\cdot sh}^\alpha$$

其中

$$m_{zsh}^\alpha = C_{ysh}^\alpha(\bar{x}_G - \bar{x}_{Psh}) = 0.022\ 01$$

$$m_{zqy\cdot sh}^\alpha = C_{yqy\cdot sh}^\alpha[\bar{x}_G - (\bar{x}_{Pqy\cdot sh})_{\alpha\alpha}] = 0.007844$$

$$m_{zyi\cdot sh}^\alpha = C_{yyi\cdot sh}^\alpha(1-\varepsilon_{\times\times}^\alpha)[\bar{x}_G - (\bar{x}_{Pyi\cdot sh})_{\alpha\alpha}] = -0.076\ 30$$

$$m_{zdu\cdot sh}^\alpha = C_{ydu\cdot sh}^\alpha(1-\varepsilon_{yi\cdot sh}^\alpha)[\bar{x}_G - (\bar{x}_{Pdu\cdot sh})_{\alpha\alpha}] = -0.105\ 8$$

最后得 $m_z^\alpha = -0.1522$

2) m_z^δ 的计算。

$$m_z^\delta = C_{ydu\cdot sh}^\delta[\bar{x}_G - (\bar{x}_{pdu\cdot sh})_{\varphi 0}] = -0.017\ 16$$

3) $m_z^{\omega_z}$ 的计算。

$$m_z^{\omega_z} = m_{z\,sh}^{\omega_z} + m_{z\,qy\cdot sh}^{\omega_z} + m_{z\,yi\cdot sh}^{\omega_z} + m_{z\,du\cdot sh}^{\omega_z}$$

其中

$$m_{z\,sh}^{\omega_z} = -57.3C_{ysh}^\alpha(\bar{x}_G - \bar{x}_{Psh})^2 = -0.526\ 6$$

$$m_{z\,qy\cdot sh}^{\omega_z} = -57.3C_{yqy\cdot sh}^\alpha[\bar{x}_G - (\bar{x}_{Pqy\cdot sh})_{\alpha\alpha}]^2 = -0.127\ 4$$

$$m_{z\,du\cdot sh}^{\omega_z} = -57.3C_{ydu\cdot sh}^\alpha[\bar{x}_G - (\bar{x}_{Pdu\cdot sh})_{\alpha\alpha}]^2 = -0.3631$$

翼身组合段的阻尼力矩系数计算较复杂，第一步先计算单独机翼的阻尼力矩

$$\left(\frac{m_z^{\omega_z}}{C_y^\alpha}\right)_{yi} = \left(\frac{m_z^{\omega_z}}{C_y^\alpha}\right)'_{yi} - B_1\left(\frac{1}{2} - \bar{x}'_G\right) - 57.3\left(\frac{1}{2} - \bar{x}'_G\right)^2$$

式中，$\left(\frac{m_z^{\omega_z}}{C_y^\alpha}\right)'_{yi}$ 表示旋转轴通过机翼平均气动力弦中点时的 $m_z^{\omega_z}$ 与 C_y^α 之比值；$\bar{x}'_G$ 是旋转轴至机翼平均气动力弦前缘的无量纲纵向距离。根据模型尺寸，可以算出外露翼参数：$\lambda\tan\chi_{1/2} = 2.001\ 1$，$\lambda\sqrt{Ma_\infty^2 - 1} = 3.230\ 2$。由此，从图 5-46 及图 5-47 中查得 $\left(\frac{m_z^{\omega_z}}{C_y^\alpha}\right)'_{yi} = -7.3$，$B_1 = 3.1$。

又 $x'_G = \frac{x_G - x_{bA}}{b_A} = -0.244\ 7$，于是 $\left(\frac{m_z^{\omega_z}}{C_y^\alpha}\right)_{yi} = -41.385\ 9$。阻尼力矩系数的导数

$$(m_z^{\omega_z})_{yi} = \left(\frac{m_z^{\omega_z}}{C_y^\alpha}\right)_{yi} C_{yyi}^\alpha\left(\frac{b_A}{l_{sh}}\right)^2\frac{S_{yi}}{S_{sh}} = -0.589\ 2$$

再考虑存在后翼身组合段的阻尼力矩

$$(m_z^{\omega_z})_{yi\cdot sh} = K_{\alpha\alpha}(m_z^{\omega_z})_{yi} = -0.848\ 4$$

最后就得到了全弹的 $m_z^{\omega_z}$ 值

$$m_z^{\omega_z} = -1.865\ 5$$

第 6 章　飞行器的侧向力和横侧力矩特性

6.1　飞行器的横侧运动特点

飞行器的侧向力和横侧力矩(包括航向力矩和滚转力矩)主要是由飞行器作侧滑飞行和滚转飞行引起的。通常侧向力和横侧力矩以力和力矩系数表示如下:

侧向力系数　　$C_z = \dfrac{Z}{q_\infty S}$

航向力矩系数　　$m_y = \dfrac{M_y}{q_\infty Sl}$

滚转力矩系数　　$m_x = \dfrac{M_x}{q_\infty Sl}$

其中,$q_\infty = \dfrac{1}{2}\rho_\infty v_\infty^2$;$S$ 为参考面积;l 为参考长度。

对于轴对称飞行器,它的侧向力和航向力矩产生的物理情况同它的升力和俯仰力矩产生的物理情况相同,计算方法也完全相同,因此略去了轴对称飞行器侧向力和航向力矩的讨论。对于面对称的飞机,侧向力和航向力矩产生的物理情况与升力和俯仰力矩产生的情况不同,航向与滚转运动密切相关,飞机侧滑飞行时,同时会引起绕 Oy_t 轴的力矩 M_y 和绕 Ox_t 轴的力矩 M_x。M_y 和 M_x 的大小与方向直接表征了对飞机来说具有重要意义的横侧静稳定性。为了说明这一概念,研究飞机沿直线水平航迹的飞行。假定由于某种原因产生扰动,使飞机突然向右滚动了一 γ 角,升力 Y 的方向总是在对称平面 x_tOy_t 内。当飞机滚动时,产生升力的水平分量(见图 6-1),此分量在所研究的运动起始状态不为任何力所平衡。在此力作用下,飞机得到一个侧向作用的附加运动,也就是说,飞机将作带有侧滑的飞行。图 6-1 中飞机将向右翼侧滑($\beta > 0$),与侧滑角 β 出现的同时,产生相对于飞机 Oy_t 和 Ox_t 轴的力矩 M_y 和 M_x。如果 β 角为正时,力矩 M_y 为负,根据所采用的符号规则,在此力矩的作用下,飞机将绕 Oy_t 轴向右转动,换句话说,干扰引起的力矩 M_y 将力图减小飞机的起始干扰产生的侧滑角。同纵向静稳定性相仿,在这种情况下(即 $M_y^\beta < 0$),飞机具有航向静稳定性。

如果侧滑角 β 为正时产生正的航向力矩(即 $M_y^\beta > 0$),则在此力矩作用下,飞机的初始干扰侧滑角 β 还将增大,则飞机是航向静不稳定的。同理,如果正侧滑角 $\beta > 0$ 产生负的 M_x,在此力矩作用下,将使飞机向左倾斜,即 M_x 有消除飞机干扰产生的 γ 角的作用,在这种情况下(即 $M_x^\beta < 0$),飞机具有滚转静稳定性。相反,如果正侧滑角产生正的 M_x(即 $M_x^\beta > 0$),则在此力矩作用下,飞机的起始干扰滚转角 γ 继续增大,则飞机是滚转静不稳定的。

由上面讨论可见,飞机有无横侧静稳定性与偏导数 M_y^β 和 M_x^β(或 m_y^β 和 m_x^β)的符号有关。顺便指出:M_y 和 M_x 都随同一变量 β 角而定,二者密切相关。因此,一般并不单独说飞机运动是否有航向或滚转静稳定性,只是笼统地说飞机是否具有横侧静稳定性。

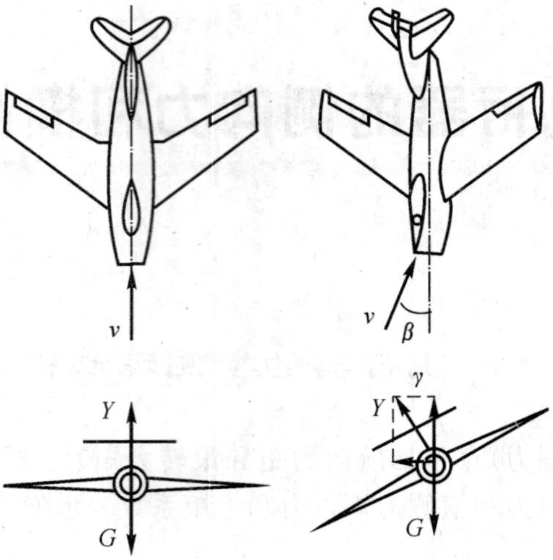

图 6-1　飞机倾斜时产生的侧滑

6.2　飞行器的侧向力和航向力矩特性

飞行器侧滑飞行时，由于气流非对称地流过飞行器，引起飞行器压强分布的改变。实践表明，在β角不大的情况下，可以先单独计算飞行器各部件的侧向力和航向力矩，然后计及它们之间的干扰，最后线性相加而得出整个飞行器的气动力和气动力矩。当β角不大时，在一定的 Ma 数范围内，$C_z-\beta$，$m_y-\beta$的关系近似成直线变化。可用导数 $C_z^\beta=\dfrac{\partial C_z}{\partial\beta}$，$m_y^\beta=\dfrac{\partial m_y}{\partial\beta}$ 表征侧滑引起的侧向力系数与力矩系数的特性。就飞行器各主要部件（机翼、机身和垂尾）对侧滑导数（C_z^β，m_y^β）的贡献来说，C_z^β，m_y^β 主要都由机身和垂尾产生。

6.2.1　侧滑引起的侧向力

1. 机身的贡献

机身对侧力的贡献分高速和低速两种情况讨论。高速飞机为了减小阻力，一般采用细长的机身，在工程计算时，可以近似认为是细长的旋成体，故可利用 C_y 的计算方法来计算 C_z，只要把 α 换成β，C_z 取负值(若 $\beta>0$) 就可以了，即

$$C_{zsh}^\beta=-C_{ysh}^\alpha \tag{6-1}$$

低速亚声速飞机采用圆头尖尾机身，但不一定是旋成体，故工程计算时采用下式计算：

$$C_{zsh}^\beta=-0.28\frac{S_{ce}}{S} \tag{6-2}$$

式中，S_{ce} 为机身的侧向投影面积；S 为参考面积。

2. 垂尾的贡献

垂尾对侧力的贡献是飞行器各部件中最主要的部件。在计算垂尾产生的侧力时，应该考虑垂尾、后机身和平尾三者之间的干扰影响；另外，还要考虑翼身组合体对它的影响 —— 气流阻滞和侧洗的影响。若垂尾前缘的气流平均速度为 v_{cw}，设 $\rho_{cw}=\rho_\infty$，则定义垂尾速度阻滞系数

$$k_{cw}=\frac{q_{cw}}{q_\infty}=\frac{\dfrac{1}{2}\rho_{cw}v_{cw}^2}{\dfrac{1}{2}\rho_\infty v_\infty^2}=\frac{v_{cw}^2}{v_\infty^2} \tag{6-3}$$

故得 $v_{cw}=\sqrt{k_{cw}}\cdot v_{\infty}$。$k_{cw}$ 值一般在 0.9 ～ 1.0 之间。当有侧滑角时，垂尾区的平均来流流速方向与垂尾弦平面之间的夹角以 β_{cw} 表示，即

$$\beta_{cw}=\beta-\sigma \tag{6-4}$$

式中，σ 为平均侧洗角。侧洗角产生的原因与纵向平面下洗角产生的原因是相同的，是由翼身组合体涡系诱导作用而引起的。当有侧滑角 β 时，垂尾机身组合段产生的侧力 $Z_{cw\cdot sh}$ 可表示为

$$Z_{cw\cdot sh}=q_{cw}C_{zcw\cdot sh}^{\beta}\beta_{cw}S_{ducw}=-q_{cw}C_{ycw\cdot sh}^{\alpha}\beta_{cw}S_{ducw} \tag{6-5}$$

式中，$Z_{cw\cdot sh}$ 为垂尾身组合段产生的侧力；$C_{ycw\cdot sh}^{\alpha}$ 为垂尾机身组合段的升力线斜率；S_{ducw} 为单独外露垂尾的面积(即外露垂尾面积)。把式(6-3)和式(6-4)代入式(6-5)，得

$$C_{zcw\cdot sh}^{\beta}=-k_{cw}C_{ycw\cdot sh}^{\alpha}(1-\sigma^{\beta})\frac{S_{ducw}}{S} \tag{6-6}$$

式中，S 为参考面积；σ^{β} 为单位侧滑角引起的侧洗角，如果迎角不大，尾涡强度较小，在 β 角不大情况下，可忽略侧洗影响，认为 $\sigma^{\beta}=0$。

$C_{ycw\cdot sh}^{\alpha}$ 可按图 6-2 曲线计算。图 6-2(a) 是无平尾时考虑到机身对垂尾的影响；图(b)，(c) 是计算有平尾时，平尾对垂尾的影响相当于改变了垂尾的展弦比。根据平尾高低位置按图 6-2(b)或(c)查出垂尾的有效展弦比 $(\lambda_e)_{cw}$ 后，再以 $(\lambda_e)_{cw}$ 来计算 C_{yducw}^{α}，其计算方法见第 2 章所述。求得了 C_{yducw}^{α}，再根据图 6-2(a) 求出 $C_{ycw\cdot sh}^{\alpha}$。

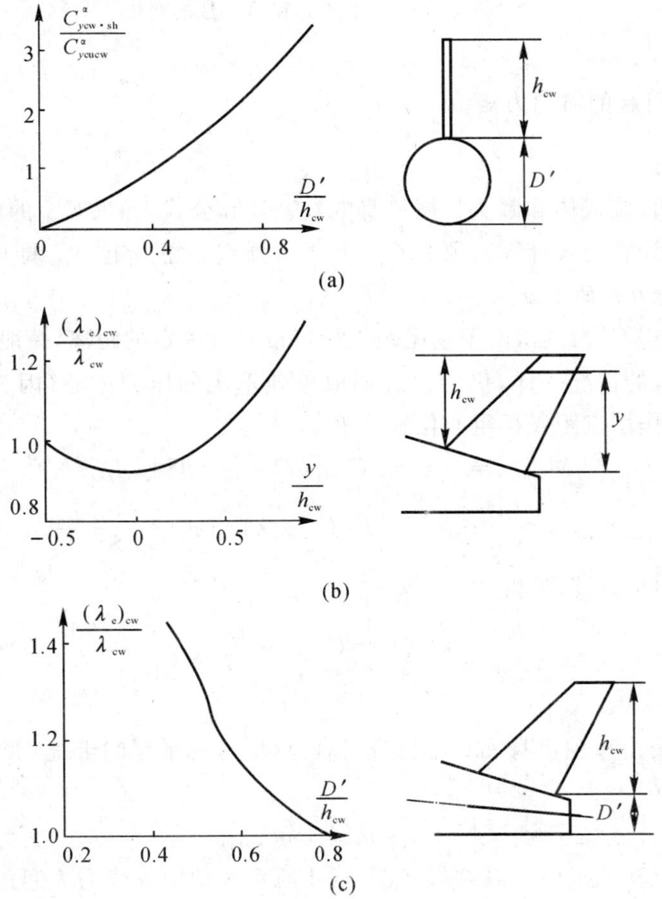

图 6-2　机身平尾对垂尾的影响

3. 全机的 C_z^β

$$C_z^\beta = C_{zsh}^\beta + C_{zcw\cdot sh}^\beta \tag{6-7}$$

计算结果如图 6-3 所示。亚声速飞行时，$C_{zcw\cdot sh}^\beta$ 随 Ma 数的增加而增加；超声速飞行时，$C_{zcw\cdot sh}^\beta$ 则随 Ma 数的增加而减小。图 6-3 中虚线是大迎角时 $C_{zcw\cdot sh}^\beta$ 的实验曲线。在同一 Ma 数下，大迎角与小迎角相比，大迎角对应的 $C_{zcw\cdot sh}^\beta$ 较小些。这是由于大迎角来流流经翼身组合体时，气流受到严重阻滞和发生分离的缘故，通常称为翼身对垂尾的遮蔽作用，这一作用使垂尾效能下降，这正是现代战斗机采用大垂尾的原因之一。图 6-3 中 C_{zsh}^β 随 Ma 数变化不大。

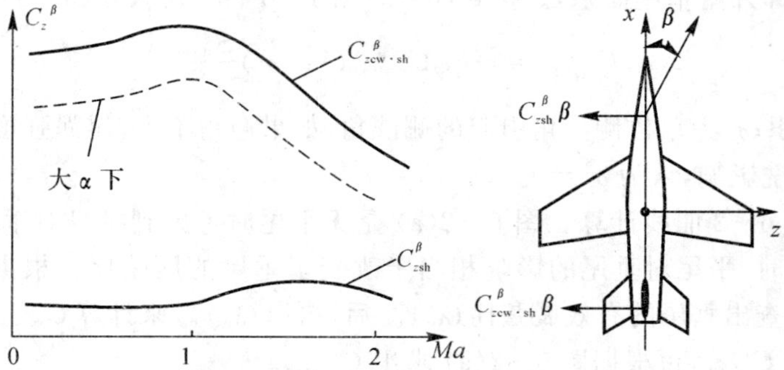

图 6-3 $C_{zcw\cdot sh}^\beta$ 和 C_{zsh}^β 随 Ma 数的变化

6.2.2 侧滑引起的航向力矩

1. 机身的贡献

前面已给出细长旋成体和圆头尖尾机身的 C_{zsh}^β 计算公式，如果 C_{zsh}^β 的作用点已知（可按单独机身的压力中心计算公式计算），那么 C_{zsh}^β 对飞行器重心之力矩 m_{ysh}^β 即可求得。

2. 垂尾对航向力矩的贡献

按式(6-6)求得 $C_{zcw\cdot sh}^\beta$ 后，由于垂尾距飞行器重心有一定的距离，一般在计算 $C_{zcw\cdot sh}^\beta\cdot\beta$ 的作用点时，如同平尾的情况一样，仍可以近似取单独垂尾的压力中心（因为垂尾是对称剖面）或焦点位置。设该作用点距飞机重心位置为 L_{cw}，得

$$M_{ycw\cdot sh} = -k_{cw} q_\infty C_{ycw\cdot sh}^\alpha (1-\sigma^\beta)\beta S_{ducw} L_{cw} \tag{6-8}$$

因此

$$m_{ycw\cdot sh} = \frac{M_{ycw\cdot sh}}{q_\infty Sl} = -k_{cw} C_{ycw\cdot sh}^\alpha (1-\sigma^\beta)\beta \frac{S_{ducw}}{S}\frac{L_{cw}}{l} \tag{6-9}$$

式(6-9)与式(6-6)比较，可得

$$m_{ycw\cdot sh}^\beta = C_{zcw\cdot sh}^\beta \cdot \frac{L_{cw}}{l} \tag{6-10}$$

3. 全机的 m_y^β

全机的 m_y^β 主要由单独机身和垂尾机身组合体（应考虑平尾的干扰）产生的 m_{ysh}^β 与 $m_{ycw\cdot sh}^\beta$ 组成，即

$$m_y^\beta = m_{ysh}^\beta + m_{ycw\cdot sh}^\beta \tag{6-11}$$

按式(6-11)计算某飞机的 m_y^β，其结果如图 6-4 所示。图中虚线为大迎角时的 $m_{ycw\cdot sh}^\beta$。

大迎角时，由于翼身组合体对垂尾的遮蔽作用，全机 $|m_y^\beta|$ 减小，甚至变为正值。为了保证飞行器有较好的横侧飞行品质，要求 m_y^β 与 m_x^β 相匹配，飞行器必须有较合适的 m_y^β 数值（某一负

值)。为了避免在超声速飞行时 $|m_y^\beta|$ 减小太多,除适当增加垂尾面积外,还常采用添加背鳍和腹鳍的办法来增加 $|m_y^\beta|$ 值。

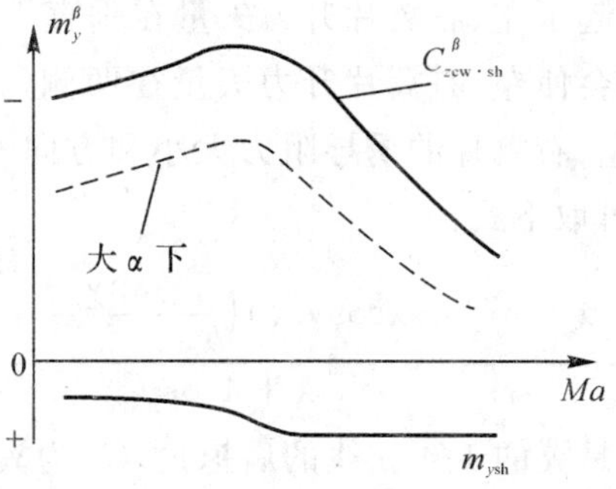

图 6-4　m^β_{ysh} 和 $m^\beta_{ycw\cdot sh}$ 随 Ma 数的变化

6.2.3　飞行器滚转引起的航向力矩导数

航向力矩导数 $m_y^{\bar{\omega}_x}$ 是由滚转角速度 ω_x 引起的力矩导数,也称螺旋力矩导数。它主要由机翼(尾翼)和垂尾产生。

6.2.3.1　机翼产生的航向力矩导数 $m_y^{\bar{\omega}_x}$

机翼的航向力矩导数 $m_y^{\bar{\omega}_x}$ 的物理成因,如图 6-5 所示。在存在迎角和滚转角速度 ω_x 的情况下,左右翼实际有效迎角不一样。假定 $\omega_x > 0$,右翼任一点的迎角为 $\alpha + \Delta\alpha'$,左翼对应点的迎角为 $\alpha - \Delta\alpha'$。迎角 $\Delta\alpha'$ 的值:$\Delta\alpha' = \left|\dfrac{\omega_x z}{v_\infty}\right|$。按照吸力理论,翼缘的吸力正比于迎角 α 的平方,即 $X_T \propto \alpha^2$。显然,在右翼平面内翼缘的吸力大,左翼翼缘的吸力小,同时单个翼片升力矢量大小和方向也有所变化。吸力、升力矢量等对 y 轴的力矩形成了航向力矩导数 $m_{y\,yi}^{\bar{w}_x}$。

1. *超声速翼面的* $m_{y\,yi}^{\bar{w}_x}$

亚声速前缘和侧缘都处于三维区中,因此前缘和侧缘都存在着吸力。当 $\Delta\alpha' = \left|\dfrac{\omega_x z}{v_\infty}\right|$ 较小时,右翼翼缘的吸力增量与左翼翼缘的吸力增量近似反对称(即大小相等、方向相反),因此只要利用吸力公式求出右翼前缘和侧缘的吸力分布,左翼前缘和侧缘的吸力增量分布按反对称原理同样可得。这些吸力增量分布对 y 轴形成的力矩,只要沿翼缘积分即可求得 $m_y^{\bar{w}_x}$。

对于超声速前缘翼,此时前缘附近属二维区,前缘不产生吸力。侧缘处在翼尖马赫锥范围之内,属三维区,故存在侧缘吸力。此时的 $m_y^{\bar{\omega}_x}$ 只有侧缘的贡献。

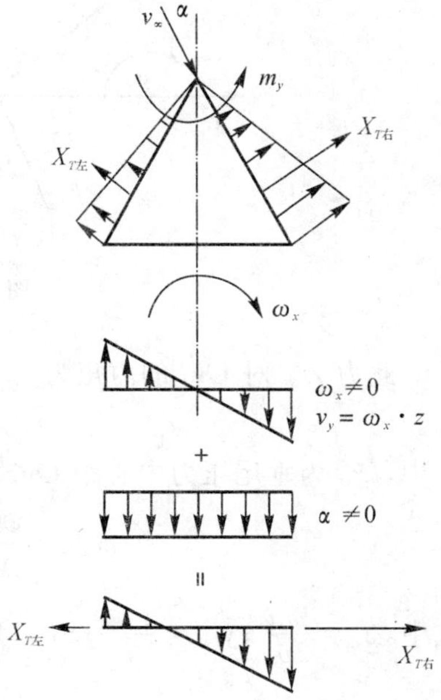

图 6-5　$m_y^{\bar{w}_x}$ 的物理成因

2. 亚声速翼面的 $m_{y\,yi}^{\bar{\omega}_x}$

亚声速时在迎角不为零的情况下由滚转 ω_x 引起的左、右翼片迎角增量的不对称，引起了左、右翼片升力矢量在垂直于 v_∞ 方向的不对称偏斜。当机翼存在后掠角时，后掠的影响会使左、右翼片升力矢量往两侧（z 轴向）的偏斜不一致。同时，左、右翼片迎角的不对称，使左、右翼片的诱导阻力大小和方向不对称。这些力分量对 y 轴的力矩形成 $m_{y\,yi}^{\bar{\omega}_x}$。工程估算时可取下式：

$$m_{yyi}^{\alpha\omega_x} = \frac{C_y^\alpha}{6}\frac{\lambda + 6(1+\lambda\cos\chi_{1/4})\left(\frac{\bar{x}}{b_A}\frac{\tan\chi_{1/4}}{\lambda}+\frac{\tan^2\chi_{1/4}}{12}\right)}{\lambda + 4\cos\chi_{1/4}} \tag{6-12}$$

式中，λ 是机翼的展弦比；$\chi_{1/4}$ 是翼的 1/4 弦线的后掠角；C_y^α 为翼的升力线斜率；b_A 是翼平均气动弦长；$\bar{x}$ 为坐标原点（飞行器重心）到气动中心的纵向距离。

6.2.3.2 垂尾引起的 $m_{ycw}^{\bar{\omega}_x}$

当飞行器绕 Ox_t 轴以 $\omega_x > 0$ 转动时（见图 6-6），近似以垂尾压力中心处的附加速度 $\omega_x y_{cw}$ 来代替整个垂尾的附加速度，因此侧力为

$$Z_{cw} = k_{cw} \cdot q_\infty K_{\alpha\alpha} \cdot C_{yducw}^\alpha \cdot \frac{\omega_x y_{cw}}{v_\infty} \cdot S_{ducw} \tag{6-13}$$

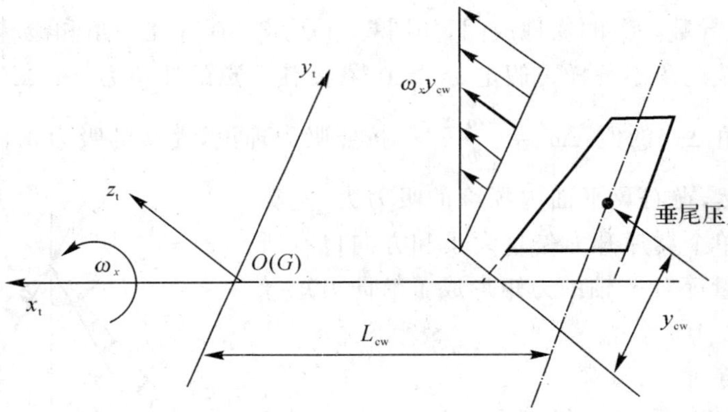

图 6-6　求垂直尾翼螺旋偏航力矩

此力 Z_{cw} 对 Oy_t 的力矩为

$$M_{ycw} = Z_{cw} L_{cw} \tag{6-14}$$

式中，L_{cw} 为垂尾压力中心距 Oy_t 轴的距离。把式(6-13)代入式(6-14)中，推导得到

$$m_{ycw}^{\bar{\omega}_x} = \frac{\partial m_y}{\partial \bar{\omega}_x} = -k_{cw} K_{\alpha\alpha} C_{yducw}^\alpha \cdot \frac{S_{ducw} L_{cw}}{Sl} \cdot \bar{y}_{cw} \tag{6-15}$$

式中，$\bar{\omega}_x = \dfrac{\omega_x l}{2v_\infty}$；$\bar{y}_{cw} = \dfrac{2y_{cw}}{l}$；$S_{ducw}$ 为单独垂尾面积；k_{cw} 为垂尾处阻滞系数。

6.3　飞行器的滚转力矩特性

6.3.1　滚转力矩系数的一般表示式

当迎面气流不对称地流过飞行器时，飞行器产生相对于机体坐标轴系 Ox_t 的力矩，称为滚转力矩。当飞行器有侧滑角，某些操纵机构产生偏转，或飞行器绕 Ox_t 或 Oy_t 轴旋转时，均会使流动的对称性破坏。此外，如左、右翼面及安定面等的安装和剖面尺寸的不同，或由生产误差造成的左、右翼面不对称等，也会破坏流动的对称性。因此，滚转力矩的大小取决于飞行器的形状和尺寸、飞行速度、高度，迎角 α、侧滑角 β、方向舵偏转角 δ_y、副翼偏转角 δ_x，滚转角速度 ω_x、航向角速度 ω_y 等诸多因素。总的滚转力矩系数可表达为

$$m_x = m_{x0} + m_x^{\beta}\beta + m_x^{\delta_x}\delta_x + m_x^{\delta_y}\delta_y + m_x^{\bar{\omega}_x}\bar{\omega}_x + m_x^{\bar{\omega}_y}\bar{\omega}_y \tag{6-16}$$

式中，m_{x0} 为 $\beta,\delta_x,\delta_y,\bar{\omega}_x,\bar{\omega}_y$ 等为零时，由生产误差或外形不对称引起的滚转力矩；偏导数 m_x^{β} 为滚转静稳定导数；$m_x^{\delta_x}$，$m_x^{\delta_y}$ 分别为副翼和方向舵的滚转操纵导数；$m_x^{\bar{\omega}_x}$，$m_x^{\bar{\omega}_y}$ 是滚转动导数。

6.3.2　飞行器侧滑引起的滚转力矩导数

飞机（或飞航式导弹）的滚转静稳定力矩导数 m_x^{β} 主要由机翼和垂直尾翼产生，即

$$m_x^{\beta} = m_{x\mathrm{yi}}^{\beta} + m_{x\mathrm{cw}}^{\beta} \tag{6-17}$$

式中等号右边第一项为机翼的影响，包括后掠角影响、翼端形状影响、上反角影响和机翼机身干扰影响等；第二项为垂直尾翼的影响。

1. 机翼后掠角及翼端形状对导数 m_x^{β} 的影响

设想有一平面机翼，其翼弦中点连线的后掠角为 $\chi_{1/2}$。如果有一侧滑角 β 的气流经此机翼（见图 6-7），则机翼左、右两半翼的流动情况不一样，从而导致了滚转力矩的产生。其近似算法如下：由于机翼对称面 x_tOy_t 相对于迎面气流方向转了一 β 角，机翼右半翼的实际后掠角

$$\chi_R = \chi_{1/2} - \beta \tag{6-18}$$

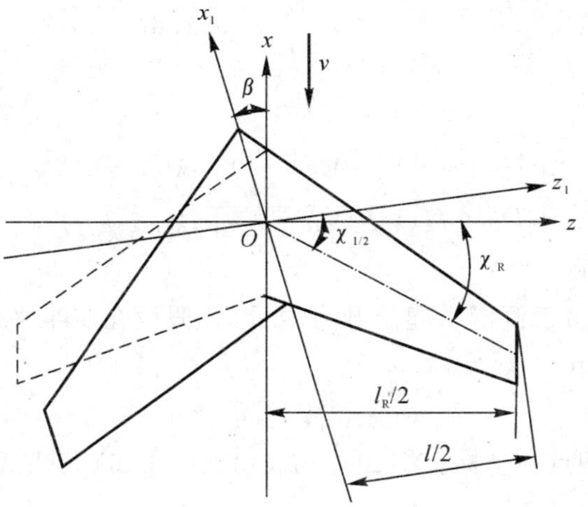

图 6-7　侧滑飞行时机翼右半面参数变化的情况

设 β 角很小，且以弧度表示，得

$$\tan\chi_R=\frac{\tan\chi_{1/2}-\beta}{1+\beta\tan\chi_{1/2}} \tag{6-19}$$

与未侧滑机翼的展弦比相比较，机翼右半面的展弦比亦有改变。不难推导出关系式

$$\lambda_R=\lambda\left(1+\beta\tan\chi_{1/2}\right)^2\approx\lambda(1+2\beta\tan\chi_{1/2}) \tag{6-20}$$

式中，λ_R 是如图 6-7 虚线所示的假想机翼的展弦比。求出参数 $\lambda\sqrt{|Ma_\infty^2-1|}$ 及 $\lambda\tan\chi_{1/2}$ 的增量

$$\Delta(\lambda\sqrt{|Ma_\infty^2-1|})=(\lambda_R-\lambda)\sqrt{|Ma_\infty^2-1|}\approx 2\beta\lambda\tan\chi_{1/2}\sqrt{|Ma_\infty^2-1|} \tag{6-21}$$

$$\Delta(\lambda\tan\chi_{1/2})=\lambda_R\tan\chi_R-\lambda\tan\chi_{1/2}\approx\beta\lambda(\tan^2\chi_{1/2}-1) \tag{6-22}$$

这些参数的变化会使关系式 $\frac{C_y^\alpha}{\lambda}$ 作相应的变化。

$$\Delta\left(\frac{C_y^\alpha}{\lambda}\right)=\beta\lambda\tan\chi_{1/2}\left[\frac{\partial\left(\frac{C_y^\alpha}{\lambda}\right)}{\partial\lambda\sqrt{|Ma_\infty^2-1|}}2\sqrt{|Ma_\infty^2-1|}-\frac{\partial\left(\frac{C_y^\alpha}{\lambda}\right)}{\partial(\lambda\tan\chi_{1/2})}\tan\chi_{1/2}\left(\frac{1}{\tan^2\chi_{1/2}}-1\right)\right] \tag{6-23}$$

则

$$\Delta C_y^\alpha=\Delta\left(\frac{C_y^\alpha}{\lambda}\cdot\lambda\right)=\Delta\left(\frac{C_y^\alpha}{\lambda}\right)\cdot\lambda+\left(\frac{C_y^\alpha}{\lambda}\right)\Delta\lambda \tag{6-24}$$

而

$$\Delta\lambda=2\beta\lambda\tan\chi_{1/2} \tag{6-25}$$

将式(6-23) 和(6-25) 代入式(6-24)，可求得

$$\Delta C_y^\alpha=2\beta\lambda\tan\chi_{1/2}\left(\frac{C_y^\alpha}{\lambda}\right)\left[1-D_1+D_2\left(\frac{1}{\tan^2\chi_{1/2}}-1\right)\right] \tag{6-26}$$

式中

$$D_1=-\frac{\lambda\sqrt{|Ma_\infty^2-1|}}{\left(\frac{C_y^\alpha}{\lambda}\right)}\cdot\frac{\partial\left(\frac{C_y^\alpha}{\lambda}\right)}{\partial(\lambda\sqrt{|Ma_\infty^2-1|})} \tag{6-27}$$

$$D_2=-\frac{1}{2}\frac{\lambda\tan\chi_{1/2}}{\left(\frac{C_y^\alpha}{\lambda}\right)}\cdot\frac{\partial\left(\frac{C_y^\alpha}{\lambda}\right)}{\partial(\lambda\tan\chi_{1/2})} \tag{6-28}$$

这样求得关系式

$$D_1=f_1(\lambda\sqrt{|Ma_\infty^2-1|},\lambda\tan\chi_{1/2}) \tag{6-29}$$

$$D_2=f_2(\lambda\sqrt{|Ma_\infty^2-1|},\lambda\tan\chi_{1/2}) \tag{6-30}$$

如图 6-8 及图 6-9 所示。

知道了机翼右半面由于侧滑引起的升力增量，并假设在左半平面亦有此增量(但符号相反)，则容易求出滚转力矩

$$M_x=-\Delta C_y^\alpha\alpha q_\infty S z_G \tag{6-31}$$

式中，z_G 为升力增量作用点的坐标。将 ΔC_y^α 的表示式(6-26) 代入式(6-31)，用度表示 β 角，变换为无量纲系数，得

$$\left(\lambda\frac{m_x^\beta}{C_y}\right)_\chi=-\frac{\bar{z}_G}{57.3}\lambda\tan\chi_{1/2}\left[1-D_1+D_2\left(\frac{1}{\tan^2\chi_{1/2}}-1\right)\right] \tag{6-32}$$

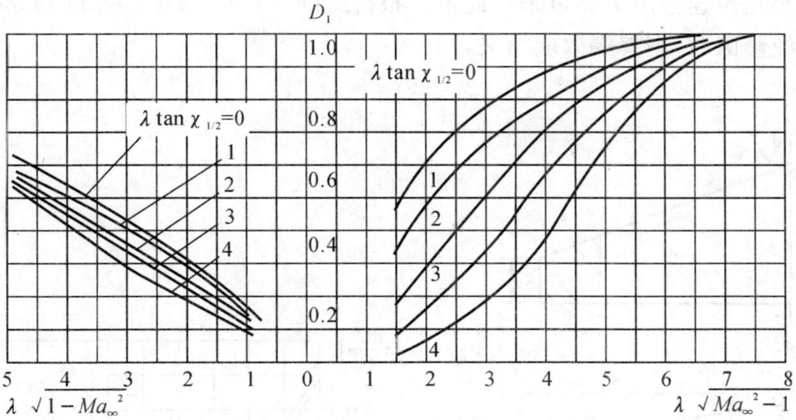

图 6-8　求 D_1 用的曲线

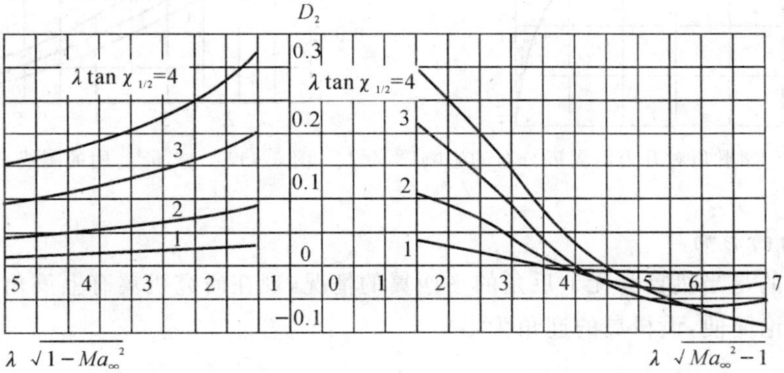

图 6-9　求 D_2 用的曲线

式中
$$\bar{z}_G=\frac{2z_G}{l} \tag{6-33}$$
$\bar{z}_G$ 的变动范围不大，它与机翼的几何参数和 Ma_∞ 数有关。平均取法如下：当 $\eta=1$ 时，$\bar{z}_G=0.4$，当 $\eta\to\infty$ 时，$\bar{z}_G=0.36$。在大多数情况下，根据式(6-32)求得的导数 m_x^β 为负值。但如果机翼的后掠角不很大($\chi_{1/2}<45°$)，并且如果 Ma_∞ 数较大($D_1\approx1$)，则导数的符号将改变，在这种情况下，机翼有时产生某一数值不大的横向静不稳定度。

除后掠角影响外，在计算导数时 m_x^β 还要考虑翼端效应。亚声速风洞实验表明，在迎风一侧的半翼翼端上(图 6-7 中右半机翼翼端的情况)，产生与迎角成比例的升力的局部增量(见图 6-10)，翼端的侧缘起着类似于前缘的作用。若认为这种“翼端”包括与端部翼弦相等的那部分翼展范围(见图 6-10 的阴影线部分)，则可推导出等式
$$\left(\lambda\frac{m_x^\beta}{C_y}\right)_{\mathrm{du}}=-\frac{A}{(\eta+1)^2}\left(1+\frac{2}{\lambda}\,\frac{\eta-1}{\eta+1}\right) \tag{6-34}$$
式中，A 为比例系数；下标“du”表示端部。
$$(m_x^\beta)_{\mathrm{du}}=\left(\lambda\frac{m_x^\beta}{C_y}\right)_{\mathrm{du}}\frac{C_y}{\lambda} \tag{6-35}$$
根据某些试验结果，对侧缘与对称面平行的机翼来说，当 $Ma_\infty<1$ 时，可以取 $A=0.03$。在第

一次近似时，小超声速情况下亦可采用此值。根据式(6－34)作如图6－11所示的曲线。实验表明：当翼端经修圆时，则翼端效应消失，即

$$A \approx 0 \tag{6-36}$$

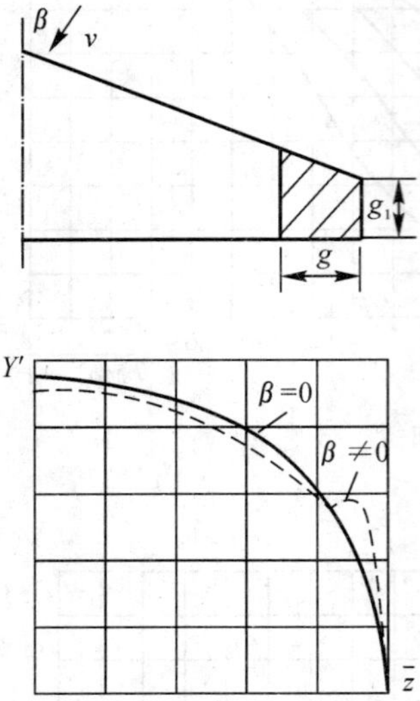

图6－10　侧滑角对升力沿翼展分布的影响

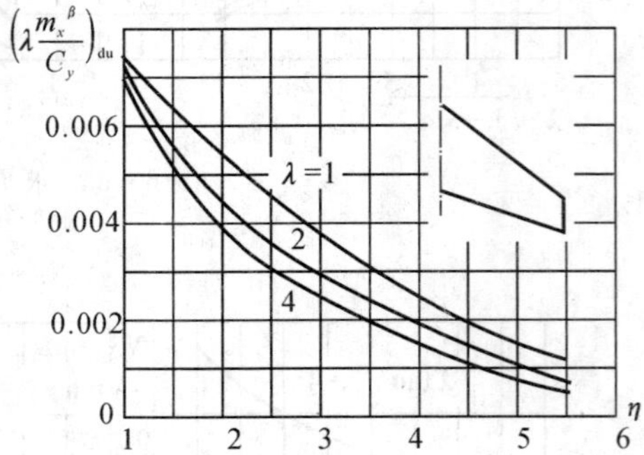

图6－11　求 m_{xdu}^{β} 用的图线

2. 上反角的影响

前节所述的是当机翼为无上反角的平面翼的情况，现在研究机翼有上反角(见图6-12)的情况。为了讨论简便，设机翼的迎角为零。

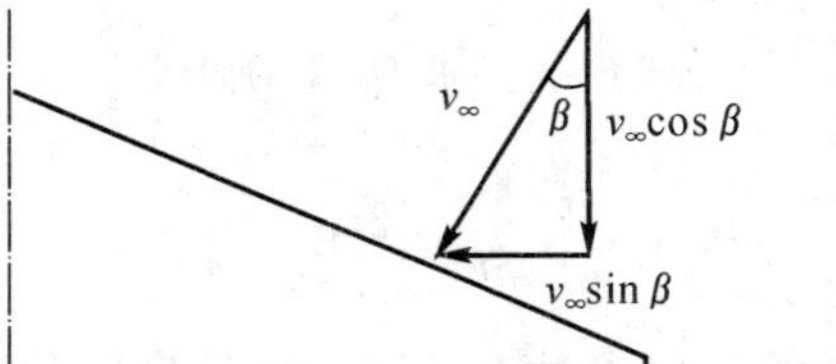

图6－12　侧滑时上反角翼平面的垂直速度分量求法

容易证明，侧滑飞行时，在机翼左、右两半面上出现符号相反的附加迎角。迎面气流与机翼对称面构成 β 角。将速度分解为与 Oz_t 轴及 Ox_t 轴平行的 $v_\infty \sin\beta$ 及 $v_\infty \cos\beta$ 的两个分量，再将向量 $v_\infty \sin\beta$ 分解成为位于平面 $y_t O z_t$ 上的 $v_\infty \sin\beta \cdot \sin\psi$ 及 $v_\infty \sin\beta \cdot \cos\psi$ 两分量。前一个分量的方向是垂直于半翼弦平面，后一分量与此平面平行。因此，右半翼由侧滑引起附加迎角

α_R 为

$$\sin\alpha_R = \frac{v_\infty \sin\beta\sin\psi}{v_\infty} = \sin\beta\sin\varphi \tag{6-37}$$

假定 α,β 及 ψ 很小,得

$$\alpha_R = \frac{\beta\psi}{57.3} \tag{6-38}$$

在左半翼上亦有这样的迎角增量,只不过符号相反而已,即

$$\alpha_L = -\alpha_R \tag{6-39}$$

由上面讨论可见,上反角效应相当于左、右两半翼的迎角不同,作用在左、右两半翼上的升力也不同,因而产生滚转力矩。在亚声速飞行时,由理论计算方法计算出参数$\dfrac{m_x^\beta}{\psi C_y^\alpha}$和机翼参数 η,$\lambda\tan\chi_{1/2}$ 及 $\lambda\sqrt{1-Ma_\infty^2}$ 有关,即

$$\frac{1}{C_y^\alpha}\cdot\frac{m_x^\beta}{\psi} = f(\lambda\sqrt{1-Ma_\infty^2},\eta,\lambda\tan\chi_{1/2}) \tag{6-40}$$

上述关系如图 6-13 所示。α,β 和 ψ 角的单位为(°)。超声速飞行时的滚转力矩,可以近似地根据下述考虑来确定。假若右机翼有一迎角 α_R,故产生升力

$$Y_R = \frac{1}{2}C_y^\alpha \alpha_R q_\infty S \tag{6-41}$$

及相对于 Ox_t 轴的力矩

$$M_{xR} = -Y_R z_c \tag{6-42}$$

式中,z_c 为右半翼面心的展向坐标。左半翼也产生这样的力矩,故总滚转力矩为

$$M_x = -2Y_R z_c = -C_y^\alpha \frac{\beta\psi}{57.3} q_\infty S z_c \tag{6-43}$$

引入代号

$$\bar{z}_c = \frac{2z_c}{l} \tag{6-44}$$

并转化为无量纲系数得

$$\frac{1}{C_y^\alpha}\frac{m_x^\beta}{\psi} = -\frac{\bar{z}_c}{2\times 57.3} \tag{6-45}$$

对梯形机翼来说

$$\bar{z}_c = \frac{1}{3}\frac{\eta+2}{\eta+1} \tag{6-46}$$

由此

$$\frac{1}{C_y^\alpha}\frac{m_x^\beta}{\psi} = -\frac{1}{6\times 57.3}\frac{\eta+2}{\eta+1} \tag{6-47}$$

只有当参数 $\lambda\sqrt{Ma_\infty^2-1}$ 很大时,才可以把机翼所有剖面上的导数 C_y^α 看成一样,忽略两半翼的相互影响,式(6-47)才成立。当 $\lambda\sqrt{Ma_\infty^2-1}$ 的值较小时,该式即失去效力。

图 6-13 纵坐标轴表示了关系式

$$\frac{1}{C_y^\alpha}\frac{m_x^\beta}{\psi} = f(\lambda\sqrt{Ma_\infty^2-1},\lambda\tan\chi_{1/2},\eta) \tag{6-48}$$

的大致特性,可用于实际计算。当 $\lambda\sqrt{Ma_\infty^2-1}\to\infty$ 时,曲线趋于由式(6-47)所确定的极限值;而当 $\lambda\sqrt{Ma_\infty^2-1}\to 0$ 时,它们平滑地与亚声速范围内相应曲线相连。

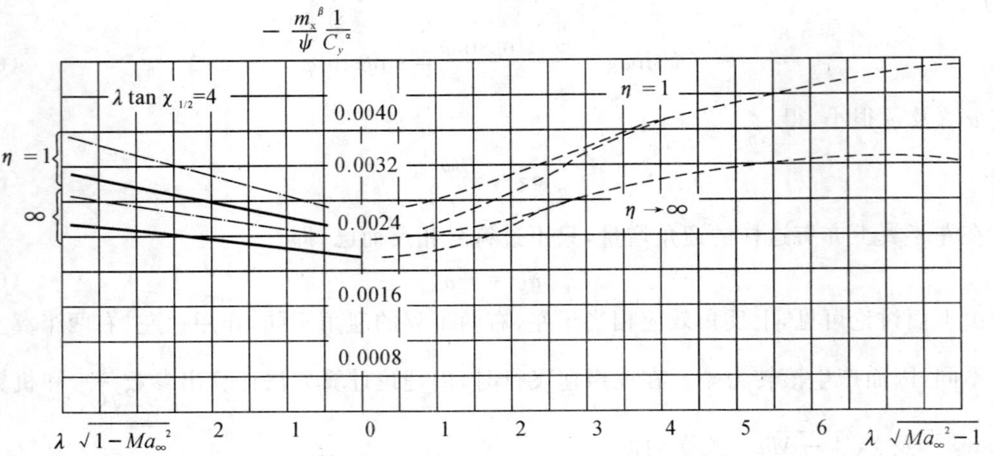

图 6-13　求$(m_x^\beta)_\psi$用的图线

3. 机翼及机身干扰对导数 m_x^β 的影响

飞行器机身的形状接近于旋成体，它本身不会产生滚转力矩，但机翼相对于机身安装位置不同，机身会改变与它相连的机翼部分的流动情况。当有侧滑时，机身的横向扰流对机翼的滚转力矩会产生影响。如果机翼是中单翼，则横向流动在机翼上下是对称的(见图 6-14(a))，因此不会形成滚转力矩。若机翼为上单翼，$\beta>0$时的流动图形如图 6-14(b) 所示。这时机身在上单翼处所引起的上洗速度 v_y' 对左、右翼是不同的，在右翼上 $v_y'>0$，而在左翼则 $v_y'<0$，因而右翼洗流角 $\Delta\alpha'>0$，左翼的 $\Delta\alpha'<0$。和单独翼相比，翼身组合体会产生一个附加的负的滚转力矩，其导数 $m_x^\beta<0$，故上单翼会增加飞行器的横向静稳定性。若机翼是下单翼，$\beta>0$时的流动图形如图 6-14(c) 所示。其结果正好与上单翼情况相反，形成一个附加的正的滚转力矩，其导数 $m_x^\beta>0$，则将减小飞行器的横向静稳定性。

导数值 m_x^β，可用以下经验公式估算：

$$\left(\frac{m_x^\beta}{C_y^\alpha}\right)_{\text{yi-sh}}=-0.22\xi\left(\frac{D}{l}\right)^{\frac{3}{2}} \tag{6-49}$$

其中，C_y^α 为单独毛机翼的升力线斜率；ξ(机身轴线与机翼根部弦之间的 y 向距离) 取决于机翼的高低位置 y，可根据图 6-15 查出。ξ 与 y 同号，上单翼 $y>0$，则 ξ 取“+”号；下单翼 $y<0$，则 ξ 取“—”号。在一次近似中，式(6-49) 亦可用于小超声速。

4. 垂直尾翼对导数 m_x^β 的影响

飞行器侧滑时垂直尾翼亦会产生滚转力矩，这个滚转力矩的量值等于侧滑角产生的垂尾侧向力与侧向力作用位置相对于 Ox_t 的力臂的乘积，即

$$M_{xcw}=-Z_{cw}y_{cw} \tag{6-50}$$

Ox_t 轴至垂尾面心的距离可以取作力臂 y_{cw}(见图 6-16)。化为无量纲量，并取滚转力矩系数对侧滑角的导数，得

$$m_{xcw}^\beta=-C_{ycw}^\alpha[K_{cw(sh)}+K_{sh(cw)}]k_{cw}\frac{S_{cw}}{S}\frac{y_{cw}}{l} \tag{6-51}$$

C_{ycw}^α 与 $K_{cw(sh)}$，$K_{sh(cw)}$ 的值可用第 4.2 节中所提出的方法求得。

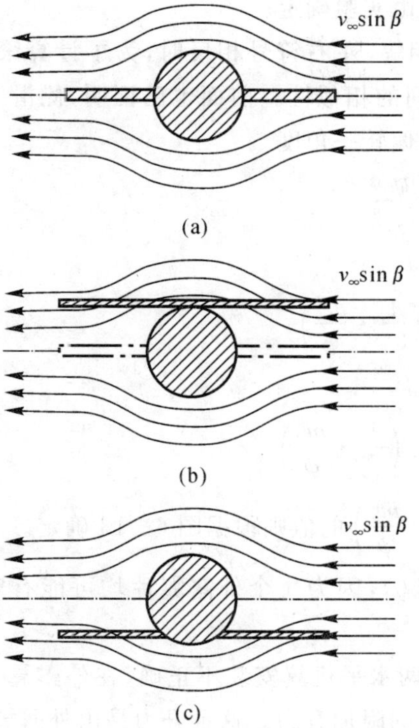

图 6-14　机翼与机身干扰

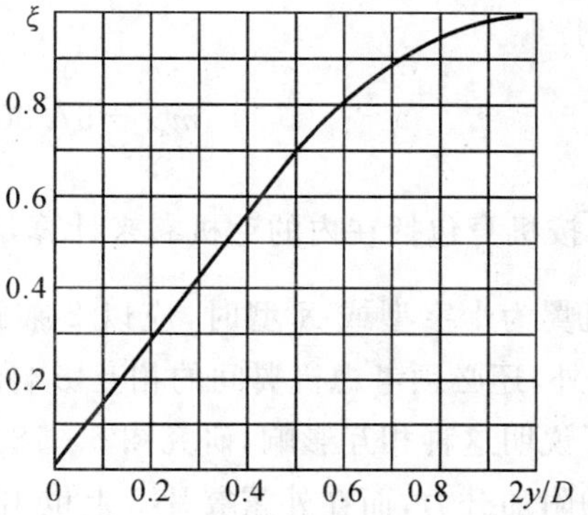

图 6-15　关系式 $\xi = f\left(\frac{2y}{D}\right)$

6.3.3　方向舵偏转产生的滚转力矩系数

对于单垂尾的飞行器，当垂尾上的方向舵偏转时，产生一滚转力矩，它的值等于侧向力与其相对于轴 Ox_t 力臂的乘积，即

$$M_x = Z^{\delta_{cw}} \delta_{cw} y_{cwd} \eta \tag{6-52}$$

由轴 Ox_t 至舵面中心的距离可取作力臂 y_{cwd}（见图 6-17）。对 δ_{cw} 角取导数，并化为无量纲系数，即得

$$m_x^{\delta_{cw}} = C_z^{\delta_{cw}} \cdot \frac{y_{cwd}}{l} = C_{ycw}^{\alpha} \cdot \left[k_{cw(sh)} + k_{sh(cw)}\right] \cdot \eta \cdot k_{cw} \cdot \frac{S_{cw}}{S} \cdot \frac{y_{cwd}}{l} \tag{6-53}$$

C_{ycw}^{α}，$k_{cw(sh)}$，$k_{sh(cw)}$ 的值按第 2.6 节，第 4.2 节求出；η 为舵的相对效率系数，可按第 5.2 节求出。

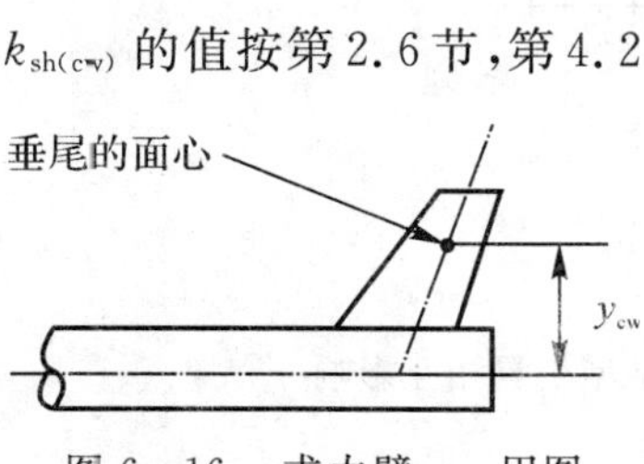

图 6-16　求力臂 y_{cw} 用图

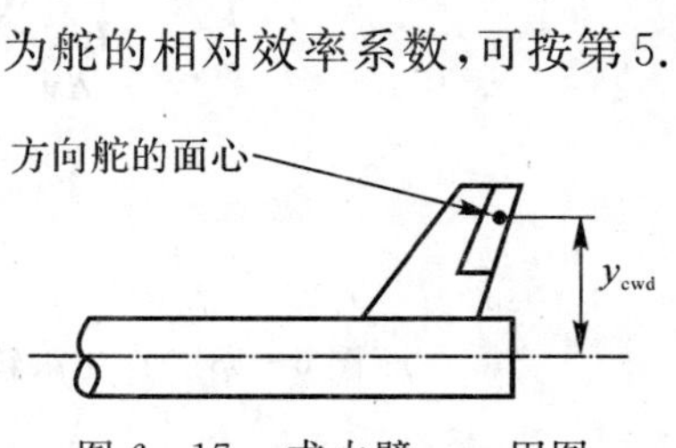

图 6-17　求力臂 y_{cwd} 用图

6.3.4　安装及翼剖面不对称产生的滚转力矩系数

1. 安装产生的滚转力矩系数

在飞行器制造和装配过程中产生的各种误差均会导致飞行器不对称，从而产生滚转力

矩。机翼的安装误差对滚转力矩的影响最大，一般由实验确定。

当机翼左、右两悬臂段的安装误差 $\Delta\varphi_{yi}$ 大小相等，左右符号相反时，为了计算滚转力矩，可以应用机翼安装误差影响和机翼上反角影响之间的相似性。前面也已证明，侧滑飞行时上反角的效应相当于机翼的左、右两半翼向不同方向偏转一角度

$$\Delta\varphi_{yi}=\pm\frac{\beta\psi}{57.3} \tag{6-54}$$

因此写出关系式

$$\frac{m_{x0}}{\Delta\varphi_{yi}}=\pm 57.3C_y^{\alpha}\left(\frac{1}{C_y^{\alpha}}\cdot\frac{m_x^{\beta}}{\psi}\right) \tag{6-55}$$

或

$$m_{x0}=57.3C_y^{\alpha}\cdot\Delta\varphi_{yi}\left(\frac{1}{C_y^{\alpha}}\cdot\frac{m_x^{\beta}}{\psi}\right) \tag{6-56}$$

式中，C_y^{α} 按机身包括在内的毛机翼来计算，而$\left(\frac{1}{C_y^{\alpha}}\cdot\frac{m_x^{\beta}}{\psi}\right)$的值则根据图 6-13 确定。

当机翼为十字型或 X 型时，应以 2 乘式(6-56)，因为 4 个外露翼片均可能有安装误差 $\Delta\varphi_{yi}$。此外，还必须考虑机翼间的相互影响。

为了说明这种相互影响，研究图 6-18。假设两水平机翼安装不正确，在外露翼片 1 上出现向下的附加升力，而在外露翼片 2 上也出现向上的附加升力。这种升力是由外露翼片上、下表面压力差所引起的。在外露翼片 1 上表面产生正压，将向外露翼片 3 的左方传递，而在外露翼片 2 上表面产生的负压将传至外露翼片 3 的右方，故在外露翼片 3 出现向右的诱导侧向力。同理，将有一向左的力作用于外露翼片 4 上。所以在两垂直机翼上产生一诱导滚转力矩，其符号与两水平翼所产生的力矩符号相反。

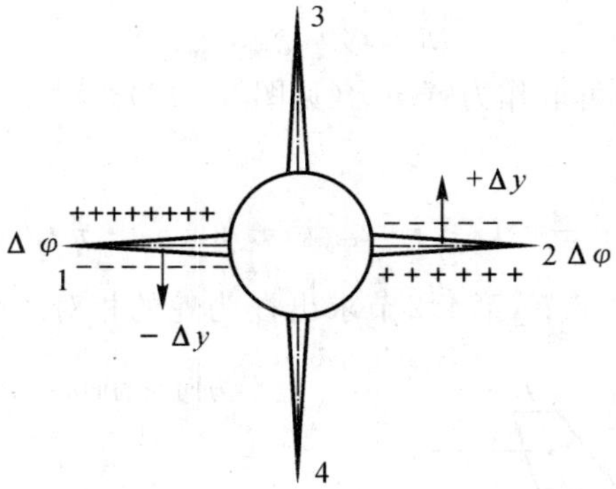

图 6-18　产生滚转力矩时十字型机翼相互影响

由以上讨论可以看出，机翼的相互影响在减小滚转力矩。在计算公式中引入乘数 ζ_{φ} 即可将相互影响的效应考虑进去。这时，计算十字型机翼飞行器 m_{x0} 的公式为

$$m_{x0}=\pm 2\times 57.3\zeta_{\varphi}C_{y\mathrm{myi}}^{\alpha}\Delta\varphi_{yi}\left(\frac{1}{C_y^{\alpha}}\cdot\frac{m_y^{\beta}}{\psi}\right)\frac{Sl}{S_{sh}l_{sh}} \tag{6-57}$$

ζ_{φ} 的值可按图 6-19 来求。

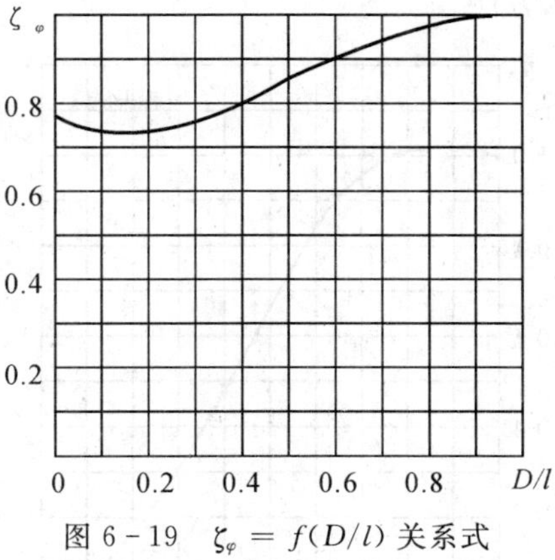

图 6-19　$\zeta_\varphi = f(D/l)$ 关系式

2. 翼剖面不对称产生的滚转力矩系数

当气流流过翼剖面形状不对称的机翼时，假使每个翼片安装是反对称的，每个翼片将产生一附加的法向力 Y_t，因而使飞行器产生绕其纵轴 Ox_t 旋转的滚转力矩，如图 6-20 所示。其可表示为

$$(M_x)_{yt} = Y_t z_g \zeta_\varphi \eta_3 \times 2n \tag{6-58}$$

式中，z_g 是翼片压力中心 z 向坐标；n 是翼片的对数；Y_t 为一片翼上的附加法向力；ζ_φ 是存在机身时翼片间的相互影响；η_3 为机身对翼面效率的影响系数，由图 6-21 可以查到。对于亚声速和超声速的飞行器，m_x 可分别表示为

$$m_x = (C_{yyi})_{\alpha=0} K_{yi(sh)} \frac{S_{yi}}{S_{sh}} \cos\chi_0 \cdot n \cdot \frac{z_g}{l} \cdot \zeta_\varphi \cdot \eta_3 \tag{6-59}$$

$$m_x = (C_{yyi})_{\alpha=0} K_{yi(sh)} \frac{S_{yi}}{S_{sh}} \left(1 - \frac{1}{2\lambda\sqrt{Ma_\infty^2 - 1}}\right) \cos\chi_0 \cdot n \cdot \frac{z_g}{l} \cdot \zeta_\varphi \cdot \eta_3 \tag{6-60}$$

$(C_{yyi})_{\alpha=0}$ 为翼在迎角为 0 时的升力系数。

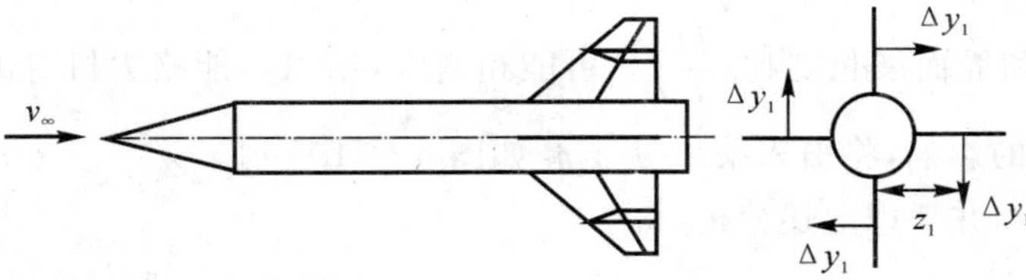

图 6-20　机翼剖面不对称所产生的附加法向力 ΔY_1

6.3.5　差动舵和副翼产生的滚转力矩系数

根据机翼的配置和数量，可以有两种不同的方法使飞行器转弯。如果飞行器有十字型或 X 型机翼，依靠体轴相对于速度向量转一侧滑角 β，以产生转弯所需的侧向力。在这种情况下，滚转操纵机构 —— 差动舵、副翼等应保证飞行器相对于 Ox_t 轴的稳定，即保证在整个飞行期间滚转角等于 0 或接近于 0。对于一字型机翼，为了完成转弯，必须使飞行器倾斜一 γ_c 角并增大迎角。这时升力向量 Y 有侧向投影 $Y\sin\gamma_c$，由于它的作用，飞行航迹向所需要的方向弯曲。因此，无论差动舵或副翼都不仅应保证滚转的稳定性，而且还要保证控制一定的滚转角。现在

讨论差动舵和副翼的近似计算方法。

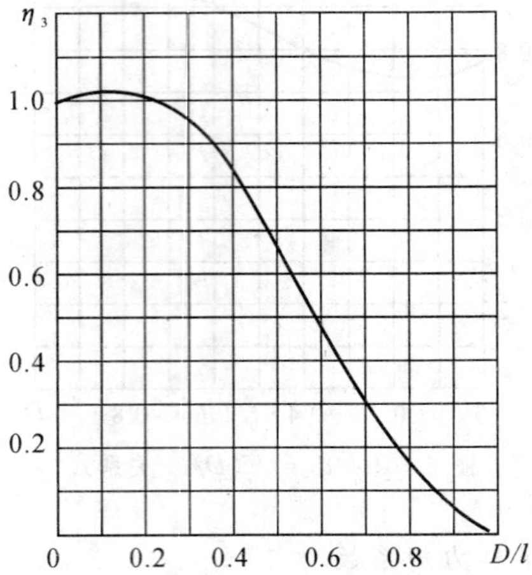

图 6-21　求 η_3 用的图线

1. *差动舵产生的滚转力矩导数*

差动舵所产生的滚转力矩，可应用计算机翼有安装角时的力矩的那种方法来计算（第 6.3.4 节），但需要考虑某些特点：

(1) 舵偏一 δ 角，相当于翼面安装角相对于机身轴改变了一个量，即

$$\Delta\varphi = k_{\mathrm{f}} \cos \chi_{\mathrm{c}} \times \delta \tag{6-61}$$

(2) 若滚转力矩系数是相对于弹体横截面积 S_{sh} 及机身长度 l_{sh} 来说的，则在对差动舵应用表达式(6-56)时，应引入一乘数 $\dfrac{S_{\mathrm{mdu}} l_{\mathrm{mdu}}}{S_{\mathrm{sh}} l_{\mathrm{sh}}}$，其中 S_{mdu}，l_{mdu} 分别表示机身包括在内的两舵面的毛面积和毛展长。此外，为考虑在尾翼附近气流的阻滞作用，应引入乘数 k_{pw}，而导数 $C_{y\mathrm{du}}^{\alpha}$ 及 $\left(\dfrac{1}{C_y^{\alpha}} \times \dfrac{m_x^{\beta}}{\psi}\right)_{\mathrm{du}}$ 按 $Ma_{\mathrm{du}} = Ma_{\infty} \sqrt{k_{\mathrm{pw}}}$ 时来求。

(3) 机身直径和舵面展长之比 $\left(\dfrac{D}{l}\right)_{\mathrm{du}}$ 可能相当大，所以不能略去机身的影响。为了计及机身对差动舵效率的影响，将引入乘子 η_3。η_3 如图 6-21 所示。

应用式(6-57)，并考虑上述分析，得

$$m_x^{\delta} = -57.3 C_{y\mathrm{du}}^{\alpha} \cdot k_{\mathrm{f}} \cdot \cos \chi_{\mathrm{c}} \cdot \eta_3 \cdot \left(\frac{1}{C_y^{\alpha}} \cdot \frac{m_x^{\beta}}{\psi}\right)_{\mathrm{du}} \cdot k_{\mathrm{pw}} \cdot \frac{S_{\mathrm{mdu}} l_{\mathrm{mdu}}}{S_{\mathrm{sh}} l_{\mathrm{sh}}} \tag{6-62}$$

导数 m_x^{δ} 总为负值，因为根据所采用的符号规则，当差动舵向逆时针方向偏转（如果从每一舵面的端部看去的话）时，δ 角为正，显然 δ 为正值时，滚转力矩为负。k_{f} 为缝隙系数，χ_{c} 为舵轴后掠角。如果十字型舵面有一对差动舵，考虑机身存在时翼片间的干扰影响，则舵面效率会稍低一些。在式(6-62)中引入乘数 ζ_{φ}，即可将此情况考虑上。最后，如果两对十字型舵均用做差动舵，则式(6-62)中还应引入乘数 2。

2. *副翼产生的滚转力矩导数*

在大多数情况下，副翼靠近翼端，故机身对副翼效率的影响不大，计算时可以应用单独翼面所得的数据。亚声速飞行时，由相对弦长为常量的二副翼偏转所引起的导数 $m_x^{\delta_x}$ 可按下面公式计算：

$$m_x^{\delta_x} = 57.3C_{\text{ymyi}}^{\alpha} \times \eta_f \left(\frac{1}{C_y^{\alpha}} \times \frac{m_x^{\beta}}{\psi} \right) \tag{6-63}$$

$\left(\frac{1}{C_y^{\alpha}} \cdot \frac{m_x^{\beta}}{\psi} \right)$ 的值可根据把机身包括在内的单独机翼的图 6－13 来确定。乘数 η_f 表征副翼的相对效率，即表示副翼偏转以 $\delta_x = 1°$ 所引起的滚转力矩与相同形状、相同面积的机翼具有安装 $\varphi_R = 1°$，$\varphi_L = -1°$ 时所产生的滚转力矩之比，η_f 等于

$$\eta_f = k_f \cos \chi_f \cdot \bar{n}_2 \bar{n}_4 \tag{6-64}$$

式中，χ_f 是按副翼旋转轴测量的后掠角；$\bar{n}_2$ 根据副翼相对弦长按图 5－29 确定；$\bar{n}_4$ 按图 6－22 确定，它等于

$$\bar{n}_4 = (\bar{n}_4)_{\bar{z}_N} - (\bar{n}_4)_{\bar{z}_W} \tag{6-65}$$

$$\bar{z}_N = \frac{z_N}{l/2}, \quad \bar{z}_W = \frac{z_W}{l/2} \tag{6-66}$$

$\bar{z}_N$ 和 $\bar{z}_W$ 分别为副翼内、外端的无量纲坐标。当副翼的相对弦长沿翼展改变时，可将副翼分为几个短段，取每一段内的平均值 $\overline{b_f}$，求出每一段的 $m_x^{\delta_{xi}}$，总的 $m_x^{\delta_x}$ 等于各段 $m_x^{\delta_{xi}}$ 之和，即

$$m_x^{\delta_x} = 57.3C_y^{\alpha} \cdot k_f \cos \chi_f \left(\frac{1}{C_y^{\alpha}} \cdot \frac{m_x^{\beta}}{\psi} \right) [(\bar{n}_2 \bar{n}_4)_1 + (\bar{n}_2 \bar{n}_4)_2 + \ldots] \tag{6-67}$$

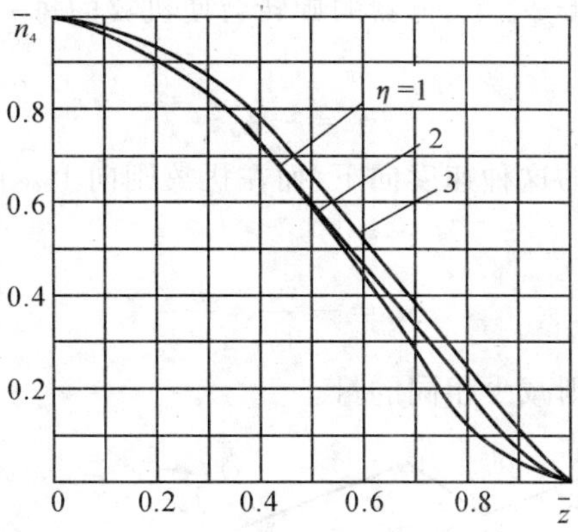

图 6－22　求 $\bar{n}_4$ 的图线

式(6－67) 只适应用于一字型机翼的飞行器，当机翼呈十字型或 X 型时，副翼效率略微减小。因为一对机翼上的副翼偏转，会引起第二对机翼上反号的诱导滚转力矩的出现。在式(6－67) 中引入乘数 ζ_φ，而在按图 6－19 求 ζ_φ 时，应沿横坐标取比值 $\frac{\bar{Z}_N}{\bar{Z}_W}$ 代替 $\frac{D}{l}$，这样，就可以近似地将机翼的相互影响考虑进去。

有时在所有 4 个翼片上均安装副翼。这时，在式(6－67) 中除引入 ζ_φ 外，还要引入一个乘数“2”。考虑到导弹的参考面积 S_{sh} 和参考长度 l_{sh}，则式(6－67) 还应乘 $\frac{Sl}{S_{sh} l_{sh}}$。

上述计算方法也适用于翼端副翼产生滚转力矩的情况(见图 6－23)，这时

$$\eta_f = k_f \cos \chi_f \cdot \bar{n}_4 \tag{6-68}$$

因为翼端副翼的翼弦通常可变，故在应用式(6－68) 时，必须将副翼分成 2 ～ 3 段，而每一段内的弦长看成常数。$m_x^{\delta_x}$ 的总值等于各段 $m_x^{\delta_{xi}}$ 之和。

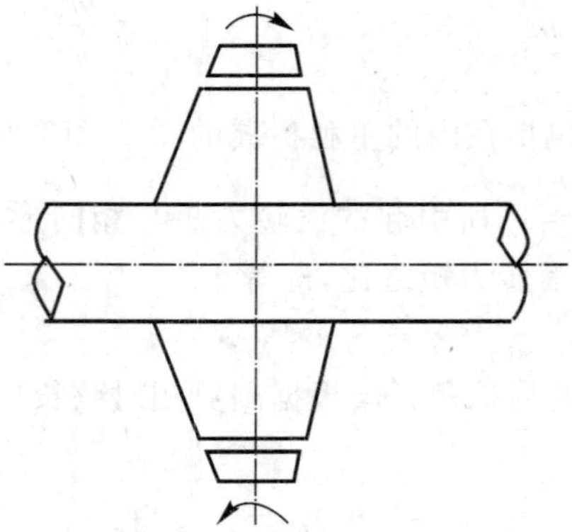

图 6-23　翼端副翼

6.3.6　滚转阻尼力矩导数

1. 机翼产生的滚转阻尼力矩导数

当飞行器绕体轴 Ox_1 旋转时，将产生一滚转力矩。这种力矩的产生与纵向阻尼的产生相似。此滚转力矩主要由机翼形成。飞行器的旋转会使机翼的每一个剖面得到一个附加的垂直速度(参看图 6-24)

$$v_y = -\omega_x z \tag{6-69}$$

当 ω_x 为正时，右机翼上的这种速度向下，而左机翼则向上。因此，右机翼任意一剖面上的迎角增加

$$\Delta\alpha = -\frac{v_y}{v_\infty} = \frac{\omega_x z}{v_\infty} \tag{6-70}$$

而左机翼相应剖面上的迎角则减少相同的量。

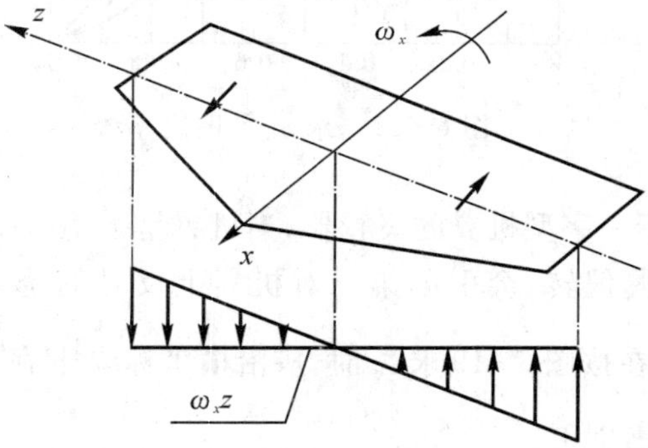

图 6-24　机翼旋转引起的附加速度

左、右机翼迎角之差引起升力之差，因而引起滚转力矩。此力矩的方向总是阻止飞行器的旋转，因此与角速度 ω_x 有关的滚转力矩为阻尼力矩。阻尼滚转力矩对角速度 ω_x 的导数可表示为

$$M_x^{\omega_x} = m_x^{\bar{\omega}_x} \frac{1}{4}\rho_\infty v_\infty S l^2 \tag{6-71}$$

式中
$$m_x^{\bar{\omega}_x}=\frac{\partial m_x}{\partial \bar{\omega}_x},\qquad \bar{\omega}_x=\frac{\omega_x l}{2v_\infty} \tag{6-72}$$

滚转力矩系数对无量纲 $\bar{\omega}_x$ 偏导数 $m_x^{\bar{\omega}_x}$ 可按下式确定：

$$m_x^{\bar{\omega}_x}=\left(\frac{m_x^{\bar{\omega}_x}}{C_y^\alpha}\right)C_{\mathrm{wl}}^\alpha \tag{6-73}$$

其中 $\left(\frac{m_x^{\bar{\omega}_x}}{C_y^\alpha}\right)$ 根据图 6-25 确定。

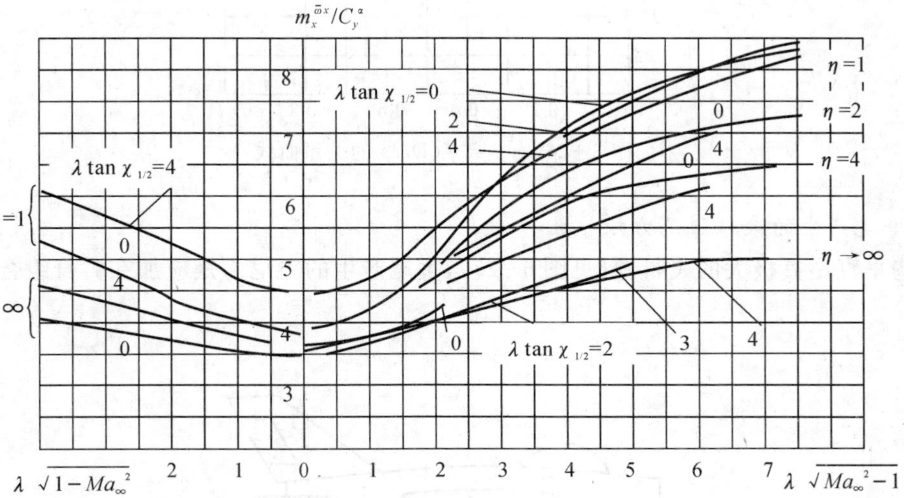

图 6-25　求单独机翼旋转导数 $m_x^{\bar{\omega}_x}$ 用的图线

如果机身的相对直径不是很大 $\left(\frac{D}{l}\leqslant 0.4\right)$，式(6-73) 亦可用来计算水平翼身组合体的导数 $m_x^{\bar{\omega}_x}$。此时，将取机身包括在内的机翼 C_{ymyi}^α。

$$m_{x\mathrm{yi-sh}}^{\bar{\omega}_x}=\left(\frac{m_x^{\bar{\omega}_x}}{C_y^\alpha}\right)C_{\mathrm{ymyi}}^\alpha\frac{S}{S_{\mathrm{sh}}}\left(\frac{l}{l_{\mathrm{sh}}}\right)^2 \tag{6-74}$$

当机翼为十字型或 X 型时，在式(6-74) 中应引入乘数“2”和考虑机翼相互影响的修正系数 χ_{w}(见图 6-26)，因此

$$(m_x^{\bar{\omega}_x})_{\mathrm{X}}=(m_x^{\bar{\omega}_x})_{+}=2\chi_{\mathrm{w}}\left(\frac{m_x^{\bar{\omega}_x}}{C_y^\alpha}\right)C_{\mathrm{ymyi}}^\alpha\frac{S}{S_{\mathrm{sh}}}\left(\frac{l}{l_{\mathrm{sh}}}\right)^2 \tag{6-75}$$

χ_{w} 的值根据机身相对直径按图 6-26 确定。

由飞行器尾翼产生的阻尼滚转力矩，与机翼相比较一般不大，因为此力矩的值与 $\frac{S_{\mathrm{mwy}}l_{\mathrm{mwy}}^2}{Sl^2}$ 成比例，而 $\frac{S_{\mathrm{mwy}}l_{\mathrm{mwy}}^2}{Sl^2}\ll 1$，所以整个飞行器的滚转导数 $m_x^{\bar{\omega}_x}$ 近似为

$$m_x^{\bar{w}_x}\approx m_{x\mathrm{yi-sh}}^{\bar{w}_x} \tag{6-76}$$

旋转弹翼飞行器的安定面尺寸与机翼尺寸相差不多，此时

$$m_x^{\bar{\omega}_x}=2(\chi_{\mathrm{w}})_{\mathrm{yi}}m_{x\mathrm{yi}}^{\bar{\omega}_x}\frac{Sl^2}{S_{\mathrm{sh}}l_{\mathrm{sh}}^2}+2(\chi_{\mathrm{w}})_{\mathrm{wy}}m_{x\mathrm{wy}}^{\bar{\omega}_x}(1-\varepsilon_{\mathrm{yi-sh}}^\alpha)\frac{S_{\mathrm{mwy}}l_{\mathrm{mwy}}^2}{S_{\mathrm{sh}}l_{\mathrm{sh}}^2} \tag{6-77}$$

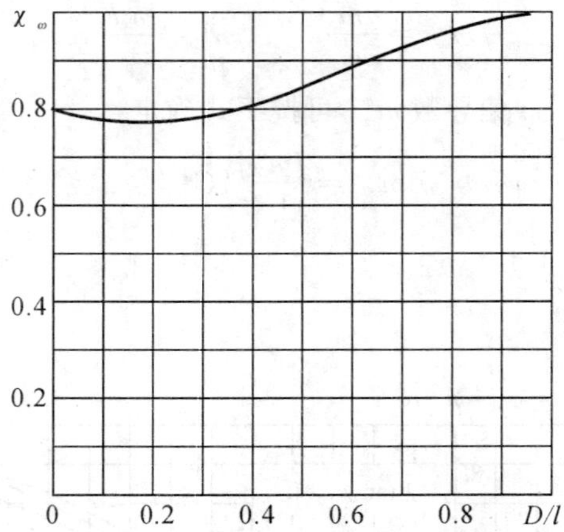

图 6-26　$\chi_w = f(D/l)$ 的关系曲线

2. 垂尾产生的滚转阻尼力矩导数

某些垂直尾翼极大的飞行器(见图 6-27),垂尾产生的阻尼力矩应加在翼身组合段阻尼力矩上,即

$$m_x^{\bar{\omega}_x} = m_{\text{yi}\cdot\text{sh}}^{\bar{\omega}_x} + m_{x\text{cw}}^{\bar{\omega}_x} \tag{6-78}$$

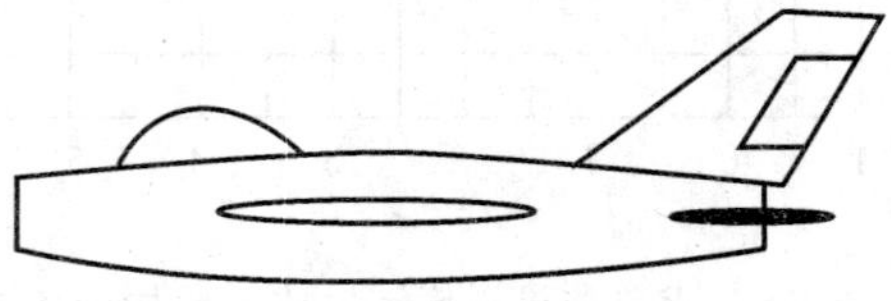

图 6-27　垂直尾翼不对称的飞行器

计算 $m_{x\text{cw}}^{\bar{\omega}_x}$ 时,可以把垂直尾翼看成是假想机翼外露翼片之一,而应用图 6-26。此外,还可以采用类似式(6-51)的粗略计算方法。当飞行器绕 Ox_t 轴旋转时,在垂直尾翼上有一侧向力

$$Z_{\text{cw}} = -57.3C_{y\text{cw}}^{\alpha}\left[K_{\text{cw(sh)}} + K_{\text{sh(cw)}}\right]\frac{\bar{\omega}_x}{v_\infty}y_{\text{cw}}qk_{\text{cw}}S_{\text{cw}} \tag{6-79}$$

y_{cw} 为侧力压力中心位置到 Ox_t 轴的距离。滚转力矩为

$$M_{x\text{cw}} = Z_{\text{cw}}y_{\text{cw}} \tag{6-80}$$

由此,容易求出旋转导数 $m_{x\text{cw}}^{\bar{\omega}_x}$

$$m_{x\text{cw}}^{\bar{\omega}_x} = -\frac{57.3}{2}C_{y\text{cw}}^{\alpha}\left[K_{\text{cw(sh)}} + K_{\text{sh(cw)}}\right]k_{\text{cw}}\frac{S_{\text{cw}}}{S}\left(\frac{2y_{\text{cw}}}{l}\right)^2 \tag{6-81}$$

6.3.7　鸭式飞行器斜吹力矩系数

鸭式飞行器的前舵面和后机翼之间的干扰是一个复杂的气动问题。当具有迎角和侧滑角或同时存在升降舵和方向舵的偏转时,前舵面上的洗流到达后机翼时流动是不对称的,从而产生了绕飞行器纵轴的滚转力矩,即斜吹力矩,如图 6-28 所示。

计算前舵对后翼的干扰影响,在很大程度上取决于对旋涡从飞行器组合体拖出情况的了解。图 6-29 为一个典型的十字型翼身组合体斜吹力矩的涡系简化模型。可以看出,当导弹有 α,β,δ_β 和 δ_α 飞行时,前舵面拖出流向下游后机翼的涡线中有 4 条涡位于机身外侧,并沿着前舵

面后缘向下游自由流动，这些涡称为外端涡；另外 4 条涡位于机身内，它在机身内位置由外端涡位置确定，称为镜像涡。计算翼面的滚转力矩问题可以归结为解旋转轴平行于翼根弦的一个旋涡产生的滚转力矩，然后用叠加各单个涡产生的滚转力矩的方法来确定多个涡引起的滚转力矩。然而，由于真实涡面的复杂性，实际计算变得非常困难，工程中往往利用实验确定。

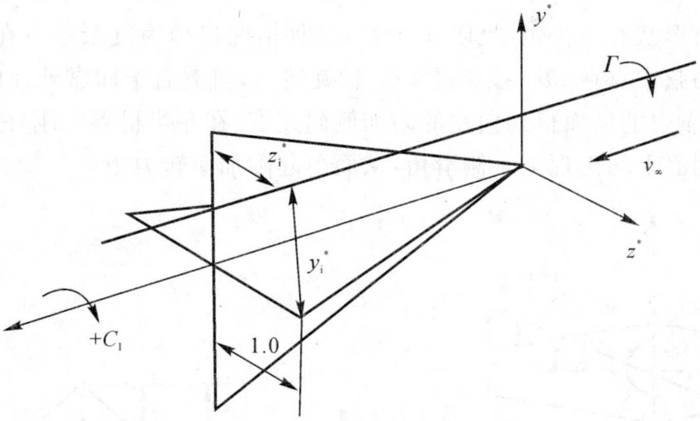

图 6-28　滚转力矩示意图

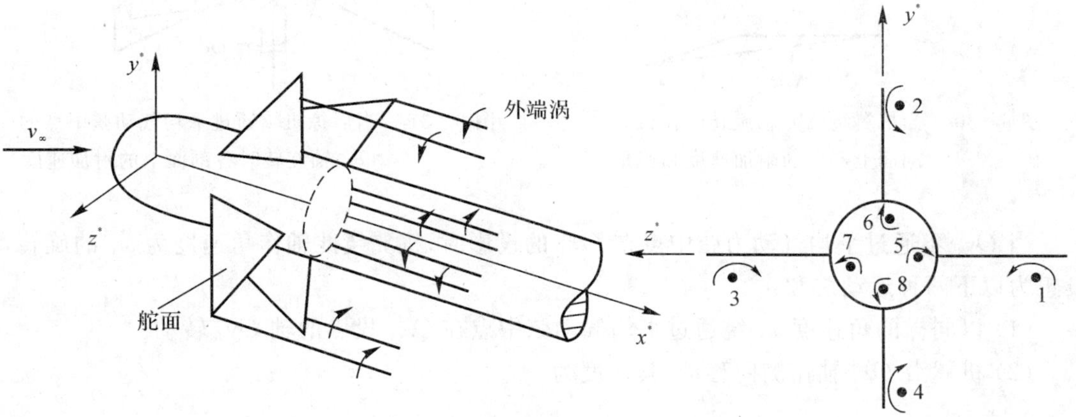

图 6-29　鸭式斜吹力矩的涡系简化模型

6.3.8　滚转导数

与 ω_y 有关的力矩 M_x，称为交叉力矩或螺旋力矩，此力矩主要由机翼和垂尾产生。现讨论一非后掠翼，如图 6-30 所示，并假设它绕通过平均气动弦中点在 Ox_t 投影的 Oy_t 轴旋转，机翼每个剖面均得到沿 Ox_t 轴的附加速度

$$\Delta v = \pm \omega_y z \tag{6-82}$$

如果 $\omega_y > 0$，机翼右半面的附加速度向前，机翼左半面的附加速度向后。因此，右半翼的流动速度增大，左半翼的流动速度减小。此时机翼各剖面的迎角也有变化。由图 6-30 可见，机翼任意剖面上的附加迎角为

$$\Delta\alpha = \frac{\mp \Delta v \cdot \alpha}{v + \Delta v} \approx \frac{\mp \Delta v}{v}\alpha = \mp \frac{\omega_y z}{v}\alpha \tag{6-83}$$

右半机翼的 $\Delta\alpha$ 为负，左半机翼的 $\Delta\alpha$ 为正。气流速度和剖面迎角的变化引起升力产生差别，从而引起滚转力矩。当 ω_y 为正时，滚转力矩为负；反之，当角速度为负时，滚转力矩为正，即

$$m_x^{\omega_y}=\frac{\partial m_x}{\partial \omega_y}<0 \tag{6-84}$$

如果机翼平面形状有后掠角(见图 6-31)，这种情况将稍为复杂些。在这种情况下，当机翼绕通过平均气动弦中点在 Ox_t 投影的 Oy_t 轴旋转时，机翼右半面靠外面的剖面得到向右的附加侧向速度，而靠内的剖面得到向左的附加侧向速度(在左半机翼上刚好相反)。换句话说，即在机翼的每一剖面上均出现某一侧滑角，从而引起附加滚转力矩。

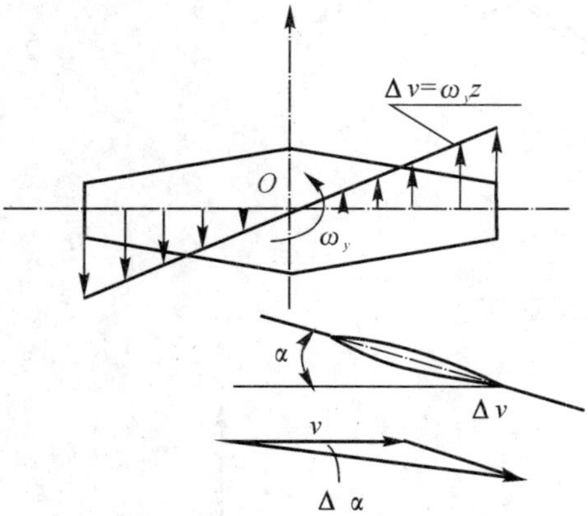

图 6-30　当机翼绕 Δy_t 轴旋转时在机翼剖面上产生的附加速度和迎角

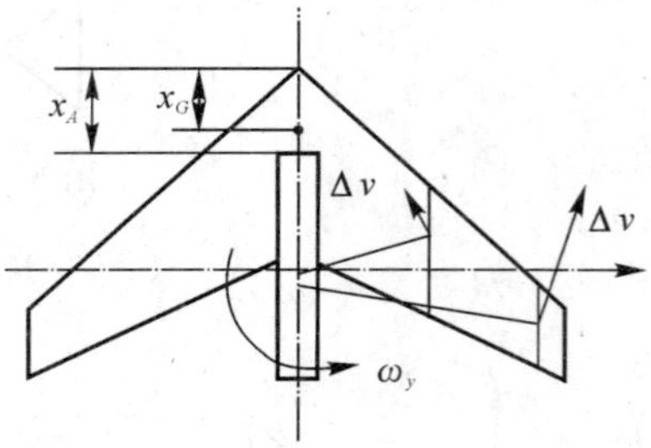

图 6-31　当后掠机翼通过平均气动弦中点的 Oy_t 轴旋转时各剖面上的附加速度

当 Oy_t 不通过平均气动力弦中点在 Ox_t 的投影时，机翼绕此轴作角速度为 ω_y 的旋转，可设想为以下两种运动之和：

(1) 以同样的角速度 ω_y 绕通过平均气动弦中点在 Ox_t 投影的轴 Oy_t 转动。

(2) 机翼沿 Oz_t 轴作侧向移动，其速度为

$$v_z=\omega_y\left(x_A+\frac{1}{2}b_A-x_G\right)=\omega_y b_A\left(\frac{1}{2}-\bar{x}_G\right) \tag{6-85}$$

式中，$\bar{x}_G=\dfrac{x_G-x_A}{b_A}$；$x_A$ 为平均气动弦前缘至头部顶端距离；x_G 为重心至头部顶端距离。

此种移动与沿 Ox 轴主要运动矢量相加，将使机翼作角度为

$$\beta=57.3\frac{v_z}{v}=57.3\frac{\omega_y}{v}b_A\left(\frac{1}{2}-\bar{x}_G\right)$$

的侧滑。有侧滑角就会产生滚转力矩，它将由后掠角、翼端形状、上反角及机翼机身等干扰影响来决定(参看 6.3.2)。根据上述讨论，可以推导出机翼导数 $m_x^{\bar{\omega}_y}$ 的一般式

$$m_x^{\bar{\omega}_y}=\left(\frac{m_x^{\bar{\omega}_y}}{C_y}\right)'C_{yyi}^{\alpha}\cdot\alpha+57.3m_{xyi}^{\beta}\cdot\frac{2b_A}{l_{yi}}\left(\frac{1}{2}-\bar{x}_G\right) \tag{6-86}$$

静导数 m_{xyi}^{β} 按第 6.3.2 所述方法求。$\left(\dfrac{m_x^{\bar{\omega}_y}}{C_y}\right)$ 是 $\bar{x}_G=\dfrac{1}{2}$ 时旋转导数 $m_x^{\bar{\omega}_y}$ 与 C_y 之比。对矩形机翼来说，当 $\lambda\sqrt{Ma_\infty^2-1}\geqslant 2$ 时，下列关系成立：

$$\left(\frac{m_x^{\bar{\omega}_y}}{C_y}\right)' = \frac{1}{57.3(Ma_\infty^2 - 1)}\left(\frac{m_x^{\bar{\omega}_x}}{C_y^\alpha}\right) \tag{6-87}$$

式中的$\left(\frac{m_x^{\bar{\omega}_x}}{C_y^\alpha}\right)$按图 6-26 确定。

对尖翼端($\eta \to \infty$)的机翼来说,$\left(\frac{m_x^{\bar{\omega}_y}}{C_y}\right)'$的值可根据$\lambda$,$\lambda\tan\chi_{1/2}$按图 6-32 来确定。这些值只适用于亚声速前缘和超声速后缘的情况,亦即适用下述范围:

$$|(\lambda\tan\chi_{1/2} - 2)| < \lambda\sqrt{Ma_\infty^2 - 1} < (\lambda\tan\chi_{1/2} + 2) \tag{6-88}$$

除机翼外,配置不对称的垂直尾翼也会产生螺旋滚转力矩,采用与 6.3.5 类同的方法得

$$m_{x\text{cw}}^{\bar{\omega}_y} = -57.3C_{y\text{cw}}^\alpha\left[K_{\text{cw(sh)}} + K_{\text{sh(cw)}}\right]\frac{S^{\text{cw}}}{S}\frac{x_{\text{cw}} - x_{\text{G}}}{l}\frac{2y_{\text{cw}}}{l} \tag{6-89}$$

其中,x_{cw} 为垂尾压力中心距头部顶端距离。式(6-89)与式(6-51)比较,可将式(6-89)写成

$$m_{x\text{cw}}^{\bar{\omega}_y} = 2\times 57.3\frac{x_{\text{cw}} - x_G}{l}m_{x\text{cw}}^\beta \tag{6-90}$$

水平尾翼对导数 $m_x^{\bar{\omega}_y}$ 的影响不大,一般可以略去。通常机翼的 $m_x^{\bar{\omega}_y}$ 理论计算可靠性较差,主要靠试验求得。

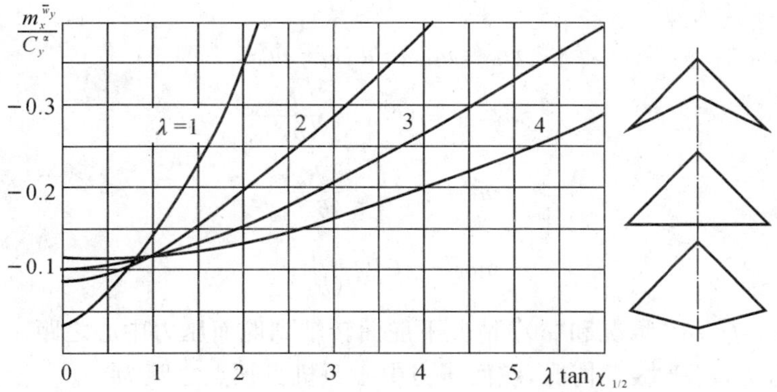

图 6-32　尖端机翼旋转导数 $m_x^{\bar{\omega}_y}$ 用的图线

6.4　飞行器铰链力矩特性

铰链力矩指作用于操纵面上的空气动力相对于操纵面转轴的力矩。为了使舵偏转,必须克服其铰链力矩。以符号 M_h 代表铰链力矩,舵机所需功率应为

$$T = M_\text{h}\cdot\frac{\text{d}\delta}{\text{d}t} = M_\text{h}\dot{\delta} \tag{6-91}$$

因此,在进行舵机设计时,必须先确定作用在操纵面上的铰链力矩大小。链铰力矩系数和尾翼(或机翼)舵面的平面形状、转轴位置、飞行马赫数、迎角(侧滑角)以及舵偏角有关。当铰链力矩力图使舵作向下偏转时,铰链力矩为正(见图 6-33)。于是

$$M_\text{h} = -N_{\text{du}}h \tag{6-92}$$

其中,N_{du} 是作用在舵面上的空气动力沿垂直于舵平面的分力;h 是舵压力中心到舵转轴的距离,当压力中心位于转轴之后时,$h > 0$。。当 α,δ 较小时,认为

$$N_{du} \approx Y_{du} \tag{6-93}$$

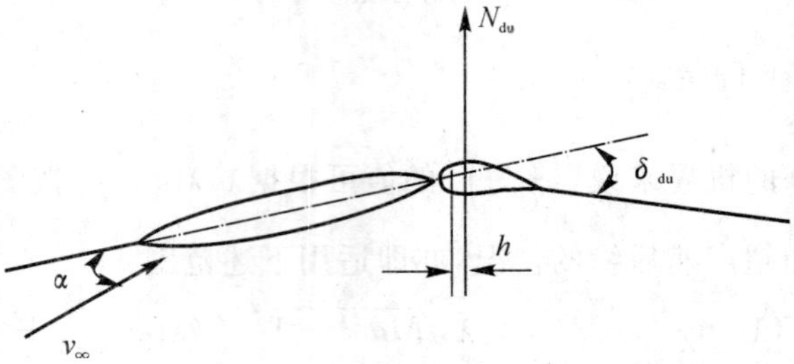

图 6-33　铰链力矩分析用图

操纵面的铰链力矩通常用无量纲的铰链力矩系数 m_h 表示，即

$$M_h = m_h q_\infty S_{du}(b_A)_{du} \tag{6-94}$$

式中，S_{du} 和$(b_A)_{du}$ 分别为舵的面积和舵的平均气动弦长。

比较式(6-92)和式(6-94)，得

$$m_h = -\frac{Y_{du}h}{q_\infty S_{du}(b_A)_{du}} = -C_{ydu}\frac{h}{(b_A)_{du}} \tag{6-95}$$

在线性范围内，可以认为

$$m_h = m_{h0} + m_h^\alpha \alpha + m_h^\delta \delta \tag{6-96}$$

其中

$$m_{h0} = -(C_{y0})_{du}\frac{h_{\delta 0}}{(b_A)_{du}} \tag{6-97}$$

$$m_h^\alpha = -C_{ydu}^\alpha \frac{h_{\alpha\alpha}}{(b_A)_{du}} \tag{6-98}$$

$$m_h^\delta = -C_{ydu}^\delta \frac{h_{\delta 0}}{(b_A)_{du}} \tag{6-99}$$

式中，$h_{\alpha\alpha}$，$h_{\delta 0}$ 为“$\alpha\alpha$”情况和“$\delta 0$”情况下舵面转轴到舵面压力中心之距。

以全动舵为例，对于“$\alpha\alpha$”情况，舵面压力中心距机身顶点之距为

$$(x_P)_{\alpha\alpha} = \frac{1}{K_{wy(sh)}}[(x_P)_{duwy} + (K_{wy(sh)} - 1)(x_{Pduwy} - (f_1\tan\chi_{1/2})_{wy})] \tag{6-100}$$

而此压力中心的横向坐标为

$$(z_P)_{\alpha\alpha} = \frac{[(z_P)_{duwy} + (K_{wy(sh)} - 1)(z_{Pduwy} - f_{1wy})]}{K_{wy(sh)}} \tag{6-101}$$

式中，$(z_P)_{\alpha\alpha}$ 由外露翼翼根算起；f_{1wy} 可由图 4-36 中查出；z_{pduwy} 在初步计算中可取其值介于舵的平均气动弦长 b_A 与几何平均弦长 b_{pj} 的 z 坐标之间。

对于“$\delta 0$”情况，近似可取

$$(x_P)_{\delta 0} \approx x_{Pduwy} \tag{6-102}$$

$$(z_P)_{\delta 0} \approx z_{Pduwy} \tag{6-103}$$

$(C_{y0})_{du}$，C_{ydu}^α 和 C_{ydu}^δ 的值可按第 5.2 节相仿的方法求出。

对于正常式飞行器

$$(C_{y0})_{du} = C_{ydupw}^\alpha k_{pw(sh)}(\varphi_0 - \varepsilon_{yi\text{-}sh}^\varphi \varphi)k_q \tag{6-104}$$

$$C_{ydu}^\alpha = C_{ydupw}^\alpha K_{pw(sh)}(1 - \varepsilon_{yi\text{-}sh}^\alpha)k_q \tag{6-105}$$

$$C_{ydu}^\delta = C_{ydupw}^\delta k_{pw(sh)} n k_q \tag{6-106}$$

对鸭式飞行器

$$(C_{y0})_{du} = C^{\alpha}_{yduqy} k_{qy(sh)} \varphi_0 \tag{6-107}$$

$$C^{\alpha}_{ydu} = C^{\alpha}_{ydu \cdot qy} K_{qy(sh)} \tag{6-108}$$

$$C^{\delta}_{ydu} = C^{\alpha}_{yduqy} k_{qy(sh)} n \tag{6-109}$$

其中 n 为舵效率。

为了避免操纵面在飞行中出现过大的链铰力矩，常采取空气动力补偿的办法减小铰链力矩。比如：① 移轴补偿（见图 6-34）。将舵的转轴从前缘往后移，使转轴接近压力中心，从而减小力臂 h。② 角补偿（见图 6-35）。舵的端部突出在转轴前使得舵的压力中心前移，向舵的转轴靠近，减小 h，从而减小铰链力矩。③ 内补偿（见图 6-36）。为了减小移轴补偿和角补偿对气流的不良影响及减小高速飞行中的波阻，副翼前缘有一块补偿板伸至机翼上、下蒙皮之间，板的上、下两部分空间用密封布隔开，这时作用在补偿板上的上、下压力差可抵消一部分链铰力矩。

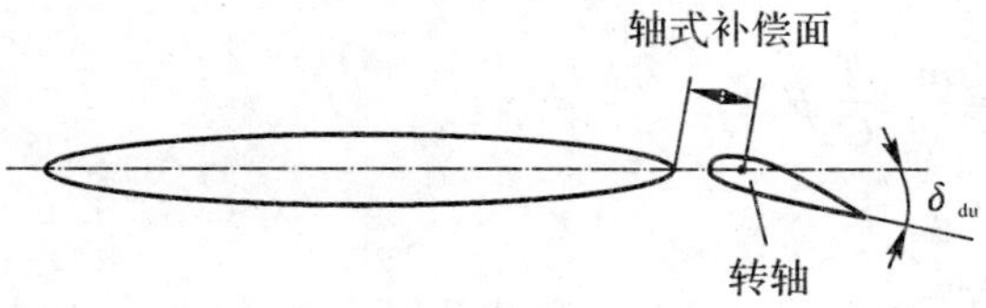

图 6-34　轴式补偿

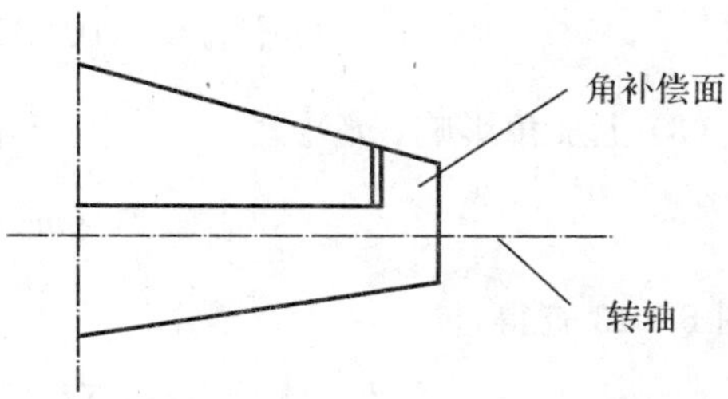

图 6-35　角补偿

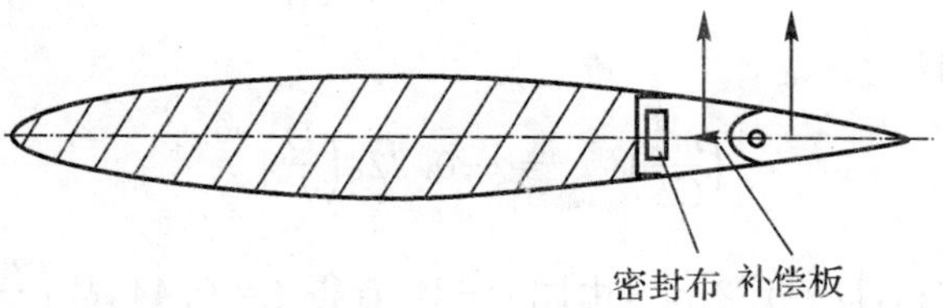

图 6-36　内补偿

6.5　算　　例

某飞行器飞行马赫数 $Ma_\infty = 1.2$，机身直径 $D = 1.2$m，毛机翼 $S = 25\text{m}^2$，$l = 10$m，$\eta = 2.5$，$\chi_{1/2} = 40°$，$\varphi = 3°$，$Y_{yi} = H = 0.2$m，垂尾 $S_{cw} = 3\text{m}^2$，$y_{cw} = 1.2$m。求下列滚转力矩导数：

(1) 后掠角影响 $(m_x^\beta)_\chi$。

因为 $Ma_\infty > 1$，由式(6-32)，得

$$\left(\lambda \frac{m_x^\beta}{C_y}\right)_\chi = -\frac{\bar{z}_G}{57.3} \lambda \tan\chi_{1/2} \left[1 - D_1 + D_2\left(\frac{1}{\tan^2\chi_{1/2}} - 1\right)\right]$$

计算得

$$\lambda = \frac{l^2}{S} = \frac{10^2}{25} = 4,\quad \lambda\sqrt{Ma_\infty^2 - 1} = 2.66,\quad \lambda\tan\chi_{1/2} = 3.36$$

由图 6-8 查得

$$D_1 = f(\lambda\sqrt{Ma_\infty^2 - 1}, \lambda\tan\chi_{1/2}) = 0.24$$

由图 6-9 查得

$$D_2 = f(\lambda\sqrt{Ma_\infty^2 - 1}, \lambda\tan\chi_{1/2}) = 0.14$$

按第 2 章得 $C_y^\alpha = 3.2\ \text{rad}^{-1}$。$\eta = 2.5, \bar{z}_G = 0.38$。计算得 $\left(\lambda\dfrac{m_x^\beta}{C_y}\right)_\chi = -0.022\,9$。

$$(m_x^\beta)_\chi = -0.022\,9 \times \frac{C_y}{\lambda} = -0.018\,3\left(\frac{\alpha}{57.3}\right)$$

(2) 翼端影响 $(m_x^\beta)_{\text{du}}$。

$$\left(\lambda\frac{m_x^\beta}{C_y}\right)_{\text{du}} = -\frac{A}{(\eta+1)^2}\left(1 + \frac{2}{\lambda}\frac{\eta-1}{\eta+1}\right)$$

$A \approx 0.03$。

$$(m_x^\beta)_{\text{du}} = -0.000\,8C_y = -0.002\,56\left(\frac{\alpha}{57.3}\right)$$

(3) 上反角影响 $(m_x^\beta)_\psi$。

$$(m_x^\beta)_\psi = \frac{m_x^\beta}{\psi}\frac{1}{C_y^\alpha}\psi C_y^\alpha$$

由图 6-13 查得

$$\frac{m_x^\beta}{\psi}\frac{1}{C_y^\alpha} = f(\lambda\sqrt{Ma_\infty^2 - 1}, \lambda\tan\chi_{1/2}, \eta) = -0.002\,7$$

$$(m_x^\beta)_\psi = -0.002\,7 \times (3^\circ) \times \frac{3\times 2}{57.3} = -0.000\,452$$

(4) 翼身干扰影响 $(m_x^\beta)_{\text{yi·sh}}$。

$$\left(\frac{m_x^\beta}{C_y^\alpha}\right)_{\text{yi·sh}} = -0.22\xi\left(\frac{D}{l}\right)^{3/2}$$

$\xi = f\left(\dfrac{2Y_{\text{yi}}}{D}\right)$, $Y_{\text{yi}} = 0.2\ \text{m}, D = 1.2\ \text{m}^2$,由图 6-15 查得 $\xi = 0.44$,故 $\left(\dfrac{m_x^\beta}{C_y^\alpha}\right)_{\text{yi·sh}} = -0.004\,03$

$$(m_x^\beta)_{\text{yi·sh}} = -0.004\,03 \times \frac{3.2}{57.3} = -0.000\,225$$

(5) 垂尾影响 $(m_x^\beta)_{\text{cw}}$。

$$(m_x^\beta)_{\text{cw}} = -C_{y\text{cw}}^\alpha k_{\text{cw}}(K_{\alpha\alpha})_{\text{cw}}\frac{S_{\text{cw}}}{S}\frac{y_{\text{cw}}}{l}$$

$k_{\text{cw}} = 0.9, y_{\text{cw}} = 1.2\text{m}, S_{\text{cw}} = 3\text{m}^2$。由第 2 章得 $C_y^\alpha(K_{\alpha\alpha})_{\text{cw}} = 0.052$。

$$(m_x^\beta)_{\text{cw}} = -0.052 \times 0.9 \times \frac{3}{25} \times \frac{1.2}{10} = -0.000\,674$$

(6) 安装角的滚转力矩系数。

$$m_{x0} = \left(\frac{m_x^\beta}{C_y^\alpha\psi}\right)C_y^\alpha\Delta\varphi_{\text{yi}} \times 57.3$$

已知 $\Delta\varphi_{\text{yi}} = \pm 0.5^\circ$,由图 6-13 查得

$$\left(\frac{m_x^\beta}{C_y^\alpha\psi}\right) = f(\lambda\sqrt{Ma_\infty^2 - 1}, \lambda\tan\chi_{1/2}, \eta) = -0.002\,7$$

$$m_{x0}=\pm 3.2\times(-0.0027)\times\frac{1}{2}=\pm 0.00432$$

(7) 方向舵的滚转力矩导数。

$$m_{x\mathrm{cw}}^{\delta}=-C_{y\mathrm{cw}}^{\alpha}(K_{\varphi 0})_{\mathrm{cw}}nk_{\mathrm{cw}}\cdot\frac{S_{\mathrm{cw}}}{S}\frac{y_{\mathrm{cwd}}}{l}$$

按第 2 章得 $C_{y\mathrm{cw}}^{\alpha}(K_{\varphi 0})_{\mathrm{cw}}=0.04,n=0.5$(效率)，$k_{\mathrm{cw}}=0.9,S_{\mathrm{cw}}=3\ \mathrm{m}^2$。

$$m_{x\mathrm{cw}}^{\delta}=-0.04\times 0.5\times 0.9\times\frac{3}{25}\times\frac{1.2}{10}=-0.00026$$

(8) 翼的滚转阻尼导数。

$$m_x^{\bar{\omega}_x}=\left(\frac{m_x^{\bar{\omega}_x}}{C_y^{\alpha}}\right)C_y^{\alpha}$$

由图 6-26 查得

$$\frac{m_x^{\bar{\omega}_x}}{C_y^{\alpha}}=f(\lambda\sqrt{Ma_{\infty}^2-1},\lambda\tan\chi_{1/2})=-5.4$$

$$m_x^{\bar{\omega}_x}=-5.4\times\frac{3.2}{57.3}=-0.302$$

(9) 垂尾的滚转阻尼导数。

$$(m_x^{\bar{\omega}_x})_{\mathrm{cw}}=-\frac{57.3}{2}C_{y\mathrm{cw}}^{\alpha}(K_{\alpha\alpha})_{\mathrm{cw}}k_{\mathrm{cw}}\cdot\frac{S_{\mathrm{cw}}}{S}\left(\frac{y_{\mathrm{cw}}}{l/2}\right)^2$$

$C_{y\mathrm{cw}}^{\alpha}(K_{\alpha\alpha})_{\mathrm{cw}}=0.052,\frac{S_{\mathrm{cw}}}{S}=\frac{3}{25},l=10,y_{\mathrm{cw}}=1.2\ \mathrm{m}$。

$$(m_x^{\bar{w}_x})_{\mathrm{cw}}=-\frac{57.3}{2}\times 0.052\times 0.9\times\frac{3}{25}\times\left(\frac{1.2}{10/2}\right)^2=-0.009268$$

第 7 章　高超声速飞行器的气动力与气动热特性

高超声速这一名词是钱学森先生首先提出的。高超声速飞行器包括具有穿越大气层的发射上升段、大气层外的轨道飞行段以及再入大气层的返回段的一类飞行器，如返回式卫星、飞船、航天飞机、空天飞机和弹道式导弹等，也包括在大气层内以高超声速飞行的飞机和导弹。有必要讨论高超声速气动力和气动热的工程计算方法，以便对这类飞行器的空气动力性能进行计算。

高超声速流动是一个复杂的领域，在这里仅介绍高超声速流动一些基本的概念和基本的工程计算方法，以便为今后深入研究奠定必要的基础。

7.1　高超声速气流的流动特性

高超声速流动概括地说，就是当飞行器的飞行马赫数增加时，某些物理现象变得愈来愈重要的流动。这些现象也就是区分超声速流动和高超声速流动的主要特征。这些现象包括由于流动 Ma_∞ 数很高而产生的高度非线性的流体动力学特性和由于流动能量很大而引起的高温物理化学特性。具体说，有以下现象存在。

1. *薄激波层*

飞行器在超声速飞行时，飞行器与气流相遇的前缘将产生激波，激波与飞行器表面之间的流场叫做激波层。当飞行器的飞行 Ma_∞ 数很高时，激波层就很薄。如图 7－1 所示，当 Ma_∞ 数为 36 时，完全气体(比热比为 1.4)绕过一个楔角为 15° 的尖楔，由气体动力学的斜激波理论可知，激波角只有 18°。假若考虑真实气体效应，激波角会更小。根据高超声速流动的激波层很薄这个特征，建立了包括牛顿理论在内的高超声速无黏流动的近似分析方法。另一方面，也正是激波层很薄，在 Re 数较低时，由于黏性边界层很厚，就必须在整个激波层内都考虑黏性。

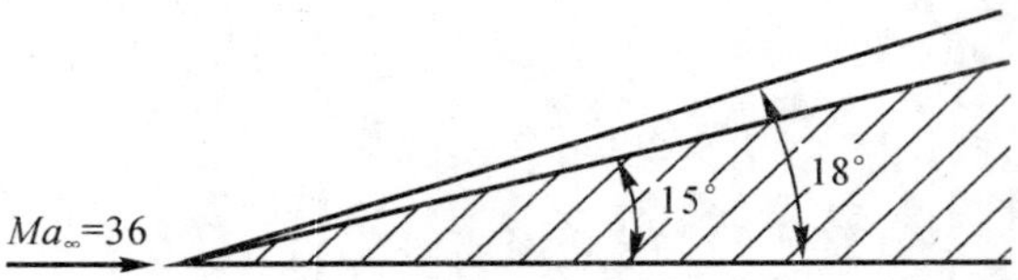

图 7－1　高超声速飞行下的流过尖楔外形的激波层示意图

2. *无黏流与边界层之间的相互干扰*

在高超声速时，气流流动的很大动能在边界层中转换成内能，使得高超声速边界层内的温度很高。温度增高，从而使黏性系数增加，使得边界层增厚。另外，在垂直于飞行器表面方向，边界层内的压力不变。温度的增加，引起密度减小。由质量守恒定律可知此时边界层的厚度就增加。因此，在高超声速时，沿飞行器表面的边界层要比较低速度时厚得多。厚的边界层将使外部的无黏流动产生很大的变化，而无黏流的变化又影响边界层的发展，这种无黏流和边界层的相互干扰叫做黏性干扰。进一步当边界层不断增厚，使边界层和激波层完全融合时，就不能再用边界层的概念，而必须在整个激波层内，都要考虑黏性。图 7-2 给出了高超声速边界层流动的黏性干扰示意图。

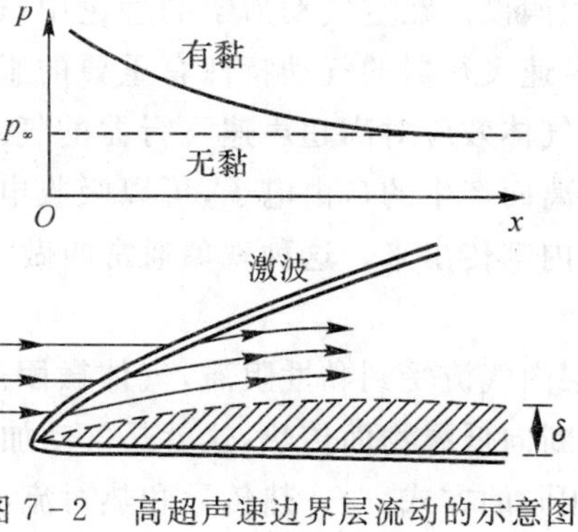

图 7-2　高超声速边界层流动的示意图

3. 存在高熵层

高超声速飞行器的前缘一般都是钝的，而钝体在超声速气流中要产生弓形激波。在前缘的轴线附近，激波角接近 90°。经过这段激波的流线，在激波后的熵值增加很多。往下游时，激波角逐渐减小。经过这段激波的流线，在激波后的熵值增加较少。因此，在飞行器接近前缘的一段区域内，在垂直于飞行器表面的方向存在很大的熵梯度。这种熵梯度很大的区域叫做熵层。该熵层覆盖在物体表面，并延伸到头部下游相当大的距离，如图 7-3 所示。由克罗柯(Crocco) 定理可知，熵层是涡量很大的区域。

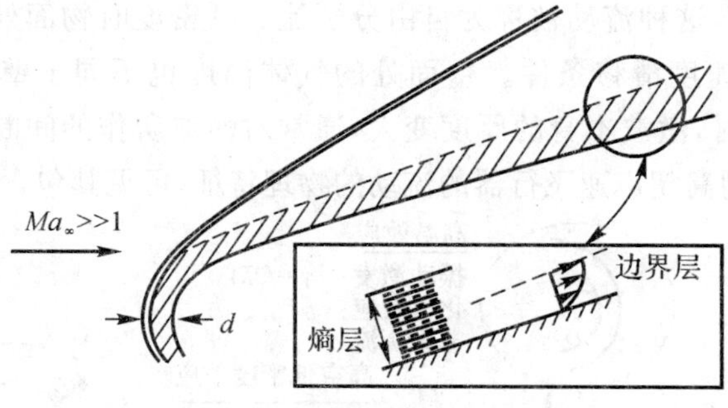

图 7-3　高超声速熵层示意图

4. 高温真实气体效应

高超声速飞行器前缘弓形激波后的高温和飞行器表面边界层中的高温，可以激发气体分子的振动，引起离解甚至产生电离。假若在流动中发生振动和化学反应的时间与空气流过流场的时间相比要快得多，则这种流动叫做平衡流动；反之，则叫做非平衡流动。具体来说，当空气的温度超过 800 K 时，可以激发分子振动的能量。此时质量定压热容 c_p 和质量定容热容 c_V 都将是温度的函数，从而比热比也将是温度的函数。当温度进一步增加时，将发生一系列化学反应。对于平衡化学反应，c_p 和 c_V 将是温度和压力的函数，因此比热比 $\gamma = f(p, T)$。对于空气，在一个大气压下，当温度增加到 2 000 K 时，开始发生氧分子的离解($O_2 \rightarrow 2O$)。当温度增加到4 000 K时，氧分子基本上都离解了，而且在这个温度时，氮分子开始离解($N_2 \rightarrow 2N$)。当温度增加到9 000 K时，氮分子基本都离解了。当温度高于9 000 K时，开始发生电离，此时空气就变成等离子体。

如果飞行器表面采用烧蚀防热，烧蚀产物进入边界层，形成复杂的化学反应。上述种种现象都使气体偏离了完全气体的假设。在空气动力学的理论中，通常将这些现象叫做真实气体效应。真实气体效应对高超声速飞行器的气动特性有重要的影响，特别是对复杂外形的飞行器影响很大。另一方面，真实气体效应对高超声速飞行器的气动加热将产生十分显著而又复杂的影响。除此以外，由于电离而产生的自由电子，可以吸收电磁波，使得电磁波既不能传进飞行器内部，也不能从飞行器内部传出来。这种现象通常叫做"通信中断"。

5. *严重的气动加热问题*

在超声速流中物面边界层内气流受到黏性阻滞，气体微团的动能转变为热能造成壁面附近气温的升高，高温空气将不断向低温物面传热，这就是气动加热现象。高超声速气动加热的形式不仅与常规高速流动有相同的方式 —— 热传导和热对流，还有真实气体效应引起的多组分混合气体由于组分浓度不均匀形成的扩散传热，当温度高于8 000 K时还要考虑辐射加热。正是高超声速飞行器的严重的气动加热问题大大改变了飞行器气动外形的选择，并引起了表面的高温防护问题。

6. *低密度效应*

现代高超声速飞行器在大气密度很低的高空持续飞行，低密度效应对空气动力的影响很重要。当飞行高度极高时，密度可以如此之低，以至于分子的平均自由程与飞行器的特征长度具有相同的量级。空气介质不再呈现连续性，必须采用与连续介质完全不同的方法来研究这种流动，通常采用分子运动论的技术来处理。当与飞行器表面相撞后表面反射的分子与入射分子不发生相互作用时，这种流动被称为自由分子流。低密度时物面处的流动速度不为零，应取一定大小的值，称为速度滑移条件。壁面处的气体温度也不同于壁温，称此为温度跳跃条件。另外，高空低密度时，激波本身的厚度变大，通常对激波所作的间断面假设不再有效。

图7-4显示了典型高超声速飞行器的流动的物理特征，可见其包含很多复杂的物理现象。

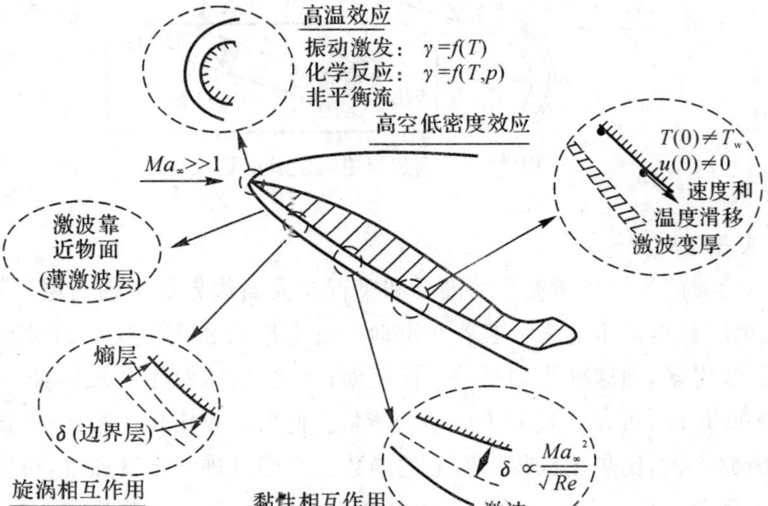

图7-4　高超声速飞行器飞行中的流动特征

7.2　高超声速流的基本理论

7.2.1　激波和膨胀波理论

当超声速气流流经物体时，气流方向要发生向内或向外转折，相应地产生激波和膨胀波。利用激波和膨胀波的理论，即可求出物体表面的压力分布和作用的空气动力。在初步分析时，这一方法对于高超声速气流同样可用。例如高超声速气流流经一平板，其流动图形如图 7-5 所示，其上、下压强分布可分别按膨胀波及激波理论求出。但在高超声速情况下，$Ma_\infty \gg 1$，激波角 β 很小，因此可以进一步把有关公式加以简化得到一些在应用上比较方便的公式。下面来研究激波和膨胀波后气流参数的近似表达式，然后把它们应用于高超声速气动力的近似计算。

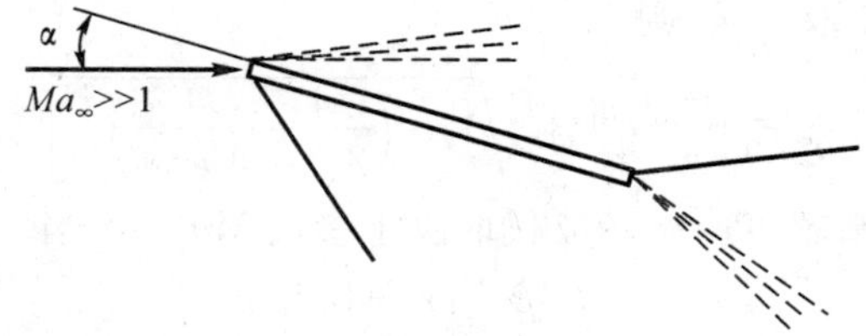

图 7-5　高超声速气流中的平板流动图形

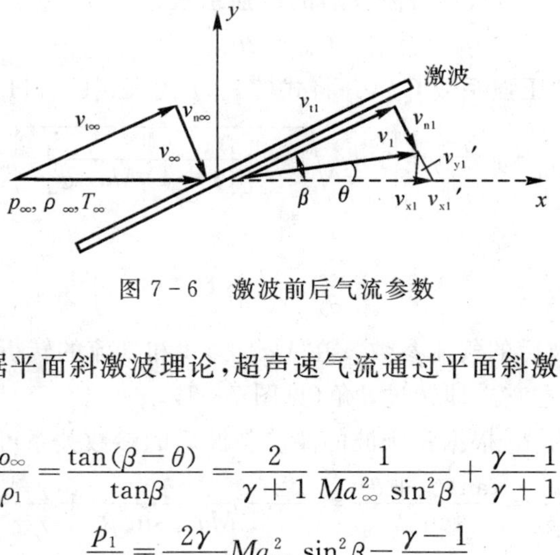

图 7-6　激波前后气流参数

在空气动力学中根据平面斜激波理论，超声速气流通过平面斜激波时，激波后的气流参数应满足如下关系式：

$$\frac{\rho_\infty}{\rho_1} = \frac{\tan(\beta-\theta)}{\tan\beta} = \frac{2}{\gamma+1}\frac{1}{Ma_\infty^2\ \sin^2\beta} + \frac{\gamma-1}{\gamma+1} \tag{7-1}$$

$$\frac{p_1}{p_\infty} = \frac{2\gamma}{\gamma+1}Ma_\infty^2\ \sin^2\beta - \frac{\gamma-1}{\gamma+1} \tag{7-2}$$

或

$$C_{p1} = \frac{p_1 - p_\infty}{\frac{1}{2}\rho_\infty v_\infty^2} = \frac{4}{\gamma+1}\left(\sin^2\beta - \frac{1}{Ma_\infty^2}\right) \tag{7-3}$$

当气流以高超声速流动时，以上两式可以简化。当 $Ma_\infty \gg 1$ 时，激波角 β 与激波后气流转折角 θ 很接近。如果 θ 很小，则有

$$\tan\beta \approx \sin\beta \approx \beta \quad \tan\theta \approx \theta \quad \tan(\beta-\theta) \approx \beta-\theta$$

代入式(7-1)和式(7-2),则有

$$C_{p1}=\frac{4}{\gamma+1}\left(\beta^2-\frac{1}{Ma_\infty^2}\right) \tag{7-4}$$

$$\frac{\rho_\infty}{\rho_1}=\frac{\beta-\theta}{\beta}=\frac{2}{\gamma+1}\frac{1}{Ma_\infty^2\beta^2}+\frac{\gamma-1}{\gamma+1} \tag{7-5}$$

其中式(7-5)可改写成

$$\beta-\theta=\frac{2}{(\gamma+1)Ma_\infty^2\beta}+\frac{\gamma-1}{\gamma+1}\beta \tag{7-6}$$

或

$$\beta^2-\frac{\gamma+1}{2}\theta\beta-\frac{1}{Ma_\infty^2}=0 \tag{7-7}$$

解得

$$\beta=\frac{\gamma+1}{4}\theta\pm\sqrt{\left(\frac{\gamma+1}{4}\theta\right)^2+\frac{1}{Ma_\infty^2}} \tag{7-8}$$

式(7-8)中负号不合理,0取正号,则

$$\frac{\beta}{\theta}=\frac{\gamma+1}{4}\left[1+\sqrt{1+\left(\frac{4}{\gamma+1}\frac{1}{Ma_\infty\theta}\right)^2}\right] \tag{7-9}$$

由式(7-9)可知,对高超声速流,β/θ仅取决于参数$Ma_\infty\theta$。当$Ma_\infty\theta\to\infty$时,有

$$\frac{\beta}{\theta}=\frac{\gamma+1}{2} \tag{7-10}$$

若取$\gamma=1.4$,则β仅为θ的1.2倍。

将式(7-7)代入式(7-4),可得激波后的压强系数为

$$C_{p1}=2\theta\beta \tag{7-11}$$

用符号C_{py}表示激波后的压强系数C_{p1},并将式(7-9)代入式(7-11)中,有

$$\frac{C_{py}}{\theta^2}=\frac{\gamma+1}{2}\left\{1+\sqrt{1+\left[\frac{4}{(\gamma+1)Ma_\infty\theta}\right]^2}\right\} \tag{7-12}$$

当$Ma_\infty\theta\to\infty$时,有

$$\frac{C_{py}}{\theta^2}=\gamma+1 \tag{7-13}$$

现在再来研究膨胀波后的气流参数。在$Ma_\infty\gg1$和气流的转折角足够小的情况下,扇形膨胀波区域极窄,气流通过它立即转过θ角(见图7-7)。

设气流和膨胀波的夹角为β_p,根据膨胀波的波前与波后的参数关系可导得

$$\frac{\rho_\infty}{\rho}=\frac{\tan(\beta_p+\theta)}{\tan\beta_p}=\frac{2}{\gamma+1}\frac{1}{Ma_\infty^2\sin^2\beta_p}+\frac{\gamma-1}{\gamma+1} \tag{7-14}$$

当$Ma_\infty\gg1$,θ较小时,β_p很小,式(7-14)可简化为

$$\frac{\beta_p+\theta}{\beta_p}=\frac{2}{\gamma+1}\frac{1}{Ma_\infty^2\beta_p^2}+\frac{\gamma-1}{\gamma+1} \tag{7-15}$$

或

$$\beta_p^2+\frac{\gamma+1}{2}\theta\beta_p-Ma_\infty^2=0 \tag{7-16}$$

由式(7-16)可解出

$$\beta_p=\frac{\gamma+1}{4}\theta\left[\sqrt{1+\left(\frac{4}{(\gamma+1)}\frac{1}{Ma_\infty\theta}\right)^2}-1\right] \tag{7-17}$$

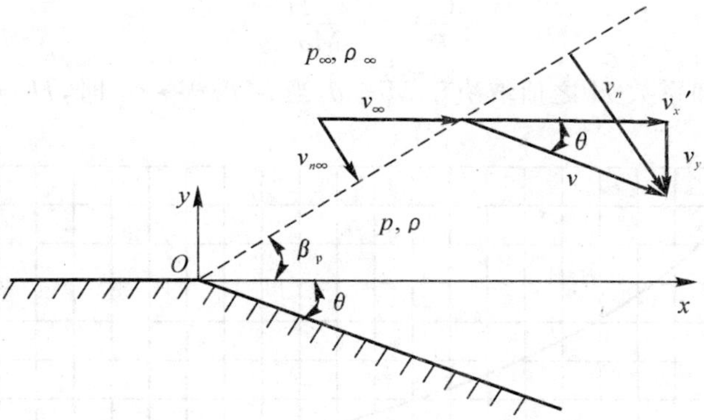

图 7－7　膨胀波前后气流参数

或
$$\frac{\beta_p}{\theta}=\frac{\gamma+1}{4}\left[\sqrt{1+\left(\frac{4}{\gamma+1}\frac{1}{Ma_\infty\theta}\right)^2}-1\right] \tag{7-18}$$

根据动量定理，膨胀波前、后压强之间的关系为

$$p-p_\infty=\rho_\infty v_\infty\sin\beta_p(v_{n\infty}-v_n)=-\rho_\infty v_\infty v_x' \tag{7-19}$$

由图 7－7 可知扰动速度分量 v_x' 与未扰动气流速度 v_∞ 之间关系为

$$v_x'=-v_y'\tan\beta_p\approx v_\infty\theta\tan\beta_p\approx v_\infty\theta\beta_p \tag{7-20}$$

将式(7－20) 代入式(7－19) 中，并化为压强系数形式即得出膨胀后气流的压强系数

$$C_{pp}=-2\theta\beta_p=-\frac{\gamma+1}{2}\left[\sqrt{1+\left[\frac{4}{(\gamma+1)Ma_\infty\theta}\right]^2}-1\right]\theta^2 \tag{7-21}$$

或
$$\frac{C_{pp}}{\theta^2}=-\frac{\gamma+1}{2}\left[\sqrt{1+\left[\frac{4}{(\gamma+1)Ma_\infty\theta}\right]^2}-1\right] \tag{7-22}$$

若 $Ma_\infty\theta\to\infty$ 则有

$$\frac{C_{pp}}{\theta^2}=0 \tag{7-23}$$

7.2.2　马赫无关原理

为了便于计算，还可将激波和膨胀波后的压强系数表示式(7－12)、式(7－22) 改写成更简单的形式。由式(7－12) 可得

$$\frac{C_{py}}{\theta^2}=\frac{\gamma+1}{2}\left[2+\frac{1}{Ma_\infty\theta}\sqrt{(Ma_\infty\theta)^2+\left(\frac{4}{\gamma+1}\right)^2}-1\right]=$$

$$(\gamma+1)+\frac{\gamma+1}{2}\left[\sqrt{(Ma_\infty\theta)^2+\left(\frac{4}{\gamma+1}\right)^2}-Ma_\infty\theta\right]\frac{1}{Ma_\infty\theta} \tag{7-24}$$

令
$$H=\frac{\gamma+1}{2}\left[\sqrt{(Ma_\infty\theta)^2+\left(\frac{4}{\gamma+1}\right)^2}-Ma_\infty\theta\right] \tag{7-25}$$

则有
$$\frac{C_{py}}{\theta^2}=(\gamma+1)+\frac{H}{Ma_\infty\theta} \tag{7-26}$$

对于膨胀波后的压强系数 C_{pp}，将式(7－12) 和式(7－22) 两式叠加，即得

$$\frac{C_{py}}{\theta^2}+\frac{C_{pp}}{\theta^2}=\gamma+1 \tag{7-27}$$

所以
$$\frac{C_{py}}{\theta^2}=-\frac{H}{Ma_\infty\theta} \tag{7-28}$$

从式(7-25)可知系数 H 之值取决于 $Ma_\infty\theta$，当 $Ma_\infty\theta\to\infty$ 时，$H\to 0$，如图 7-8 所示。

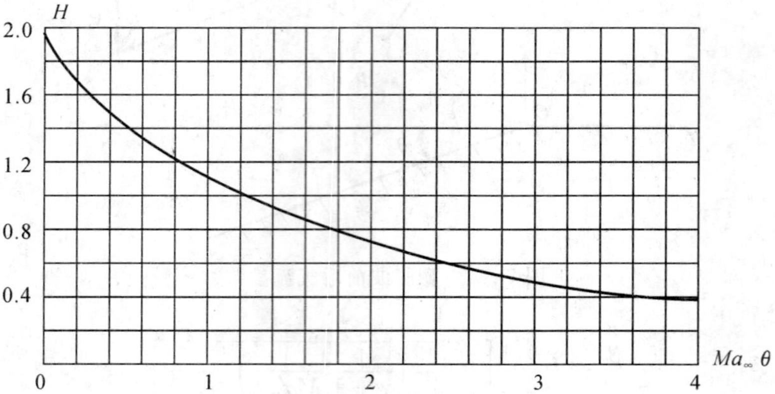

图 7-8　系数 H 随 $Ma_\infty\theta$ 的变化

从上面讨论可以看出如下几个问题：

(1) 当高超声速气流通过激波和膨胀波时，波后气流的压强系数与 θ^2 之比 $\frac{C_p}{\theta^2}$ 只取决于一个参数 $Ma_\infty\theta$，若 $Ma_\infty\theta$ 不变，则 $\frac{C_p}{\theta^2}$ 不变。压强系数 C_p 和 θ 的关系是非线性的。

(2) 当 θ 一定时，$Ma_\infty\theta$ 随 Ma_∞ 增加而增加。当 $Ma_\infty\theta\to\infty$ 时，激波和膨胀波后的压强系数与 Ma_∞ 无关，这一结果通常称为高超声速的马赫无关原理。

7.2.3　高超声速相仿律

由式(7-12)和式(7-22)可看出，在高超声速流中，气流不论是通过斜激波还是通过膨胀波，波后压强系数均可表达为 $\frac{C_p}{\theta^2}=f(Ma_\infty\theta)$ 的形式。即 $\frac{C_p}{\theta^2}$ 仅取决于一个参数 $Ma_\infty\theta$，而不是两个单独的参数 Ma_∞ 和 θ。这个重要的规律就是高超声速相仿律，式中 $Ma_\infty\theta$ 称为高超声速相仿参数，θ 是一个典型的厚度参数。对两个仿射相似的翼剖面，若 α，$\bar{c}$（翼型相对厚度）和 Ma_∞ 各不相同，但只要 $Ma_\infty\bar{c}$ 及 $\frac{\alpha}{\bar{c}}$ 保持不变，则这两个翼剖面周围的压强场可以用同一个函数 $f(Ma_\infty\bar{c},\frac{\alpha}{\bar{c}})$ 表示，即流场中的对应点处 $\frac{C_p}{\bar{c}^2}$ 应相同。必须强调的是两个剖面必须是仿射相似的，也就是在零迎角下两翼剖面物面方程的无量纲形式应相同。

上述压强系数的相仿律可以直接推广到其他的空气动力系数。对于升力系数

$$C_y=\frac{1}{b}\int_0^b(C_{pL}-C_{pU})\,\mathrm{d}x \tag{7-29}$$

其中

$$C_{pL}=\theta^2 f_L(Ma_\infty\theta),\quad C_{pU}=\theta^2 f_U(Ma_\infty\theta)$$

将 C_{pL} 和 C_{pU} 代入 C_y 的表达式，则

$$\frac{C_y}{\theta^2}=\frac{1}{b}\int_0^b(f_L-f_U)\,dx=y(Ma_\infty\theta) \tag{7-30}$$

同理可得力矩系数

$$\frac{m_z}{\theta^2}=\frac{1}{b^2}\int_0^b(f_L-f_U)\,x dx=M(Ma_\infty\theta) \tag{7-31}$$

对于阻力系数

$$C_x=\frac{1}{b}\int_0^b\left(C_{pL}\frac{dy_L}{dx}-C_{pU}\frac{dy_U}{dx}\right)dx \tag{7-32}$$

式中，$\frac{dy}{dx}$是翼面的当地斜率，也可表示为$\frac{dy}{dx}=\theta\cdot h\left(\frac{x}{b}\right)$，其中$h\left(\frac{x}{b}\right)$表征剖面厚度分布。于是

$$\frac{C_x}{\theta^3}=X(Ma_\infty\theta) \tag{7-33}$$

式(7-30)～(7-33)说明，两个仿射相似的翼剖面，如果相对厚度与来流马赫数的乘积相等，则两个翼剖面的$\frac{C_y}{\theta^2}$，$\frac{m_z}{\theta^2}$，$\frac{C_x}{\theta^3}$便相同。

如果是三维机翼，则高超声速相似律可表示为

$$\frac{C_p}{\theta^2}=f(Ma_\infty\theta,Ma_\infty\lambda) \tag{7-34}$$

式中，λ是机翼的展弦比。当Ma_∞很大时，马赫角u_∞很小，翼尖马赫锥所遮盖的三维区可以略去不计，这时三维机翼相仿律与二维相仿律相同。

如果是旋成体，则高超声速相似律可表示为

$$\frac{C_p}{\theta^2}=f(Ma_\infty\theta,Ma_\infty/\lambda) \tag{7-35}$$

式中，λ是旋成体的长细比。

高超声速相仿律对于高速空气动力实验具有很重要的意义。根据这个定律，用仿射相似的物体在风洞中以不很大的Ma_∞做模型试验，就可得到物体在高超声速时的气动特性数据。例如，为了得到一个$\lambda=2$的旋成体，在$Ma_\infty=5$，$\alpha=6°$情况下的表面压力分布，就可用$\lambda=1.2$的旋成体在$Ma_\infty=3$，$\alpha=10°$来做试验。

7.3　牛顿理论及高超声速气动特性计算方法

在$Ma_\infty\gg1$的情况下，牛顿公式的结果与实验相符，下面介绍牛顿理论。

7.3.1　牛顿公式

牛顿理论的基本假设是：

(1) 绕物体流动的流体在与物体的微元表面相碰时，流体质点将失去与物体表面垂直方向上的动量(法向动量)而保持原有的切向动量沿着物体表面流动。由于在物面法线方向的动量的改变引起了流体作用于物面上的力，显然流体对物面的压力只作用在物面上能与流体相碰的表面(物体的迎风面)。

(2) 流体质点不能直接碰撞到表面(称遮蔽面)的压力应该为零。

为了确定流体质点作用在物体上的压强的大小，根据牛顿法的基本假设我们研究一块和

来流方向成倾斜角 θ 的微元平板表面 ds，其内法线方向为 n，如图 7-9 所示。

在单位时间里，与微元表面 ds 相撞的流体质点的质量为 $\rho_\infty v_\infty \sin\theta ds$。由于碰撞作用在微元表面 ds 上的力与流体质点和物体表面相互作用的性质有关，非弹性碰撞时，在微元表面的法线方向上，单位时间内与 ds 相碰撞的流体质点的动量变化为

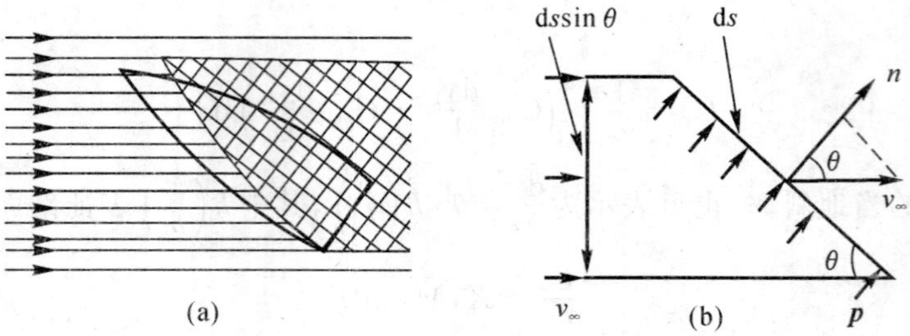

图 7-9　牛顿理论分析用图

$$\rho v_n ds = \rho_\infty v_\infty^2 \sin^2\theta ds \tag{7-36}$$

根据牛顿理论，碰撞后流体质点失去了全部法向动量，则由动量定理，作用在微元表面法向方向的法向力为

$$p ds = \rho_\infty v_\infty^2 \sin^2\theta ds \tag{7-37}$$

所以其压强系数

$$C_p = \frac{\rho_\infty v_\infty^2 \sin^2\theta - p_\infty}{\frac{1}{2}\rho_\infty v_\infty^2} = 2\sin^2\theta - \frac{2}{\gamma Ma_\infty^2} \tag{7-38}$$

当 $Ma \to \infty$ 时，有

$$C_p = 2\sin^2\theta \tag{7-39}$$

对于一般物体表面的当地压强系数

$$C_p = 2\sin^2\theta = 2\cos^2\vartheta \tag{7-40}$$

式中，θ 为物体微元表面的切线与来流方向之间的夹角（在内法线 $\boldsymbol{n}$ 与 $\boldsymbol{v}_\infty$ 所组成的平面内）；ϑ 为微元表面的内法线 $\boldsymbol{n}$ 与来流方向之间的夹角，如图 7-10 所示。

根据牛顿理论，在物体表面的遮蔽区内 $C_p = 0$。实验证明，牛顿公式一般要在 Ma 数大于 10 的范围才接近实际情况。应用牛顿公式(7-39)或式(7-40)，就可以很方便地求出高超声速气流中任意形状物体表面的压强分布。

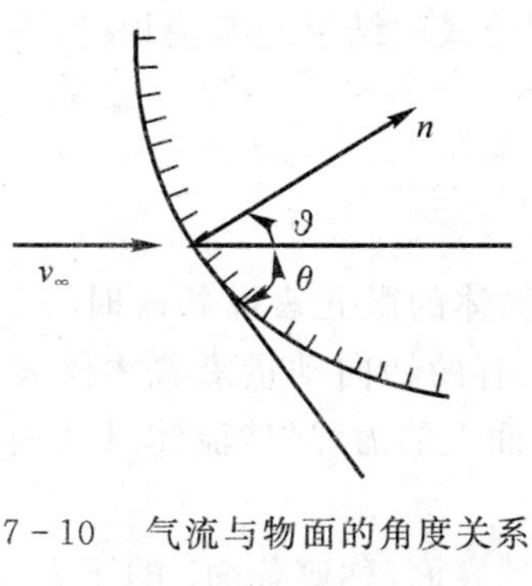

图 7-10　气流与物面的角度关系图

7.3.2　修正的牛顿公式

在工程应用中，为了得到与精确解更为接近的计算结果，通常对牛顿公式进行修正。考虑钝头体的流动，在物体前面顶点处 $\theta=\dfrac{\pi}{2}$，由牛顿公式可知该点的压强系数为 2。实际该点为驻点，其压强为正激波后的驻点压强 C_{p02}，可由激波理论求出。

$$C_{p02}=\frac{2}{\gamma Ma_{\infty}^{2}}\left(\frac{p_{02}}{p_{\infty}}-1\right)=\frac{2}{\gamma Ma_{\infty}^{2}}\left(\frac{p_{02}}{p_{01}}\frac{p_{01}}{p_{\infty}}-1\right)=$$

$$\frac{2}{\gamma Ma_{\infty}^{2}}\left[\left(\frac{\gamma+1}{2}Ma_{\infty}^{2}\right)^{\frac{\gamma}{\gamma-1}}\frac{1}{\left(\dfrac{2\gamma}{\gamma+1}Ma_{\infty}^{2}-\dfrac{\gamma-1}{\gamma+1}\right)^{\frac{1}{\gamma-1}}}-1\right] \tag{7-41}$$

当 $Ma_{\infty}\rightarrow\infty$ 时，式(7－41) 可改写为

$$C_{p02}=\frac{2}{\gamma}\left(\frac{\gamma+1}{2}\right)^{\frac{\gamma}{\gamma-1}}\left(\frac{\gamma+1}{2\gamma}\right)^{\frac{1}{\gamma-1}}=1.84\quad(\gamma=1.4) \tag{7-42}$$

显然，该驻点处的压强系数不是 2，因此必须对牛顿公式进行修正。牛顿公式改写为

$$C_p=C_p^{*}\ \frac{\sin^2\theta}{\sin^2\theta_0} \tag{7-43}$$

式(7－43) 的结果与实验值之间的吻合程度可以得到很大的改善，式(7－43) 即为修正的牛顿公式。其中，C_p^{*} 是物体顶端处的压强系数；θ_0 为物体顶端处物面切线与来流方向之间的夹角。

对于钝头体的流动，$\sin\theta_0=\sin\dfrac{\pi}{2}=1$，$C_p$ 即为正激波后驻点处的压强系数 C_{p02}，则

$$C_p=C_{p02}\ \sin^2\theta \tag{7-43a}$$

7.3.3　飞行器的空气动力系数表达式

利用牛顿公式可很方便地确定任意形状物体的气动力系数。

7.3.3.1　旋成体

设高超声速气流以迎角 α 流过任意形状旋成体，如图 7－11 所示。现应用牛顿公式先求出其表面的压强分布，进而求得作用在旋成体上的空气动力。前已讲到，应用牛顿公式时必须先知道物面上任一点处气流速度 $\boldsymbol{v}_{\infty}$ 与物面的夹角或者气流速度 $\boldsymbol{v}_{\infty}$ 与物面内法线的夹角 ϑ。

由几何关系知

$$\cos\vartheta=\frac{\boldsymbol{v}_{\infty}\cdot\boldsymbol{n}}{|\boldsymbol{v}_{\infty}|\,|\boldsymbol{n}|} \tag{7-44}$$

法线向量 $\boldsymbol{n}$ 可用它在三个坐标轴上的投影表示

$$\boldsymbol{n}=n_x\boldsymbol{i}+n_y\boldsymbol{j}+n_z\boldsymbol{k} \tag{7-45}$$

而 $\boldsymbol{v}_{\infty}$ 可表示为

$$\boldsymbol{v}_{\infty}=\boldsymbol{v}_x\boldsymbol{i}+\boldsymbol{v}_y\boldsymbol{j}+\boldsymbol{v}_z\boldsymbol{k} \tag{7-46}$$

$\boldsymbol{v}_{\infty}$，$\boldsymbol{n}$ 与相应于 x，y，z 的单位矢量 $\boldsymbol{i}$，$\boldsymbol{j}$，$\boldsymbol{k}$ 之间的方向余弦可表示如下(见表 7－1)：

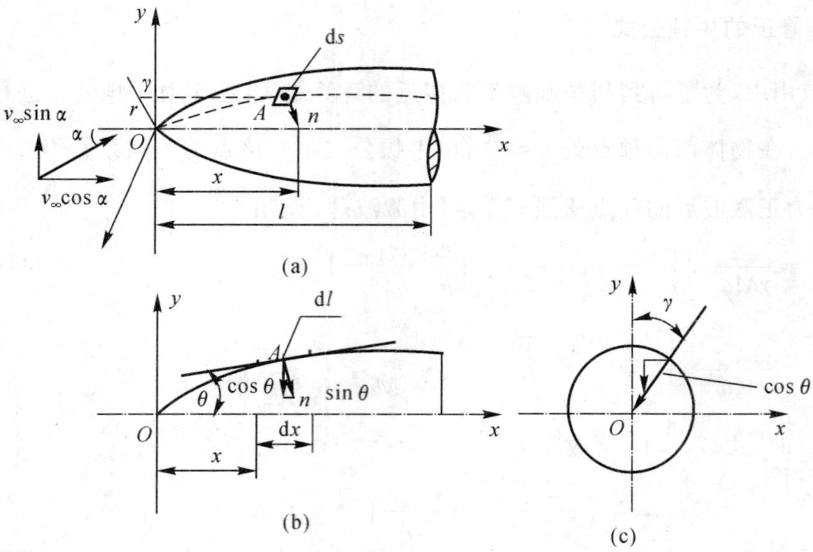

图 7-11　任意形状旋成体的几何关系图

表 7-1　方向余弦表

	$\boldsymbol{i}$	$\boldsymbol{j}$	$\boldsymbol{k}$
$\boldsymbol{v}_\infty$	$\cos\alpha$	$\sin\alpha$	0
$\boldsymbol{n}$	$\sin\theta$	$-\cos\theta\cos\gamma$	$-\cos\theta\sin\gamma$

将 $\boldsymbol{v}_\infty$ 及 $\boldsymbol{n}$ 的表达式，利用表 7-1，由式(7-44)可得

$$\cos\vartheta = \sin\theta\cos\alpha - \sin\alpha\cos\theta\cos\gamma \tag{7-47}$$

则点 A 处的压强系数为

$$C_p = 2\cos^2\vartheta = 2\,(\sin\theta\cos\alpha - \sin\alpha\cos\theta\cos\gamma)^2 \tag{7-48}$$

对于细长物体，α，β 均很小，则式(7-48)可写为

$$C_p = 2\,(\theta - \alpha\cos\gamma)^2 \tag{7-49}$$

为了计算物面上所受的气动力，则必须对式(7-48)或式(7-49)进行积分，但当气流绕过凸角即 $\theta \geqslant \frac{\pi}{2}$ 时(达到遮蔽区)，该点的压强系数 $C_p=0$，因此积分界限可根据式(7-47)确定，角度 θ，α，γ 必须满足

$$\cos\alpha\sin\theta - \sin\alpha\cos\gamma\cos\theta = 0 \tag{7-50}$$

当 α，θ 均很小时，则式(7-50)又可写为

$$\theta - \alpha\cos\gamma = 0 \tag{7-51}$$

利用式(7-50)或式(7-51)两式，当物面已知(即 θ 变化规律已知)及迎角 α 已知时就可决定 γ_k 的变化规律，γ_k 是气流与物面相切的 γ 边界线，则遮蔽区在 γ_k 所限定的区域内。

已知旋成体表面的压强系数分布后，就可计算其空气动力，气动力系数形式为

$$C_{yt} = -\frac{2}{\pi r_{\max}^2}\int_0^{x_k} r\mathrm{d}x \int_{\gamma_k}^{\pi} C_p\cos\gamma\,\mathrm{d}\gamma \tag{7-52}$$

$$C_{xt}=\frac{2}{\pi r_{\max}^2}\int_0^{x_k} r\theta\,\mathrm{d}x\int_{\gamma_k}^{\pi} C_p\,\mathrm{d}\gamma \tag{7-53}$$

$$m_{zt}=\frac{2}{\pi r_{\max}^2 l}\int_0^{x_k} xr\,\mathrm{d}x\int_{\gamma_k}^{\pi} C_p\cos\gamma\,\mathrm{d}\gamma \tag{7-54}$$

假设

$$\overline{A}(\gamma_k)=\int_{\gamma_k}^{\pi} C_p\,\mathrm{d}\gamma \tag{7-55}$$

应用式(7-48)和式(7-55)积分可得

$$\overline{A}(\gamma_k)=2\left(\cos^2\alpha\,\sin^2\theta+\frac{1}{2}\sin^2\alpha\,\cos^2\theta\right)(\pi-\gamma_k)+ \\ 4\cos\alpha\sin\alpha\cos\theta\sin\theta\sin\gamma_k-\sin^2\alpha\cos^2\theta\cos\gamma_k\sin\gamma_k \tag{7-56}$$

假设

$$\overline{B}(\gamma_k)=\int_{\gamma_k}^{\pi} C_p\cos\gamma\,\mathrm{d}\gamma \tag{7-57}$$

积分可得到

$$\overline{B}(\gamma_k)=2\cos\alpha\sin\alpha\cos\theta\sin\theta\cos\gamma_k\sin\gamma_k-2\sin\gamma_k(\cos^2\alpha\,\sin^2\theta+\sin^2\alpha\,\cos^2\theta)- \\ 2\cos\alpha\sin\alpha\cos\theta\sin\theta(\pi-\gamma_k)+\frac{2}{3}\sin^2\alpha\cos^2\theta\sin^3\gamma_k \tag{7-58}$$

因此

$$C_{xt}=\frac{2}{\pi r_{max}^2}\int_0^{x_k}\overline{A}(\gamma_k)\,r\,\mathrm{d}r \tag{7-59}$$

$$C_{yt}=-\frac{2}{\pi r_{\max}^2}\int_0^{x_k}\overline{B}(\gamma_k)\,r\,\mathrm{d}x \tag{7-60}$$

$$m_{zt}=\frac{2}{\pi r_{\max}^2 l}\int_0^{x_k}\overline{B}(\gamma_k)\,rx\,\mathrm{d}x \tag{7-61}$$

压力中心距顶点的相对位置 $\bar{x}_P$ 为

$$\bar{x}_P=-\frac{m_{zt}}{C_{yt}}=\frac{1}{l}\frac{\int_0^{x_k}\overline{B}(\gamma_k)\,rx\,\mathrm{d}x}{\int_0^{x_k}\overline{B}(\gamma_k)\,r\,\mathrm{d}x} \tag{7-62}$$

7.3.3.2　翼型

下面讨论相对厚度相同的等腰三角形剖面翼型和菱形剖面的双凸型翼型的情况。当 $\bar{c}$、α 均很小时,利用牛顿公式可得到这些翼型的气动力表达式。

1. 等腰三角形翼型

参见图 7-12,因翼型相对厚度为 $\bar{c}$,且 $AB=BC$,所以 $\angle A=2\bar{c}$。

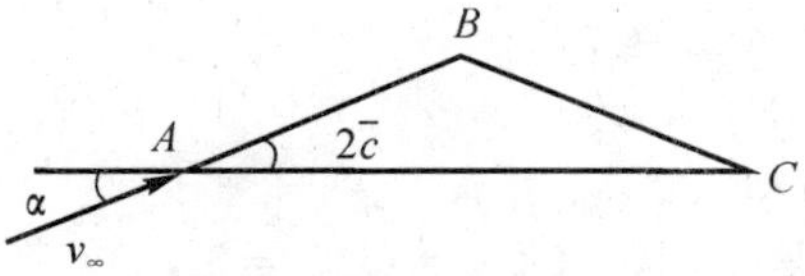

图 7-12　三角形翼型

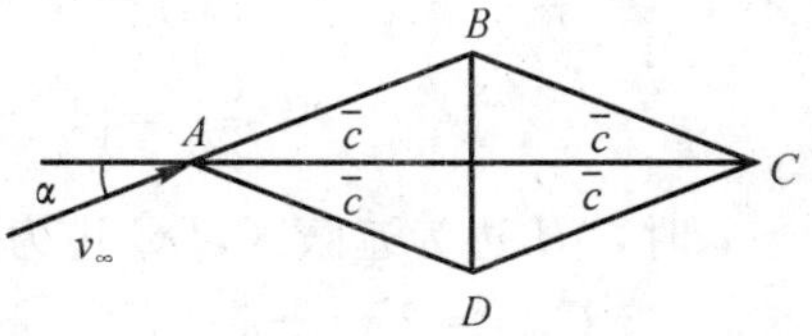

图 7-13　菱形翼型

当 $\alpha<2\bar{c}$ 时,AC 边与来流方向的夹角为 α,按牛顿公式,有

$$C_{pAC}=2\sin^2\alpha\approx 2\alpha^2$$

AB 边与来流方向的夹角为 $2\bar{c}-\alpha$，于是

$$C_{pAB}=2\sin^2(2\bar{c}-\alpha)\approx 2\,(2\bar{c}-\alpha)^2 \tag{7-63}$$

BC 边为遮蔽区，所以 $C_{pBC}=0$。

翼型升力系数为

$$C_y=\frac{C_{pAC}\,\overline{AC}\cos\alpha-C_{pAB}\,\overline{AB}\cos\,(2\bar{c}-\alpha)}{\overline{AC}} \tag{7-64}$$

代入 C_{pAC}，C_{pAB} 的表达式，并注意到当 $\bar{c}$，α 很小时，有

$$\cos\alpha\approx 1,\quad \cos(2\bar{c}-\alpha)\approx 1,\quad \overline{AB}=\frac{1}{2}\,\overline{AC}$$

于是得到

$$C_y=2\alpha^2-(2\bar{c}-\alpha)^2 \tag{7-65}$$

或

$$\frac{C_y}{\bar{c}^{\,2}}=2\left(\frac{\alpha}{\bar{c}}\right)^2-\left(2-\frac{\alpha}{\bar{c}}\right)^2 \tag{7-66}$$

同样可以求得翼型阻力系数为

$$C_x=2\alpha^3+(2\bar{c}-\alpha)^3 \tag{7-67}$$

$$\frac{C_x}{\bar{c}^{\,3}}=2\left(\frac{\alpha}{\bar{c}}\right)^3+\left(2-\frac{\alpha}{\bar{c}}\right)^3 \tag{7-68}$$

注意式(7-65) ~ 式(7-68) 中等号右边第二项，只有当 $\alpha<2\bar{c}$ 时才存在。当 $\alpha>2\bar{c}$ 时，AB 边也成为遮蔽区，整个翼型上表面的压强系数为零，在这种情况，三角形翼型的升力系数和阻力系数与平板相同。

2. 菱形翼型

参看图 7-13，翼型的相对厚度为 $\bar{c}$，$\angle A$，$\angle C$ 均为 $2\bar{c}$，且 AC 平分 $\angle A$，$\angle C$。

当 $\alpha<\bar{c}$ 时，AB，AD 边均为迎风面，且 AB 边和 AD 边与来流方向夹角分别为$(\bar{c}-\alpha)$及$(\bar{c}+\alpha)$。

于是

$$C_{pAB}=2\,(\bar{c}-\alpha)^2$$

$$C_{pAD}=2\,(\bar{c}+\alpha)^2$$

BC，DC 边为遮蔽区，所以 $C_{pBC}=C_{pDC}=0$，翼型升力系数为

$$C_y=\frac{C_{pAD}\,\overline{AD}\cos\,(\bar{c}+\alpha)-C_{pAB}\,\overline{AB}\cos\,(\bar{c}-\alpha)}{\overline{AC}}$$

当 $\bar{c}$、α 均很小时，上式化为

$$C_y=(\bar{c}+\alpha)^2-(\bar{c}-a)^2 \tag{7-69}$$

或

$$\frac{C_y}{\bar{c}^{\,2}}=\left(1+\frac{\alpha}{\bar{c}}\right)^2-\left(1-\frac{\alpha}{\bar{c}}\right)^2 \tag{7-70}$$

当 $\alpha>\bar{c}$ 时，AB 边为遮蔽区，DC 边为迎风面，则

$$C_{pAD}=2\,(\bar{c}+\alpha)^2,\quad C_{pDC}=2\,(\alpha-\bar{c})^2,\quad C_{pAB}=C_{pBC}=0$$

于是升力系数

$$\frac{C_y}{\bar{c}^{\,2}}=\left(1+\frac{\alpha}{\bar{c}}\right)^2+\left(\frac{\alpha}{\bar{c}}-1\right)^2 \tag{7-71}$$

式(7-70) 和式(7-71) 可合并成统一的形式，即

$$\frac{C_y}{\bar{c}^2}=\left(1+\frac{\alpha}{\bar{c}}\right)^2+\left|1-\frac{\alpha}{\bar{c}}\right|\left(1-\frac{\alpha}{\bar{c}}\right) \tag{7-72}$$

式(7－72)对 $\alpha<\bar{c}$ 和 $\alpha>\bar{c}$ 都适用。同理得阻力系数的表达式为

$$\frac{C_x}{\bar{c}^3}=\left(1+\frac{\alpha}{\bar{c}}\right)^3+\left|1-\frac{\alpha}{\bar{c}}\right|^3 \tag{7-73}$$

对三角形翼型和菱形翼型的计算结果可以作以下讨论：

(1) 高超声速流中，$Ma_\infty\to\infty$ 翼剖面与气动特性仅取决于 $\frac{\alpha}{\bar{c}}$，而与 Ma_∞ 无关。

(2) 做出以上两种翼型及平板翼型的极曲线，如图 7－14 所示。显然，在高超声速情况下，迎角足够大时，下表面平直的三角形翼型比菱形翼型有更高的升阻比。因为高超声速流中产生升力主要是与来流方向成较大倾角的下翼面气流受到压缩的作用，平底时气流受压缩作用比菱形情况严重，菱形翼型后半段气流有膨胀，所以下表面平直的翼型其气动特性较具有相同的相对厚度的双凸形翼型要好。这一结论亦可推广到三维绕流情况。图 7－15 显示了半锥的升阻比，在适当迎角时比全锥的要高。

(3) 与超声速线化理论不同，在高超声速下，升力系数不仅与 α 有关，而且与 $\bar{c}$ 有关，且 C_y 与 α 的关系一般不是线性关系。

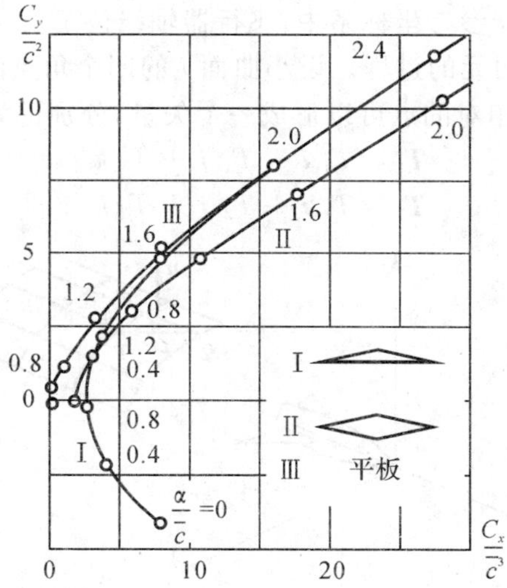

图 7－14　平板、三角形和菱形翼型 $\frac{C_y}{\bar{c}^2}$ 与 $\frac{C_x}{\bar{c}^3}$ 的曲线关系

7.3.4　高超声速飞行器气动力的工程计算方法

确定飞行器的高超声速气动特性是一项十分重要而困难的任务。目前，飞行器设计中由于计算机容量的限制，精确数值模拟还有一定的困难，因此建立一整套实用的高超声速工程计算方法对飞行器气动力设计是十分重要的。下面讨论一种高超声速气动力工程计算方法的基本原理。由于飞行器外形较复杂，因此在计算中为了尽可能保持原几何形面，采用许多四边形或三角形面元代替飞行器的表面，给出压力系数的计算方法，计算每一块面元上的压力系数。在此基础上，进一步求得飞行器的气动力特性。

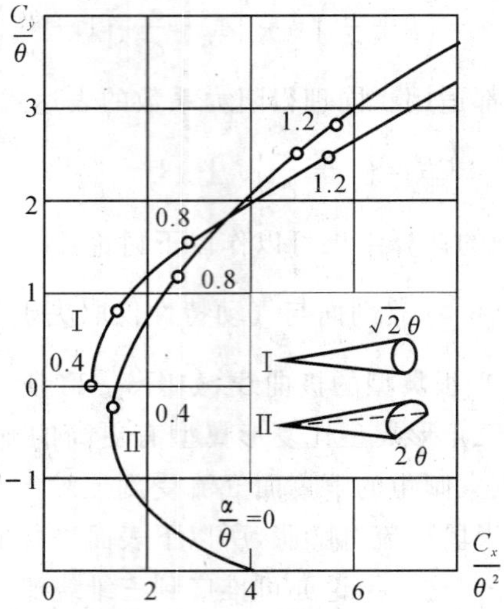

图 7-15 全锥与半锥$\frac{C_y}{\theta}$与$\frac{C_x}{\theta^2}$的曲线关系

1. 飞行器表面面元的确定

如图 7-16 所示的飞行器参考坐标系中，飞行器轴线位于负 x 轴上，原点在飞行器头部。取一个小曲面 i 来说明产生面元的过程。设小曲面 i 的四个角点的坐标为 $x_k^i, y_k^i, z_k^i, k=1,2,3,4$。在这四个角点中，两个相对的点可以形成一个矢量，分别记为 $\boldsymbol{T}_1, \boldsymbol{T}_2$，即

$$\boldsymbol{T}_1 = T_{1x}\boldsymbol{i} + T_{1y}\boldsymbol{j} + T_{1z}\boldsymbol{k} \tag{7-74}$$

$$\boldsymbol{T}_2 = T_{2x}\boldsymbol{i} + T_{2y}\boldsymbol{j} + T_{2z}\boldsymbol{k} \tag{7-75}$$

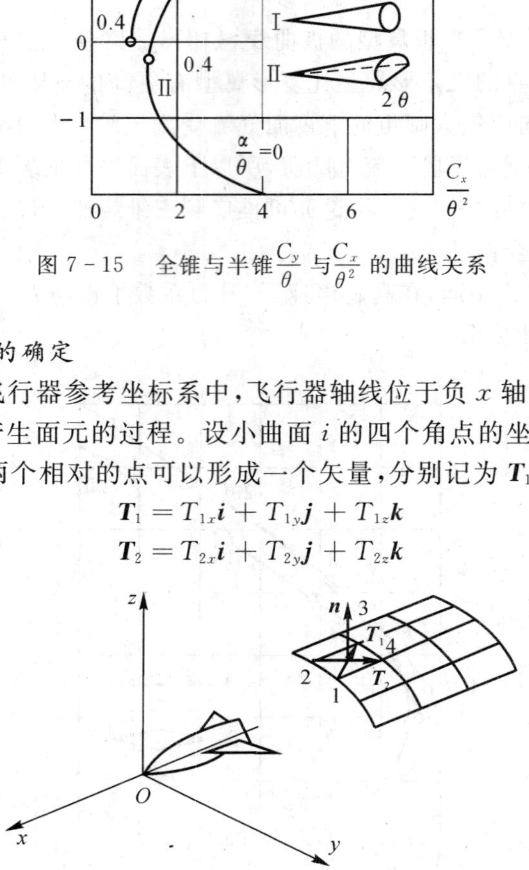

图 7-16 飞行器参考坐标

其中

$$T_{1x} = x_3^i - x_1^i,\quad T_{1y} = y_3^i - y_1^i,\quad T_{1z} = z_3^i - z_1^i$$
$$T_{2x} = x_4^i - x_2^i,\quad T_{2y} = y_4^i - y_2^i,\quad T_{2z} = z_4^i - z_2^i$$

$\boldsymbol{T}_1 \times \boldsymbol{T}_2$ 得到的新矢量称为法矢量 $\boldsymbol{N}$，即

$$\boldsymbol{N} = \boldsymbol{T}_1 \times \boldsymbol{T}_2 = N_x\boldsymbol{i} + N_y\boldsymbol{j} + N_z\boldsymbol{k} \tag{7-76}$$

$$N_x = T_{2y}T_{1z} - T_{1y}T_{2z}$$
$$N_y = T_{1x}T_{2z} - T_{2x}T_{1z}$$
$$N_z = T_{2x}T_{1y} - T_{1x}T_{2y}$$

$\boldsymbol{N}$ 的单位矢量为 $\boldsymbol{n}$，即

$$\boldsymbol{n} = n_x\boldsymbol{i} + n_y\boldsymbol{j} + n_z\boldsymbol{k} \tag{7-77}$$

$$n_x = \frac{N_x}{|\boldsymbol{N}|},\quad n_y = \frac{N_y}{|\boldsymbol{N}|},\quad n_z = \frac{N_z}{|\boldsymbol{N}|}$$

$$|\boldsymbol{N}| = \sqrt{N_x^2 + N_y^2 + N_z^2}$$

由曲面四个角点坐标的平均值作为一个空间点$(\bar{x},\bar{y},\bar{z})$，和单位法矢量 $\boldsymbol{n}$ 所确定的平面就是面元所在的平面。$\bar{x}$，$\bar{y}$ 和 $\bar{z}$ 由下式计算：

$$\bar{x} = \frac{1}{4}\sum_{k=1}^{4} x_k^i,\quad \bar{y} = \frac{1}{4}\sum_{k=1}^{4} y_k^i,\quad \bar{z} = \frac{1}{4}\sum_{k=1}^{4} z_k^i \tag{7-78}$$

将四个角点沿矢量 $\boldsymbol{n}$ 的方向投影到面元平面上，可得四个投影点的坐标为

$$\begin{aligned} x'_k &= x_k^i + n_x d_k \\ y'_k &= y_k^i + n_y d_k \quad k=1,2,3,4 \\ z'_k &= z_k^i + n_z d_k \end{aligned} \tag{7-79}$$

其中

$$d_k = n_x(\bar{x} - x_k^i) + n_y(\bar{y} - y_k^i) + n_z(\bar{z} - z_k^i) \quad k=1,2,3,4$$

则四个角点在面元平面上形成的四边形就是所求的代替小曲面的面元。

2. 面元坐标系的建立

面元形成后，需建立一个面元坐标系。坐标系由三个相互正交的单位矢量(即坐标轴)和一个点(即原点)构成。选取面元法向单位矢量 $\boldsymbol{n}$ 作为一个单位矢量，再把 $\boldsymbol{T}_1$ 的单位矢量 $\boldsymbol{t}_1$ 作为一个单位矢量，如图 7-17 所示。

$$\boldsymbol{t}_1 = t_{1x}\boldsymbol{i} + t_{1y}\boldsymbol{j} + t_{1z}\boldsymbol{k} \tag{7-80}$$

$$t_{1x} = \frac{T_{1x}}{|\boldsymbol{T}_1|},\quad t_{1y} = \frac{T_{1y}}{|\boldsymbol{T}_1|},\quad t_{1z} = \frac{T_{1z}}{|\boldsymbol{T}_1|}$$

$$|\boldsymbol{T}_1| = \sqrt{T_{1x}^2 + T_{1y}^2 + T_{1z}^2}$$

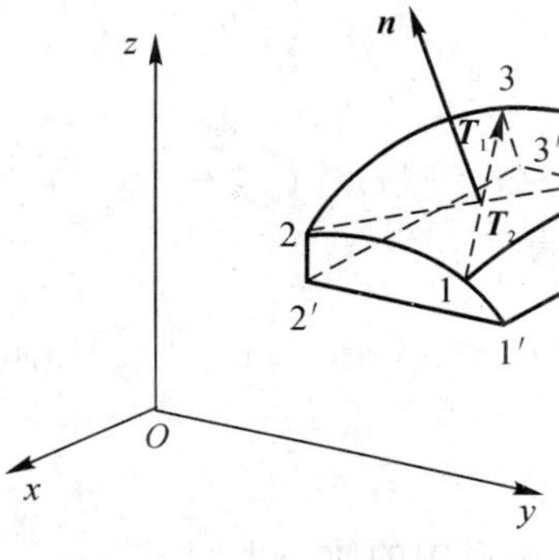

图 7-17　小曲面与面元的关系示意图

由单位矢量 $\boldsymbol{n}$ 和单位矢量 $\boldsymbol{t}_1$ 决定的第三个单位矢量 $\boldsymbol{m}$：

$$\boldsymbol{m} = \boldsymbol{n} \times \boldsymbol{t}_1 = m_x\boldsymbol{i} + m_y\boldsymbol{j} + m_z\boldsymbol{k} \tag{7-81}$$

$$m_x = n_y t_{1z} - t_{1y} n_z$$

$$m_y = n_z t_{1x} - t_{1z} n_x$$

$$m_z = n_x t_{1y} - t_{1x} n_y$$

至此，已建立了一个面元坐标系：原点 $O_p(\bar{x},\bar{y},\bar{z})$，$x_p$ 轴平行于 $\boldsymbol{t}_1$，y_p 轴平行于 $\boldsymbol{m}$，z_p 轴平行于 $\boldsymbol{n}$。x_p 和 y_p 轴在面元平面上。

具体计算中，需将飞行器坐标系中的坐标值变换到面元坐标系中去，也需将面元坐标系中

的值转换到飞行器坐标系中去，如图 7－18 所示。

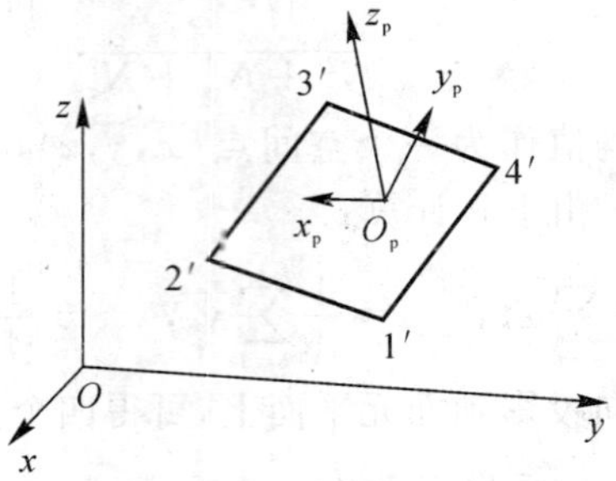

图 7－18　面元坐标系与飞行器坐标系

从飞行器坐标系到面元坐标系：

$$\begin{bmatrix} x_p \\ y_p \\ z_p \end{bmatrix} = \begin{bmatrix} t_{1x} & t_{1y} & t_{1z} \\ m_x & m_y & m_z \\ n_x & n_y & n_z \end{bmatrix} \begin{bmatrix} x-\bar{x} \\ y-\bar{y} \\ z-\bar{z} \end{bmatrix} \tag{7-82a}$$

从面元坐标系到飞行器坐标系：

$$\begin{bmatrix} x-\bar{x} \\ y-\bar{y} \\ z-\bar{z} \end{bmatrix} = \begin{bmatrix} t_{1x} & m_x & n_x \\ t_{1y} & m_y & n_y \\ t_{1z} & m_z & n_z \end{bmatrix} \begin{bmatrix} x_p \\ y_p \\ z_p \end{bmatrix} \tag{7-82b}$$

把投影点在飞行器坐标系中的值转换到面元坐标系中，有

$$\begin{aligned} x_{pk} &= t_{1x}(x'_k-\bar{x})+t_{1y}(y'_k-\bar{y})+t_{1z}(z'_k-\bar{z}) \\ y_{pk} &= m_x(x'-\bar{x})+m_y(y'_k-\bar{y})+m_z(z'_k-\bar{z}) \qquad k=1,2,3,4 \\ z_{pk} &= 0 \end{aligned} \tag{7-83}$$

面元平面上的四边形面积公式为

$$\Delta S=\frac{1}{2}(x_{p3}-x_{p1})(y_{p2}-y_{p4}) \tag{7-84}$$

面元坐标系中，面元质心的坐标为

$$\begin{aligned} x_{po} &= [x_{p4}(y_{p1}-y_{p2})+x_{p2}(y_{p4}-y_{p1})]/[3(y_{p2}-y_{p4})] \\ y_{po} &= -y_{p1}/3 \\ z_{po} &= 0 \end{aligned} \tag{7-85}$$

利用转换公式，可求得质心在飞行器坐标系中的质心坐标为

$$\begin{aligned} x_o^i &= \bar{x}+t_{1x}x_{po}+m_x y_{po} \\ y_o^i &= \bar{y}+t_{1y}x_{po}+m_y y_{po} \\ z_o^i &= \bar{z}+t_{1z}x_{po}+m_z y_{po} \end{aligned} \tag{7-86}$$

3. 面元冲击角 θ^i

面元冲击角 θ^i 为气流相对于第 i 个面元的速度与该面元平面的夹角，它可表示为

$$\theta^i=\frac{\pi}{2}-\arccos\left(\frac{-\boldsymbol{n}_i\cdot\boldsymbol{v}}{|\boldsymbol{n}_i||\boldsymbol{v}|}\right) \tag{7-87}$$

其中，$\boldsymbol{n}_i$ 为第 i 个面元平面的单位法向向量。

速度矢量

$$\boldsymbol{v}=\boldsymbol{v}_\infty+\boldsymbol{\Omega}\times\boldsymbol{r} \tag{7-88}$$

角速度
$$\boldsymbol{\Omega}=P\boldsymbol{i}-Q\boldsymbol{j}-R\boldsymbol{k} \tag{7-89}$$
向径
$$\boldsymbol{r}=(x_o^i-x_r)\boldsymbol{i}+(y_o^i-y_r)\boldsymbol{j}+(z_o^i-z_r)\boldsymbol{k} \tag{7-90}$$
$\boldsymbol{v}_\infty$ 为来流速度；P,Q,R 为飞行器滚转、俯仰和偏航的角速度；x_r,y_r,z_r 为参考点的坐标。

$$\boldsymbol{\Omega}\times\boldsymbol{r}=\begin{vmatrix} i & j & k \\ P & -Q & -R \\ x_o^i-x_r & y_o^i-y_r & z_o^i-z_r \end{vmatrix}=[-Q(z_o^i-z_r)+R(y_o^i-y_r)]\boldsymbol{i}+$$
$$[-R(x_o^i-x_r)-P(z_o^i-z_r)]\boldsymbol{j}+[P(y_o^i-y_r)+Q(x_o^i-x_r)]\boldsymbol{k} \tag{7-91}$$

则 $\boldsymbol{v}$ 在体轴系中的三个分量为

$$\left.\begin{aligned} v_x&=v_{x\infty}+Q(z_o^i-z_r)-R(y_o^i-y_r) \\ v_y&=v_{y\infty}+R(x_o^i-x_r)+P(z_o^i-z_r) \\ v_z&=v_{z\infty}-P(y_o^i-y_r)-Q(x_o^i-x_r) \end{aligned}\right\} \tag{7-92}$$

$$|\boldsymbol{v}|=\sqrt{v_x^2+v_y^2+v_z^2} \tag{7-93}$$

$$\boldsymbol{v}\cdot\boldsymbol{n}_i=n_xv_x+n_yv_y+n_zv_z \tag{7-94}$$

$$\theta^i=\frac{\pi}{2}-\arccos\left(-\frac{n_xv_x+n_yv_y+n_zv_z}{\sqrt{v_x^2+v_y^2+v_z^2}}\right) \tag{7-95}$$

4. 压力系数

根据撞击角是否大于零，可以把面元所处的流场分为迎风面和背风面。即：$\theta\geqslant 0$ 为迎风面，$\theta<0$ 为背风面。如果面元分得很小，则可假设每块面元上压力系数为常数。

为了求得每块面元上的压力系数，可采用前面给出的牛顿理论或修正牛顿理论，也可采用小冲击角应用的切锥法（或切楔法）以及其他辅以实验修正的方法等。一般情况下，C_p 可表示为

$$C_p=k\sin^2\theta \tag{7-96}$$

(1) 对于高高超声速区域，不论在飞行器的任何部位，迎风面选择修正的牛顿公式，在背风面选择普朗特-迈以耳公式。

1) 头部半顶角为 θ_n，用斜激波关系近似计算激波后参数有

$$Ma_n^2=\frac{[(\gamma+1)Ma_\infty\beta]^2}{[2\gamma Ma_\infty^2\beta^2-(\gamma-1)][(\gamma-1)Ma_\infty^2\beta^2+2]} \tag{7-97}$$

$$\frac{p_n}{p_\infty}=\frac{2\gamma}{\gamma+1}Ma_\infty^2\beta^2-\frac{\gamma-1}{\gamma+1} \tag{7-98}$$

$$\frac{\beta}{\theta}=\frac{\gamma+1}{4}\left[1+\sqrt{1+\left(\frac{4}{\gamma+1}\,\frac{1}{Ma_\infty\theta}\right)^2}\right] \tag{7-99}$$

2) 激波后物面为普朗特-迈以耳流动。

$$\theta_i-\theta_n=\frac{2}{\gamma-1}\left(\frac{1}{Ma_n}-\frac{1}{Ma_i}\right) \tag{7-100}$$

$$\frac{Ma_n}{Ma_i}=1-\frac{\gamma-1}{2}Ma_n\Delta\theta \tag{7-101}$$

$$\frac{p_i}{p_n}=\left[\frac{1+\dfrac{\gamma-1}{2}Ma_n^2}{1+\dfrac{\gamma-1}{2}Ma_i^2}\right]^{\frac{\gamma}{\gamma-1}}\approx\left(\frac{Ma_n}{Ma_i}\right)^{\frac{2\gamma}{\gamma-1}}=\left(1-\frac{\gamma-1}{2}Ma_n\Delta\theta\right)^{\frac{2\gamma}{\gamma-1}} \tag{7-102}$$

$$C_p=\frac{2}{\gamma Ma_{\infty}^2}\left(\frac{p_i}{p_{\infty}}-1\right)=\frac{2}{\gamma Ma_{\infty}^2}\left(\frac{p_i}{p_n}\frac{p_n}{p_{\infty}}-1\right) \tag{7-103}$$

(2) 在低高超声速区域的迎风面，若三维效应比较显著，可以采用切锥法。

$$C_p=2e^{\xi}\sin^2\theta \tag{7-104}$$

其中

$$\xi=0.18145-0.20923\eta+0.09092\eta^2+0.006876\eta^3-0.006225\eta^4-0.000971\eta^5$$

$$\eta=\ln\sqrt{Ma_{\infty}^2-1}\sin\theta$$

或

$$C_p=\frac{4\sin^2\theta\left(2.5+8\sqrt{Ma_{\infty}^2-1}\sin\theta\right)}{1+16\sqrt{Ma_{\infty}^2-1}\sin\theta} \tag{7-105}$$

在低高超声速的其他区域，可采用 Dahlam - Buck 方法，式(7 - 96) 中的 k 值如下确定：

$$k=\begin{cases}\dfrac{1}{\sin(4\theta)^{\frac{3}{4}}}+1, & \theta\leqslant 22.5\\ 2, & \theta>22.5\end{cases} \tag{7-106}$$

由以上原则选择的计算方法与实践数据，拟合出对飞行器各部件不同的 k 值：

机身 $k=2.38+0.03792\theta-0.002521\theta^2+0.0000458\,3\theta^3+2.917\times10^{-7}\theta^4$ (7 - 107)

机翼 $k=3.24-0.08867\theta+0.002775\theta^2-4.333\times10^{-5}\theta^3+2.5\times10^{-7}\theta^4$ (7 - 108)

升降副翼 $k=1.15+0.004179\theta+0.0009958\theta^2-4.166\times10^{-6}\theta^3+4.166\times10^{-8}\theta^4$ (7 - 109)

机身襟翼 $k=1.33+0.082225\theta-0.003412\theta^2+6.25\times10^{-5}\theta^3-3.75\times10^{-7}\theta^4$ (7 - 110)

5. 气动力特性计算表达式

由于每块面元上的压力计算相对于别的面元是独立的，利用上面讨论的压力系数，面元单位法向向量在参考坐标系(体轴系) 内的投影和面元面积，对每一面元上的轴向力、法向力、横向力和力矩系数可以由下列公式求得：

$$\left.\begin{aligned}
C_{xt}&=\sum_i C_{pi}n_{xi}\frac{\Delta S_i}{S_{\text{ref}}}\\
C_{yt}&=\sum_i -C_{pi}n_{zi}\frac{\Delta S_i}{S_{\text{ref}}}\\
C_{zt}&=\sum_i C_{pi}n_{yi}\frac{\Delta S_i}{S_{\text{ref}}}\\
M_x&=\sum_i\left[n_{yi}z_i-n_{zi}y_i\right]\frac{C_{pi}\Delta S_i}{\bar{C}S_{\text{ref}}}\\
M_z&=\sum_i\left[-n_{zi}x_i+n_{xi}z_i\right]\frac{C_{pi}\Delta S_i}{\bar{C}S_{\text{ref}}}\\
M_y&=\sum_i\left[n_{yi}x_i-n_{xi}y_i\right]\frac{C_{pi}\Delta S_i}{\bar{C}S_{\text{ref}}}
\end{aligned}\right\} \tag{7-111}$$

其中，C_{pi} 为第 i 个面元上的压力系数；ΔS_i 为第 i 个面元的面积；n_{xi}，n_{yi}，n_{zi} 为第 i 个面元单位

法向向量在飞行器参考坐标系（体坐标系）内的投影；x_i，y_i，z_i 为面元面心至力矩参考点的距离，即 $x_i = x_o^i - x_r$，$y_i = y_o^i - y_r$，$z_i = z_o^i - z_r$。

根据法向力、轴向力与升力、阻力等关系，可把以上各气动参数式（7-111）转换为升力和阻力系数。

$$\left.\begin{aligned} C_y &= -C_{xt}\sin\alpha - C_{zt}\cos\alpha\sin\gamma + C_{yt}\cos\alpha\cos\gamma \\ C_x &= C_{xt}\cos\alpha\cos\beta - C_{zt}(\sin\alpha\cos\beta\sin\gamma + \sin\beta\cos\gamma) + \\ &\quad C_{yt}(\sin\alpha\cos\beta\cos\gamma - \sin\beta\sin\gamma) \end{aligned}\right\} \tag{7-112}$$

其中，α 为迎角；β 为侧滑角；γ 为滚转角。注意上面介绍的方法为高超声速飞行器无黏流工程计算方法。根据这种方法计算出的阻力系数只是无黏阻力系数，为了计算出总的阻力系数，还应加上摩擦阻力系数和底部阻力系数。

7.4　高超声速飞行器气动热计算方法

飞行器以很高的速度在空气中运动，由于空气黏性作用，附面层内具有很大的速度梯度的各气流层产生了强烈的摩擦，其结果使气流的动能不可逆地转变为热能。飞行器的飞行速度越大，高温气流对飞行器表面的加热程度就越严重，有可能导致飞行器表面改变外形，并改变飞行器的结构强度及刚度，对保证飞行器的正常飞行造成了极为严重的影响。

研究飞行器气动加热的目的与任务是寻求计算飞行器表面温度分布的方法。设法找出减轻气动加热的措施，如采用有效的防护层或冷却措施，以及为强度计算提供必要的数据等，以保证飞行器能按技术要求进行正常飞行。

7.4.1　附面层内温度分布

飞行器高速飞行时，附面层内流体流动的阻滞，引起了温度的显著增高。附面层温度分布如图 7-19 所示，分为绝热壁（$T_w = T_r$）、热壁（$T_w > T_r$）和冷壁（$T_w < T_r$）。

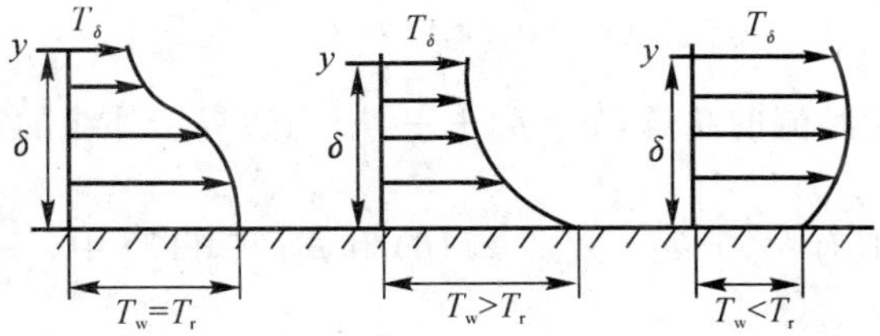

图 7-19　附面层温度分布图

绝热壁就是与流体之间无传热的壁面。绝热壁的壁温 T_w 应该与附面层内紧靠壁面的气体温度相等。如果气流的动能完全转化为热能，在绝热壁面上滞止气流的总温可表示为

$$T_0 = T_\infty\left(1 + \frac{\gamma - 1}{2} Ma_\infty^2\right) \tag{7-113}$$

在附面层内，虽然与壁面接触处的流体速度为零，但由于附面层内有温度梯度，这就导致由壁面向外的热传导。所以绝热壁面处流体的温度要低于驻点的温度，称之为恢复温度，记为 T_r。工程上为了计算 T_r，引入一个系数 r，称为温度恢复系数，其定义为

$$r=\frac{T_r-T_\infty}{T_0-T_\infty} \tag{7-114}$$

它与附面层的性质、普朗特数 $Pr=g\mu c_p/\lambda$ 等因素有关。

层流时 $r=\sqrt{Pr}$，$Pr_{层流}\approx 0.71$，所以 $r_{层流}\approx 0.845$；

紊流时 $r=\sqrt[3]{Pr}$，$Pr_{紊流}\approx 0.68$，所以 $r_{紊流}\approx 0.88$。

知道了温度恢复系数 r，从式(7-113)和式(7-114)即可求出恢复温度。

$$T_r=T_\infty\left(1+\frac{\gamma-1}{2}rMa_\infty^2\right) \tag{7-115}$$

7.4.2 热流量计算

7.4.2.1 驻点热流计算

将单位时间内附面层传至飞行器单位表面积上的热量称为热流量，用 q_w 表示。在驻点区，气体运动的动能几乎全部转化为内能，气体的温度最高，对飞行器表面加热的热流密度最大。人们对此做了许多研究工作，给出了许多在工程设计中可供使用的计算公式，常用的一些公式有以下几种：

1. Fay-Riddell 公式

对于柱体的驻点，热流表达式为

$$q_w=0.57Pr^{-0.6}(\rho_\delta\mu_\delta)^{0.5}\sqrt{\left(\frac{\mathrm{d}u_\delta}{\mathrm{d}x}\right)_s}(h_{aw}-h_w) \tag{7-116}$$

对于轴对称体的驻点，热流表达式为

$$q_w=0.763Pr^{-0.6}(\rho_\delta\mu_\delta)^{0.5}\sqrt{\left(\frac{\mathrm{d}u_\delta}{\mathrm{d}x}\right)_s}(h_{aw}-h_w) \tag{7-117}$$

式中，ρ_δ 和 μ_δ 分别为驻点边界层外缘的密度和黏性系数；h_{aw} 和 h_w 分别为绝热壁和物面的焓值。h_{aw} 的表达式如下：

$$h_{aw}=h_\delta+r(h_0-h_\delta) \tag{7-118}$$

式中，h_0 为边界层外缘无黏流的总焓，$h_0=h_\delta+\frac{u_\delta^2}{2}$，$h_\delta$ 为边界层外缘的焓值。在驻点附近，附面层外缘速度 u_δ 很小，近似有 $h_{aw}=h_\delta$。式(7-116)和式(7-117)中，$\left(\frac{\mathrm{d}u_\delta}{\mathrm{d}x}\right)_s$ 表示驻点处沿物面切向速度导数，即

$$\left(\frac{\mathrm{d}u_\delta}{\mathrm{d}x}\right)_s=\frac{1}{R}\sqrt{\frac{2(p_\delta-p_\infty)}{\rho_\delta}} \tag{7-119}$$

其中，p_δ 和 p_∞ 分别为边界层外缘的压强和来流压强；R 为驻点曲率半径。可以看出，驻点热流与头部半径的平方根成反比，即 $q_w\propto\frac{1}{\sqrt{R}}$。为了减小热流，必须增加头部半径。

2. Kemp-Riddell 公式

根据激波管实验结果，修正后的热流计算公式为

$$q_w=\frac{110311.7}{\sqrt{R}}\left(\frac{\rho_\infty}{\rho_0}\right)^{0.5}\left(\frac{v_\infty}{v_c}\right)^{3.15}\left(\frac{h_0-h_w}{h_0-h_{300K}}\right) \tag{7-120}$$

式中，ρ_∞ 和 v_∞ 分别为来流密度和速度；$\rho_0 = 1.225\ \mathrm{kg/m^3}$；$v_c = 7\ 900\ \mathrm{m/s}$；$R$ 为驻点曲率半径；h_0 同上；$h_{300\mathrm{K}}$ 为温度为 300 K 时空气的焓值。

3. Anderson 近似估算公式

$$q_\mathrm{w} = C\rho_\infty^N v_\infty^M \tag{7-121}$$

式中，$N = 0.5$；$M = 3$；$C = 1.83 \times 10^{-8} R^{-0.5}(1.0 - h_\mathrm{w}/h_0)$，其他各符号同上。

7.4.2.2　飞行器表面的热流计算

飞行器表面热流由下面的公式决定：

$$q_\mathrm{w} = \alpha(T_\mathrm{r} - T_\mathrm{w}) \tag{7-122}$$

式中，T_r 为恢复温度；T_w 为壁面温度；α 为热交换系数或传热系数，其单位为 $\mathrm{J/m^2 \cdot s \cdot K}$。热交换系数 α 的计算是个复杂的问题，它由飞行速度、附面层内的气流参数等因素来决定。由于 α 是一个有量纲的量，根据相似理论引入一个无量纲热交换系数 St，称为斯坦顿(Stanton)数，其定义为

$$St = \frac{\alpha}{c_p g \rho v} \tag{7-123}$$

其中，c_p 是气流的定压比热；g 是重力加速度；ρ 为气流的密度；v 是气流的速度。

显然，若能求出 St 的数值，即可求出 α，然后热流量 q_w 亦可求出来。

1. 迎角为零时平板的热交换系数

由理论分析，斯坦顿数与摩擦力系数成正比关系。

$$St = \frac{C_f}{2}\frac{1}{S} \tag{7-124}$$

其中，S 称为雷诺相似因子，它是与普朗特数 Pr 有关的比例系数，对于等温平板由理论计算得出

$$S = Pr^{\frac{2}{3}} \tag{7-125}$$

所以

$$St = \frac{1}{2} Pr^{-\frac{2}{3}} C_f \tag{7-126}$$

即

$$\alpha = \frac{1}{2} Pr^{-\frac{2}{3}} C_f \rho g c_p v \tag{7-127}$$

其中

$$C_{f层} = \frac{0.664}{\sqrt{Re}}$$

$$C_{f紊} = \frac{0.0592}{Re^{0.2}} \quad Re \leqslant 10^7$$

$$C_{f紊} = \frac{0.37}{(\tan Re)^{2.584}} \qquad 10^7 \leqslant Re \leqslant 10^9$$

前已指出，附面层内的温度是变化的，因此在求解 α 时，所用到的 ρ，c_p 等参数也都是变化的。为了简化问题，便于工程上的应用，一般采用参考温度法。即：引入一个确定的参考温度，把附面层内变化的空气特性参数用参考温度下不变的参数来代替。参考温度由经验公式确定：

$$T^* = T_\delta + 0.5(T_\mathrm{w} - T_\delta) + 0.22(T_\mathrm{r} - T_\delta) \tag{7-128}$$

式中，T_δ 表示附面层外缘的气流温度。知道了 T^*，附面层内气流的参数可以查有关图线或计算得到。从空气动力学中已经知道，流体的黏性系数 μ 可按下面公式计算：

$$\mu^{*}=1.46\times10^{-6}\ \frac{T^{*\frac{3}{2}}}{T^{*}+110}\quad (\mathrm{N\cdot s/m^2}) \tag{7-129}$$

因为流体压力沿附面层厚度方向是不变的，所以密度 ρ 应满足

$$\rho^{*}/\rho_{\delta}=T_{\delta}/T^{*} \tag{7-130}$$

这样，参考温度下的雷诺数为

$$Re^{*}=\frac{\rho^{*}v_{\delta}x}{\mu^{*}} \tag{7-131}$$

普朗特数 Pr^{*}，定压比热 c_p^{*} 都与温度有关，计算时可分别按以下提供的曲线查找，参看图 7-20 和图 7-21。

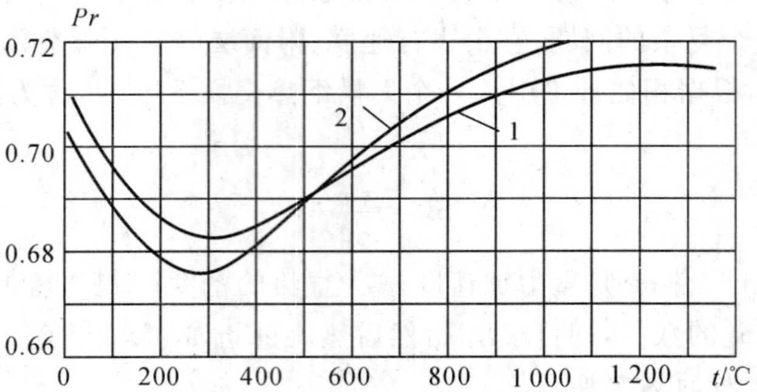

图 7-20 普朗特数与温度关系

1— 根据 Еван－драйст 所得曲线；2— 根据 Нваргафтцк 所得曲线

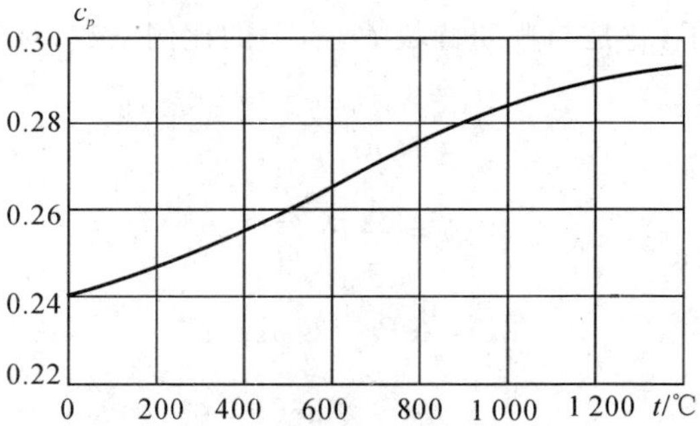

图 7-21 空气的比定压热容与温度的关系

由此可按式(7-126) 计算斯坦顿数 St，再根据式(7-127) 求出热交换系数 α 来。

$$\alpha_{层}=3.26\ (Re^{*})^{-1/2}\ (Pr^{*})^{-2/3}\rho^{*}c_p^{*}v_{\delta} \tag{7-132}$$

$$\alpha_{紊}=0.29\ (Re^{*})^{-0.2}\ (Pr^{*})^{-2/3}\rho^{*}c_p^{*}v_{\delta}\qquad Re\leqslant10^{7} \tag{7-133}$$

$$\alpha_{紊}=1.81\ (\tan Re^{*})^{-2.584}\ (Pr^{*})^{-2/3}\rho^{*}c_p^{*}v_{\delta}\qquad 10^{7}\leqslant Re\leqslant10^{9} \tag{7-134}$$

2. 迎角不等于零时机翼、机身的热交换系数

(1) 机翼。当迎角大于零时，下表面产生激波，波后温度增加，所以气动加热的严重情况出现在下表面。为此来计算下表面上任意一点 A 的温度，如图 7-22 所示。首先要计算点 A 的 p，ρ 和 v 等参数。

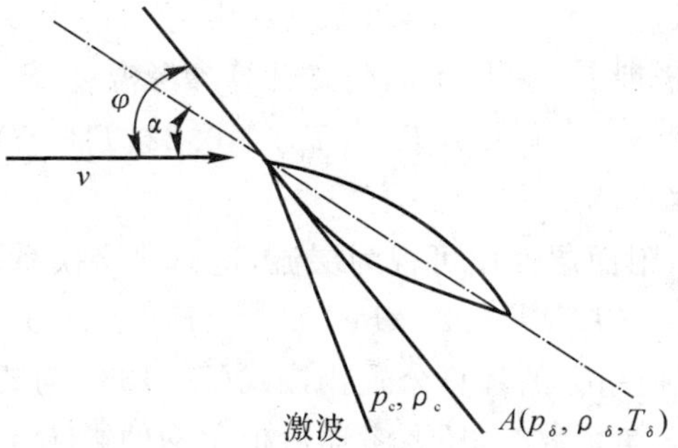

图 7-22　弹翼前缘的流动图

设点 A 处的切线与气流方向的夹角为 φ。用线化理论，点 A 的 $C_{p\delta}$ 为

$$C_{p\delta} = \frac{p_\delta - p_\infty}{\frac{1}{2}\rho v_\infty^2} = C_1\varphi + C_2\varphi^2 + C_3\varphi^3 + \cdots \tag{7-135}$$

其中

$$C_1 = \frac{2}{\sqrt{Ma_\infty^2 - 1}}$$

$$C_2 = \frac{(Ma_\infty^2 - 2)^2 + 1.4Ma_\infty^4}{2(Ma_\infty^2 - 1)^2}$$

$$C_3 = \frac{0.36Ma_\infty^8 - 1.493Ma_\infty^6 + 3.6Ma_\infty^4 - 2Ma_\infty^2 + 1.33}{(Ma_\infty^2 - 1)^{3.5}}$$

一般 $Ma_\infty < 3$ 取一项，$Ma_\infty < 10$ 取二项，$Ma_\infty > 10$ 取三项。

从式(7-135)，可以得到

$$\frac{p_\delta}{p_\infty} = 1 + 0.7Ma_\infty^2 C_{p\delta} \tag{7-136}$$

激波前后的压强比亦可用式(7-135)计算：

$$\frac{p_c}{p_\infty} = 1 + 0.7Ma_\infty^2 C_{pc} \tag{7-137}$$

其中，C_{pc} 的运算亦与 $C_{p\delta}$ 相同，唯式(7-135)中的 φ 角用弹翼前缘半顶角 θ_0 与迎角 α 之和来代替。由此附面层外缘的密度和激波后的密度之比为

$$\frac{\rho_\delta}{\rho_c} = \left(\frac{p_\delta}{p_c}\right)^{\frac{1}{\gamma}} = \left(\frac{1 + 0.7Ma_\infty^2 C_{p\delta}}{1 + 0.7Ma_\infty^2 C_{pc}}\right)^{\frac{1}{\gamma}} \tag{7-138}$$

根据斜激波理论，有关系式

$$\frac{\rho_c}{\rho_\infty} = 1 + 5\,\frac{p_c/p_\infty - 1}{p_c/p_\infty + 6} \tag{7-139}$$

由式(7-138)与(7-139)，可以得到

$$\frac{\rho_\delta}{\rho_\infty} = \frac{\rho_\delta}{\rho_c}\,\frac{\rho_c}{\rho_\infty} = \left[\frac{1 + 0.7Ma_\infty^2 C_{p\delta}}{1 + 0.7Ma_\infty^2 C_{pc}}\right]^{1/r}\left[1 + \frac{Ma_\infty^2 C_{pc}}{2(1 + 0.1Ma_\infty^2 C_{pc})}\right] \tag{7-140}$$

这样，点 A 处附面层外边的温度和速度可按下式计算：

$$\frac{T_\delta}{T_\infty} = \left(\frac{p_\delta}{p_\infty}\right)\left(\frac{\rho_\infty}{\rho_\delta}\right) \tag{7-141}$$

$$Ma_\delta^2 = 5 \cdot \left[\left(\frac{T_\infty}{T_\delta}\right)(1 + 0.2Ma_\infty^2) - 1\right] \tag{7-142}$$

$$v_\delta = 20 Ma_\delta \sqrt{T_\delta} \tag{7-143}$$

找到了 T_δ，根据壁面温度 T_w，可用下面公式计算参考温度 T^*：

$$T^* = T_\delta + 0.5(T_w - T_\delta) + 0.22(T_r - T_\delta) \tag{7-144}$$

式中，T_r 按式(7-115) 计算。

倘若点 A 离前缘较近，附面层性质可视为层流，这时热交换系数可用下式计算：

$$\alpha_{层} = f(T^*) = 3.26\,(Re^*)^{-1/2}\,(Pr^*)^{-2/3}\rho^* c_p^* v_\delta \tag{7-145}$$

若附面层为紊流，热交换系数的计算公式仍按式(7-133) 与式(7-134) 计算。

在计算机翼前缘的热交换系数时，还要考虑后掠角 χ 的影响。当机翼存在有后掠角时，热交换系数会减小，其减小量近似地可用图 7-23 来决定。在选择机翼后掠角时，还须注意这一事实：过大的后掠角(大于 70°) 会导致临界雷诺数的降低，即转捩点位置的前移。

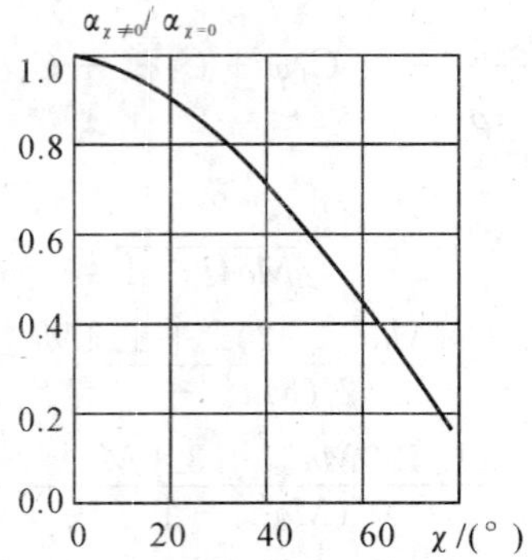

图 7-23　后掠角对热交换系数的影响

(2) 机身。对于旋成体来说，斯坦顿数 St 仍然可以表示为

$$St = \frac{C_f}{S} \times \frac{1}{2} \tag{7-146}$$

式中，S 仍然可用式(7-125) 计算。在机身的圆柱段部分或接近于圆柱段部分，仍然可用平板局部摩擦系数的方法来求局部摩擦系数 C_f；但对于机身头部(圆锥形或接近圆锥形头部) 的局部摩擦系数，根据理论计算，在层流附面层时为

$$C_{f圆锥} = \sqrt{3}\, C_{f平板} \tag{7-147}$$

这相当于在计算圆锥面上一点 A 处的雷诺数时，其特征长度 $\bar{x}$ 不是取点 A 离头部的距离 x，而是取

$$\bar{x} = \frac{1}{3} x \tag{7-148}$$

在紊流附面层时，计算点 A 的雷诺数取的特征长度

$$\bar{x} = \frac{1}{2} x \tag{7-149}$$

所以，锥形头部 A 的雷诺数应取

$$(Re)_{zhui} = \frac{\rho v \bar{x}}{\mu} \tag{7-150}$$

根据锥型流理论，圆锥面上的气流参数应满足下列方程(见图 7-24)：

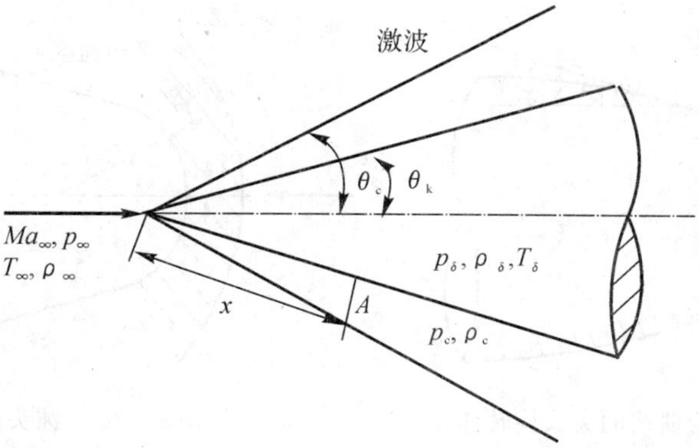

图 7-24　绕锥体的流动参数

$$C_{p\delta}=\frac{p_\delta-p_\infty}{\frac{1}{2}\rho v_\infty^2}=2.091\left[1+\frac{0.143}{(\theta_k Ma_\infty)^{3/2}}\right]\theta_k^2 \tag{7-151}$$

$$\frac{p_\delta}{p_\infty}=1+0.7Ma_\infty^2 C_{p\delta} \tag{7-152}$$

$$\frac{\theta_c}{\theta_k}=1.093+\frac{0.06(7-Ma_\infty\theta_k)}{(\theta_k Ma_\infty)^{3/2}} \tag{7-153}$$

$$\frac{p_c}{p_\infty}=\frac{1}{6}(7Ma_\infty^2\sin^2\theta_c-1) \tag{7-154}$$

$$\frac{\rho_c}{\rho_\infty}=1+5\frac{p_c/p_\infty-1}{p_c/p_\infty+6} \tag{7-155}$$

$$\frac{\rho_\delta}{\rho_c}=\left(\frac{p_\delta}{p_\infty}\frac{p_\infty}{p_c}\right)^{\frac{1}{\gamma}} \tag{7-156}$$

$$\frac{T_\delta}{T_\infty}=\left(\frac{p_\delta}{p_\infty}\right)\left(\frac{\rho_\infty}{\rho_\delta}\right) \tag{7-157}$$

$$Ma_\delta^2=5\left[\left(\frac{T_\infty}{T_\delta}\right)(1+0.2Ma_\infty^2)-1\right] \tag{7-158}$$

$$v_\delta=20Ma_\delta\sqrt{T_\delta} \tag{7-159}$$

只要知道了 T_δ，就可根据壁面温度 T_w、恢复温度 T_r 计算参考温度

$$T^*=T_\delta+0.5(T_w-T_\delta)+0.22(T_r-T_\delta) \tag{7-160}$$

然后根据式(7-129)、式(7-130)和式(7-131)计算 μ^*，ρ^* 和 Re^*。不同的是，在计算 Re^* 时，采用的特征长度应取 $\bar{x}$，而不是直接用 x。普朗特数 Pr^* 和定压比热容 c_p^* 也根据 T^* 查相应的图线(见图 7-20、图 7-21)，然后用与机翼同样的方法可以求得热交换系数 α。

对于母线为曲线的尖头旋成体(见图 7-25)，计算公式与母线为直线的圆锥体完全相同，唯各点的 θ_k 是变化的，计算时应取当地 θ_k 代入。对于钝头旋成体，如图 7-26 所示，头部表面上某点沿子午面气流的速度为

$$v_\delta=k\frac{v_\infty x}{R} \tag{7-161}$$

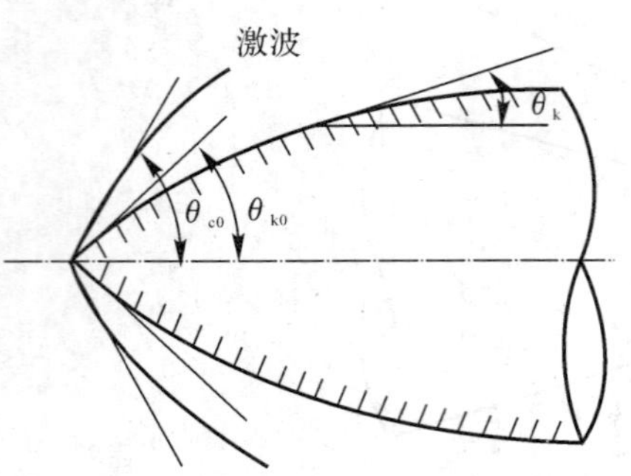

图 7-25　母线为曲线的尖头旋转体

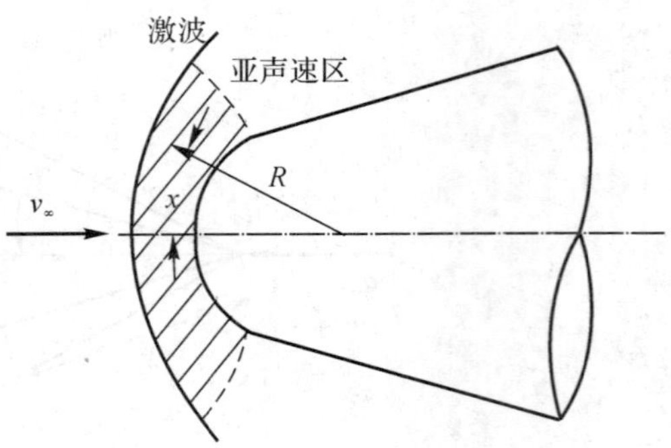

图 7-26　钝头旋转体

其中，k 为所在点至顶部驻点的弧长系数，k 的数值取决于物体的形状及飞行 Ma_∞ 数。当 $Ma_\infty > 1$ 时，球形头部的 k 值可按下面公式确定：

$$k = 0.8Ma_\infty^{-0.232} \tag{7-162}$$

当头部压力梯度为负值时，亚声速区域一般为层流，所以热交换系数公式应取

$$\alpha_{层} = 3.26\,(Re^*)^{-1/2}\,(Pr^*)^{-2/3}\rho^* c_p^* v_\delta \tag{7-163}$$

式中，v_δ 应按式(7-161)计算。一般情况下，钝头体头部的热交换系数具有如下形式：

$$\alpha_0 = Ak^{1/2}v_\infty^{1/2}\,(\mu^*\rho^*)^{1/2}\,(Pr^*)^{-2/3}c_p^* R^{-1/2} \tag{7-164}$$

式中，系数 A 取决于头部的形状。球形：$A=7.5$；圆柱形：$A=5.6$。由此可见，R 愈大，α 愈小。也就是说，头部愈钝，气动加热愈小。

在应用式(7-164)时，还须知道钝头头部的参考温度 T^*，在钝头头部的 T_δ 值与驻点的温度 T_0 非常接近，可近似地取

$$T_\delta = T_0 = T_\infty\left(1 + \frac{\gamma - 1}{2}Ma_\infty^2\right) \tag{7-165}$$

把式(7-165)代入式(7-160)，可以得到

$$T^* = T_0 - 0.5(T_0 - T_w) - 0.22(1-\gamma)(T_0 - T_\infty) \tag{7-166}$$

知道了 T^*，就可以计算出 μ^* 和找到 Pr^*，c_p^* 值，但为了要求出 ρ^*，还必须知道激波前后的参数变化。在球形头部和直线圆柱形前缘的情况下，波后的压力能够应用式(7-154)求得，只要用 $\theta_c = 90°$ 代入即可，即

$$\frac{p_c}{p_\infty} = \frac{1}{6}\left[7Ma_\infty^2 - 1\right] \tag{7-167}$$

波前、波后的密度之比仍按式(7-155)计算。知道了 ρ_c 还必须转换到物体附面层之外的空气密度 ρ_δ，因此式(7-156)仍要应用。最后由下式确定在参考温度下的 ρ^*：

$$\frac{\rho^*}{\rho_c} = \left(\frac{\rho_\delta}{\rho_c}\right)\left(\frac{\rho^*}{\rho_\delta}\right) = \left(\frac{\rho_\delta}{\rho_c}\right)\left(\frac{T_\delta}{T^*}\right) \tag{7-168}$$

7.4.2.3　行星对飞行器的热辐射

1. 太阳直接辐射被飞行器表面所吸收的热流量

除了高温气体对飞行器表面的加热以外，飞行器还受到太阳、地球以及其他行星的辐射作用。当飞行器靠近地球飞行时，其他行星对飞行器的辐射作用可以略去不计，因此只考虑太阳和地球对飞行器的辐射作用。太阳辐射被飞行器表面所吸收的热流量为

$$q_c = \beta S \cos\psi \tag{7-169}$$

其中，S 为阳光垂直照射时的辐射热流量，一般有 $S=1389\ \mathrm{J/(m^2 \cdot s)}$；$\beta$ 是蒙皮对太阳热的吸收系数，它与表面的材料、构造及温度有关，部分材料的 β 值列于表 7-2 中；ψ 是太阳光线与蒙皮表面法线间的夹角。

2. 大气反射太阳光线被飞行器表面吸收的热流量

$$q_a = 66.944(1+2\cos\psi)\beta \tag{7-170}$$

3. 地球表面的辐射被飞行器表面吸收的热流量

$$q_a = 29.288(1+2\cos\psi)\beta \tag{7-171}$$

表 7-2　某些材料的辐射和吸收能力系数

材料名称	β	ε	表面涂色	β	ε
金属	$T=200\sim600$ K	$T=800\sim200$ K	黑色漆	—	0.95
抛光的	$0.1\sim0.4$	$0.08\sim0.05$	兰色漆 CO_2O_3	0.97	0.86
铝氧化的	0.2	$0.18\sim0.12$	红色漆 Fe_2O_3	0.74	0.70
镀铬的	0.49	0.26	绿色漆 Cu_2O_3	0.73	0.67
钢(抛光的)	0.26	0.18	黄色漆 P_bO	0.78	0.79
镍(抛光的)	0.4	0.1	白色漆 Al_2O_3	0.16	0.91
			白色漆 TbO_2	0.14	0.53
合金钢			乙炔的炭黑	0.99	0.99
18-8 不锈抛光的	0.4	0.27			
17-8 氧化的	0.2	0.85			

7.4.2.4　飞行器表面向外辐射的热流量

$$q_r = \varepsilon\sigma T_w^4 \tag{7-172}$$

式中，玻尔兹曼常数 $\sigma=56.7\times10^{-9}\ \mathrm{W/(m^2 \cdot k^4)}$；$\varepsilon$ 为蒙皮向外辐射系数，与表面材料涂层性质及温度有关，见表 7-2。在有冷却的情况下，蒙皮内外表面温度不同，因而形成对外的热传导。

$$q_{nei} = \lambda\left(\frac{\partial T}{\partial y}\right)_w \tag{7-173}$$

式中，λ 是蒙皮热传导系数；y 是与表面垂直且向外的坐标。

7.4.2.5　热流量平衡方程

平衡时，飞行器表面所吸收的热流量应等于向外辐射的热流量，即

$$\alpha(T_r - T_w) + \beta S\cos\psi + q_a + q_c = \varepsilon\sigma T_w^4 + \lambda\left(\frac{\partial T}{\partial y}\right)_w \tag{7-174}$$

在定常及无内壁冷却情况下，蒙皮温度将沿厚度不变，即 $q_{nei}=0$。如果不考虑次要项目，根据热平衡方程，得到

$$\alpha(T_r - T_w) - \varepsilon\sigma T_w^4 = 0 \tag{7-175}$$

求解此方程可得到壁温 T_w，但交换系数 α 亦与 T_w 有关，因此求解时宜采用迭代法。

7.4.3 高超声速飞行器的热防护

本节主要讨论高超声速飞行器热防护的设计问题。航天器的热防护设计，总的来说，就是根据高超声速飞行器的飞行任务要求，根据高超声速飞行器在工作期间所要经受的内、外热负载的状况，采取各种热控措施来组织高超声速飞行器内、外的热交换过程，保证高超声速飞行器在整个运行期间所有仪器设备、生物和结构件的环境温度水平都保持在规定的范围之内。本节主要讨论气动加热所应考虑的热防护。

(1) 选择合理的气动外形，减小气动加热量。为降低驻点的传热率，提高热容量，减轻气动加热问题，由理论分析知，飞行器外形要设计成钝头体。如果采用细长飞行器，由于头部激波较弱，摩擦阻力占总阻力的比重较大，因而传递给周围气体的热量较少，传递给飞行器本身的热量多，气动加热问题严重。采用钝头飞行器，头部激波很强，摩擦阻力占总阻力的比例较小，因而传给飞行器本身的热量不多，从而缓解了气动热问题 。

(2) 选用耐高温的合金材料来制造飞行器的结构部件，如使用钛合金等。

(3) 加隔热和防热装置来减少传给飞行器的热量。如采用陶瓷或碳纤维材料制造防护瓦覆盖在高超声速飞行器高温区的表面上，或者在高超声速飞行器内安装薄膜冷却和对流冷却装置，通过消耗冷却剂来降低飞行器局部区的高温。

7.5 算 例

1. $Ma_\infty=10$，$\alpha=0^\circ$ 流过 $\bar{c}=0.05$ 的半弧形翼型，试使用牛顿公式和修正的牛顿公式计算 $0\leqslant\bar{x}\leqslant 0.5$ 的 C_p，并通过积分求气动系数 C_y 和 C_x。

解 $\tan\theta=4\bar{c}(1-2\bar{x})$，$\theta=\arctan[0.2(1-2\bar{x})]$；$\tan\theta_0=4\bar{c}$，$\theta_0=\arctan 0.2=11.31^\circ$

按牛顿公式有

$$(C_{p\mathrm{U}})_{\bar{x}\leqslant 0.5}=2\sin^2\{\arctan[0.2(1-2\bar{x})]\}$$

使用修正的牛顿公式，有

$$(C_{p\mathrm{U}})_{\bar{x}\leqslant 0.5}=C_p^*\ \frac{\sin^2\theta}{\sin^2\theta_0}=C_p^*\ \frac{\sin^2\theta}{(\sin 11.31)^2}$$

式中，C_p^* 可由 $\theta_0=0.197\,4$，$Ma_\infty\theta=1.974$，$\gamma=1.4$ 得

$$C_p^*=2\times 0.197\,4^2\left[0.6+\sqrt{0.36+\frac{1}{1.974^2}}\right]=0.108$$

而由 $Ma_\infty=10$，$\theta_0=11.31^\circ$。查斜激波图线得 $C_p^*=0.110$。使用 $C_p^*=0.108$ 计算，则有

$$(C_{p\mathrm{U}})_{\bar{x}\leqslant 0.5}=0.108\times\frac{\sin^2\theta}{(\sin 11.31)^2}=2.81\sin^2\theta$$

最后将使用两种公式计算的 $(C_p)_{\bar{x}\leqslant 0.5}$ 值列在表 7-3 中。

表 7-3　半弧型翼型的 $(C_p)_{\bar{x}\leqslant 0.5}$

$\bar{x}$	0.0	0.1	0.2	0.3	0.4	0.5
$\tan\theta$	0.2	0.16	0.12	0.08	0.04	0
$\theta/(°)$	11.31	9.09	6.84	4.57	2.29	0
$\sin^2\theta$	0.038 5	0.025 0	0.014 2	0.006 35	0.001 6	0
$C_{p牛}$	0.077	0.050	0.028 4	0.012 7	0.003 2	0
$C_{p修牛}$	0.108	0.072	0.039 9	0.017 8	0.004 5	0

升力系数 C_y 的计算结果是

$$C_{y牛} \approx \int_0^{0.5} (C_{pL} - C_{pU})\,\mathrm{d}\bar{x} = -\int_0^{0.5} 2\sin^2\theta\,\mathrm{d}\bar{x} = -32\bar{c}^2\int_0^{0.5}(1-2\bar{x})^2\,\mathrm{d}\bar{x} =$$

$$-0.08\int_0^{0.5}(1-4\bar{x}+4\overline{x^2})\,\mathrm{d}\bar{x} = -0.013\,3$$

$$C_{y修牛} \approx -2.81\times 16\times 0.05^2\int_0^{0.5}(1-2\bar{x})^2\,\mathrm{d}\bar{x} = -0.018\,7$$

阻力系数 C_x 的计算结果是

$$C_{x牛} \approx \int_0^{0.5} C_{pU}\cdot\tan\theta\,\mathrm{d}\bar{x} = \int_0^{0.5} 32\bar{c}^2\,(1-2\bar{x})^2\,4\bar{c}(1-2\bar{x})\,\mathrm{d}\bar{x} = 0.003\,6$$

$$C_{x修牛} \approx 179.84\bar{c}^3\int_0^{0.5}(1-2\bar{x})^3\,\mathrm{d}\bar{x} = 0.005\,06$$

2. 利用牛顿公式求解锥形头部旋成体的气动力

解　由于激波紧贴物体表面，在 $\alpha < \theta$ 时锥形部分上压强均匀分布，旋成体总切向力为各部分切向力之和，而柱体部分切向力为零(不考虑黏性影响时)。有迎角时，有法向力产生，假定旋成体总法向力为各部分法向力之和，即

$$C_{xt} = (C_{xt})_{\text{zhi}} + (C_{xt})_{\text{zhu}} = (C_{xt})_{\text{zhi}}$$

$$C_{yt} = (C_{yt})_{\text{zhi}} + (C_{yt})_{\text{zhu}}$$

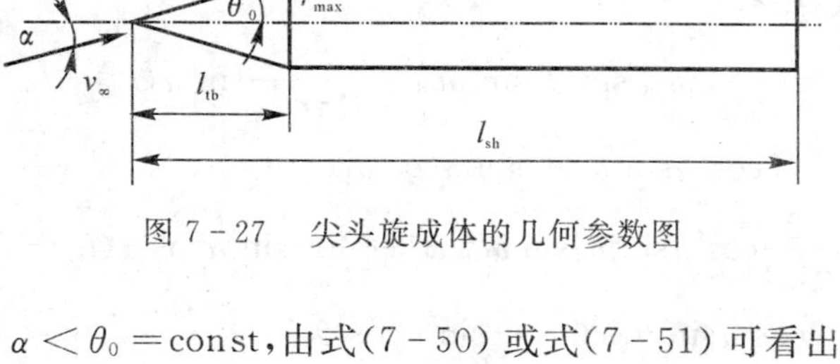

图 7-27　尖头旋成体的几何参数图

(1) 锥体部分：若 $\alpha < \theta_0 = \text{const}$，由式(7-50)或式(7-51)可看出，$\gamma_k = 0$。将 $\gamma_k = 0$ 代入式(7-59)，有

$$(C_{xt})_{\text{zhi}} = 2\cos^2\alpha\,\sin^2\theta_0 + \sin^2\alpha\,\cos^2\theta_0$$

当 α, θ_0 角均较小时，简化成

$$(C_{xt})_{\text{zhi}} = 2\theta_0^2 + \alpha^2$$

同理，将 $\gamma_k = 0$ 代入式(7-60)，有

$$x_k = \frac{r_k}{\tan\theta_0} = \frac{r_{max}}{\tan\theta_0} l_{tb}$$

则
$$(C_{yt})_{zhi} = \frac{2}{r_{max}^2} \cos\alpha \sin^2\theta_0 \sin\alpha l_{tb}^2$$

当 α,θ_0 角均较小时,上式可简化成

$$(C_{yt})_{zhi} = \frac{2}{r_{max}^2} \theta_0^2 \alpha l_{tb}^2 = 2\alpha$$

(2) 柱体部分:这部分 $\theta=0$,所以当有迎角 α 时,即有 $\alpha>\theta$ 的关系,由式(7-51)可看出

$$\gamma_k = \frac{\pi}{2}$$

并且有 $r=r_{max}=\text{const}$。将上述关系代入式(7-59)及式(7-60),则有

$$(C_{xt})_{zhu} = 0$$

$$(C_{yt})_{zhu} = \frac{8}{3\pi r_{max}} \sin^2\alpha (l_{sh} - l_{tb})$$

当 α 很小时,有

$$(C_{yt})_{zhu} = \frac{8}{3\pi r_{max}} \alpha^2 (l_{sh} - l_{tb})$$

(3) 总结上面讨论,对外形如图7-27所示的弹体,其轴向力及法向力公式可总结如下:

$$C_{xt} = (C_{xt})_{zhi} + (C_{xt})_{zhu} = 2\cos^2\alpha \sin^2\theta_0 + \sin^2\alpha \cos^2\theta_0$$

$$C_{yt} = (C_{yt})_{zhi} + (C_{yt})_{zhu} = \frac{2}{r_{max}^2} \cos\alpha \sin^2\theta_0 \sin\alpha l_{tb}^2 + \frac{8}{3\pi r_{max}} \sin^2\alpha (l_{sh} - l_{tb})$$

迎角 α 及锥角 θ_0 较小时,有

$$C_{xt} = (C_{xt})_{zhi} + (C_{xt})_{zhu} = 2\theta_0^2 + \alpha^2$$

$$C_{yt} = (C_{yt})_{zhi} + (C_{yt})_{zhu} = \frac{2}{r_{max}^2} \theta_0^2 \alpha l_{tb}^2 + \frac{8}{3\pi r_{max}} \alpha^2 (l_{sh} - l_{tb}) = 2\alpha + \frac{8\alpha^2}{3\pi r_{max}} (l_{sh} - l_{tb})$$

应用几何关系,可求出空气动力系数在速度坐标轴上的投影,即升力系数 C_y 和阻力系数 C_x。

$$C_x = C_{yt} \sin\alpha + C_{xt} \cos\alpha$$
$$C_y = C_{yt} \cos\alpha - C_{xt} \sin\alpha$$

将 C_{xt} 和 C_{yt} 代入上式,则有

$$C_x = \frac{2}{r_{max}^2} \cos\alpha \sin^2\theta_0 \sin^2\alpha l_{tb}^2 + \frac{8}{3\pi r_{max}} \sin^3\alpha (l_{sh} - l_{tb}) + 2\cos^3\alpha \sin^2\theta_0 + \sin^2\alpha \cos\alpha \cos^2\theta_0$$

$$C_y = \frac{2}{r_{max}^2} \cos^2\alpha \sin^2\theta_0 \sin\alpha l_{tb}^2 + \frac{8}{3\pi r_{max}} \sin^2\alpha \cos\alpha (l_{sh} - l_{tb}) - 2\cos^2\alpha \sin^2\theta_0 \sin\alpha - \sin^3\alpha \cos^2\theta_0$$

当 α 及 θ 很小时,上式可简化为

$$C_x = \frac{2}{r_{max}^2} \theta_0^2 \alpha^2 l_{tb}^2 + \frac{8}{3\pi r_{max}} \alpha^3 (l_{sh} - l_{tb}) + 2\theta_0^2 + \alpha^2$$

$$C_y = \frac{2}{r_{max}^2} \theta_0^2 \alpha l_{tb}^2 + \frac{8}{3\pi r_{max}} \alpha^2 (l_{sh} - l_{tb}) - 2\theta_0^2 \alpha - \alpha^3$$

第 8 章　飞行器气动特性的数值计算方法

空气动力学问题的求解，归结为在特定边界条件或初始条件下，求解偏微分方程组。如果偏微分方程是线性的，可以用解析法或半解析方法。但还有许多问题，相应的偏微分方程是非线性的，如跨声速绕流问题、超声速和高超声速绕流问题，就不可能采用迭加原理来求解，而且有时在流场中同时存在高超声速、亚声速、跨声速区，方程的性质在变化，有双曲型、抛物型及椭圆型，加上流场中出现间断（激波、涡面），使得问题十分复杂。

解决这类问题的有效方法就是直接求解偏微分方程的初边值问题。数值求解方法大体可以分为三类：有限差分法、有限元法和有限体积法等。有限差分法通常采用截断的 Taylor 级数来近似微分方程，是导数定义的直接应用。有限元法采用问题的变分原理或加权余数法来控制每一元素的近似解与真实解的误差，其网格单元是非结构形式的。有限体积法是对方程的积分形式进行离散，它既可以像有限元法那样方便地应用非结构网格，又可以像有限差分法那样方便地确定离散的流场。目前，有限差分法和有限体积法在计算流体动力学中应用比较广泛。本章介绍欧拉（Euler）方程的基本形式，流场网格的生成方法，数值求解方法和算例。

8.1　欧 拉 方 程

采用 Euler 方程作为主控方程来计算无黏流场是目前数值模拟复杂流场的主要方法，也是计算流体力学的重要研究领域，熟悉和掌握 Euler 方程的计算方法也为求解黏性流场的 N－S 方程奠定了基础。

质量守恒、动量守恒、能量守恒定律构成流体动力学基本方程。三维 Euler 方程由五个耦合的非线性偏微分方程组成，可写成无量纲守恒形式：

$$\frac{\partial \boldsymbol{Q}}{\partial t}+\frac{\partial \boldsymbol{E}}{\partial x}+\frac{\partial \boldsymbol{F}}{\partial y}+\frac{\partial \boldsymbol{G}}{\partial z}=\boldsymbol{0} \tag{8-1}$$

其中，$\boldsymbol{Q}$ 为单位体积的质量、动量和能量组成的流场变量；$\boldsymbol{E},\boldsymbol{F},\boldsymbol{G}$ 为无黏流通量。各个量定义为

$$\boldsymbol{Q}=\begin{bmatrix}\rho\\ \rho v_x\\ \rho v_y\\ \rho v_z\\ \rho e\end{bmatrix}\quad \boldsymbol{E}=\begin{bmatrix}\rho v_x\\ \rho {v_x}^2+p\\ \rho v_x v_y\\ \rho v_x v_z\\ (\rho e+p)v_x\end{bmatrix}\quad \boldsymbol{F}=\begin{bmatrix}\rho v_y\\ \rho v_x v_y\\ \rho v_y^2+p\\ \rho v_y v_z\\ (\rho e+p)v_y\end{bmatrix}\quad \boldsymbol{G}=\begin{bmatrix}\rho v_z\\ \rho v_x v_z\\ \rho v_y v_z\\ \rho v_z^2+p\\ (\rho e+p)v_z\end{bmatrix}$$

其中，ρ 是密度；v_x,v_y,v_z 是 x,y 和 z 方向的速度分量；p 为压强；e 是单位体积的总能量，常常使用其他流动参数来表示：

$$e=\frac{1}{\gamma-1}\frac{p}{\rho} \tag{8-2}$$

$$p=\rho(\gamma-1)\left[e-0.5(v_x^2+v_y^2+v_z^2)\right] \tag{8-3}$$

其中，γ 是气体比热比，$\gamma=1.4$。

8.2 网格生成方法

由于实际生活中的各种流场并不一定具有规则形状，如何将各种物理域变换到具有规则形状的计算域，是网格生成的主要内容。网格生成的最终目的是采用某种数学方法实现物理区域到计算区域的坐标变换。网格生成技术是计算流体动力学的重要组成部分，并且数值计算的精度在很大程度上依赖于所生成网格的质量。

网格生成中，对网格的基本要求是，首先能够真实反映飞行器复杂外形，这是衡量网格质量的基本点；其次，网格物面边界应有良好的正交性，以便保证流场计算的精度和边界处理；再次，网格应有较好的光滑性和连续性；最后，要求网格的疏密要合理分布，既能反映流场特性，又使计算量不是很大。为易于准确地满足边界条件，传统的做法是形成贴体（单域）计算网格。

在众多的网格生成技术中，生成给定单连通区域网格的一般方法已能够满足数值计算的要求。对于简单的外形，通过选择适当的网格生成方法总能得到性质较好的单连通网格，但在计算外形复杂时，生成单连通网格的难度大大增加，甚至无法实现。为适应这种形式，近十多年来发展了不少新的分区结构网格和非结构网格方法。较成熟的如对接网格方法、重叠网格方法。此外，自适应网格方法是近年来发展的另一种处理复杂外形的网格方法。

为简化描述算法实现流程，方便理解，本节中的算法讨论主要以二维为例，相应的思想和方法可直接推广到三维情况。

8.2.1 求解偏微分方程方法生成结构网格

求解偏微分方程方法是网格生成中的一类经典方法。这一类方法利用偏微分方程的解析性质，如调和函数的光顺性，变换中的正交不变性等，进行物理空间到计算空间的坐标转换，所生成的网格较代数网格光滑、合理、通用性强。偏微分方程网格方法根据所采用方程的不同，分为椭圆型方程方法、双曲型方程方法和抛物化方法等，其中椭圆型方程方法在实际工作中应用最广泛。

1. 基本方程

设物理平面 (x,y) 与计算平面 (ξ,η) 上的点一一对应，满足

$$\left.\begin{aligned}x&=x(\xi,\eta)\\ y&=y(\xi,\eta)\end{aligned}\right\}\quad\text{或}\quad\left.\begin{aligned}\xi&=\xi(x,y)\\ \eta&=\eta(x,y)\end{aligned}\right\} \tag{8-4}$$

椭圆型方程的基本方程为 $x-y$ 平面区域的 Laplace 方程：

$$\left.\begin{aligned}\nabla^2\xi&=\xi_{xx}+\xi_{yy}=0\\ \nabla^2\eta&=\eta_{xx}+\eta_{yy}=0\end{aligned}\right\} \tag{8-5}$$

式(8-5)满足物理区域上 $\xi(x,y)$ 与 $\eta(x,y)$ 的边界条件。由于物理区域是不规则的，因此一般在计算区域上求解椭圆网格方程（见图 8-1），此时式(8-5)转变为 $\xi-\eta$ 平面区域 Q 的方程：

$$\left.\begin{aligned}\alpha x_{\xi\xi}-2\beta x_{\xi\eta}+\gamma x_{\eta\eta}=0\\ \alpha y_{\xi\xi}-2\beta y_{\xi\eta}+\gamma y_{\eta\eta}=0\end{aligned}\right\} \tag{8-6}$$

其中　　$\alpha = x_\eta^2 + y_\eta^2,\quad \beta = x_\xi x_\eta + y_\xi y_\eta,\quad \gamma = x_\eta^2 + y_\eta^2$

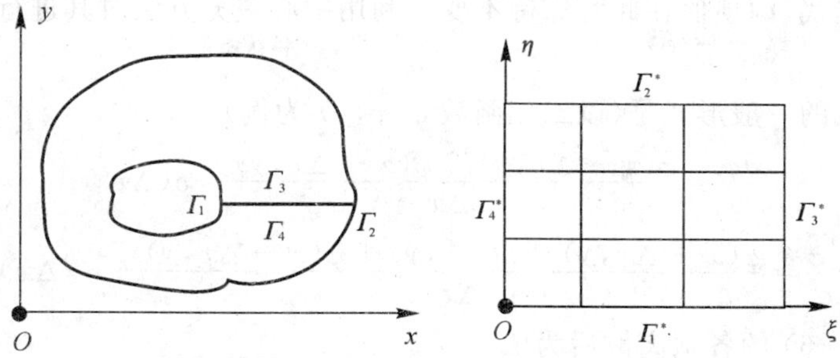

图 8-1　物理域到计算域的网格变换

通过式(8-6)，根据已知的边界条件，采用中心差分格式，松弛迭代或超松弛迭代即可在计算区域 Q 内求解方程得到所需的网格。

虽然通过椭圆方程得到的网格较光滑，可以适应更复杂的外形，但由于调和函数的固有性质，得到的网格有均匀化倾向，不能很好地反映边界的疏密变化。而网格的疏密变化，特别是壁面处的疏密变化是提高数值计算精度的关键因素；同样是因为均匀化倾向，正交性得不到保证，使椭圆方程网格在某些局部性质很糟，甚至无法使用。

正是由于上述原因，为控制网格走势，实际应用中通常采用某种方式在椭圆方程式(8-5)中加入源项(即控制项)，计算方程相应变为 Poisson 方程：

$$\left.\begin{aligned} \nabla^2\xi &= \xi_{xx} + \xi_{yy} = P(\xi,\eta) \\ \nabla^2\eta &= \eta_{xx} + \eta_{yy} = Q(\xi,\eta) \end{aligned}\right\} \tag{8-7}$$

式(8-7)通过控制源项 P,Q 控制网格的疏密和正交性，从而改善了椭圆形网格的性质。为求解式(8-7)，对其做与式(8-6)相似的变换，得

$$\left.\begin{aligned} \alpha x_{\xi\xi} - 2\beta x_{\xi\eta} + \gamma x_{\eta\eta} &= -[\det(J)]^2(Px_\xi + Qx_\eta) \\ \alpha y_{\xi\xi} - 2\beta y_{\xi\eta} + \gamma y_{\eta\eta} &= -[\det(J)]^2(Py_\xi + Qy_\eta) \end{aligned}\right\} \tag{8-8}$$

根据已知的边界条件，可求解式(8-8)得到所需网格。

2. 求解步骤

由于式(8-7)中加的源项是未知项，式(8-8)的求解较式(8-6)复杂了许多，需要在迭代求解式(8-8)的计算过程之外，再进行迭代以确定源项 P,Q 的值，并最终得到需要的网格。前一迭代称为内迭代，而后一迭代称为外迭代。总的求解步骤归纳如下：

第一步：生成初始网格；

第二步：在边界通过边界条件求解或假定源项初值；

第三步：通过边界上源项插值得到流场内部源项值；

第四步：迭代求解 Poisson 方程式(8-8)；

第五步：通过步骤四计算生成的网格，重新求解源项。

重复第三步至第五步，直到源项值收敛或得到期望的网格。第三步至第五步即是外迭代过程，目标是求解源项 P,Q 值。步骤四为内迭代，源项值在此时保持不变。整个求解过程的迭代次数与流场区域的复杂程度、对网格质量的要求相关。其中步骤五对源项的构造与求解方式是该方法求解的关键。

3. 内迭代求解 Poisson 方程

步骤四为内迭代，源项值在此时保持不变。利用中心差分方法对其进行求解，其基本原理如下：

中心差分格式的一般形式是(以二元函数 $\varphi(x,y)$ 为例)

$$\frac{\partial\varphi}{\partial x}=\frac{\varphi(x+\Delta x,y)-\varphi(x-\Delta x,y)}{2\Delta x}+o(\Delta x^2) \tag{8-9}$$

$$\frac{\partial^2\varphi}{\partial x^2}=\frac{\varphi(x+\Delta x,y)-2\varphi(x,y)+\varphi(x-\Delta x,y)}{\Delta x^2}+o\,(\Delta x)^2 \tag{8-10}$$

忽略高阶项，式(8-6)的各项离散后为

$$x_\xi=[x(\xi+h,\eta)-x(\xi-h,\eta)]/2h,\quad x_\eta=[x(\xi,\eta+h)-x(\xi,\eta-h)]/2h$$
$$y_\xi=[y(\xi+h,\eta)-y(\xi-h,\eta)]/2h,\quad y_\eta=[y(\xi,\eta+h)-y(\xi,\eta-h)]/2h$$
$$x_{\xi\xi}=[x(\xi+h,\eta)-2x(\xi,\eta)+x(\xi-h,\eta)]/h^2$$
$$x_{\eta\eta}=[x(\xi,\eta+h)-2x(\xi,\eta)+x(\xi,\eta-h)]/h^2$$
$$y_{\xi\xi}=[y(\xi+h,\eta)-2y(\xi,\eta)+y(\xi-h,\eta)]/h^2$$
$$y_{\eta\eta}=[y(\xi,\eta+h)-2y(\xi,\eta)+y(\xi,\eta-h)]/h^2$$
$$x_{\xi\eta}=[x(\xi+h,\eta+h)+x(\xi-h,\eta-h)-x(\xi-h,\eta+h)-x(\xi+h,\eta-h)]/4h^2$$
$$y_{\xi\eta}=[y(\xi+h,\eta+h)+y(\xi-h,\eta-h)-y(\xi-h,\eta+h)-y(\xi+h,\eta-h)]/4h^2$$

其中，h 是 ξ,η 方向的等步长。将这些值代入式(8-6)中，得到

$$\left.\begin{aligned}\alpha(x_{\mathrm{w}}+x_e-2x_p)-2\beta x_{\xi\eta}+\gamma(x_n+x_s-2x_p)=-J^2(px_\xi+qx_\eta)\\ \alpha(y_{\mathrm{w}}+y_e-2y_p)-2\beta y_{\xi\eta}+\gamma(y_n+y_s-2y_p)=-J^2(py_\xi+qy_\eta)\end{aligned}\right\} \tag{8-11}$$

求解 x_p,y_p，从而得到计算公式

$$\left.\begin{aligned}x_p=\left[\frac{\alpha(x_{\mathrm{w}}+x_e)-2\beta x_{\xi\eta}+\gamma(x_n+x_s)+J^2(px_\xi+qx_\eta)}{2(\alpha+\gamma)}\right]\\ y_p=\left[\frac{\alpha(y_{\mathrm{w}}+y_e)-2\beta y_{\xi\eta}+\gamma(y_n+y_s)+J^2(py_\xi+qy_\eta)}{2(\alpha+\gamma)}\right]\end{aligned}\right\} \tag{8-12}$$

下标 w,e,n,s 的意义如图 8-2 所示。

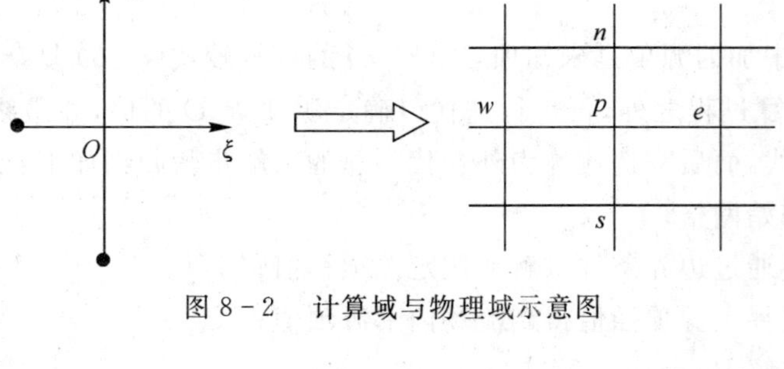

图 8-2　计算域与物理域示意图

由此得到的迭代公式为

$$\left.\begin{aligned}x_p^{(N+1)}=\left[\frac{\alpha(x_{\mathrm{w}}+x_e)-2\beta x_{\xi\eta}+\gamma(x_n+x_s)+J^2(px_\xi+qx_\eta)}{2(\alpha+\gamma)}\right]^N\\ y_p^{(N+1)}=\left[\frac{\alpha(y_{\mathrm{w}}+y_e)-2\beta y_{\xi\eta}+\gamma(y_n+y_s)+J^2(py_\xi+qy_\eta)}{2(\alpha+\gamma)}\right]^N\end{aligned}\right\}$$

(8-13)

其中，N 为迭代次数。为了加速收敛，引入超松驰法迭代，即

$$\left.\begin{aligned} x_p^{(N+1)} &= x_p^{(N)} + (f_x - x_p^{(N)})\omega \\ y_p^{(N+1)} &= y_p^{(N)} + (f_y - y_p^{(N)})\omega \end{aligned}\right\} \tag{8-14}$$

式中，ω 为松弛因子，取值为 $0 \sim 2$ 之间的值；f_x，f_y 为式(8-12)迭代得到的值；N 同前。当 $p(\xi,\eta)=q(\xi,\eta)=0$ 时，得到了 Laplace 方程等步长差分的迭代公式。

4. 源项的构造

计算域上的直角坐标系对应于物理域上的一个曲线坐标系。当网格线的交角越接近直角，后续流场计算中引起的误差就越小；反之，误差就越大。较难生成一个处处正交的曲线坐标系。一种处理方法是仅在边界处正交或接近正交。如何根据控制点的分布给出 $p(\xi,\eta)$，$q(\xi,\eta)$ 较为困难。通常希望物面附近的网格线与物面正交并控制物面处第一条网格线与物面之间的距离。下面简单介绍 Hilgenstock 方法构造源项的基本思路。

以内边界为例。令物面网格间距为

$$d = |\boldsymbol{r}(\xi,\eta+1) - \boldsymbol{r}(\xi,\eta)| \tag{8-15}$$

要求的网格间距值为 d_r。若 $d_r - d = 0$，表示已达要求，则源项 $q(\xi,\eta)$ 无须变化。若 $d_r - d > 0$，表面间距太小，需要增大 $q(\xi,\eta)$；反之，$d_r - d < 0$，则要减小 $q(\xi,\eta)$ 值。故可简单地令

$$q(\xi,\eta)^{(\lambda+1)} = q(\xi,\eta)^{\lambda} + (d_r - d) \tag{8-16}$$

其中，λ 是外迭代次数。Hilgenstock 方法进一步可以取

$$q(\xi,\eta)^{(\lambda+1)} = q(\xi,\eta)^{\lambda} + \sigma \cdot \arctan(d_r - d) \tag{8-17}$$

其中，σ 为阻尼系数，引入阻尼系数和衰减函数 arctan 是为了防止修正量过大引起内层迭代的不稳定，一般取 $0.1 \leqslant \sigma \leqslant 0.5$。另一个源项值可以从物面网格线的夹角要求达到所希望的角度 α_r 来求得。边界线上每一点的夹角可写成

$$\alpha_r = \arccos\left(\frac{\boldsymbol{r}_\xi \cdot \boldsymbol{r}_\eta}{|\boldsymbol{r}_\xi||\boldsymbol{r}_\eta|}\right) \tag{8-18}$$

若 $\alpha_r - \alpha > 0$，则应减小 $p(\xi,\eta)$；反之，$\alpha_r - \alpha < 0$，可使 $p(\xi,\eta)$ 增大。可简单地令

$$p(\xi,\eta)^{(\lambda+1)} = p(\xi,\eta)^{(\lambda)} + (\alpha_r - \alpha) \tag{8-19}$$

可进一步取

$$p(\xi,\eta)^{(\lambda+1)} = p(\xi,\eta)^{(\lambda)} - \sigma\arctan(\alpha_r - \alpha) \tag{8-20}$$

在外边界上可作类似的控制，只需把阻尼系数改一符号。

White 分别用 $\tanh\left(\dfrac{\alpha_r - \alpha}{\alpha_r}\right)^{\beta}$ 和 $\tanh\left(\dfrac{d_r - d}{d_r}\right)^{\beta}$ 函数来代替式(8-16)和式(8-19)中 arctan 函数，其中 β 取 0.8。这样可提高收敛速度。

得到了边界处的源项值后，要确定内层网格点源项值。设 $p(i,1)$，$p(i,j_{\max})$ 和 $q(i,1)$，$q(i,j_{\max})$(1，$j_{\max}$ 分别是 η 方向的最小与最大值)这里分别表示内、外边界处的源项值。可通过以下公式插值得到内层值：

$$\left.\begin{aligned} p(i,j) &= p(i,1)\mathrm{e}^{-a(j-1)} + p(i,j_{\max})\mathrm{e}^{-b(j_{\max}-j)} \\ q(i,j) &= q(i,1)\mathrm{e}^{-c(j-1)} + q(i,j_{\max})\mathrm{e}^{-d(j_{\max}-j)} \end{aligned}\right\} \tag{8-22}$$

其中，a，b，c 和 d 是正的常数。表征由边界向内网格点源项衰减的速率，较小的常数(如 0.2)表示较慢的衰减(即所要求的间距与交角影响的网格点数较多)，但会使迭代次数增加，有可能导致发散。较大的值(如 0.7，1.0)会使衰减加快，但受影响的网格点仅在物面附近，迭代次数

少,收敛也快。

这里给出几个图例,图 8-3 所示为某二维翼型的椭圆型网格,图 8-4 所示为 M6 机翼的流场网格。从图中可以看出,椭圆型网格对计算区域的壁面正交性均保持得较好,这正是椭圆型方程网格优越的地方。

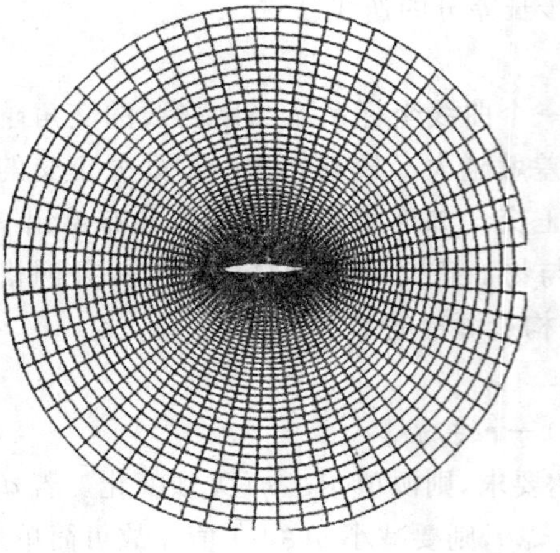

图 8-3　NACA0012 翼型 O 型贴体网格

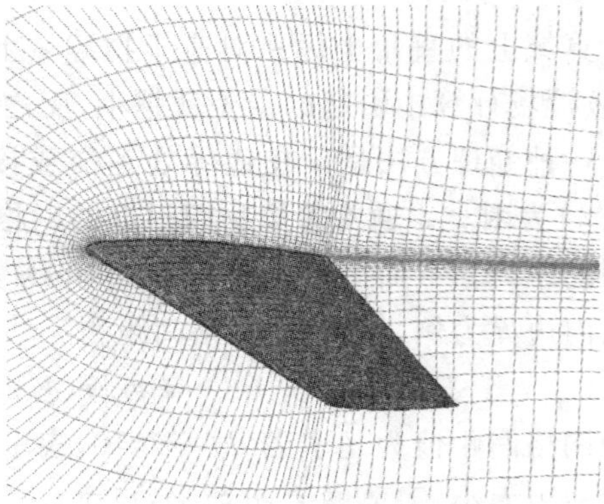

图 8-4　M6 机翼流场网格剖面图

8.2.2　网格分区与嵌套网格技术

网格分区生成技术是目前结构网格生成技术的发展方向。单连通区域网格生成方法在应用于复杂外形时,即便勉强可以生成贴体网格,质量也不能得到保证,从而影响到数值计算的效果。因此,对于复杂外形的网格生成问题,目前多采用多连通区域进行处理,数值计算求解器再对各个子区域进行分别求解,并通过一定的规则或算法实现子区域边界信息的传递,从而完成对整个流场的数值计算。同时,由于计算在各子区域间轮流进行,在每一时刻只有一个子网格上的数据信息占有计算机内存空间,这也为小机器计算大题目提供了可能。

对计算的外形空间分区分解的基本原则:尽量使每个子区域的边界简单、光滑以便于网格的构造;各个子区域的大小尽量相同以实现并行计算时载荷的平衡。根据以多连通区间划分流场区域的不同方法,目前的网格分区处理技术分为各个子区域无重叠的对接(patched) 网格生成技术和各个子区域相互嵌套的嵌套(overlapping) 网格生成技术两类方法。

1. 分区对接网格的基本原理

分区对接网格的基本思路是将流场空间拆分成为简单的、方便构造网格的子区域。由于分区对接网格的各子区域间拥有流场计算中传递边界信息的公共面,而该公共面正是各子区域网格的分界面,所以分区对接网格的构造主要是围绕着各个子网格的公共面来进行的。现在介绍其网格生成一般原理。

(1) 根据物面外形及流场流动特点确定网格的拓扑结构。对于保持网格坐标序号连续的统一编号分区网格,在子网格的划分中需要同时考虑各个子网格的网格序号问题;对于不要求子网格间网格坐标连续的拼接网格,只需保证网格线在子网格公共面上保持连续,拓扑划分将大大简化。

(2) 物面的几何定义与表面网格的生成。其中物面的几何定义是网格能够准确模拟外形的基础。表面网格生成是在准确的物面表述基础上根据网格拓扑关系，利用物面表述进行表面网格插值计算的过程。常用的插值计算程序有样条插值、Coons 曲面插值、Bersier 曲面插值、非均匀有理 B 样条插值等。

(3) 子网格公共面的构造。在流场空间，根据网格拓扑设计确定的网格划分方式构造相应的空间曲面，将全流场区域划分成为相应子网格。由于子网格公共面是相对任意的，并没有一定的格式，所以它的构造有一定的灵活性，一般是通过计算外形的某些特征点、线(如机翼翼梢、前缘、飞行器对称面上的点等)，以一定的方式(如通过曲线、曲面插值过渡、构造圆锥曲线、曲面等) 构造出来。

(4) 根据生成的表面网格即构造的子网格公共面，应用单连通区域网格生成算法生成相应子网格区域内的网格。由于子网格的公共面涉及流场计算的信息耦合问题，生成的子网格在公共面上往往有一些特殊的要求，如要求网格线的光滑过渡(导数连续)、网格线在公共面正交等。

(5) 对于生成的分区多块网格，需要对每个子网格的边界信息进行处理，标明子网格 A 边界上的网格点与网格区域中的另一个子网格 B 中的网格点相关联，并给出相关联的网格点之间的关系表，使流场求解器在子网格边界处能通过该关系表找到需要的计算信息。

图 8-5 所示为某带有发动机舱的翼身组合体的分区对接网格。

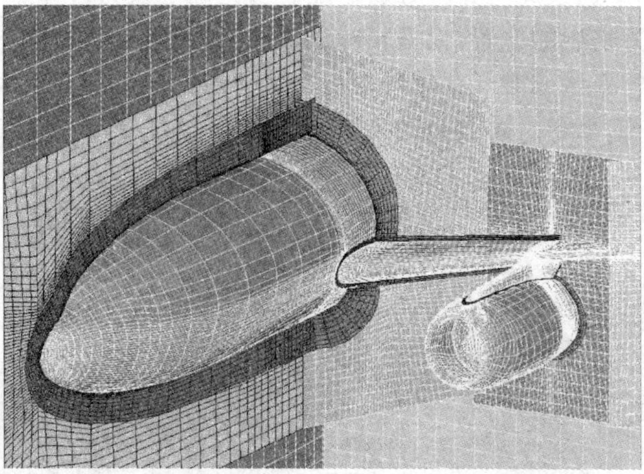

图 8-5 翼身组合体分区对接网格

2. 嵌套网格技术的基本原理

嵌套网格中相邻的子网格具有重叠的公共区域，其划分规则是非常自由的。由于对子网格区域的各个边界不做特殊要求，大大减轻了子网格间的耦合，降低了网格生成的难度。同时，由于子网格的生成不过分依赖于相邻子网格，因而该方法对某一子网格的加密是孤立事件，不会对整体网格产生影响。这一性质使得嵌套网格的调整更加方便，更能适应复杂外形的网格处理。此外，采用嵌套网格还允许在不同的子网格上采用不同的数学模型，这样可以在保证精度的情况下大大提高计算效率、节省计算时间。下面介绍重叠网格生成的基本原理。

(1) 人为边界的确定。由于嵌套网格的每个部件的网格都是独立生成的，在网格重叠时需要处理好各重叠区域的大小和位置。以图 8-6 所示的两个相互嵌套的子网格 G_i 和 G_j 为例：对于 G_i 落在 G_j 中的网格点，由于位于计算区域以外，因此在对子网格 G_i 计算时落在子网格 G_j

中的网格点应除去，但如果要对 G_i、G_j 的所有网格中进行插值，则计算量巨大且会降低计算精度。因此，需要在 G_j 中引入人为边界，将边界内子网格 G_i 的网格点除去，即在网格 G_j 中挖一个“洞”，“洞”的边界即是人为边界。

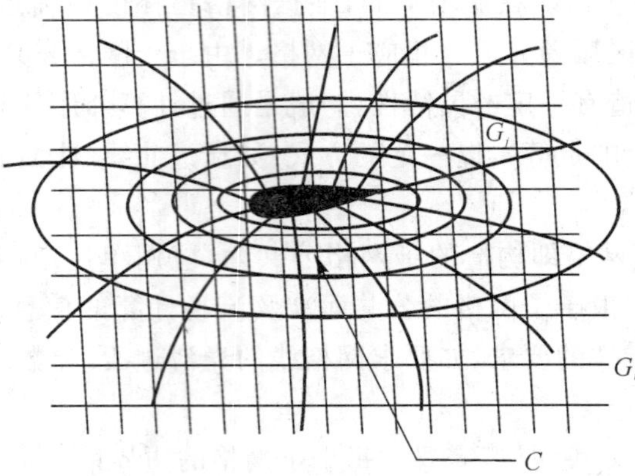

图 8-6　在网格 G_i 和 G_j 的重叠区上挖洞

(2) 人为边界上值的传递。流场计算时，子网格区域求解过程必须满足此边界上的边界条件 —— 相邻区域的解通过此边界时必须匹配。首先确定人为边界点 P_i 在网格中哪块方格里，然后确定 P_i 在该方格中的位置，根据相对位置插值得到点 P_i 的值。插值带来的精度问题可通过局部加密网格的办法或避开在流场变化剧烈的地方插值的方法来解决。

图 8-7 显示了一二维多段翼型的嵌套网格。

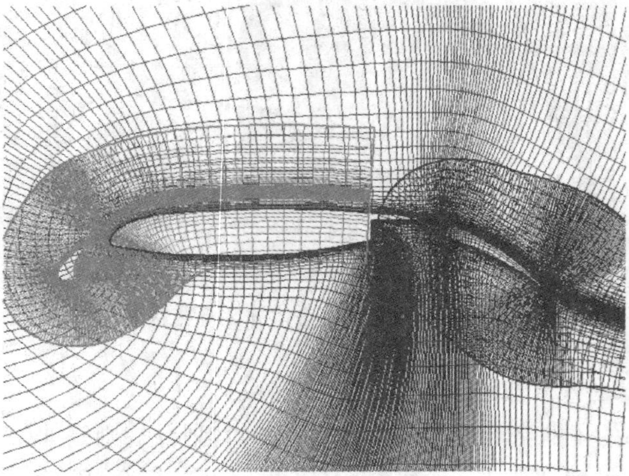

图 8-7　二维多段翼型的嵌套网格

8.2.3　非结构网格生成技术

复杂外形的结构网格构造复杂多变，需要花费较大的人力时间，近年来人们逐渐重视另一类网格生成技术 —— 非结构网格。传统意义上的非结构网格，二维情况下是由三角形单元组成的，三维情况下是由四面体单元组成的。近年来发展了可以包含多种网格单元的混合网格体系。由于非结构网格舍去了结构网格节点的限制，易于控制网格单元的大小、形状及网格点位置，因此比结构网格具有更大的灵活性，对于复杂外形的适应能力非常强。目前，常用的方法可以归结为两大类，即 Delaunay 三角法和阵面推进法。下面以二维为例分别介绍它们的基本原理。

1. Delaunay 三角化方法

Delaunay 三角化方法是把一组给定节点连成三角单元的一种方法，它最重要的特性是其连成的任何三角单元的外接圆都不包含其他的网格节点。其基本原理为：假设平面上给出一组点集$\{P_i\}$，则其中每一点都有属于自己的一个区域 S_i，使得区域 S_i 中的任意一点与该点的距离都比与其他点的距离近。这种方法把平面划分成了一系列不重叠的凸多边形，覆盖整个控制体。Delaunay 三角化是一个有序的过程，通过该点集$\{P_i\}$将整个平面三角化。

2. 阵面推进法

阵面推进法三角单元的形成是从计算域的边界开始的，然后逐渐向内或向外推进，内部网格的节点在阵面推进的过程中自动引进，最终使三角形网格覆盖整个计算域。其基本步骤如下：

(1) 根据网格密度的需要，在平面上布置一些控制点，连接这些点便可生成大背景网格；

(2) 对内、外边界进行剖分和定义，形成初始阵面；

(3) 根据背景网格提供的网格尺度信息，引入新节点，推进阵面，生成网格；

(4) 重复步骤(3)，直到整个计算域被三角形网格所覆盖；

(5) 对网格进行光顺。

图 8－8 显示了利用非结构网格技术生成的翼身组合体的非结构网格。

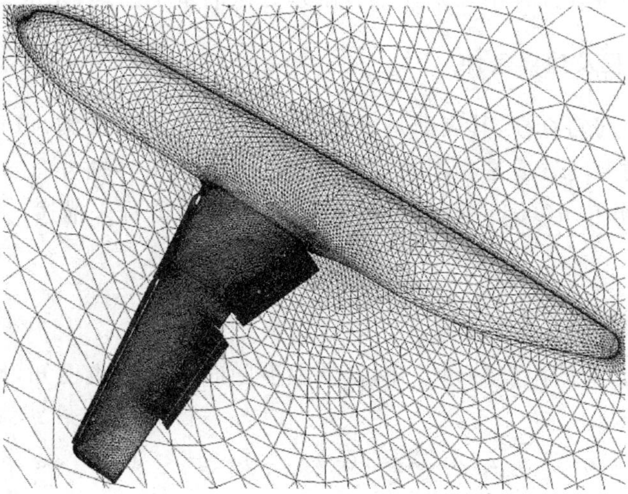

图 8－8　翼身组合体的非结构网格

8.2.4　混合网格生成技术

非结构网格是一类新型网格技术，由于非结构网格省去了网格节点的结构性限制，网格节点和网格单元可以任意分布且很容易控制，因而能较好地处理复杂外形问题。近年来该方法受到了高度的重视，但由于流场求解的效率与精度问题，流场求解器的改造问题以及非结构网格自身的一些缺陷，这些网格生成技术在目前的应用中还有一定的局限性。正是基于这个原因,结合了结构与非结构网格的混合网格技术近年来发展迅速,该技术将结构网格与非结构网格通过一定的方式结合起来,综合了结构网格与非结构网格优势,成为一种处理复杂外形的新型、有效的网格技术。图 8-9 显示了绕翼型前缘的混合网格图。

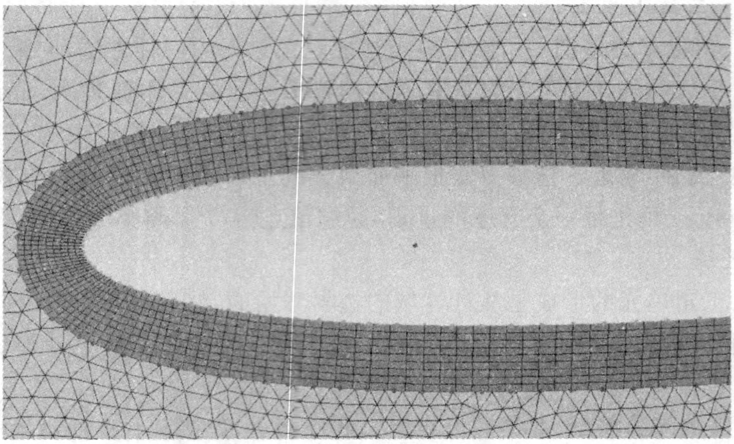

图 8-9　翼型前缘的混合网格

8.3　有限差分法

下面从简单的偏微分方程出发来介绍有限差分法的基本原理,先从一维扩散方程入手。

8.3.1　建立方程及边界条件

考虑长度为 1 的均匀直杆,其表面是绝热的,而且杆截面足够细,以至在任何时刻都可以把截面上的所有点的温度看成是相同的。如果把 x 轴取为沿杆轴方向,$x=0$ 和 $x=1$ 对应杆的端点,则杆内温度分布 $u(x,t)$ 随时间变化由下面的扩散方程来描述:

$$\frac{\partial u}{\partial t}=\alpha\frac{\partial^2 u}{\partial^2 x} \tag{8-23}$$

式中,α 为物质热传导系数,设为常数。

假定在初始时刻,杆的温度分布已知,杆端温度随时间变化也已知,则此问题的初始及边界条件可写为

$$u(x,0)=f(x)\qquad 0<x<1 \tag{8-24}$$

$$u(0,t)=g_0(t)\qquad t\geqslant 0 \tag{8-25}$$

$$u(1,t)=g_1(t)\qquad t\geqslant 0 \tag{8-26}$$

现在的问题是要在 $x-t$ 空间,由 $0\leqslant x\leqslant 1,t\geqslant 0$ 所确定的半无限矩形区域内找到满足所述偏微分方程以及初边值条件的解。$u(x,0)=f(x)$ 称为初始条件,$u(0,t)=g_0(t)$ 及 $u(1,t)=g_1(t)$ 则称为边界条件。

8.3.2　网格划分及方程离散化

差分求解的第一步是把连续的求解域用有限的离散点来代替。如图8-10所示,将求解域

划分成若干规则的等距网格，其 x 和 t 方向的网格间距分别为 Δx 及 Δt。图中纵横直线的焦点称为差分节点，其坐标为 $x_j = j\Delta x, j=0,1,\cdots J, t_n = n\Delta t, n=0,1,\cdots$。任一节点$(j,n)$ 表示空间的点$(j\Delta x, n\Delta t)$，其上的物理量及相应的导数分别用 $u_j^n = u(j\Delta x, n\Delta t)$ 和 $\left(\frac{\partial u}{\partial t}\right)_j^n = \left(\frac{\partial u}{\partial t}\right)$ 表示。$j=0$ 或 $j=J$，或 $n=0$ 相应的网格点叫做边界点，其他的点称为内点。边界上的解已知，即初边值条件问题化为如何求内点的 u_j^n。

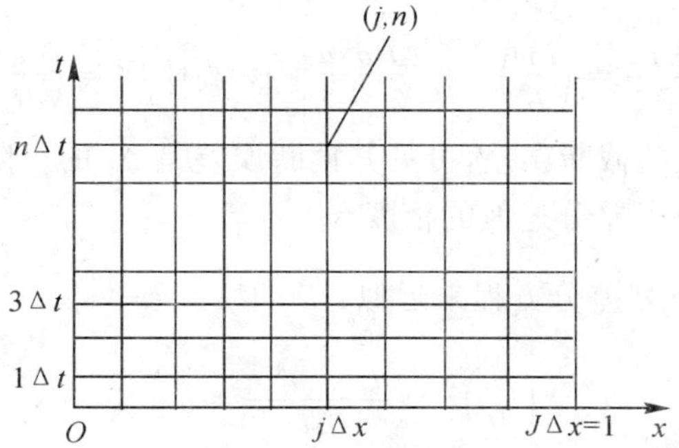

图 8-10　有限差分网格

可以看到，在微分方程的求解问题中 x 和 t 是连续变化的，可取求解域内任一点的值；而用差分法求解时，x 和 t 仅取网格点上的值，相应的物理量及其导数也是网格点上的值。显然，这样就将问题离散化了。与此对应，微分方程用差分方程代替。

8.3.3　差分方程的建立

有限差分求解的第二步是将偏微分方程写成差分方程。对上面的简单问题，$u(j\Delta x, n\Delta t)$ 随 t 变化的曲线如图 8-11 所示。很明显，确定中点 P 处的切线斜率有许多近似方法。一般有

$$\frac{\partial u}{\partial t} = \lim_{\Delta t \to 0}\left(\frac{\Delta u}{\Delta t}\right)_{\substack{x=j\Delta x\\ t=n\Delta t}} \approx \left(\frac{\Delta u}{\Delta t}\right)_{\substack{x=j\Delta x\\ t=n\Delta t}}$$

式中，$\frac{\Delta u}{\Delta t}$ 是对微分 $\frac{\partial u}{\partial t}$ 的差分近似。

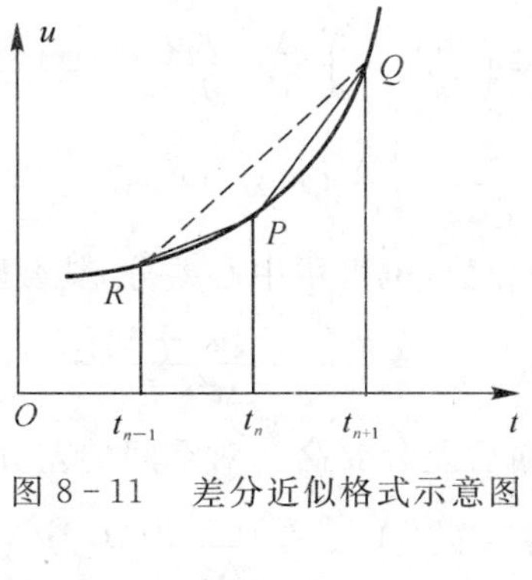

图 8-11　差分近似格式示意图

(1) 现在的工作是求解 $\frac{\Delta u}{\Delta t}$，即 $\left(\frac{\partial u}{\partial t}\right)_j^n = \frac{u_j^{n+1} - u_j^n}{\Delta t} = \frac{\Delta u}{\Delta t}$。其中 u_j^{n+1} 对应的时间 $t=(n+1)\Delta t$

比要计算导数的时间 $t=n\Delta t$ 向前了 Δt，这种对时间的导数近似称为向前差分，用下列记号表示：

$$\vec{\delta}_t u=\frac{u_j^{n+1}-u_j^n}{\Delta t} \tag{8-27}$$

它的数值等于直线 PQ 的斜率。按 Taylor 级数展开，有

$$u_j^{n+1}=u_j^n+\Delta t\left(\frac{\partial u}{\partial t}\right)_j^n+\frac{(\Delta t)^2}{2}\frac{\partial^2 u}{\partial t^2}\bigg|+\cdots$$

$$\vec{\delta}_t u=\frac{u_j^{n+1}-u_j^n}{\Delta t}=\left(\frac{\partial u}{\partial t}\right)_j^n+\frac{\Delta t}{2}\frac{\partial^2 u}{\partial t^2}\bigg|_j^n+\text{高阶项}=\left(\frac{\partial u}{\partial t}\right)_j^n+O(\Delta t)$$

式中，$O(\Delta t)$ 称为差分离散的截断误差，可见其截断误差是 Δt 的一阶量，截断误差反映了差分近似所带来的误差，也反映了差分近似的精度。

(2) $\left(\frac{\partial u}{\partial t}\right)_j^n$ 也可以用下列差分方程来近似：

$$\left(\frac{\partial u}{\partial t}\right)_j^n=\frac{u_j^n-u_j^{n-1}}{\Delta t}=\overleftarrow{\delta}_t u \tag{8-28}$$

该方程称为向后差分，可以证明其截断误差也是 Δt 的一阶量。此导数在数值上等于直线段 RP 的斜率。虽然截断误差的数量级是一样的，但有符号问题或方向问题。

(3) $\left(\frac{\partial u}{\partial t}\right)_j^n$ 还可以用另一种方法来近似，即用 RQ 的斜率来近似：

$$\left(\frac{\partial u}{\partial t}\right)_j^n=\frac{u_j^{n+1}-u_j^{n-1}}{2\Delta t} \tag{8-29}$$

这种求时间层 n 处得到导数值时，用到时间 $n+1$ 及 $n-1$ 两层上的值，因而称它为导数的中心差分近似，可表示为

$$\delta_t u=\frac{u_j^{n+1}-u_j^{n-1}}{2\Delta t} \tag{8-30}$$

由于

$$u_j^{n+1}=u_j^n+\Delta t\left(\frac{\partial u}{\partial t}\right)_j^n+\frac{\Delta t^2}{2!}\frac{\partial^2 u}{\partial t^2}\bigg|_j^n+\frac{\Delta t^3}{3!}\frac{\partial^3 u}{\partial t^3}\bigg|_j^n+\cdots$$

$$u_j^{n-1}=u_j^n-\Delta t\left(\frac{\partial u}{\partial t}\right)_j^n-\frac{\Delta t^2}{2!}\frac{\partial^2 u}{\partial t^2}\bigg|_j^n-\frac{\Delta t^3}{3!}\frac{\partial^3 u}{\partial t^3}\bigg|_j^n+\cdots$$

$$\frac{u_j^{n+1}-u_j^{n-1}}{2\Delta t}=\left(\frac{\partial u}{\partial t}\right)\bigg|_j^n+\frac{\Delta t^3}{3!}\frac{\partial^3 u^n}{\partial t^3}_j+\text{高阶项}$$

$$\left(\frac{\partial u}{\partial t}\right)_j^n=\frac{u_j^{n+1}-u_j^{n-1}}{2\Delta t}+O(\Delta t^2)$$

因此截断误差是二阶的。对二阶导数，也可用中心差分，其截断误差同样是二阶的：

$$\delta_{tt}^n=\frac{u_j^{n+1}-2u_j^n+u_j^{n-1}}{\Delta t^2} \tag{8-30a}$$

可见，中心差分的精度比向前或向后差分要高。对空间的差分，也类似有

$$\vec{\delta}_x u=\left(\frac{\partial u}{\partial x}\right)_j^n=\frac{u_{j+1}^n-u_j^n}{\Delta x}+O(\Delta x) \tag{8-31}$$

$$\overleftarrow{\delta}_x u=\left(\frac{\partial u}{\partial x}\right)_j^n=\frac{u_j^n-u_{j-1}^n}{\Delta x}+O(\Delta x) \tag{8-32}$$

$$\delta_x u = \left(\frac{\partial u}{\partial x}\right)_j = \frac{u_{j+1}^n - u_{j-1}^n}{2\Delta x} + O(\Delta x^2) \tag{8-33}$$

$$\delta_{xx} u = \frac{u_{j+1}^n - 2u_j^n + u_{j-1}^n}{\Delta x^2} + O(\Delta x^2) \tag{8-34}$$

对向前或向后差分，也可以构成高阶精度的差分，如

$$\left(\frac{\partial u}{\partial x}\right)_j^n = \frac{-3u_j^n + 4u_{j+1}^n - u_{j+2}^n}{2\Delta x} + O(\Delta x^2) \tag{8-35}$$

$$\left(\frac{\partial u}{\partial x}\right)_j^n = \frac{3u_j^n - 4u_{j-1}^n + u_{j-2}^n}{2\Delta x} + O(\Delta x^2) \tag{8-36}$$

虽然上述向、后向前两种差分的结果精度有所提高，但是所用的点比一阶单边差分多。

将方程中物理量对时间和空间的导数用相应的差分格式代替，则得到差分方程。例如，对时间导数采用一阶向前差分，对空间导数采用二阶中心差分，即将式(8-27) 和式(8-34) 代入式(8-23)，整理得到

$$u_j^{n+1} = u_j^n + \frac{\alpha \Delta t}{\Delta x^2}(u_{j+1}^n - 2u_j^n + u_{j-1}^n) \tag{8-37}$$

式(8-37) 就是式(8-23) 在时间上为一阶精度、空间上为二阶精度的差分计算格式或差分方程式。显然，对于同一微分方程，差分方程形式上是不唯一的。

8.3.4　差分方程的求解

在网格点(j,n) 处，微分方程式(8-23) 化成差分方程式(8-37)，令

$$S = \alpha \frac{\Delta t}{\Delta x^2}$$

则式(8-37) 可写为

$$u_j^{n+1} = Su_{j-1}^n + (1-2S)u_j^n + Su_{j+1}^n \tag{8-38}$$

用 n 层时间上三个网格点的函数值表示 $n+1$ 时间上的第 j 个网格处的函数近似值，令 $n=0$，即用已知的初边值可以逐个计算 $n=1$ 这一层上的 u_j^1，由 u_j^1 可以计算出 u_j^2，依次下去，可把任意时刻的温度都解出来。这种只用 n 层以前各层的已知函数值确定第 n 层上未知值的差分方法，称为显式差分格式。

8.3.5　有限差分法的收敛性、相容性和稳定性

1. 收敛性

收敛性指的是差分方程的解与微分方程解之间的差别问题。如果在求解区域中的任一离散点(x,t) 上，当网格步长 Δx 与 Δt 趋于零时，有限差分方程的解趋近于所近似的微分方程解，则称有限差分方程的解是收敛的。如用 $\bar{u}_j^n$ 表示偏微分方程的准确解，u_j^n 为对应于有限差分方程在同一点的准确解，则收敛性可表示为，当 $\Delta x, \Delta t \to 0$ 时，$u_j^n \to \bar{u}_j^n$。

2. 相容性

相容性指的是差分方程与微分方程之间的差别问题。如果 $\Delta t, \Delta x \to 0$，有限差分方程和相应的偏微分方程一致，这种特性叫做差分方程的相容性或一致性。上节中，若令 u_j^n 表示差分方程的准确解，利用 Taylor 级数将方程式(8-37) 中临近节点的解在点(j,n) 展开，整理并略去上标后可得

$$\frac{\partial u}{\partial t}=\alpha\frac{\partial^2 u}{\partial x^2}+E_T \tag{8-39}$$

式(8-39)就是与差分方程等价的微分方程式。其中,E_T 就是差分方程和微分方程的差别,称为截断误差。一般情况下,当步长趋向于零时,有限差分方程的截断误差是趋向于零的,则称有限差分与相应的偏微分方程是相容的。

3. 稳定性

稳定性讨论的是差分解的误差在计算过程中的发展问题。在数值解中,引进误差是不可避免的,计算机也有舍入误差,因此实际算得的有限差分方程的解为近似解。这种误差是要向其他方向传播的,如上节中,n 层中引入的误差就要向 $n+1$,$n+2$ 等层传播。如果计算中引入的误差在以后逐层计算过程中影响逐渐消失或保持有界,则称差分方程是稳定的,否则就是不稳定的。

有限差分方法的优点是简单,而且容易构造高精度的计算格式。缺点是只适用于结构网格,而复杂外形物体的结构网格生成往往是比较困难的;另外,差分方法不能直接应用于贴体的曲线坐标网格,而必须把曲线坐标网格变成直角坐标网格。这些大大限制了差分方法的使用范围。

8.4 有限体积法

有限体积法直接在物理空间对守恒律的积分公式进行离散,使用任意形状的非结构网格,这样对给定网格点,其控制体的形状和位置以及控制面上的通量计算方法有多种。此外,由于是对守恒律的积分形式进行直接离散,可保证离散方程质量、动量和能量的守恒。

8.4.1 有限体积法的基本原理

对于离散的控制体,积分形式的守恒型 Euler 方程可写为

$$\frac{\partial}{\partial t}\int_{\Omega}\boldsymbol{Q}\,\mathrm{d}\Omega+\int_{S}\boldsymbol{F}\cdot\mathrm{d}\boldsymbol{S}=0 \tag{8-40}$$

其中,$\boldsymbol{Q}$ 为流场变量组成的矩阵;$\boldsymbol{F}$ 为流场的通矢量。

$$\boldsymbol{Q}=\begin{pmatrix}\rho\\ \rho v_x\\ \rho v_y\\ \rho v_z\\ \rho e\end{pmatrix},\qquad \boldsymbol{F}=\begin{pmatrix}\rho\boldsymbol{v}\\ \rho u\boldsymbol{v}+n_x\boldsymbol{p}\\ \rho v\boldsymbol{v}+n_y\boldsymbol{p}\\ \rho w\boldsymbol{v}+n_z\boldsymbol{p}\\ \rho H\boldsymbol{v}\end{pmatrix}$$

式中

$$\boldsymbol{v}=v_x\boldsymbol{i}+v_y\boldsymbol{j}+v_z\boldsymbol{k},\quad e=\frac{p}{(\gamma-1)\rho}+\frac{1}{2}(v_x^2+v_y^2+v_z^2),\quad H=e+\frac{p}{\rho}$$

应用于控制体 Ω_J,则与变量 Q_J 相关的离散方程为

$$\frac{\partial}{\partial t}(Q_J\Omega_J)+\sum_{\text{sides}}(\boldsymbol{F}\cdot\boldsymbol{S})=0 \tag{8-41}$$

其中,通量项求和是针对控制体 Ω_J 所有外边界的。对于图 8-12(a) 中的单元 $1(i,j)$,用 $u_{i,j}$ 表示 u_J,用 $ABCD$ 的面积表示 Ω_J,通量项应对 AB,BC,CD 及 DA 四个边求和。而对于图 8-

12(d)所示的网格中，Ω_J 是具有共同节点 J 的三角形面积之和，如图中阴影所示，通量要对 12，23，34，45，56 及 61 这六条边求和，这就是有限体积方法的一般描述。对于选定的 Ω_J，必须确定如何估算控制体体积和单元面的面积，以及如何在单位面上对通量进行近似计算。

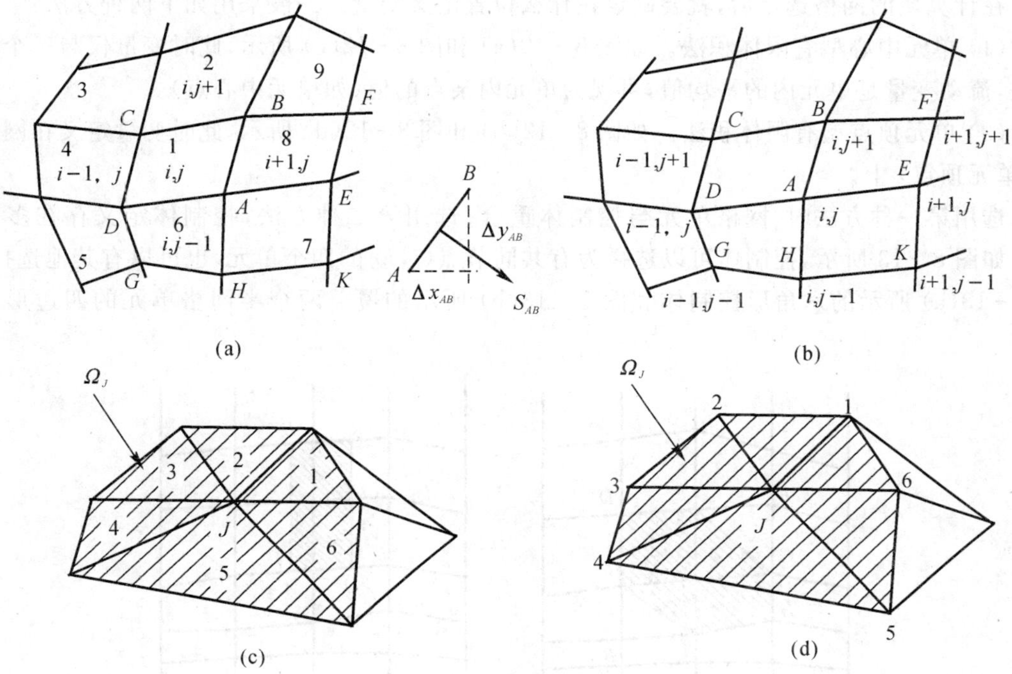

图 8-12　二维有限体积

采用守恒的有限体积方法，控制体的选择必须满足下列原则：

(1) 控制体的和应覆盖整个 Ω 域。

(2) 邻近的控制体要相互搭接，它们之间要有共同的内边界。

(3) 沿单元面通量的计算公式应与所选用的单元无关。

第(3)项保证了守恒律的满足，因为当对相关控制体的贡献求和时，其内边界上的通量贡献相互抵消。

式(8-41)给出了有限体积法与有限差分法的区别：

(1) 坐标点 J，即控制体内变量 Q 的准确位置并不是显式给定的，故 Q_J 并不是控制体内某一固定点的值，而应视为是控制体单元上流动变量 Q 的一个平均值。因此，方程式(8-41)中第一项表示的是所选的控制体中平均流动变量随时间的变化率。

(2) 网格坐标仅在确定单元体积和边界面积时出现，因而，以图 8-12(a)中围绕点 1 的控制单元 $ABCD$ 为例，仅需要点 A,B,C,D 的坐标。

(3) 在没有源项时，Δt 时间内平均值 u 的变化等于相邻单元之间的通量交换之和。对于定常流动，数值解得到的结果表示进出控制体所有通量的平衡，即

$$\sum_{\text{sides}} (\boldsymbol{F} \cdot \boldsymbol{S}) = 0 \tag{8-42}$$

考虑图 8-12(a)中两个邻近单元 $ABCD$ 和 $AEFB$，通过 AB 面上的通量对两个单元均有贡献，但符号相反。这样对 AB 边上的通量贡献只需要计算一次，该通量贡献对单元 1 为正，对

单元 8 为负。这就自动保证了全局守恒。

(4) 有限体积方法也可以方便地引入边界条件。例如,对于固体壁面,有 $\boldsymbol{F}\cdot \mathrm{d}\boldsymbol{S}=0$,这样方程式(8-41) 和式(8-42) 中相应通量的贡献就去掉了。

在计算域的网格选定后,就要确定在什么位置定义变量。一般采用如下两种方法:

(1) 单元中心型有限体积法。如图 8-12(a) 和图 8-12(c) 所示,此时变量仅与一个单元有关,流动变量是单元内的平均值,可视为单元内某点的值(如单元中心点)。

(2) 单元顶点型有限体积法。如图 8-12(b) 和图 8-12(d) 所示,此时变量定义在网格点(即单元顶点)上。

选用第一种方法时,网格单元与控制体重合;选用第二种方法,控制体定义存在多种选择。如图 8-13 所示,控制体可以选择为有共同节点(i,j) 的四个单元,也可以有其他选择,如图 8-13(a) 所示的六角形控制体和图 8-13(b) 所示的覆盖两个半网格单元的四边形控制体等。

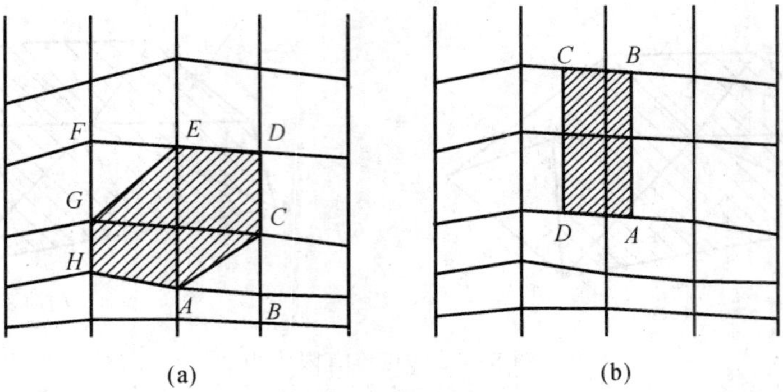

图 8-13 单元顶点型有限体积法二维控制体选取

(a) 六角形控制体;(b) 四边形控制体

8.4.2 二维有限体积法

1. 积分控制方程的离散

由 8.2 节生成流场网格,考虑其中如图 8-14 所示的某个控制单元 $ABCD$,二维欧拉方程可写为

$$\frac{\partial}{\partial t}\int_{\Omega_{ij}} Q\,\mathrm{d}\Omega+\int_{ABCD}\boldsymbol{F}\cdot \mathrm{d}\boldsymbol{S}=0 \tag{8-43}$$

式中 $\boldsymbol{F}=F_x\boldsymbol{i}+F_y\boldsymbol{j}$,$F_x$ 和 F_y 分别为

$$\boldsymbol{F}_x=\begin{pmatrix}\rho v_x\\ \rho v_x^2+p\\ \rho v_x v_y\\ \rho v_x H\end{pmatrix},\qquad \boldsymbol{F}_y=\begin{pmatrix}\rho v_y\\ \rho v_x v_y\\ \rho v_y^2+p\\ \rho v_y H\end{pmatrix}$$

对于 AB 边,其表面矢量可定义为

$$\boldsymbol{S}_{AB}=\Delta y_{AB}\boldsymbol{i}-\Delta x_{AB}\boldsymbol{j}=(y_B-y_A)\boldsymbol{i}-(x_B-x_A)\boldsymbol{j} \tag{8-44}$$

这样,Ω_{ij} 单元的有限体积公式为

$$\frac{\partial}{\partial t}(Q\Omega)_{ij} + (\boldsymbol{F}_{AB} \cdot \boldsymbol{S}_{AB} + \boldsymbol{F}_{BC} \cdot \boldsymbol{S}_{BC} + \boldsymbol{F}_{CD} \cdot \boldsymbol{S}_{CD} + \boldsymbol{F}_{DA} \cdot \boldsymbol{S}_{DA}) = 0 \tag{8-45}$$

Ω 为四边形 $ABCD$ 的面积。

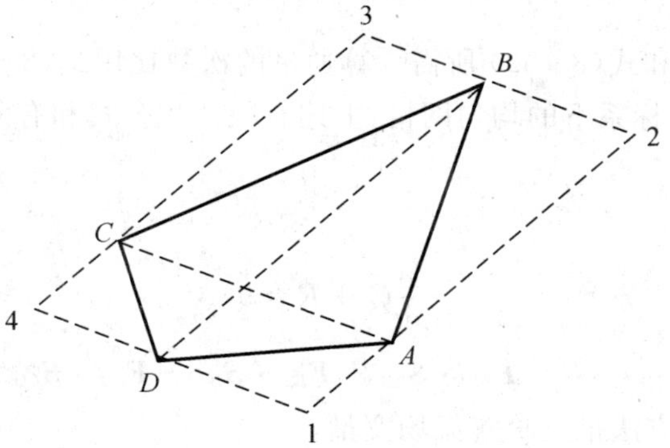

图 8-14　平面内任意四边形

2. 单元面积的计算

对于一般的四边形，其面积可用对角线矢量的矢量积得到。如图 8-14 所示，基于对角线的平行四边形 1234 的面积是四边形 $ABCD$ 面积的 2 倍，因此，令 $\boldsymbol{X}_{AB} = \boldsymbol{X}_B - \boldsymbol{X}_A$，其中 $\boldsymbol{X}_A$ 是点 A 的位置矢量，则有

$$\Omega_{ABCD} = \frac{1}{2}\left|\boldsymbol{X}_{AC} \times \boldsymbol{X}_{BD}\right| = \frac{1}{2}\left[(x_C - x_A)(y_D - y_B) - (y_C - y_A)(x_D - x_B)\right] = \frac{1}{2}(\Delta x_{AC}\Delta y_{BD} - \Delta x_{BD}\Delta y_{AC}) \tag{8-46}$$

对单元 $ABCD$，式(8-46) 等号右端项为正，其中 A,B,C,D 是逆时针排列的。

3. 通量项的计算

下面以中心差分公式为例来说明通量计算方法。对于单元中心型有限体积法，采用中心差分格式，通量计算有以下几种方法。

(1) 通量平均：

$$\boldsymbol{F}_{AB} = \frac{1}{2}(\boldsymbol{F}_{i,j} + \boldsymbol{F}_{i+1,j}) \tag{8-47}$$

$$\boldsymbol{F}_{i,j} = \boldsymbol{F}(Q_{i,j}) \tag{8-48}$$

(2) 对变量平均后，求通量。由于通量一般是变量的非线性函数，下面的选择与式(8-47)并不等价：

$$\boldsymbol{F}_{AB} = \boldsymbol{F}\left(\frac{Q_{i,j} + Q_{i+1,j}}{2}\right) \tag{8-49}$$

(3) 认为 $\boldsymbol{F}$ 是点 A，B 上通量的平均：

$$\boldsymbol{F}_{AB} = \frac{1}{2}(\boldsymbol{F}_A + \boldsymbol{F}_B) \tag{8-50}$$

其中变量

$$Q_A = \frac{1}{4}(Q_{i,j} + Q_{i+1,j} + Q_{i+1,j-1} + Q_{i,j-1}) \tag{8-51}$$

且

$$\boldsymbol{F}_A=\boldsymbol{F}(Q_A) \tag{8-52}$$

或者通量可以用如下平均：

$$\boldsymbol{F}_A=\frac{1}{4}(\boldsymbol{F}_{i,j}+\boldsymbol{F}_{i+1,j}+\boldsymbol{F}_{i+1,j-1}+\boldsymbol{F}_{i,j-1}) \tag{8-53}$$

可以看到，用式(8-49)和式(8-52)所需计算通量的次数比用式(8-47)和式(8-53)要少。可以证明，对于笛卡尔坐标系下的均匀网格，上述有限体积公式和有限差分公式是等价的。

4. 时间项的推进

将式(8-45)写为

$$\frac{\mathrm{d}}{\mathrm{d}t}\bar{Q}+\bar{R}=0 \tag{8-54}$$

其中 $\bar{Q}=Q_{i,j}\Omega_{ABCD}$，$\bar{R}=\boldsymbol{F}_{AB}\cdot\boldsymbol{S}_{AB}+\boldsymbol{F}_{BC}\cdot\boldsymbol{S}_{BC}+\boldsymbol{F}_{CD}\cdot\boldsymbol{S}_{CD}+\boldsymbol{F}_{DA}\cdot\boldsymbol{S}_{DA}$

可以利用 Runge-Kutta 方法推进求解流场变量。

5. 边界条件

为提高流场计算的精度，必须提高边界格式的处理精度，使格式在边界上和场内精度相匹配。物面是流场扰动源，对于 Euler 方程，由于忽略黏性，流体沿物体表面光滑流过，即在物面上的法向速度分量为零。

$$\boldsymbol{q}\cdot\boldsymbol{n}=0 \tag{8-55}$$

远场考虑无反射边界条件。

8.5 常用数值计算软件简介

8.5.1 数值计算软件的架构

一般的数值计算商用软件往往将复杂的数值计算软件过程集成，通过一定的接口，让用户快速地输入问题的有关参数。所有的商用软件均包括三个基本环节——前处理、求解、后处理，与之对应的程序模块常简称为前处理器、求解器和后处理器。本节结合数值计算软件相关内容，简要介绍这三个程序模块。

1. 前处理器

前处理器(pre-processor)用于完成前处理工作。前处理环节是向数值计算软件输入所求问题的相关数据，该过程一般是借助于与求解器相对应的对话框等图形界面来完成的。在前处理阶段，需要用户进行以下工作：① 定义所求问题的几何计算区域；② 将计算域划分成多个互不重叠的子区域，形成单元组成的网格；③ 对所研究的物理和化学现象进行抽象，选择相应的控制方程；④ 定义流体的属性参数；⑤ 为计算域边界处的单元指定边界条件；⑥ 对于瞬态问题，指定初始条件。

流动问题的解是在单元内部的节点上定义的，解的精度由网格中单元的数量所决定。一般来说，单元越多，尺寸越小，所得到的解的精度越高，但所需要的计算机内存资源及 CPU 时间也相应增加。为了提高计算精度，在物理量梯度较大的区域以及感兴趣的区域，往往要加密计算网格。在前处理阶段生成计算网格时，关键是要把握好计算精度和计算成本之间的平衡。

目前在使用数值计算软件进行计算时，有超过 50% 以上的时间花在几何区域的定义及计算网格的生成上。可以使用数值计算软件自身的前处理器来生成几何模型，也可以借用其他商用软件（如 Gridgen，Gam bit，ICEMCFD）或 CAD/CAE 软件（如 PATRAN，ANSYS，I－DEAS，Pro/Engineer）提供的几何模型。此外，指定流体参数的任务也是在前处理阶段完成的。

2. 求解器

求解器（solver）的核心是数值求解方案。常用的数值求解方案包括如前所述的有限差分法和有限体积法等。总体上讲，这些方法的求解过程大致相同，包括以下步骤：① 借助简单函数来近似待求的流动变量；② 将该近似关系代入连续的控制方程中，形成离散方程组；③ 求解代数方程组。各种数值求解方案的主要差别在于流动变量被近似的方式及相应的离散化过程。当前数值计算软件广泛使用的方法是有限体积法。

3. 后处理器

后处理的目的是有效的观察和复习流动计算结果。随着计算机图形功能的提高，目前的数值计算软件均配备了后处理器（post－processor），提供了较为完善的后处理功能。后处理功能包括：①计算域的几何模型及网格的显示；②矢量图（如速度矢量线）；③等值线图或填充型的等值线图（云图）；④XY 散点图；⑤粒子轨迹图；⑥图像处理功能（平移、缩放、旋转等）。借助后处理功能，还可以动态模拟流动效果，直观地了解数值计算的结果。

8.5.2　常用的数值计算软件

为了完成数值计算，过去多是用户编写计算程序，但由于数值计算的复杂性及计算机软硬件条件的多样性，用户各自的应用程序往往缺乏通用性。自 1981 年以来，出现了如 PHOENICS，CFX，STAR－CD，FLUENT 等多个商用软件，这些软件的显著特点是：①功能比较全面、适用性强，可以求解工程界中的多种复杂问题；②基于比较易用的前后处理系统和与其他 CAD 及 CFD 软件的接口能力，便于用户快速完成造型、网格划分等工作，同时，还可以让用户扩展自己的开发模块；③具有比较完备的容错机制和操作界面，稳定性高；④可在多种计算机、多种操作系统，包括并行环境下运行。

随着计算机技术的快速发展，这些商业软件在工程界正在发挥着越来越大的作用。

1. PHONEICS

PHONEICS 是世界上第一套计算流体力学与传热学的商用软件，由著名学者 D. B. Spalding 和 S. V. Patankar 等提出。PHONEICS 最大限度地向用户开放了程序，用户可以根据需要添加用户程序、用户模型。PHONEICS 可以读入几乎任何 CAD 软件的图形文件，提供了多种物理模型供选择。

2. CFX

CFX 是由英国 AEA Technology 公司开发。CFX 可计算的物理问题包括可压与不可压流动、耦合传热、热辐射、多相流和燃烧等问题。CFX 为用户提供了表达式语言（CEL）及用户子程序等不同层次的用户接口程序，允许用户加入自己的特殊物理模型。CFX 的前处理模块是 ICEM CFD，所提供的网格生成工具包括表面网格、六面体网格、四面体网格、棱柱体网格（边界层网格）、四面体与六面体混合网格、自动六面体网格、全局自动笛卡尔网格生成器等。

3. STAR - CD

STAR - CD是由英国帝国学院提出的通用流体分析软件。该软件基于有限体积法，适用于不可压流和可压流(包括跨声速流和超声速流)的计算、热力学的计算及非牛顿流的计算。它具有前处理器、求解器、后处理器，以良好的可视化用户界面把建模、求解及后处理与全部的物理模型和算法结合在一个软件包中。

4. FLUENT

FLUENT是由美国FLUENT公司于1983年推出的CFD软件，是目前功能最全面、适用性最广、使用最广泛的软件之一。FLUENT提供了非常灵活的网格特性，让用户可以使用非结构网格，包括三角形、四边形、四面体、六面体等网格，解决具有复杂外形的流动，甚至可以使用混合形网格。

FLUENT使用Gambit作为前处理软件，它可读入多种CAD软件的三维几何模型和多种CAE软件的网格模型。FLUENT可完成多种参考系下流场模拟，定常与非定常流动分析，不可压流和可压流计算，层流和湍流模拟、传热、固体与流动耦合分析等。

在FLUENT中，解的计算和显示可以通过交互式的用户界面来完成。高级用户可以通过使用菜单宏及菜单函数自定义及优化界面。用户还可以使用基于C语言的用户自定义函数功能对FLUENT进行扩展。

8.6 算　　例

1. 利用数值求解方法计算NACA0012翼型在 $Ma_\infty = 0.8, \alpha = 0°$ 时的气动特性。

解　计算网格见图8-3，采用O型网格。采用有限体积方法求解Euler方程。计算得到的流场云图如图8-15所示，压强系数曲线如图8-16所示。

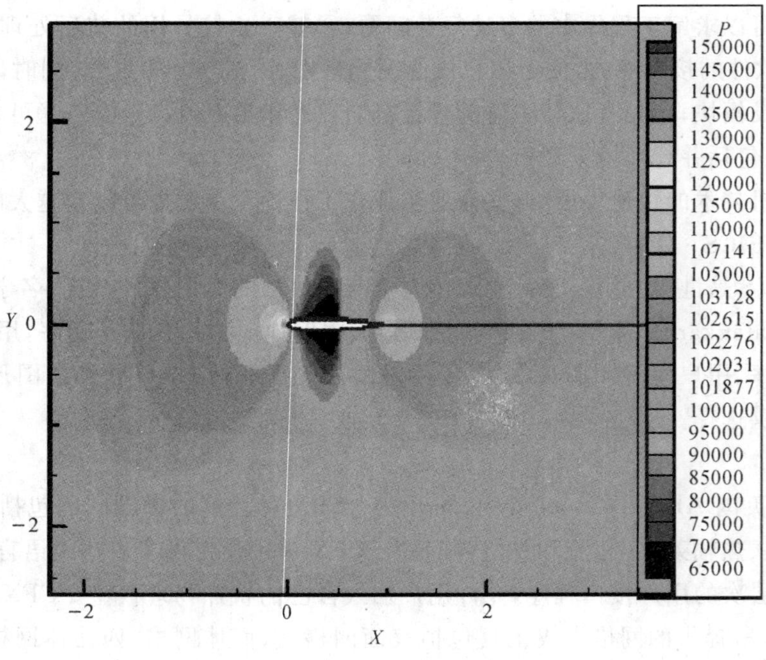

图8-15　计算的压力分布云图

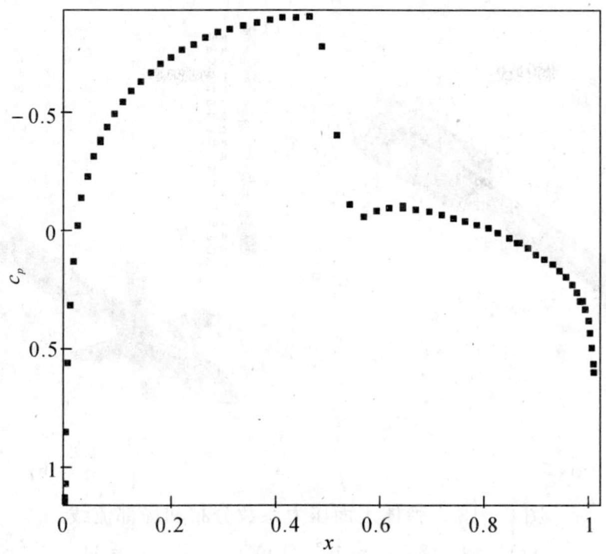

图 8-16　翼型上压强系数分布图

2. 利用数值求解方法计算某导弹实验标模在 $Ma_{\infty}=2.5$，$\alpha=10°$，$14°$ 时的气动特性。该导弹有四片鸭翼、四片尾翼，其模型如图 8-17 所示。

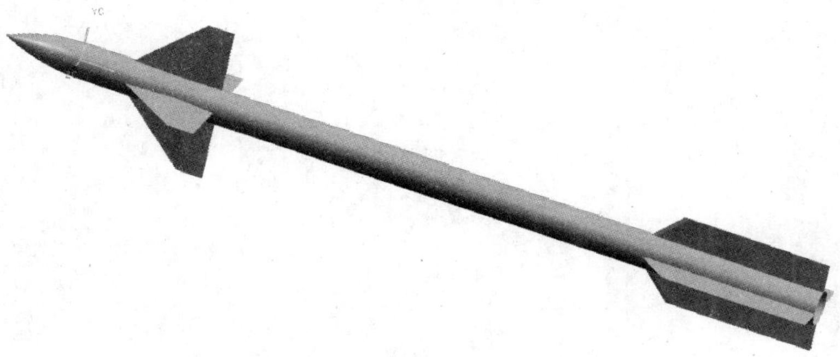

图 8-17　导弹模型示意图

解　采用有限体积法求解，计算结果见表 8-1。图 8-18 给出了导弹表面压力分布和局部流线。

表 8-1　力系数的试验与计算结果对比

α/(°)	C_{yt}			m_z		
	实验值	计算值	误差 /(%)	实验值	计算值	误差 /(%)
10	6.60	6.61	0.2	4.78	4.93	3.1
14	10.10	9.92	1.8	11.19	10.80	3.5

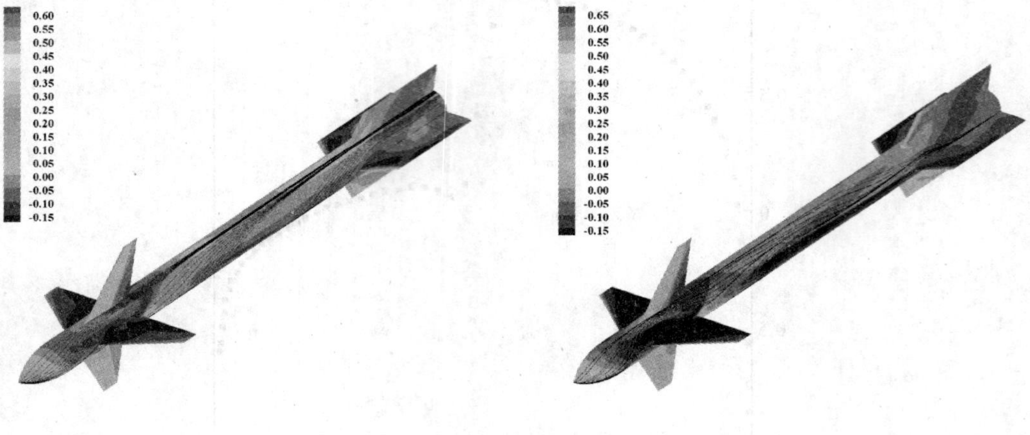

(a) (b)

图 8-18 弹体表面压力系数分布和局部流线

(a) $Ma_{\infty} = 2.5, \alpha = 10^{\circ}$; (b) $Ma_{\infty} = 2.5, \alpha = 14^{\circ}$

第9章 导弹气动布局设计

气动布局研究的目的不仅是确定当前型号的具体外形，重要的是根据型号的发展过程中已存在的各种问题和预计型号发展前景中可能遇到的一些问题，结合空气动力学研究的新进展，发现的新规律，从发挥空气动力性能的优势出发，提出一些能解决各种矛盾的基本气动构型或某些特殊部件，通过实验研究、理论计算和数值求解等方法分析和验证这些新构型、新部件的空气动力性能，为空气动力设计人员、总体设计人员提供一个可供选择的气动外形。

导弹气动布局研究与飞机气动布局研究有本质的差别，主要有两个方面：一方面，导弹是无人驾驶飞行器，不受人的生理极限的限制，因此导弹飞行允许的速度范围、加速度范围、迎角范围、热环境、振动环境等比飞机所允许的范围宽得多，这开阔了气动布局的领域，同时也增加了气动布局中研究的因素和难度；第二方面，导弹是一次性使用的武器，故多采用极限设计，外形和结构方式力求简单，工艺性能好，质量小，从而使导弹研制周期缩短，成本降低。

一般导弹的设计分为三个阶段：① 概念设计，即基于任务需求，确定飞行器的初始外形；② 初步设计，即确定主要的结构、外部形状、飞行器部件的配置和尺寸；③ 详细设计，确定飞行器的其他具体布局。导弹的性能和成本几乎总是在前两个设计阶段确定。作为一般的规则，结构特性更大程度上由导弹内部部件的布局决定，而导弹的外部形状则直接影响其性能，且气动设计是贯穿于整个过程的。因此，在初始概念设计阶段，确定导弹的气动外形是导弹设计需解决的重要问题之一。

在导弹设计中，遇到的气动问题，总的来说，包含两个方面：给定飞行器构形，要求确定其气动性能的正问题；给定了飞行器需要达到的性能，以寻求满足这些气动性能构形的反问题。前者即气动计算，后者为气动设计。在实际设计过程中，气动计算和气动设计是紧密联系的，要对飞行器经过气动计算和气动设计的反复多次迭代，才能得到满足设计要求的气动构形。本章以战术导弹为对象，简述导弹气动布局的特点和其气动外形设计的一般过程。

9.1 导弹战术技术指标对气动性能的要求

导弹设计的主要任务之一是寻求一种简单而有效的气动外形，以满足导弹系统战术技术指标要求。在型号研制过程中，气动外形的确定不能只考虑空气动力方面的要求，还要考虑空气动力学、热力学、运动学、发动机设计、导弹结构、导弹控制等各方面的知识与特殊要求。

9.1.1 战术导弹分类

战术导弹是从两个方向发展而来的：其一是从原有飞机概念发展而来，它们的作用也是飞机原功能的直接延伸，其控制体制为BTT倾斜转弯体制；另一类是从火箭发展而来，即火箭安装制导系统、舵面、舵机及驱动系统，常见的十字型翼布局属于这一类。这类导弹采用STT侧滑转弯体制，具有在任何方位的平面内机动飞行的能力，现在这类导弹也在向平置翼布局、

BTT 倾斜转弯体制发展。导弹气动布局与导弹类型有密切关系，布局形式也多种多样，主要有以下几种类型。

1. 地地导弹

这类导弹从地面(海面)发射，攻击地面(海面)目标。地地导弹又分成弹道式和飞航式两种。弹道式导弹气动布局较简单，一般机动飞行要求低。当前正在发展的再入机动飞行弹头，为了躲避攻击和修正弹道需要进行机动飞行，它们对机动能力也有很高的要求，因此这类弹头气动布局的研究也是一个重要课题。飞航式地地导弹，是在大气层靠升力飞行的地地导弹。其气动外形对导弹性能有重要影响，特别是当前发展的超低空巡航导弹，要具有很强的地形跟踪功能，又要求有准确的导弹攻击目标性能，这些都要求在气动上有较高的机动能力。同时，又要求有较高升阻比特性，还要有较高的防雷达和热辐射的隐身能力，这些都与气动布局有密切关系。

2. 空地导弹

这类导弹由飞机携带，在飞行中从母机中分离，一般要经过一段自由投放段后，然后导弹发动机工作，在大气层内进行有动力有升力飞行。其射程根据用途不同，从几千米到数百千米，巡航导弹可达数千千米。一般采用飞航式气动布局形式，其攻击目标为地面式或水面固定机动较小的目标，其气动布局基本要求与上述飞航式地地导弹相似，但由于飞机携带和投放，其气动布局要求考虑机弹干扰问题。

3. 地空导弹

地空导弹布局型式也是多样化，导弹的气动性能极大地影响导弹性能。从气动力来讲，主要由以下几个重点问题：首先是大机动飞行能力的要求。由于被攻击的目标速度快，机动飞行能力不断提高，因此要求地空导弹具有更高的机动能力。其次垂直发射带来大迎角气动力问题，也是气动布局研究的一个因素。另外，由于电子技术的发展，地空导弹向远程发展，提高升阻比成为气动布局研究中一个重要因素。同时，由于采用吸气式发动机，复杂气动外形研究受到重视。

4. 空空导弹

这类导弹由飞机携带，一般是在飞机处于空战状态下发射。空空导弹的气动外形受飞机装载能力和装载方式的影响，导弹设计型式变化很小。空空导弹是在飞机飞行中发射，因此有机弹干扰问题，它影响飞行性能、飞机飞行安全、导弹飞行散布等。空空导弹攻击高机动飞行目标，因此要求导弹具有高机动飞行能力。空空导弹向远程发展，多采用吸气式发动机，给气动布局带来很多复杂问题，导弹发动机一体化设计成为重要的研究课题。

9.1.2 战术导弹技术要求

战术导弹气动布局的发展与战术导弹战术技术要求是紧密相联的，当前导弹发展主要集中在以下几个方面。

1. 高机动飞行能力

对于防空导弹，由于目标的飞行速度和机动飞行能力的提高，只有提高导弹的机动飞行能力(一般要求具有 3 倍于目标机动过载水平)，才能达到击毁敌方目标的目的。因此，在气动布局研究领域，把提高导弹机动飞行能力作为一项重要研究指标。为了增加法向过载，实现大机动飞行，从空气动力学观点来看，最佳方式就是增大飞行迎角，充分发挥非线性气动力的作用。

2. 大作战区域

导弹发展的另一个方面是扩大作战区域或增加航程。防空导弹的作战区域现已扩大到数百千米，而对巡航导弹来说，航程已达数百千米至数千千米。这些要求反映在空气动力方面，则要求采用具有低零升阻力或在巡航速度和迎角下高升阻比的气动布局外形。

3. 良好操纵性能

改进导弹控制与操纵特性，控制方面从一般侧滑转弯机制向倾斜转弯机制发展。为了提高导弹的控制和操纵性能，导弹的气动控制面向多样化发展。为了提高鸭式布局导弹的滚动气动控制性能，出现了如环形尾翼、旋转尾翼、尾翼上加空气冲压装置等。

4. 具备隐身能力

增加导弹隐身能力(红外和电磁波)。当然，导弹的隐身要求与飞机是不同的，像目前这种昂贵的和降低飞机战斗能力的隐身技术对导弹是不适用的。导弹隐身首先要求的是要有满足性能的材料，外形隐身只能在不牺牲气动性能前提下来考虑。

9.2　导弹气动布局特点

9.2.1　战术导弹气动布局特点

战术导弹气动布局的型式与控制方式有密切关系，目前存在两种主要控制方式：一种为侧滑转弯方式(STT)，另一种为倾斜转弯方式(BTT)。前者一般采用十字型翼和十字型舵结构，通过俯仰和偏航两个方向空气动力机动，可以完成任意希望平面内的机动。从机动飞行的要求考虑，显然这是一种迅速有效的方式，因而为很多战术导弹，特别是地空导弹和空空导弹所采用。

1. STT控制气动布局型式

(1) 尾翼控制布局。尾翼控制布局又称正常式布局，这是最常见的一种布局形式。这种布局形式在静稳定控制状态时，由于弹翼和尾翼均在全弹质心之后，因此，机动飞行时，舵偏角方向总是与迎角方向相反，即尾翼提供负升力。这种控制布局的优势在于尾翼总迎角小，对减少尾翼载荷和舵面铰链力矩是有利的；同时，弹的弯矩也相应减少，线性气动力范围也较大，对以线性控制为主的设计思想具有明显优势；另外，舵面在全弹最后，在设计过程中，经常改变舵面尺寸和位置，但不影响全弹基本气动特性，因此有利于总体设计。这种布局形式的不利之处在于：① 在静稳定控制时，舵面偏转提供负的法向过载；② 这种形式反应速度慢，先有舵偏，后形成迎角，再产生机动力；③ 舵面受前面弹翼影响，其效率有所降低；④ 采用固体火箭发动机，尾部空间部位有限，影响结构安排。

这种控制布局尾舵离翼面很近，翼的下洗干扰是一个重要问题。尾舵也是十字型结构，相对于翼面，有两个安排方式：一种是“十-十”布局，一种是“十-X”布局，后者有45°方位角转动。两种方式各有特点。在小迎角时，“十-X”布局前翼下洗小，尾舵效率高，但迎角增大时可能会出现相反的情况；另外“十-X”布局在发射状态下结构安排困难一些。尾舵都采用全动舵差动偏转方式，没有专门作副翼的舵，因此，实际设计中是通过四个舵面不同的偏转组合来达到偏航、俯仰、滚动三种运动的控制。图9-1列出舵面十字型和X型两种姿态下三种运动的控制方式。

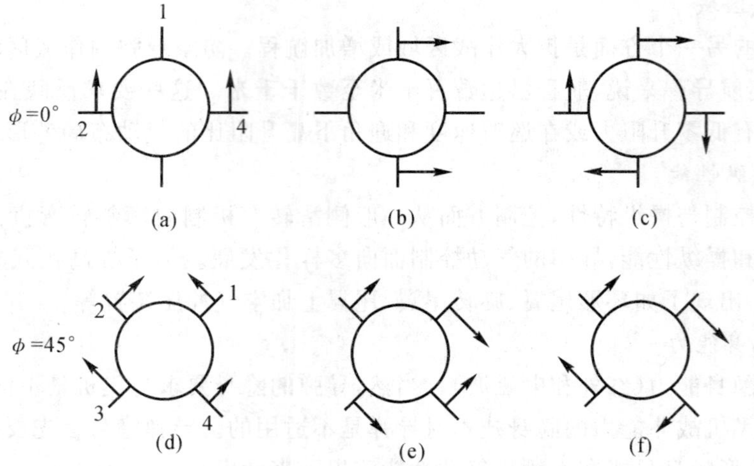

图 9-1　舵面控制方式

(a) $\delta_x=\dfrac{\delta_2-\delta_4}{2}$；(b) $\delta_y=\dfrac{\delta_1-\delta_3}{2}$；(c) $\delta_x=\dfrac{\delta_1+\delta_2+\delta_3+\delta_4}{4}$；

(d) $\delta_z=\dfrac{-\delta_1+\delta_2+\delta_3-\delta_4}{4}$；(e) $\delta_y=\dfrac{\delta_1+\delta_2-\delta_3-\delta_4}{4}$；(f) $\delta_x=\dfrac{\delta_1+\delta_2+\delta_3+\delta_4}{4}$

(2) 无翼式布局和无尾式布局。早期，无翼式布局仅在机动飞行能力要求极小的导弹上采用(如地地导弹)，随着大迎角飞行的实现，这种布局成为大机动飞行要求的优良布局形式。由于这种布局小迎角时小阻力，大迎角时产生大的非线性升力、相对高的舵面效率，因此这正是当前导弹设计中追求的优良布局形式(如美国的“爱国者”导弹，就采用了这种布局形式)。这种布局一般都采用差动舵形式控制。

无尾式布局，这是导弹的弹翼与尾舵面非常靠近的一种特殊情况，从而在结构上把弹翼与尾舵连接起来，因为这种布局已没有单独的尾翼。这种布局舵面效率是比较低的。无尾式布局适用于高空高速飞行导弹的布局型式。

(3) 主翼控制布局。主翼控制布局也称为旋转弹翼布局，由位于空载状态导弹质心附近处的较大旋转弹翼和位于尾端的稳定尾翼组成。弹翼既是主升力面，提供法向过载的主要部件，同时又是操纵面，翼的偏转控制导弹的俯仰、偏航、滚动三种运动。

全动弹翼气动布局优点：一是反应快，弹翼偏转立即产生了机动气动力；二是对迎角要求小，有利于吸气式发动机运行，也有利自动驾驶仪的设计。但是，这也是一个缺点，由于迎角小，弹体升力未能充分发挥。这种布局的另外一个缺点，即弹翼作为控制面带来的缺点，由于它面积大，因此铰链力矩大，要求大的驱动功率，就增大了驱动系统的结构质量。虽然弹翼面积大，升力也大，但这种控制面效率并不高，其原因是弹翼离全弹质心较近。当然，这种布局弹翼不受前方翼的干扰，并且弹翼下洗在尾翼上产生的力和力矩与弹翼控制要求一致，略改善了这种布局控制特性。但是，滚动控制则是相反的趋势，尾翼上诱导的滚动力矩与弹翼上产生的相反，降低了全动弹翼滚动控制能力。

弹翼与尾翼可以成一致或相差 45° 的布置方式。在小迎角时，成 45° 布置时有利导弹稳定性，即减少了弹翼对尾翼的下洗，同时也有利滚动控制。但是，随着迎角增大，这种特性就消失，甚至出现相反的规律，既翼涡与尾翼相交时，即损害了稳定性，又加剧滚动控制的矛盾，这些问题与翼尾参数选择有密切关系。全动弹翼布局的弹翼一般也采用差动方式进行控制。

(4) 鸭翼控制布局。鸭式控制布局是由位于弹身前端的一组小控制面及一组位于导弹中部或后部的大翼面组成的。与全动弹翼布局相比，其共同点是控制面在导弹前部，故可称为前翼控制，但这两种布局差别是很大的。全动弹翼布局，升力面与控制面合二为一。鸭式布局，控制面只是控制作用，鸭翼本身提供的升力，被其下洗导致的弹翼升力减少而抵消甚多，对机动飞行升力贡献极小，鸭式导弹机动所需升力，都是由弹体有迎角后，在弹体和弹翼上所产生的升力所提供，故全动翼布局反应快的优点，鸭式布局不再具有。

鸭式布局最大优点是，导弹质心变化很容易从布局中得到协调。在导弹总体设计中质心改变，只需调整控制面与弹翼相对距离即可得到协调方案，因此鸭式导弹布局全弹质量和全弹阻力容易优化。鸭式布局舵面位于头部区域，与控制系统很靠近，便于总体安排，也有利减少导弹总质量。

鸭式布局主要的缺点是，鸭式舵面不能进行滚动控制。由于鸭式舵的翼展一般小于弹翼的翼展，鸭式舵对弹翼下洗会诱导出与鸭式舵相反的滚动力矩(即斜吹力矩)，有时甚至可以超过舵面本身产生的滚动控制，一般必须在弹翼上附加尾缘副翼或翼端副翼来进行滚动控制，为此又要另加一套舵机系统，必然增加了导弹的质量，同时也增加了结构的复杂性。

(5) 旋转式单通道控制布局。旋转式单通道控制导弹通常采用鸭式布局，由 4 个成 X 型配制的尾翼和位于前部的一对舵面组成。四个尾翼相对于迎面气流有同方向的安装角，保证导弹在飞行中具有一定的滚动角速度。这种控制形式的导弹在小型防空导弹上获得了广泛的应用，美国的“尾刺”、RAM 导弹，苏联的 SA－7，均采用这种布局形式。

采用单通道控制，用一对舵面控制导弹的空间运动，导弹必须具有一定的滚转角。弹上用一个舵机来控制这一对舵面的运动，舵机具有继电特性。当输入信号为正时，舵偏角为正值最大；当输入信号为负时，舵偏角为负值最大，没有中间的位置。当输入信号改变符号时，舵面立即从一个极限位置转变到另一个极限位置，延迟时间非常短，只有几毫秒。这种控制形式具有下列优点：弹上控制系统简单，只需一个通道，而其他的控制形式需要三个通道。在相同的情况下，弹上控制系统的尺寸和质量都有大幅度的减小，多余下来的空间可以用来多装燃药，使导弹飞行得更快和更远。翼面通常做成折迭式的，使发射装置小型化。其缺点是控制效果较差，只有机动性要求不高的导弹才采用旋转式单通道控制。

2. BTT 控制气动布局型式

BTT 转弯机制是飞机常用的一种体制，这种气动布局形式的特点是上下不对称，左右对称，因此有一个最大升力平面。用最大升力面飞行，有较大的升阻比，并具有较大的机动能力。飞航式导弹多采用 BTT 体制，主要用于海防导弹和巡航导弹。倾斜转弯导弹气动布局，原则上也可套用前面提出的四种形式。目前，大都倾向于采用正常式。气动外形的发展，从弹体、弹翼、发动机组合形式向融合体形式发展，圆截面弹身向非圆截面弹身发展。

3. 多级火箭的气动布局

战术导弹为了提高航程，往往采用两级火箭形式，即除主级之外，尚有助推器。对于采用要求一定飞行速度下才能工作的发动机系统(如冲压发动机)，也必须有一个助推级，使导弹达到一定的飞行速度，主发动机才开始工作。

采用两级布局形式，就要考虑主级与助推级的组合方式。目前，主要有两种布局形式：①串联式(单个助推器安置于导弹主级之后)。这种布局形式简单，助推级在飞行中与主级分离时比较可靠，迎面阻力也比较小，故防空导弹经常采用这种布局形式。② 并联式(多个助推器置放在导弹主级的侧面)。布局形式相对复杂,但是它的优点是导弹总长度减少,从而发射装置的尺寸也会减少,故也是一种可取的布局形式,飞航式导弹多采用这种布局形式。采用并联式布局时,其迎面阻力比串联式的阻力大,这样也会增加导弹的发射总质量。图 9-2 为导弹中常见的两种助推级与主级的布局形式。

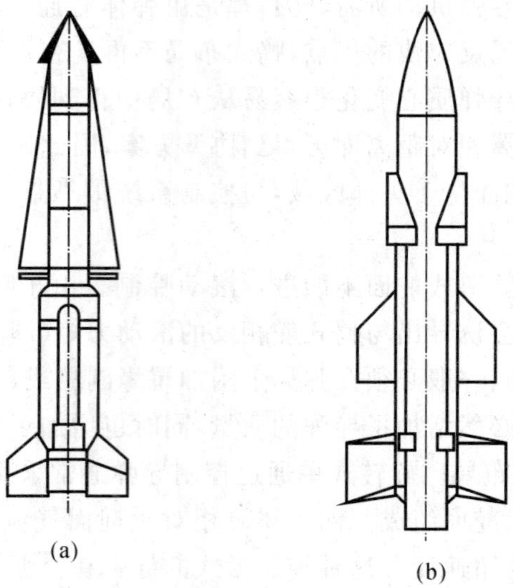

(a)　　(b)

图 9-2　导弹助推器的布局

(a) 串联式;(b) 并联式

9.2.2　战术导弹新型气动布局方式

1. 大迎角极小展弦比翼布局和无翼式布局

为了提高导弹法向机动过载,采用大迎角飞行,与之相适应的布局为极小展弦比翼布局或无翼式布局。

采用极小展弦比翼比采用一般小展弦比翼的气动布局的第一大优点是减小了零升阻力。减小零升阻力是导弹设计重点追求的目标之一,因为减小零升阻力可以增加导弹的作战航程,提高飞行马赫数,从而提高机动能力。

采用极小展弦比翼布局时,在中小迎角范围,因升力较低,故使用迎角要略大于一般展弦比翼布局外形,但迎角进一步增大,由于非线性力增大(见第 2 章),极小展弦比翼布局外形的升力要大于一般展弦比翼布局的升力。极小展弦比翼布局适合于高机动飞行导弹设计要求,因此,极小展弦比翼布局和无翼式布局是战术导弹气动布局发展的一个重要方向。

另外一种是主翼采用展弦比很小的边条翼。这种布局的压力中心,在马赫数和迎角改变条件下,移动量小,有利于总体设计。边条翼布局与无主翼比较,提高了导弹的机动能力,当迎角较大时,弹身和边条翼会同时产生升力。边条翼的翼展很小,导弹的展向尺寸完全取决于安装在后部的舵面翼展,故这种布局导弹的展向尺寸小,从而减小了发射箱的尺寸和质量,使导弹武器系统做得轻便灵活。

2. 大迎角非对称气动力抑制

战术导弹在下列两种情况下需要采用大迎角飞行:① 导弹在攻击大机动飞行目标时,需要大迎角飞行提供更大的机动飞行能力，达到击毁目标的能力，一般采用空气动力舵来实现大迎角机动飞行；② 战术导弹在地面或舰艇上垂直发射时，要尽快地指向敌方目标，需要采用大迎角飞行改变弹道，一般采用燃气舵来实现大迎角飞行。

上述两种大迎角飞行，都带来大迎角非线性气动力问题，除了常规的大迎角非线性问题外，还有一个非对称气动力和力矩问题(见第 3 章)。研究弹体大迎角非对称气动力现象的目的在于控制或者抑制这种现象，为导弹设计服务。已有的研究中，采用头部吹吸气、可转动头锥、头部加边条控制器或使用声激励控制方法等来削弱大迎角时弹体非对称涡，抑制非对称气动力和力矩。应当更细致深入分析这种现象，找出规律，从定性研究向定量研究发展，从被动抑制向主动利用发展。

3. 非圆截面弹身组合体与倾斜转弯

以往大多数战术导弹气动外形都是十字型翼布局、圆截面弹身。这种布局形式结构方式简单，特别是具有不依赖方位提供机动过载的能力，因此有利于简化控制且反应快，被广泛采用。随着技术的发展，它的缺点逐步暴露出来。其一是气动性能方面，四个翼面只有两个翼的升力效率，但零升阻力却是四个翼面，因此升阻比小，不利于增加航程。其二是大迎角诱导滚转，造成控制上的困难。其三是不利于安装吸气式发动机，这是当前战术导弹增加航程的一个重要措施。另外，这种布局雷达反射截面大，在电子对抗条件下，这是一个较大缺点，因此战术导弹一个发展方向是十字型翼向平置翼发展，圆截面弹身向非圆截面弹身发展，简单组合体向融合体发展。

从十字型翼发展到平置翼，弹身自然从圆截面向非圆截面发展。发展非圆截面弹身，除了气动性能考虑之外，还有运载方便、装载量增大的优点，当然最重要的还是空气动力方面的优点。非圆截面弹身主要优点是具有较大的升阻比，利用其扁平弹体产生一部分升力。非圆截面弹身组合体导弹，在 BTT 条件下，具有较好的方向稳定性性能和纵横向匹配性能。图 9－3 显示了 APPACH 防区外导弹的模型图。

图 9－3　APPACH 防区外导弹模型图

4. 弹体与吸气式发动机一体化及融合体布局

战术导弹(空空导弹和空地导弹)要增加航程，一般要采用吸气式发动机，利用空气中的氧气以减少因氧化剂而增加的导弹总质量。采用单进气道并使之位于头部下表面，有利于利用头部压缩流场，避免弹翼或舵面流场的不利干扰。采用两侧双进气道模型，有较大的升力，并在机动飞行情况下，有较好的进气环境。弹体与吸气式发动机一体化设计是改进导弹气动性能的有力措施。

为了提高导弹的性能，保证优良的气动特性，又提出融合体设计概念，即把导弹不再分成零散部件，而视为一个整体，寻找优良气动外形。这样，融合体设计是从气动性能优化出发，同时计及结构的需要，特别是当前还要从减少雷达反射截面出发，来设计合理的导弹气动外形。

5. 鸭式布局滚动气动控制

鸭式布局有很多优点，其中包括气动方面和总体结构安排方面的优点，如升阻比较大，易于进行质心移动的调整，铰链力矩较小，故有相当多的导弹采用这种布局形式。但这种布局也有缺点，其中最严重的气动问题是滚动控制复杂，鸭式舵不能控制滚动这是因为当鸭式舵作副翼偏转时，由于舵下洗对导弹尾翼附近流场干扰，产生横向不对称流动，在尾翼上诱导出一个与鸭式舵本身产生的滚转力矩方向相反的滚转力矩。这个力矩会部分甚至全部抵消鸭式舵产生的滚转力矩，有时甚至反滚力矩大于鸭式舵产生的滚转力矩。为了克服这一严重的气动问题，鸭式导弹大都采用两套舵机，即在尾翼后缘附加一个尾缘副翼，或在尾翼侧缘附加一个侧缘副翼，用来控制导弹的滚转运动。但增加一套舵机和副翼等结构要增加导弹的总质量，同时也带来结构设计的复杂性，给导弹设计造成相当大困难。因此，希望从气动上解决这一问题，研究可以克服上述困难的新的气动外形。

(1) 环形尾翼、T型尾翼。变普通平面尾翼为与弹身共轴的环形尾翼。因环形翼上产生的力是通过体轴的力，不可能产生滚转力矩，在环形翼面上不会诱导出滚转力矩，只有在环形翼内部支架部分诱导出小的反滚力矩，故采用鸭式舵作副翼偏转时，其副翼效率是比较好的。但这种布局形式纵向气动性能较差，特别是阻力大，目前只在小型导弹上采用这种布局形式。

(2) 自由旋转尾翼。尾翼在纵向不能运动，但可以绕弹身自由旋转。鸭式舵作副翼旋转时，或者在其他组合情况，尾翼附近形成了横向不对称流场，在尾翼上会诱导反滚气动力，但由于尾翼上不承受这种力矩转动，从而尾翼上总诱导的反滚力矩为零。研究中也发现这种布局形式具有横向动不稳定性，同时有大范围内滚动发散现象。另外，这种形式在结构上也有一定复杂性。在较薄的弹体表面上实现自由滚动的结构有一定的困难。

(3) 尾翼面上气体喷流干扰。为了减少结构复杂性，直接利用空气作喷流介质，即在尾翼侧缘分别装上冲压式圆形进气道，通过管道系统，将冲压空气引入到翼面上，由控制系统控制管道阀门，从而在翼面上形成喷流干扰，以达到导弹的滚动控制的目的。

6. 放宽静稳定度外形设计

传统导弹设计中是静稳定的，压力中心始终在质心的后面，静稳定度调整方法一是改变导弹的翼面布置，另一种方法是调整导弹的质心位置。静稳定度要求与大的机动能力相互矛盾。放宽静稳定度是近年来飞机设计中出现的一种设计思想，允许放宽甚至取消对于飞行器本身的静稳定性和动稳定性要求，通过人工稳定技术来满足飞行器的动态稳定性指标，并使之达到预期的飞行性能要求。放宽静稳定度设计能大幅提供导弹的机动性，对提供导弹的飞行速度、增大射程及减小结构质量、外形尺寸和阻力等都有较大的优越性。

放宽静稳定度设计原则给外形设计带来了方便，但对稳定系统要求较高：① 采用高增益负反馈；② 要求舵偏角速度快；③ 采用过载限制器；④ 采用变系数校正网络等。

不同布局形式下，放宽静稳定度的导弹外形有不同的特点，特别是对滚动控制有较大影响。导弹的滚动控制通常采用角度稳定或角速度稳定，导弹能够进行滚动控制的必要条件是操纵力矩大于干扰力矩。放宽静稳定度，导弹尾翼面积和翼展减小，使干扰力矩减小，操纵力矩增大，这对滚动控制是有利的。但由于纵向操纵性的提高，操稳比 δ/α 和迎角 α 增大，在大迎角和舵偏角条件下，差动副翼效率变小，不利于滚动控制。

(1) 对主翼控制的“十-X”型布局的影响。图 9-4 显示了旋转弹翼式“十-X”型布局的力矩特性。在小迎角下，力矩系数和迎角成线性关系，适合于稳定飞行。当迎角大于极限迎角 α_A 时，导弹由静稳定变成动不稳定，$\mathrm{d}m_z/\mathrm{d}\alpha > 0$，气动平衡迎角跳到 α_B，这种状态意味着俯仰和偏航方向都已失稳，系统不稳定，同时产生较大的诱导干扰力矩，引起滚动控制失效。这种布局不宜采用放宽静稳定度设计。

(2) 对主翼控制的“X-X”型布局的影响。图 9-5 显示了旋转弹翼式“X-X”型布局的力矩特性。在小迎角下尾翼位于弹翼的下洗流场中，非线性增加，随迎角增大，下洗减少，尾翼升力增加，压力中心后移，弹体稳定性增加。这种布局的气动极限迎角较大，放宽静稳定设计后，允许把稳定尾翼面积减小，一直到满足滚动控制要求为止。这样，导弹可以设计成发射时静不稳定，助推段结束有适量稳定度，在控制飞行时操稳比和迎角较大，机动过载高。由于尾翼小、阻力小、结构质量小、部位安排合理，提高了导弹的性能，增加射程，适宜采用，但要避免在静不稳定状态下作控制飞行。

(3) 对尾翼控制的正常式布局的影响。放宽静稳定度设计后，正常式布局的导弹除将尾翼作较小外，另一个优点是舵偏角和迎角的极性由异号变为同号，使全弹平衡升力系数提高，可用过载增大，诱导阻力减小。这种布局有较高的气动极限迎角，既适宜于自动稳定飞行，又适宜于控制飞行。

正常式布局中的边条翼弹翼，由于翼展小，诱导滚动干扰力矩较小，有利于滚动方向的控制，采用放宽静稳定度设计准则后，这种布局有希望得到良好的气动特性和控制特性。

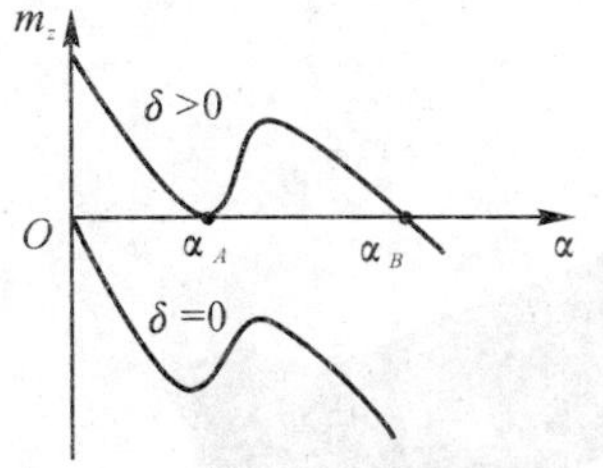

图 9-4　旋转弹翼式“十-X”型布局的力矩特性

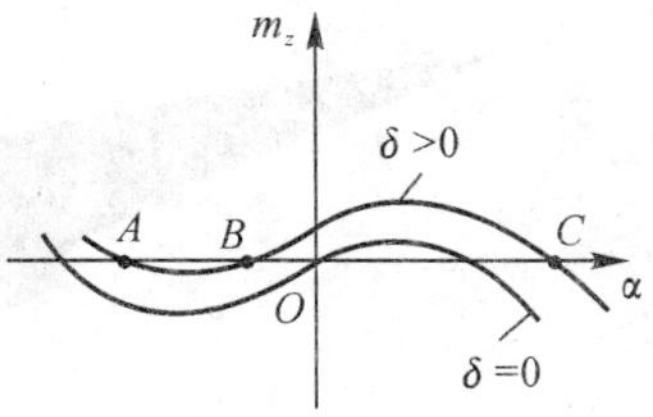

图 9-5　旋转弹翼式“X-X”型布局的力矩特性

7. 高超声速导弹布局

对于高超声速飞行的导弹，在气动外形设计的过程中，需要考虑更多更复杂的问题。当飞行器以高超声速飞行时，不仅有气动力问题，还会面临严重的气动加热问题。从而在具体进行高超声速飞行器气动外形设计时，不仅需考虑气动力特性(如升阻比、阻力、稳定性等)的要求，而且需要考虑气动热特性(如最大热流、总加热量等)的要求。高超声速飞行的巡航导弹由于选用冲压发动机，弹身与发动机组合时，需详细研究进气道的位置、形状和大小。弹体外表面是以高超声速流动的气流，发动机内又是流动的燃气流，在设计弹体外形时，必须同时考虑这两股气流，选择阻力小、升力大的外形，还要保证必需的进气道大小和形状以满足超燃冲压发动机的要求，这样在外形设计时，要考虑冲压发机的设计与飞行条件，形成了机体 / 发动机一体化设计的问题。当前超声速导弹的布局方式大体有两类：

(1) 旋成体构型。一般采用圆柱弹身，头部为圆锥形状，弹身周侧进气，这样可以对来流进行预压缩。为减少导弹结构质量，可将燃料储箱外置。旋成体构型与常规导弹在外观和气动性能上有很多相似之处，在理论方面比较成熟。这种外形的优点是有较好的升力特性，压力中心随马赫数变化移动小，飞行器部位安排和结构设计相对较成熟。但旋成体构形采用内置发动机，发动机质量很大。机身对气流的预压缩作用不理想，不利于进行机体/发动机一体化设计。图 9-6 显示了波音公司开发的 fasthawk 高超声速导弹模型图。

(2) 乘波体构型。这种构型所有前缘都有附体激波，下表面高压不会通过前缘绕到上表面，与常规高超声速外形相比，有更高的升阻比。来流经激波压缩后，沿着压缩面的流动被限制在前缘激波内，形成较均匀的沿下表面流场，可以消除发动机进口处的横向流动，利于提高吸气式发动机的进气效率，同时使得这一构型便于进行弹体/发动机/进气道一体化设计。但乘波体外形具有容积利用率低的不足。图 9-7 是 X51A 高超声速乘波体巡航导弹的表面压强云图。

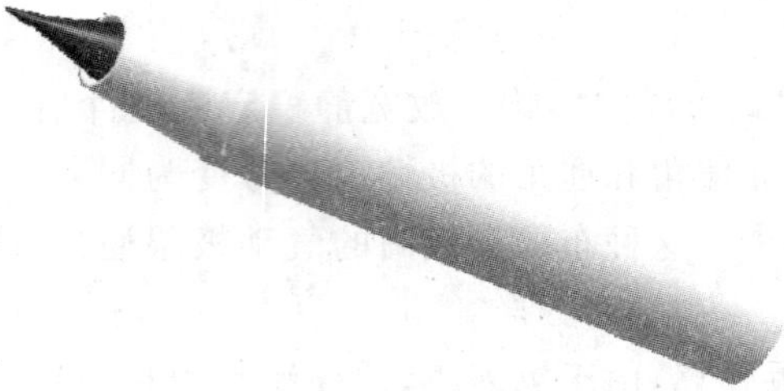

图 9-6　fasthawk 导弹模型图

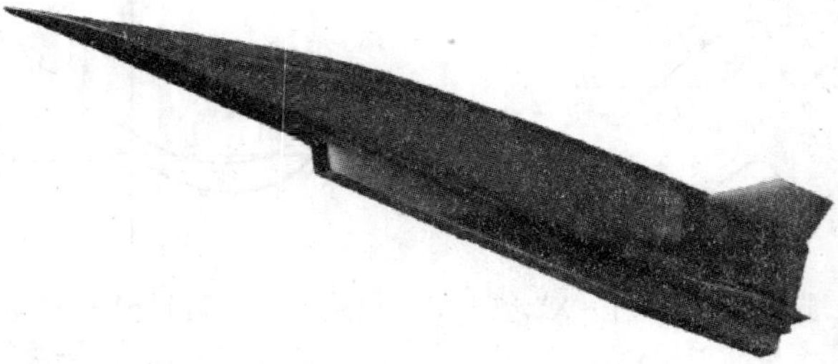

图 9-7　X51A 导弹表面压强云图

9.3　导弹气动外形设计

按照上节所述的气动布局特点选择导弹各部件(如弹身、弹翼、舵面等)的相互位置后，从导弹具有良好的气动特性出发，并考虑导弹制导系统特性及结构特性等因素，定出弹体各部件的外形参数和几何尺寸。

应该指出的是，在实际设计过程中，这阶段工作和导弹主要参数的选择等工作紧密联系着，它们之间往往交错进行。例如，要进行主要参数选择，就必须知道导弹的空气动力特性，但这时气动力特性尚未得出，通常是采用类似导弹的气动力特性进行弹道计算和主要参数选择，然后根据弹道计算结果和选择的主要参数进行导弹外形设计，确定其空气动力特性后，再重新进行主要参数选择，发动机推力计算，质量、质心、转动惯量计算，气动计算、弹道计算、导弹可用过载计算等。如此逐次近似，直到获得满意的结果。

导弹外形设计要求对空气动力学、自动控制、传热学、发动机、飞行力学和结构力学等有较丰富的知识，并结合导弹作战使命、威胁分析、性能指标、作战效率等的综合分析，才能较满意地取得最合理的设计效果。因此，气动外形设计不仅是空气动力的最佳设计，而且是一项综合性的系统工程设计。

9.3.1　弹身外形及参数选择

导弹的弹身可分为三个主要部分：前弹身或头部，中弹身或中段，后弹身或尾段。要根据空气动力学、制导、战斗部、结构等方面的要求，进行综合考虑和选择。它的主要几何参数为弹身长细比、头部长细比、尾部长细比和收缩比。

1. *弹身直径的确定*

弹身通常设计成轴对称旋成体，弹身直径主要依据导引头天线、战斗部、动力装置三个因素来确定。

(1) 导引头对弹身直径的要求，可根据自动跟踪距离数据来确定。由于地面雷达站的发射机功率、发射天线面积均允许比弹上的大得多，所以，在相同频率下半主动寻的导引头所需天线尺寸比主动寻的导引头天线尺寸要小，半主动寻的制导体制的导弹弹身直径较小。减小天线需用尺寸有两种方法：① 增大发射机频率，当今的趋势是向毫米波方向发展；② 增加发射机的功率，发射机的功率和导引头天线面积成反比。

(2) 战斗部对弹身直径的要求。导弹总体要求战斗部的条件杀伤概率通常接近于1.0。条件杀伤概率与脱靶距离、目标易损性、战斗部尺寸、战斗部威力等因素有关。脱靶距离小，条件杀伤概率就大，从而允许战斗部缩小尺寸。导引精度决定了脱靶距离的大小。在一定的脱靶距离下，条件杀伤概率与战斗部尺寸紧密相关。战斗部的直径大，威力就大，条件杀伤概率高，图 9-8 定性地表示了战斗部条件杀伤概率 P_D 与直径 D 的关系。当战斗部直径小于 D_0 时，$P_D < 1.0$；当战斗部直径大于等于 D_0 时，$P_D = 1.0$。导弹的弹身直径应当设计成大于等于 D_0。

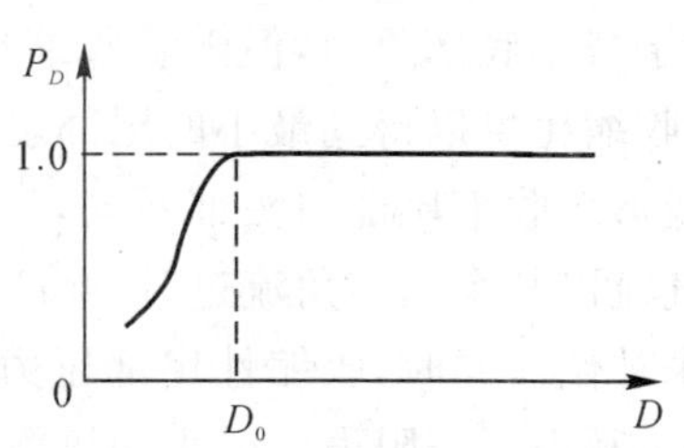

图 9-8　战斗部直径对条件杀伤概率的影响

(3) 动力装置对弹身直径的要求。对于近程的导弹，弹身直径由战斗部或导引头的要求而定；对于中远程导弹，为了防止动力装置的长度过长，根据动力装置的要求确定弹身直径，将更适当。作战航程远，必然要求增大发动机的总冲和推力，多装燃药，增大发动机的直径和长度。增大发动机直径，会使阻力增加，导弹性能下降，这是最不愿意的措施。增加发动机长度，会使导弹载荷增加，全弹刚度下降，发动机的长径比增加。因此，需要综合分析后，才能确定合适的长度和直径。

作为初步设计，必须初估导弹的直径。导引头对直径的要求，可根据自动跟踪距离来确定。战斗部对直径的要求，可根据目标特性、炸药特性、导引精度等确定。由于此时还缺乏气动阻力和质量的数据，尚不能确定动力装置的技术要求。由于这个原因，开始时只能根据导引头或战斗部的技术要求来确定导弹直径。对动力装置的要求，将在设计过程的后期进行论证。那时为了满足动力装置的技术要求，有必要重新确定导弹直径。

2. 前弹身或头部外形设计

对于防空导弹，弹身头部只允许使用天线罩，故前弹身外形设计即天线罩外形设计：① 天线罩外形必须满足导引头的参数要求；② 满足天线罩内部空间的要求；③ 天线罩外形必须考虑飞行阻力，采用头部阻力尽量小的外形。

弹身头部形状有锥形、蛋形、抛物形、圆弧形、半球形、半椭球形、卡门形、哈克形和指数形等(见 3.1 节)。选择头部形状，要考虑阻力特性并兼顾容积、结构及导引系统的要求。

超声速导弹的设计中，头部长细比对波阻影响很大，长细比越小，波阻越大。当长细比为定值时，锥形头部波阻最小，圆弧形和抛物形次之，半球形阻力最大。亚声速导弹的头部为了得到前缘吸力，可设计为蛋形或较大圆弧形。抛物形和圆弧形的容积和结构较好，锥形较差。半球形头部适合于红外导引头，抛物形头部适合于雷达导引头的要求，有些导弹的头部抛物线方程由雷达波要求导出。

3. 中弹身外形设计

在许多导弹外形设计中，弹身中段大多采用圆柱形，其优点是阻力小、容积大且方便制造。按照细长体理论，圆柱段不产生升力。由于空气黏性作用，当小迎角时，在头部与圆柱段交接处附近会产生由头部传递而来的升力；当大迎角时，弹身横流黏性阻力会引起升力分量。这两部分均与弹身长细比成正比。中弹身的阻力，当 $\alpha=0^{\circ}$ 时仅由黏性力引起，它可以用不可压缩流的摩擦阻力系数来表示。对于紊流可压缩流表面的摩擦阻力系数，则需要经过压缩性修正。弹身直径越大，阻力越大，因而设计时要尽量减小弹身直径，必要时可增加腹鳍或局部鼓包，以缩小弹体最大直径。

4. 后弹身或尾部外形设计

弹身尾部通常是收缩段，在于减小底部阻力，但随着收缩比的增加，又会增加尾部压差阻力。因此，选择一个恰当的尾部收缩比可以得到最小的尾部阻力。

收缩尾部有圆锥台形和曲线形。收缩尾部与头部不同，压差阻力在亚声速和超声速时都为正值。同时，收缩形尾部，当气流以某个正迎角流过时，会产生垂直于弹身中线的负法向力，需要利用增加尾翼面积的办法来补偿。同时，收缩性尾部压力中心的移动范围随迎角增大而增加，因此在设计中必须将这些不利因素与阻力的减小相权衡。

若设计中在弹身底部安装发动机喷口，则高速喷流将对弹身尾部和底部的压力分布产生明显的影响，有利于减小底部阻力。由于弹身尾部附面层较厚，在喷口附近高速喷流作用下可能发生附面层分离，超声速时可能出现尾部激波。

5. 弹身参数选择的几点结论

从优化弹身气动力特性出发，得出弹身各种参数选择的几点主要结论：

(1) 在满足不同导弹作战使命和战术技术总体要求前提下，根据导引头、战斗部、动力装置以及最优弹身气动特性等因素，可以有效选择弹身主要参数 —— 弹身直径、头部长度、弹身长度等。

(2) 在超声速时，弹身阻力主要与头部形状及尾部收缩程度有关。

(3) 在小迎角时，大部分弹身法向力由头部产生；在大迎角时，则整个弹身横流法向力占有重要地位(见 3.4 节)。

(4) 喷气流对底部阻力有很大影响，采用收缩形尾部是减小底部阻力的有效方法。

(5) 在小迎角时，弹身的压力中心在弹身长度的 15% ～ 20% 之间变化；在大迎角时，弹身压力中心将向弹身横向投影面积中心趋近。

(6) 收缩形尾段仅产生小量负升力，视不同尾部收缩程度，压力中心位置随迎角的变化呈前移或后移。

(7) 雷达寻的防空导弹弹身外形通常设计为，前弹身或头部是抛物形，中弹身是圆柱形，后弹身或尾部是收缩形。

9.3.2　弹翼外形及参数选择

弹翼是导弹的主升力面，不仅要求具有升阻比大、焦点变化小等气动性能，还要求结构合理、工艺性好。对于一个给定的总体布局，翼面面积、翼剖面、平面形状、展弦比、根梢比、后掠角等参数是选择和确定弹翼外形的主要因素。

1. 弹翼面积的确定

弹翼面积的选择是外形几何参数选择中首先要解决的问题。弹翼面积的大小和导弹的机动性指标、气动布局、静稳定度、弹翼几何参数、全弹质量、最大作战高度、导弹末速度等因素有关。选择弹翼面积的计算公式为

$$S_W = \xi n m / (C_{yt})_{yi\text{-}sh} q \qquad \xi = (C_{yt})_{yi\text{-}sh} / C_{yt} \tag{9-3}$$

式中，n 是导弹可用过载；m 是全弹质量；$(C_{yt})_{yi\text{-}sh}$ 为翼身组合体法向力系数。

可用过载的大小直接决定了弹翼面积。由式(9-3)可以看出弹翼面积的大小与可用过载、全弹质量成正比，与翼身组合体升力系数、动压头成反比。动压头的大小由空气密度和导弹速度确定，从而作战高度越高，密度越小，要求弹翼面积越大，导弹末速度越小，也要求弹翼面积增大。

对于采用被动段飞行攻击目标的导弹，高远界弹道是计算弹翼面积的特征弹道。命中点的导弹速度最小，空气密度最小，从而动压头最小，是选择弹翼面积的设计特征点。

翼身组合体法向力系数与全弹法向力系数的比值 ξ，表示了翼身组合体法向力系数所占的比例大小，它与导弹的气动布局、总体设计方法等因素有关。在静稳定设计准则下，由于鸭式布局的 ξ 比正常式布局、主翼控制布局的小，从而鸭式布局的弹翼面积允许小一些。在放宽稳定度设计准则下，正常式布局的尾翼法向力与弹翼法向力同向，使比值 ξ 明显减小，从而弹翼面积允许减小。

通用弹设计中，空空型的弹翼面积比地空型的大得多，其原因是空空型的作战高度比地空型的高得多，空气稀薄，动压减小，从而要求增加弹翼面积。

2. 弹翼剖面形状的选择和相对厚度的确定

(1) 翼型的选取。弹翼剖面形状即翼型是由气动力、结构强度等因素决定的，但气动力方

面的考虑占有很重要的地位。翼型有亚声速翼型和超声速翼型两类:亚声速翼型具有一定的流线型,具有一定弯度的圆头尖尾形,有利于产生前缘吸力、延缓分离和产生较大升力,如古典翼型、层流翼型和超临界翼型等;超声速翼型外形简单,对称的尖头尖尾形,不同剖面形状的阻力系数可见表 2-2。

可见相同相对厚度下,菱形剖面波阻系数最小,但这种翼型的刚度和强度差。六边形翼型从结构强度和刚度出发对菱形剖面做了改进,波阻略大于菱形。双弧形翼型的阻力与六边形相近,由于表面光滑,无棱角,能延缓气流的分离,对改善气动加热有利,但工艺性差。显然,在最后选择弹翼剖面形状时,正如气动效率一样,结构效率和制造成本也是必须考虑的。通常圆弧形剖面用于大尺寸的非实心弹翼,而六边形或菱形则用于小尺寸的实心弹翼。

(2) 相对厚度的确定。弹翼的阻力与相对厚度密切相关,随着相对厚度的增加,阻力增大。低速时,相对厚度增加主要影响弹翼的分离区;高速时,相对厚度的增加使临界马赫数降低,激波出现较早,波阻增加。因此,高速导弹翼面在结构强度和刚度允许情况下,相对厚度应尽量小。

3. 弹翼平面形状参数的选择和确定

表征弹翼平面形状的参数,主要指根梢比、前缘后掠角和展弦比。下面讨论平面参数的选择和确定。

(1) 平面形状的影响。弹翼的平面形状很多,常见的有平直翼、梯形翼、后掠翼、三角形翼、切尖三角形翼、S 形翼和边条翼等。飞行速度的大小是选择弹翼外形的主要依据。如第 2 章气动性能分析所述,低速飞行的导弹宜采用大展弦比无后掠的弹翼,其升力大而阻力小;高亚声速飞行宜采用后掠翼,延缓临界马赫数的出现,改善跨声速特性,减低波阻,一般采用后掠角在 $30 \sim 60°$ 之间。超声速导弹大多采用三角形翼或切尖三角形翼,与矩形翼相比,其根弦长、相对厚度小,波阻小,升阻比大。从结构观点而言,三角形翼的内部容积较大,在翼内布置管、线等比较容易;另外,由于根部绝对厚度大,因而作用在翼梁和弹翼蒙皮上的法向应力减小,可减小弯矩和受力件的横截面积。切尖三角形翼、S 形翼都基于三角形翼改进。切尖三角形翼改善了三角形翼的工艺性,S 形翼改善了导弹的空气动力特性。在近代的飞行器上采用边条翼,具有良好的跨声速气动特性,边条翼以中等后掠角和展弦比的翼面为基础。

(2) 弹翼根梢比和前缘后掠角的选择和确定。设计弹翼的任务是在阻力最小的情况下获得最大的升力,完成这个设计要求通常是矛盾的,必须寻找一个折中的或最优的弹翼平面形状。根据弹翼阻力计算公式,弹翼表面摩擦阻力系数与弹翼平均气动弦长(或几何弦长)有关。对于一个确定面积和展长的弹翼来说,较大的弹翼平均气动弦长会得到较小的弹翼表面摩擦阻力系数。弹翼平均气动弦长可以用弹翼根梢比表示,即

$$b_{\mathrm{A}} = \frac{2}{3}\,\frac{S}{l}\left[1 - \frac{\eta}{(1+\eta)^2}\right] \tag{9-4}$$

由式(9-4)可以看出,在弹翼面积和翼展长(或展弦比)固定的情况下,弹翼根梢比 $\eta \to \infty$(即三角形弹翼)时,弹翼平均气动弦长 b_{A} 为最大,因此弹翼表面摩擦阻力系数最小。对于弹翼波阻来说,超声速前缘弹翼波阻为常值。翼前缘变成亚声速前缘时,弹翼波阻则下降,相应地弹翼法向力也下降,但过大的根梢比会造成翼端气流的分离。因此,弹翼的根梢比和前缘后掠角的改变将会导致弹翼法向力和阻力之间的矛盾。

为了使弹翼达到最佳的升阻力特性,对超声速飞行的导弹,应根据导弹与目标遭遇时的速

度要求情况，通常选定弹翼前缘后掠角位于马赫线之后约 5°。三角形翼是理论上的最佳外形，因而在中远程防空导弹的主升力面设计中被广泛地采用。然而三角形弹翼作为主升力面，未必是最佳平面形状，各类导弹布局的主升力面即弹翼的最终确定，还需要综合分析各种性能之后才能决定。

(3) 弹翼展弦比的选择和确定。弹翼的展弦比对升力特性影响明显(见第 2 章)，展弦比越大，升力线斜率越大，但对高速飞行的导弹，展弦比增加会增大波阻，需要综合考虑。

对于给定的弹翼根弦长，增大展弦比将导致弹翼面积相应增加。由于受到发射装置的约束，弹翼的展长存在一个最大值。对于给定的弹翼展长情况下，增大展弦比必然会减小平均气动弦长，因此弹翼的法向力和阻力又互相矛盾。应考虑一个折中的展弦比，才能得到最佳法向力和阻力的弹翼。

4. *弹翼安装位置的选定*

弹翼的安装位置，同采用的控制形式有关。对鸭式控制布局的导弹，为了保证稳定性，弹翼将安装于弹身的尾部。对于尾翼控制布局的导弹，弹翼安装的位置靠近质心。对于主翼控制布局的导弹，弹翼的转轴靠近导弹空载状态时的质心，希望略前一些，应设计成导弹在全空域飞行范围内，舵面操纵效率永不变号。由于弹翼是主升力面，弹翼的部位安排显得十分重要，它与导弹所要求的稳定性和操纵性关系极大。

9.3.3　操纵面外形及参数选择

1. *舵面面积的确定*

鉴于气动布局的不同，舵面的大小是有差别的。对于主翼控制布局所选用的舵面就是主升力面(弹翼)，所以要求具有较大的法向力系数导数和适中的面积；鸭翼控制布局的舵面通常较小，主要目的是产生全弹迎角，由后面的固定弹翼来获得所需用的机动法向力值；至于尾翼控制布局的舵面，则单纯由远离质心的尾翼舵面的偏转来获得固定弹翼的最大平衡迎角和平衡法向力值，由于尾翼舵面的偏转升力和主升力方向相反，因此弹翼主升力的面积需适当增加。

舵面不论哪种布局控制方式，都有两个最重要的设计特性：① 舵面的气动舵面效率；② 舵面铰链力矩特性。从铰链力矩的观点来看，舵面效率必须相当高，以便使舵面面积最小。为了使伺服机构满足所要求的反应特性，而又不致做得太大、太重和昂贵，必须降低铰链力矩。舵面布局的基本要求是：① 操纵效率稳定可靠，变化范围适度；② 舵面压力中心位置变化单调及量值小；③ 铰链力矩方向一致及量值适当，与舵偏角成线性变化的关系。

以正常式布局的升降舵为例说明确定其舵面面积 S_{du} 的一般过程：

(1) 定出需用过载 n_{yn}。

(2) 计算响应的平衡迎角 α_b。

$$\alpha_b = \frac{n_{yn}G}{C_y^{\alpha}qS} \tag{9-5}$$

(3) 确定舵面最大偏转角 $\delta_{max} \leqslant 20°$。

(4) 计算舵面效率。

$$m_z^{\delta} = -\frac{\alpha_b}{\delta_{ef}} m_z^{\alpha} \tag{9-6}$$

式中，δ_{ef} 为舵面有效偏转角，$\delta_{ef}=\delta_{max}-3°$。

(5) 初算出舵面面积 S_{du}。

$$S_R=\frac{Sm_z^{\delta}}{C_{ydu}^{\delta}k_f\dfrac{x_G-x_{du}}{b_A}} \tag{9-7}$$

式中，S 和 b_A 分别为参考面积和参考长度；k_f 为缝隙系数；x_G 和 x_{du} 分别为重心位置和舵面压力中心；C_{ydu}^{δ} 为舵面升力线斜率。

(6) 比较各特征点上所需的 S_{du}，取最大值。还可以改变弹翼的位置，以获得适当的 S_{du} 值。

为了选定优化的舵面，当前有一些新的设计技巧。例如，有些导弹采用双鸭式的舵面，就是利用固定小前翼产生的前翼涡，致使仅靠后面的气动操纵面获得很高的舵面效率；有些导弹采用双三角形的舵面和边条双后掠的舵面，都是为了减小铰链力矩和增大舵面效率所设计的；有些导弹则采用钝后缘的舵面，减小舵面后缘逆压，使流动分离趋势大大减小，可以获得很高的舵面操纵效率，并改善全弹稳定性。

2. 燃气舵外形设计

燃气舵是一种结构简单、工作于高温易腐蚀的发动机喷管出口尾流中的操纵面。导弹在垂直发射的低动压区域内，利用燃气舵作推力矢量控制，实现导弹俯仰和偏航的快速转弯，获得较好的弹道飞行轨迹；同时利用燃气舵的差动偏转角，实现导弹滚转控制和滚转稳定。燃气舵的工作原理与空气舵完全相仿，所不同的是燃气舵利用发动机喷管出口排出的燃气流作用，产生需用而有效的燃气舵操纵力和操纵力矩。

3. 前翼的调节和前翼参数选择

通过上述弹身、弹翼和尾翼参数优化选择和确定，所设计和确定的导弹外形布局一般能满足总体战术技术指标而被采用。但是，由于弹体部位安排的原因，不能完全达到设计要求；有时又往往因为经过飞行试验后没有达到设计指标，因而提出需要进行外形修改，增加小前翼来调节导弹稳定度。作为气动布局来说，采用固定的小前翼是最可靠和有效地调节全弹静稳定性的办法。

实验证明，在尾翼控制布局中，在头部曲线段设置固定小前翼，对全弹法向力没有贡献，前翼法向力贡献量被对弹翼的下洗量相抵消，但前翼能较大幅度调节全弹的压力中心，满足预定的导弹静稳定度设计要求。在鸭翼控制布局中，有些空空导弹采用双鸭翼，鸭翼前面有固定小前翼，它能有效地提高鸭翼操纵面的近距耦合非线性法向力。同样，固定前翼也将起到调节全弹静稳定度，提高导弹的操纵效率和机动能力的作用。鉴于前翼面较小又是固定安装的，因此具体选择前翼的形状时，通常结构效率和制造成本作为主要考虑因素，但应满足调节静稳定度和涡升力的气动效率作用。

9.3.4 气动外形优化设计

传统的气动外形设计过程中，往往要通过大量的风洞试验和计算分析，寻求满足众多复杂而严格的气动特性要求的气动布局。再根据设计者的技术经验，确定飞行器的气动布局方式后，采用风洞试验和理论设计来确定飞行器布局中各个几何参数的优化分配。首先，依次改变飞行器布局的某一个参数，并保持其他几何参数不变，从而产生一系列气动外形，用这些外形的缩比模型进行风洞试验，逐个地分析布局的各个几何参数对各种气动特性的影响；然后，对各个几何参数进行综合分析，确定各个外形的常规气动特性以及其他动态特性；最后，根据大量试验结果，比较、分析和评估各个外形的气动特性，经过反复的平衡、折中和优选，从而确定具有最佳综合特性的飞行器外形。这种传统的风洞试验选型能够比较准确地获得飞行器各个气动外形的气动特性，并且能够获得飞行器各个几何参数对其气动特性的影响规律。但该方法工作量大，设计周期长，经济效益差，且有时因设计空间有限而并不能获得真正的最佳外形。

随着航空航天科技的发展，飞行器气动设计要求的指标，在性能上越来越高，在数量上也越来越多。从而气动外形的设计面临着越来越多、越来越高的要求和约束，设计过程也将面临更多的矛盾。这对传统的以风洞试验或理论分析结果为基础，依赖经验的“试凑法”为主的气动设计方式和手段提出了严峻的挑战。为了满足现代飞行器设计要求，迫切需要建立能够根据飞行器设计中各种气动性能要求和多学科的约束限制条件，准确获得满足设计要求的气动外形的新设计方法。

近年来，随着 CFD 方法的不断完善，计算机计算能力的迅速提高，以及计算机辅助设计学科和优化设计理论的飞速发展，已经形成了一类新的飞行器设计途径 —— 气动外形优化设计方法，即在理论计算和优化设计的基础上，对得到的气动外形通过风洞试验进行进一步确认，同时与总体设计方案进行协调、权衡、综合考虑并确定最终的飞行器外形。该方法使得降低飞行器设计过程中所需的人力和财力成本成为可能。由于该设计方法以最优化理论为基础，在设计变量的可行域内可快速寻求满足各种约束条件，使得设计目标达到最优的设计方案，从而大大地缩短了设计周期，节省了经费，提高了设计效率，因此优化设计方法在各个领域得到了越来越广泛的应用，也成为飞行器气动外形设计的发展方向。

气动优化设计本质上就是把设计对象的气动分析与最优化方法相结合，通过改变设计对象的气动外形，使其气动性能在满足给定约束条件的情况下达到最优。飞行器的气动外形优化设计主要包含四个过程：

(1) 根据具体研究对象所需的性能指标要求，形成相应的目标函数和约束条件，从而构成不同的优化设计模型，包括单目标、多目标、单点和多点设计问题等。具体的设计对象和任务需求不同，面临的问题也各具特点。

(2) 利用快速精确的气动特性计算方法准确获得不同气动外形的相关空气动力特性。通常有三种求解方法：① 较为简单的气动力特性计算方法是工程预测法，该方法计算速度快，效率高；② 更为精确的是近几十年来蓬勃发展的数值求解方法，即求解用于进行气动外形优化设计的流动控制方程，包括线化速度位方程、Euler 方程和 Navier - Stokes 方程等；③ 近年来又发展了以解决计算效率和优化设计可信度之间矛盾为目的的新方法，即在计算设计空间样本点模型空气动力特性的基础上，建立相应气动力特性的代理模型，再将代理模型与优化方法相结合，进行气动外形的优化设计。

(3) 建立几何参数化模型。用于气动优化设计的参数化表示方法主要有：以离散几何坐标点作为设计参数表示，以 Beizer 或 B 样条控制点表示，用正交基本函数表示，依据参考样本的线性形状函数法，多项式曲线曲面表示，以及以一组控制点作为设计参数的“自由形式”表示法等。

(4) 选择和发展适当的优化搜索算法进行气动外形优化。常用的优化搜索方法主要分为两类，即基于梯度信息计算或者直接求解的数值优化方法以及根据数学中有关进化算法构成的现代优化算法。无论是基于梯度的传统优化方法，还是具有全局搜索性能的现代优化算法，都在精度、收敛性及可靠性方面不断的改进和发展，以寻求更合适地用于求解各类复杂气动优化问题的方法。

可以看出，气动外形优化设计是一项关系到多个学科的复杂设计工作，尽管已经取得了显著的研究成果，但各学科都仍存在很多问题有待解决，特别是综合多任务多目标的多学科优化设计，对各个学科都提出更高的要求。

9.4 导弹飞行性能计算

导弹飞行性能参数主要包括导弹速度、最大作战斜距、最小作战斜距、最大作战高度、最小作战高度、导弹机动性、抗目标机动能力等。

9.4.1 飞行速度

导弹速度主要包括特征点速度、平均速度和速度特性。对于中低空导弹，特征点主要指离轨点、起控点、最大速度点和命中点。采用复合制导体制的导弹，还要增加中制导和末制导的交班点。

武器系统对导弹的战术技术指标中，虽然通常没有导弹速度这一项目，但是速度本身是导弹飞行性能的一个重要设计参数。导弹最大作战斜距、机动性、抗目标机动能力等都和速度紧密相关。在相同条件下，速度大，则最大远界斜距远、机动性好、抗目标机动能力强。导弹全程飞行可分为滑轨段和飞行段。

1. 导弹离轨速度

导弹在滑轨上的速度计算公式为

$$m\dot{v}_{\mathrm{m}}=F-G\sin\theta-fG\cos\theta \tag{9-8}$$

式中，m 为导弹质量；v_{m} 是导弹速度；F 为发动机推力；f 为摩擦系数(钢-钢:0.15)；G 是重力；θ 是弹道倾角(发射架的高低角)。

对式(9-8)进行数值积分，就可以求出导弹的速度。离轨速度与弹道稳定性、散布、发射方式、是否同时离轨、陆上发射还是海上发射等因素有关。为减小下沉和散布，使导弹稳定飞行，导弹应具有一定的离轨速度。在推力与加速度不变的条件下，速度和时间成一次方关系，而导轨长度和时间成平方关系。从自动稳定飞行段导弹的性能要求出发，希望离轨速度大一些；从减小发射架尺寸和复杂性出发，希望离轨速度小一些。在设计中，应根据具体情况综合平衡后确定。

2. 导弹飞行速度

在飞行中导弹速度的计算公式为

$$m\dot{v}_{\mathrm{m}}=F\cos\alpha-X-G\sin\theta \tag{9-9}$$

式中，X 是阻力；α 为迎角。当作用在导弹上的各种力，如推力、气动阻力、重力的大小以及飞行条件已知时，即可求出导弹在飞行中的速度。

最大速度是指导弹在全部作战空域内，所有弹道上飞行的最大值。最大速度和平均速度一样，都反映了导弹运动的快慢。导弹最大速度与发动机推力的形式、最大作战斜距、最大作战高度、结构的防热设计等因素有关。提高导弹最大速度的优点是能够增大导弹的平均速度和减小飞行时间，从而有利于雷达的作用距离。中低空防空导弹的最大速度不宜定得太高，若飞行速度过高，飞行时间又长，会产生热强度问题。对主翼控制布局的导弹，过高速度飞行舵面偏转时，下洗力很小，使操纵效率 m_z^δ 大幅度减小，甚至会出现反号，引起导弹的不稳定。最大速度太大的另一缺点是阻力损失大，使最大飞行斜距减小。

采用单推力发动机的导弹，最大速度可按下式进行估算：

$$v = \xi I_s \ln\left(\frac{m}{m - m_p}\right) - gt\sin\theta \tag{9-10}$$

式中，I_s 是发动机比冲；g 是重力加速度；m 为导弹发射质量；m_p 为推进剂质量；t 是发动机工作时间；θ 是发射角；ξ 为阻力修正系数（经验数据 $\xi = 0.9 \sim 0.95$）。

导弹平均速度与拦截方式、目标速度、目标高度等因素有关。对于尾追式攻击，导弹的平均速度必须大于目标速度。对于迎击式拦截，导弹的平均速度允许小于目标速度，特别是拦截高空目标，导弹的平均速度往往比目标速度低。

导弹平均速度的计算公式为

$$v_a = R/t \tag{9-11}$$

式中，v_a 是导弹平均速度；R 是导弹在命中点的斜距。

速度随时间的变化规律称为速度特性。中低空导弹的速度通常采用三种变化规律，如图 9-9 所示。图中，曲线 A 表示无巡航飞行段的速度特性，这种导弹主要采用被动段飞行攻击目标。曲线 B 表示有巡航飞行段的导弹速度特性，导弹作巡航飞行时，速度变化平缓，发动机推力与气动阻力接近或者略大一些。这种导弹的最大速度小，需用过载小，平均速度小，飞行斜距远，总体性能较好。曲线 C 表示二次脉冲点火发动机的速度特性，导弹起飞后发动机工作，而后导弹以被动段飞行，到遭遇目标前，发动机第二次点火，导弹以主动段飞行状态攻击目标。这种导弹方案增大了遭遇点附近导弹的可用过载，减小了需用过载，还能增加飞行斜距。

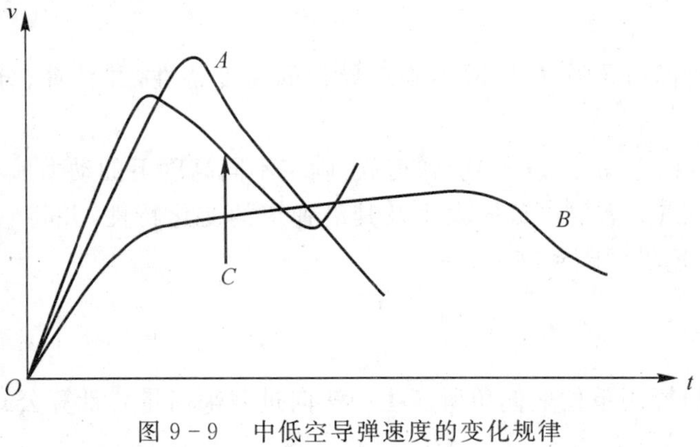

图 9-9　中低空导弹速度的变化规律

9.4.2　最小近界斜距

地空导弹的杀伤区是武器系统的综合性能指标。它受很多条件限制，不仅与武器系统本身性能有关，而且还与导引方法、战斗使用方法（单射还是连射）、杀伤概率等有关，另外，还与目标的性能有关，本节仅从导弹的飞行性能角度出发，介绍杀伤区计算中的最大飞行斜距和最小飞行斜距。

采用单一制导体制的地空导弹，按其飞行特点可以把整个弹道分为三段：自动稳定飞行、引入飞行和导引飞行。自动稳定飞行是指导弹离开发射架到开始控制，这一段弹道的特点是仅进行稳定不进行控制，按发射架赋予的初始瞄准方向作近似于直线的飞行。为了提高自动稳定飞行段的精度，减少散布，可采用驾驶仪阻尼回路工作方案，使导弹作简单的直线飞行。引入段是制导过程的第一阶段，从开始制导到平衡地纳入理论弹道附近。引入段弹道的特点是导弹作大机动飞行，视线变化率很大，经过一段时间后，视线变化率逐渐减小，摆动逐渐减小，纳入理论弹道。

由于自动稳定飞行段和引入段的弹道特性决定，导弹不可能在第二段弹道上与目标遭遇，意味着杀伤区的近界一定要大于自动稳定飞行段和引入段的距离之和。在计算中，最小飞行斜距取决于导弹允许的最小飞行时间，总的飞行时间等于起控时间加控制时间。起控时间与许多因素有关，其中最主要的是起控点的允许速度，起控速度的要求取决于气动布局、稳定性、机动性要求等因素。

9.4.3 最大远界斜距

导弹的最大远界斜距是总体性能中最主要的参数之一，它与发动机总冲、推力形式、导弹气动外形、目标特性、导引方法、雷达和导引头的作用距离等因素有关。

导弹的最大飞行路程等于总飞行时间和平均速度的乘积。导弹的飞行时间和平均速度又主要取决于发动机的总冲、工作时间以及导弹命中点的速度。发动机总冲越大，导弹的飞行时间就越长，使远界斜距增大。

导弹命中点的速度与目标特性、导弹气动外形等因素有关，对最大远界斜距也有一定的影响。如果导弹设计合理，则允许减小导弹命中点的速度，使飞行时间增长，远界斜距增大。导弹外形设计的合理与否，会影响到导弹飞行的最小速度。确定最大远界斜距大致可按三步进行：

(1) 选择动力装置和导弹气动外形，确定导弹的速度特性，并计算、分析得出命中点导弹的最小末速度。

(2) 计算各种目标运动参数的导引弹道族，确定不同高度下的动力航程。

(3) 研究每条弹道的需要过载的大小及其沿弹道的变化特性，并将它们与导弹可用过载进行比较，求出最大远界斜距和高度。

9.4.4 机动性

导弹的机动性指标用单位舵偏角所产生的法向过载来衡量。计算公式为

$$n_y = \frac{\left(C_y^\alpha \dfrac{\alpha}{\delta} + C_y^\delta\right)\delta q S + F\alpha}{G} \tag{9-12}$$

式中，n_y 是 y 方向机动的可用过载；C_y^α 是全弹升力线斜率；C_y^δ 为升力系数对舵偏角的导数；α/δ 是调整比。用式(9-12)计算导弹的可用过载时，还需要考虑舵偏角、过载、迎角三个量之间的关系，它们之中只允许一个量达到限制值，其余两个量要小于限制值。所以计算中，对每种方法又有三组计算公式。

(1)$\delta=\delta_{\max}$。

$$\left.\begin{aligned} n_y &= \frac{\left(C_y^{\alpha}\cdot\dfrac{\alpha}{\delta}+C_y^{\delta}\right)\delta qS+F\alpha}{G} \\ \alpha &= \left(\frac{\alpha}{\delta}\right)\delta_{\max} \end{aligned}\right\} \tag{9-13}$$

(2)$n_y=n_{y\max}$。

$$\left.\begin{aligned} \delta &= \frac{n_{y\max}G-F\alpha}{\left(C_y^{\alpha}\cdot\dfrac{\alpha}{\delta}+C_y^{\delta}\right)qS} \\ \alpha &= \left(\frac{\alpha}{\delta}\right)\delta \end{aligned}\right\} \tag{9-14}$$

(3)$\alpha=\alpha_{\max}$。

$$\left.\begin{aligned} \delta &= \alpha_{\max}\left(\frac{\delta}{\alpha}\right) \\ n_y &= \frac{\left(C_y^{\alpha}\cdot\dfrac{\alpha}{\delta}+C_y^{\delta}\right)\delta qS+F\alpha_{\max}}{G} \end{aligned}\right\} \tag{9-15}$$

导弹机动性通常由四种形式给出：① 最大可用过载；② 特征点过载；③ 可用过载随 Ma_{∞} 和高度的变化曲线；④ 可用过载随时间的变化曲线。导弹的可用过载必须大于或等于需要过载，导弹总体设计时，不能仅着眼于提高导弹的机动性，还应该设法减小导弹的需用过载。

参考文献

[1] 施里希廷 H,等. 飞机空气动力学:上册. 王星灿,等,译. 北京:国防工业出版社,1978;下册 1984.

[2] 夏皮罗 A H. 可压缩流的动力学与热力学. 陈立子,等,译. 北京:科学出版社,1978.

[3] 列别捷夫 A A,等. 无人驾驶飞行器的动力学. 张炳喧,等,译. 北京:国防工业出版社,1964.

[4] 杨岞生,等. 飞行器部件空气动力学. 北京:国防工业出版社,1981.

[5] 范立钦,周鼎义. 飞机空气动力学. 西安:西北工业大学出版社,1989.

[6] 普朗特 L,等. 流体力学概论. 郭永怀,等,译. 北京:科学出版社,1981.

[7] 费里 A. 超声速空气动力学. 郭达进,等,译. 北京:国防工业出版社,1959.

[8] 陈再新,等. 飞行器空气动力学. 北京:航空工业教材编审组,1985.

[9] 道诺文 A F,等. 高速飞机部件空气动力学. 安继光,译. 北京:国防工业出版社,1963.

[10] 罗宾逊 A,等. 机翼理论. 张仲寅,等,译. 北京:科学出版社,1964.

[11] Arnold M Kuethe, Chow Chuen - yen. Foundations of Aerodynamics——Bases of Aerodynamic Design. Fourth Edition,1985.

[12] Edward Lan C,Jan Roskam. Airplane Aerodynamics and Performance,1981.

[13] Barnes W Mccormick. Aerodynamics. Aeronautics and Flight,1979.

[14] Houghton E L,Boswell R P. Further Aeradynamics for Engineering Structure,1969.

[15] John J Bertin,Michael L. Smith,Aerodynamlics for Engineers, 1979.

[16] John D Anderson,Jr. ,Fundamantals of Aerodynamics,1984.

[17] Stribling C B. Basic Aerodynamics,1984.

[18] 冯亚南. 飞机气动特性分析与估算:讲义. 北京:北京航空航天大学,1984.

[19] 《航空气动手册》编写组. 航空气动力手册. 北京:国防工业出版社,1980.

[20] 徐华舫. 空气动力学基础:下册. 北京:国防工业出版社,1980.

[21] 箭弹气动力编写组. 箭弹空气动力特性分析与计算. 北京:国防工业出版社,1979.

[22] Xiong Shonwen. Effect of Nose/Wing Strake Vortex on Directional Stubility Charateristics, lCAS—84.

[23] USAF Stability and Control Datcon,1975.

[24] Tinling B E. An Investigation of the Normal-force and Vortex-Wake Characteristics of an Ogive-Cylinder Body at Subsonic Speeds,NASA TND-1297,1962.

[25] Gregoriou G. Modern Missile Design for High Angle-of-attack,AGARD-LS-121.

[26] Jack N Nielsen. Missile Aerodynamics. McGraw-Hicl Book Company,NC,1960.

[27] Polhamus E C. Cherts for Predicting the Subsouic Vortex-Lift Characteristics of Arrow and Dicamond Wings,NASA TN D-6243,1971.

[28] 严恒元. 导弹非线性气动力:讲义. 西安:西北工业大学,1983.

[29] 陈再新,刘福长,鲍国华. 空气动力学. 北京:航空工业出版社,1993.

[30] 纪楚群. 导弹空气动力学. 北京:宇航出版社,1996.
[31] 张望根. 寻的防空导弹总体设计. 北京:宇航出版社,1991.
[32] 路史光. 飞航导弹总体设计. 北京:宇航出版社,1991.
[33] Michael J hemsch. 战术导弹空气动力学——基本论题:上册. 北京:宇航出版社,1999.
[34] Michael J hemsch. 战术导弹空气动力学——预估方法:下册. 北京:宇航出版社,1999.
[35] 陆志良,等. 空气动力学. 北京:北京航空航天大学出版社,2009.
[36] 瞿章华,等. 高超声速空气动力学. 北京:国防科技大学出版社,1999.
[37] 徐敏,陈志敏. 高超声速飞行器空气动力学工程估算方法:讲义. 西安:西北工业大学,2004.
[38] Joe F Thompson, Warsi Z U A , Wayne Mastin C. Numerical grid generation. New York : North-Holland,1985.
[39] 黄志澄. 高超声速飞行器空气动力学. 北京:国防工业出版社,1995.
[40] 张志成. 高超声速气动热和热防护. 北京:国防工业出版社,2003.
[41] 雷延花,徐敏,陈士橹. 高超声速飞行器气动加热计算. 上海航天,2001(5).
[42] 陈作斌,等. 计算流体力学及应用. 北京:国防工业出版社,2003.
[43] 阎超. 计算流体力学方法及应用. 北京:北京航空航天大学出版社,2006.
[44] 朱自强,等. 应用计算流体力学. 北京:北京航空航天大学出版社,2001.

